조경제도·설계

김승환·권차경·윤은주 공저

技文堂

머리말

사람들이 말이나 글을 처음으로 배워 자신의 뜻을 표현하듯이, 조경에 입문하여 자신의 설계내용을 도면으로 표현하기 위해 처음 접하게 되는 것이 바로 조경제도이다.

제도란, 도면 위에 자신의 의사를 전달하기 위해 작성하는 표현방법과 규약을 의미한다. 본 서는 이러한 규약과 표현방법에 대하여 체계적이고, 구체적으로 설명함으로써 제도 및 표현기법을 쉽게 습득할 수 있도록 구성하였다.

그러나 조경 분야에서의 설계표현방법은 설계자에 따라 조금씩 다르고, 표현방법이나 작도하는 사람마다 그 견해가 다른 경우가 많다. 따라서 본 서는 가능하면 각각의 단계별 연습과정을 거쳐 최종적으로 우수한 도면표현을 할 수 있도록 각 요소의 표현을 상세히 설명하여 하나씩 따라하는 과정에서 표현실력이 향상될 수 있도록 구성하였다.

1장 제도의 기본에서는 우선 제도에 필요한 용구를 구입하는데 간단한 정보를 제공하고, 가장 기본이 되는 선과 레터링, 도학을 손쉽게 익힐 수 있도록 구성하였다. 또한 제도함에 있어 가장 기본이 되는 부분을 지적하여 무심코 지나치지 않도록 하였다.

2장과 3장은 조경 도면을 표현하기 위한 요소를 수목, 구조물, 시설물, 기타로 나누어 각각 그 표현요소를 익히도록 하였으며, 실제로 평면도와 입면도에서 어떻게 표현되는가를 사례를 통하여 보여주고, 이를 연습할 수 있도록 하였다. 특히 수목을 비롯한 조경용 소재의 표현에 치중하여 누구나 쉽게 표현할 수 있도록 상세히 설명하였다.

4장의 스케치는 손의 감각을 키우기 위해 스케치에 필요한 선부터 다시 연습하고 스케치에 많이 사용되는 도구인 연필과 펜의 스케치 방법에 치중하여 좋은 구도를 가진 스케치를 표현할 수 있도록 본 장을 구성하였다. 그러나 투시도의 작도법은 꼭 알아야 할 부분이지만 다른 자료와 중복되는 부분이 많아 본 내용에서는 생략하였다.

5장의 실시설계는 제도단계에서 그 내용을 그리기에는 다소 어려울 수도 있으나 실제 현장에 나갔을 때 설계도면은 어떻게 구성되어 있는지, 무엇에 유의하여 설계하는지에 대해 쉽게 접근할 수 있도록 공종별로 그 내용을 설명하였다.

본 서를 집필함에 있어서 실제 아쉬운 점이 많았으며, 부족한 내용도 없지 않아 독자 여러분의 아낌없는 지도와 질책을 통하여 앞으로 새로운 노력과 함께 내용을 보완하고 보다 완성된 책으로 발전시키고자 한다. 아무쪼록 이 한 권의 책이 조경 분야를 전공하고자 하는 학생들이나 관심 있는 분들에게 손쉽게 접근하고 길잡이가 된다면 더할 나위 없을 것이다.

끝으로 이 책이 나오기까지 소중한 자료를 이용하게 해주신 (주)우대기술단, (주)서안조경, (주)부산환경컨설탄트와 스케치 자료에 협조해주신 김정수(아르떼 대표), 최상철, 막바지 편집과 교정을 도와준 동아대학교 대학원생 이영민, 배인숙, 바쁜와중에도 CAD 도면 작업을 해준 (주)부산환경컨설탄트의 이영석, 김은진에게도 심심찮은 감사를 드리며, 출판을 가능하게 해주신 기문당 강해작 사장님께도 감사를 드린다.

저 자

차 례

CONTENTS

1. 제도기본 7

1. 제도용구 9
   1) 제도용 필기구 10
   2) 직선용 도구 11
   3) 곡선용 도구 12
   4) 제도용지 13
   5) 기타 도구 14

2. 선 15
   1) 선긋기 기법 16
   2) 선의 평가 18
   3) 용도에 의한 선의 종류 19

3. 레터링 26
   1) 레터링 수법 27
   2) 레터링 기법 28
   3) 레터링 연습 30

4. 도 학 31
   1) 기본도학 32

2. 평면표현 37

1) 평면도란 39
2) 평면도의 요소 40
3) 수목의 평면표현 기법 43
4) 구조물의 평면표현 기법 50
5) 시설물의 평면표현 기법 55
6) 기타 도면표기법 56
7) 기 타 61
8) 마스터플랜 70

3. 입면표현 79

1. 입면표현 81
   1) 입면도란 82

2) 단면도란 83
• 수목의 입면표현 84
• 구조물의 입면표현 100
• 시설물의 입면표현 103
• 기타 입면표현 105
• 입면도 사례 120

4. 스케치 123

• 스케치의 선 126
• 해칭선 127
• 입방체 연습 128
• 스케치가 입체감을 갖기 위한 기본요소 130
• 화구의 효과 138
• 기 타 140
• 스케치 사례 141

5. 실시설계 153

실시설계 도면 작성법(1~13) 155
• 현황분석도의 작성 160
• BASE MAP의 작성 161
• MASTER PLAN의 작성 및 부지 입단면도의 작성 164
• 도면 목차 정리 165
• 전체 수량총괄표 166
• 계획평면도의 작성 167
• 상세도(DETAIL)의 작성 168
• 공종별 도면 작성(토공) 171
• 공종별 도면 작성(배수공) 173
• 공종별 도면 작성(구조물공) 175
• 공종별 도면 작성(포장공) 177
• 공종별 도면 작성(시설물공) 179
• 공종별 도면 작성(식재공) 181

부록 : 실시설계의 사례 183

1 제도기본

DRAFTING STANDARD

제도는 이제 컴퓨터에 의존하고 있는 경향이 강하다.
그러나 굳이 힘들여 손으로 선을 긋고, 귀찮은 작업을 하는 것은, 제도하는 방법을 기초부터 알기 위한 부분도 있지만 손과 눈의 감각을 좀 더 예리하게 훈련하기 위함도 있다.
최종적으로 우리의 사고와 손으로 도면을 완성하지만, 좋은 제도용구와 재료를 사용한다면 좀 더 즐거운 제도가 될 수 있으며, 더욱 손쉽게 양질의 제도결과를 얻을 수 있다.

I. 제도용구 EQUIPMENT

용구를 바르게 쓰도록 하자

제도용구는 항상 청결을 유지해야 도면을 더럽히지 않으므로 비눗물로 자주 세척하여 청결하게 보관하도록 한다. 간혹 자를 이용하여 칼질을 하곤 하는데 칼날에 의해 자의 곧은 날이 깎여져 정확성을 읽게 되므로 반드시 칼질을 위한 자를 따로 준비하도록 한다.

제도에 필요한 용구의 종류와 쓰임새를 자세히 알아보도록 하자

용구를 능률적으로 정리정돈 하자

제도용구는 제도판 위에 능률적으로 정리정돈하여 용구를 찾는 데 시간을 낭비하지 않도록 한다.

1) 제도용 필기구(DRAWING PENCILS)

연필제도

연 필

일반 연필도 제도용으로 쓸 수 있다. 제도용 연필의 심은 무른 정도에 따라 9H－6B, F, HB 등 17종으로 H가 많을수록 단단하고 흐리며, B가 많을수록 무르고 진하다.

테크니컬 펜슬

보통 샤프 펜슬이라고 한다. 0.3, 0.5, 0.7, 0.9mm의 종류가 있으며, 굵기가 정해져 있어 연필심을 갈 필요가 없다. 충분히 돌리면서 선을 그으면 굵기가 일정하고 가는 선을 얻을 수 있다.

홀 더

비교적 굵은 둥근 심을 이용하여 선의 굵기를 마음대로 조절할 수 있다. 초보자는 제도시 연필을 충분히 돌려 긋는 능력을 기르기 전까지는 연습을 하여야 한다.

잉킹제도

초보자는 적어도 0.1, 0.3, 0.5mm 정도는 준비하도록 한다.

테크니컬 펜 / 로트링 펜

테크니컬 펜은 정확하고 일정한 굵기의 선을 그을 수 있으므로 도면의 잉킹에 쓰인다. 굵기는 0.1, 0.2, 0.3, 0.4, 0.5, 0.6, 0.8, 1.2mm 등이 있다.

연필

테크니컬 펜슬

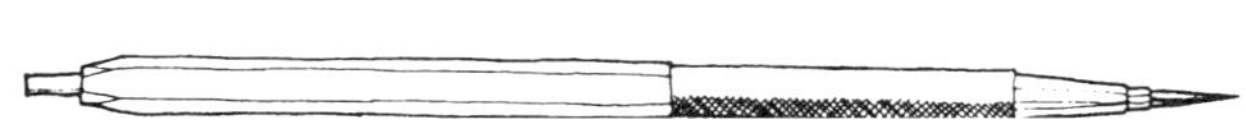

홀더

테크니컬 펜/로트링 펜

2) 직선용 도구

수평선

T자(t-squares)

가장 간단한 수평선을 긋는 도구로 자의 모양이 T자 형으로 되어 있으므로 T자라고 한다. 자의 길이는 600~1,200mm가 있으나 일반적으로 900mm와 1,050mm가 많이 사용된다.

요즘은 평행자를 많이 사용한다.

평행자(parallel rulles)

평행자는 보통 I자라고 하는데 가격은 비싸지만 사용하기에 편리하고 정확하여 많이 사용되고 있다.

팬터그래프(pantograph)

도면을 확대 또는 축소하고자 하는 제도용지에 각기 비례적인 바둑눈금과 같은 선을 신속하게 그리는데 편리하다.

수직선

각도자는 삼각자로 그을 수 없는 각도를 다양하게 그을 수 있어서 편리하다.

삼각자(triangles)

삼각자는 목재, 셀룰로이드제, 합성 수지제 등으로 만든 각으로 30°와 60°, 그리고 45°가 있다.

삼각자의 길이는 20~25, 10cm 등이 있다. 레터링이나 해칭선과 같이 짧은 선을 반복적으로 그을 때 10cm를 사용하면 도면을 보다 깨끗하게 할 수 있다.

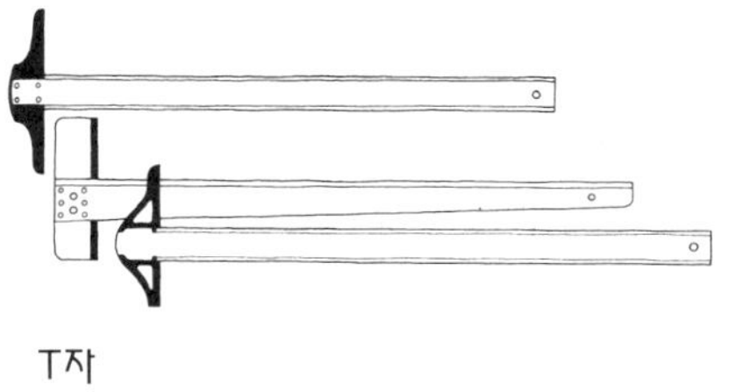

T자

평행자

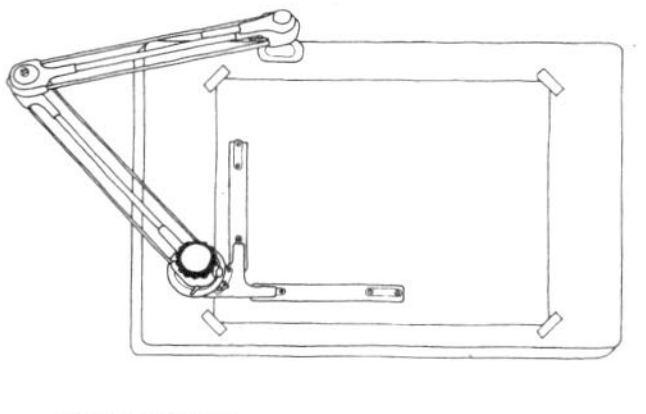

팬터그래프

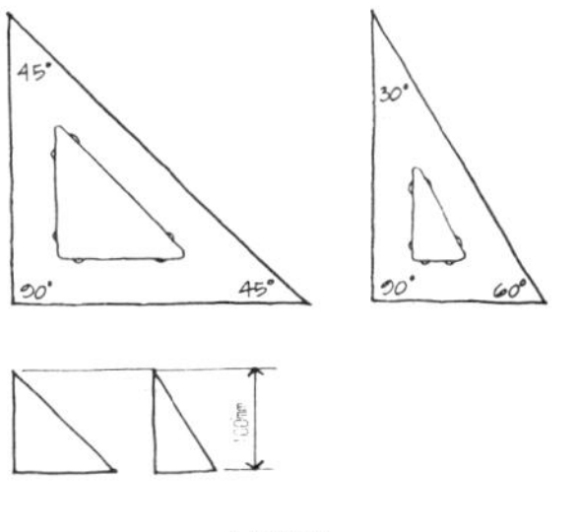

삼각자

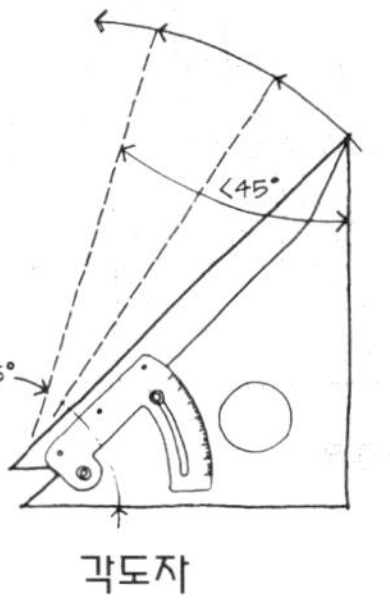

각도자

3) 곡선용 도구

조경은 자연이 소재라서 곡선이 많으므로 다른 분야보다 곡선용 도구가 많이 쓰인다.

곡선자(curve rulers)

원호용 자라고도 하며, 각종 반경의 원호를 바로 만든 것으로 반경 50~5,000mm까지 다양하게 있다.

운형자(irregular of french curves)

모양이 구름의 형상으로 운형자라고 한다.
원호 이외의 곡선을 그을 때 사용한다.

자유 곡선자(adjustable curves)

자유로이 구부린 채로 자의 역할을 다하게 되는데, 이를 자유 곡선이라 한다. 조경에는 원래 곡선이 많으므로 다른 분야보다 많이 사용한다.

템플릿(template)

템플릿은 셀룰로이드, 아크릴 등의 얇은 판에 크기가 다른 원, 사각 타원 등의 구멍을 뚫어 놓은 것으로, 조경 제도시 수목을 표현하는데 원형 템플릿이 많이 사용되고 있다.

컴퍼스(compass)

원 또는 원호를 그리는데 사용하는 것으로 보통 중형 컴퍼스를 사용한다.

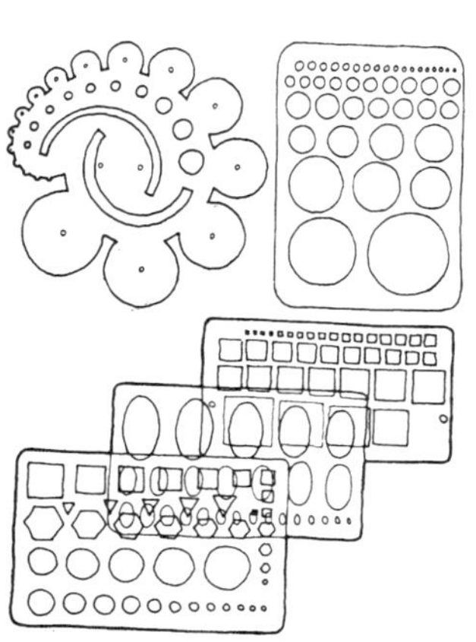

템플릿

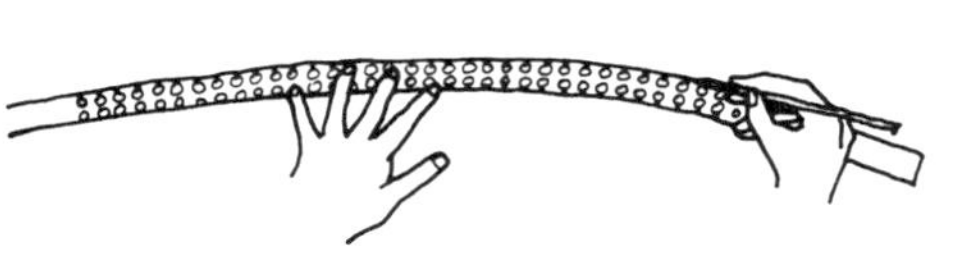

곡선자

운형자

자유 곡선자

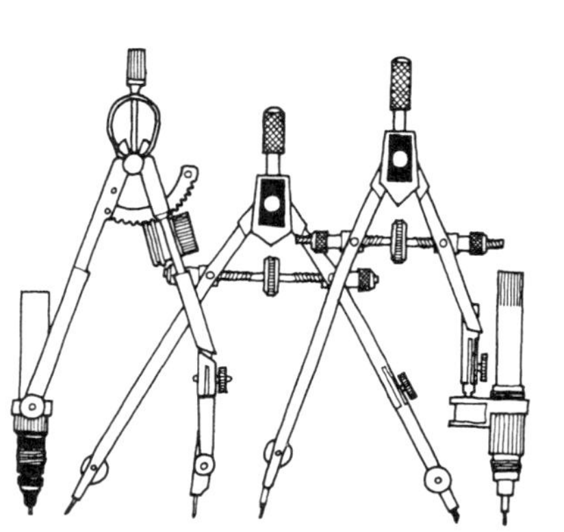

컴퍼스

4) 제도용지

방안지(모눈종이 section papers)

바둑판의 눈금과 같이 선을 그은 것으로 간단한 제도나 아이디어 구성 시에는 편리하다.

원도용지

와트만지는 두껍고 면이 다소 거칠지만 연필 자국이 생기지 않아 먹물로 그린 뒤에도 좋으며, 채색용으로 좋다.
켄트지는 주로 연필제도나 먹물제도를 할 때 쓰인다. 그러나 연필 자국이 완전히 지워지지 않고 수정이 어렵다.

트레이싱지는 습도에 따라 신축하는 경우가 있으므로 큰 도면을 조금씩 완성하기보다는 일시에 완성시키는 것이 좋다.

트레이싱지(tracing papers)

연필 또는 먹물로 완성된 도면을 원도(original drawing)라 하고 원도 위에 반투명의 종이를 깔고 먹물로 투사하는 것을 트레이싱(tracing)이라 하며, 이 반투명의 종이를 트레이싱 용지라고 한다.

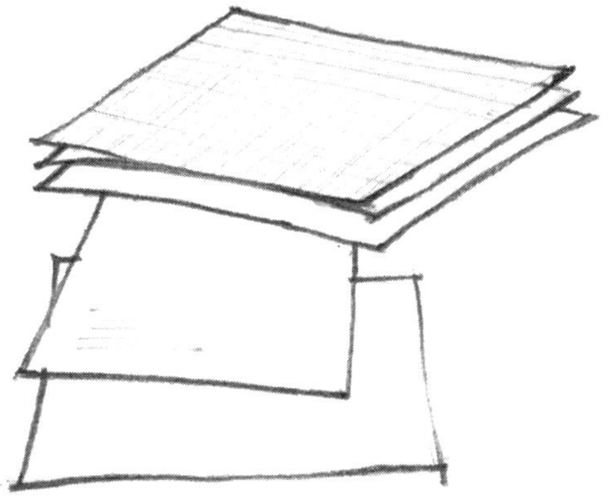

원도 용지

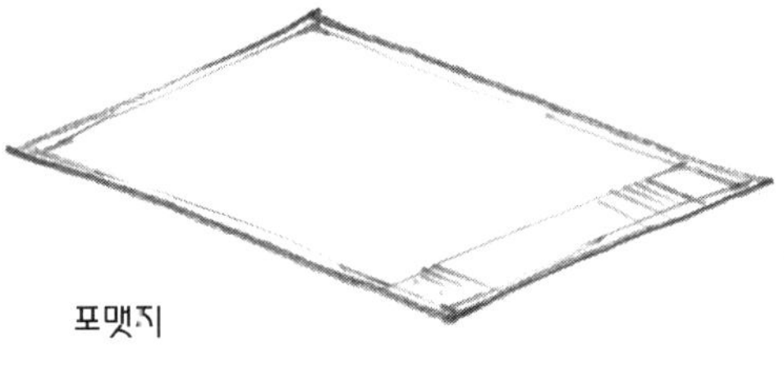

포맷지

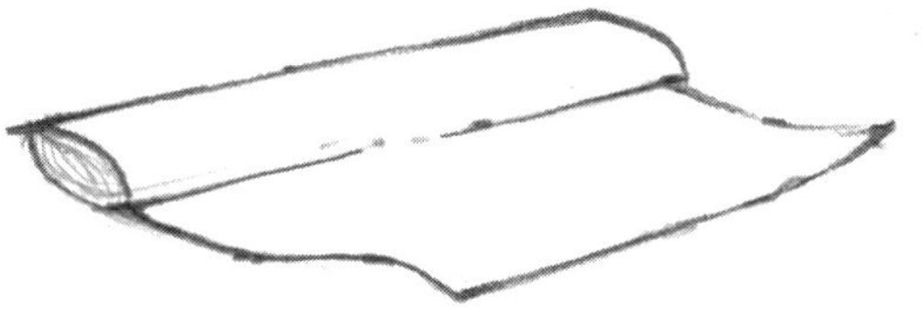

노란 트레이싱 페이퍼

5) 기타 도구

스케일(scales)

길이를 재거나 줄이는 데 사용하는 것으로 1/100, 1/200, 1/300, 1/400, 1/500, 1/600 등 6가지가 있고, 길이는 30cm, 10cm가 있다.

디바이더(divider)

디바이더는 도면상의 치수를 다른 데로 옮기거나 축척의 눈금을 제도용지에 옮길 때, 선을 분할하거나 확대할 때 사용한다.

레터링 세트

정형의 글자를 만드는데 사용되는 제도용구로서 셀룰로이드나 아크릴자에 새겨진 한글, 영문, 숫자를 도면에 옮겨 적을 수 있다.

제도는 선을 잘 긋는 것 못지 않게 잘 지우는 것도 중요하다.

지우개

제도의 성질에 따라 도면에 흠이 생기지 않도록 부드러운 지우개를 사용하는 것이 좋다.

제도용 솔

도면을 깨끗하게 유지 시켜준다.

지우개판

주어진 구멍을 이용하여 정확히 일정 부분만 지울 수 있다.

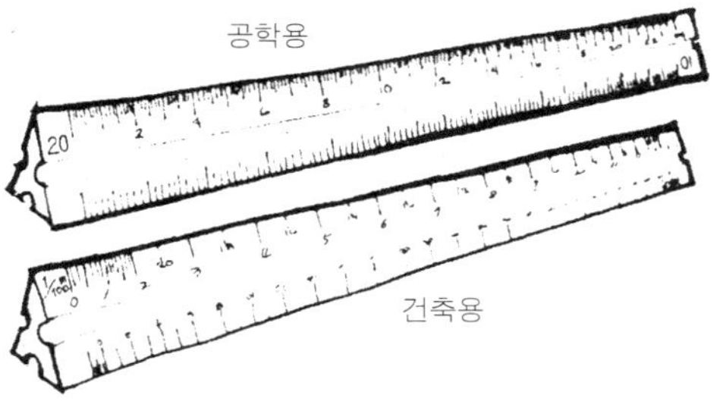

스케일

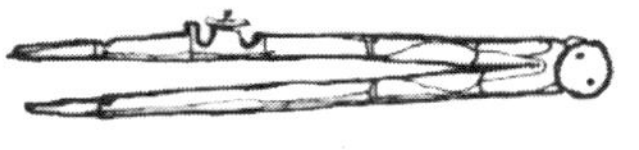

디바이더

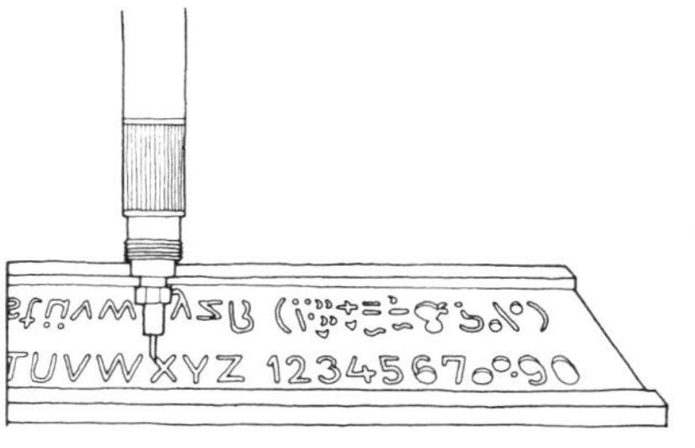

레터링 세트

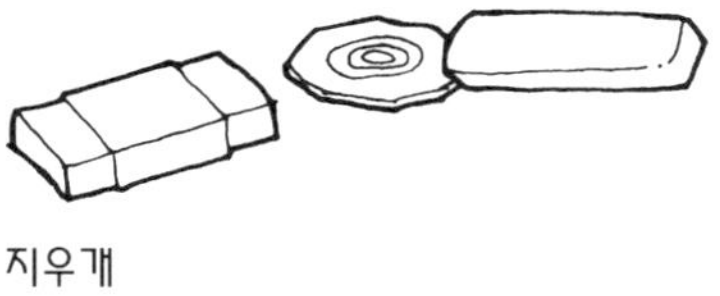

지우개

제도용 솔

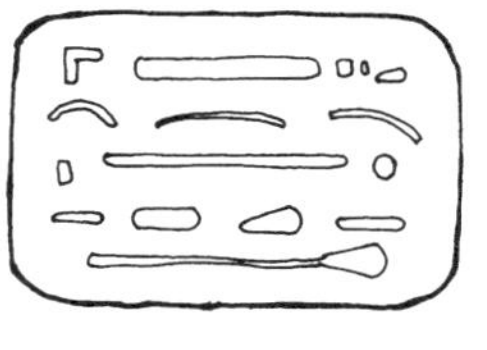

지우개판

2. 선 LINE

꾸준한 연습만이 좋은 선을 만든다

선은 아름답고 정확해야 한다. 선의 질기, 굵기, 정확도에 따라 화면을 살리기도 하고, 못쓰게 하기도 한다. 단순한 선 하나라도 하루 아침에 뜻대로 그을 수 있게 되지는 않는다. 연습을 거듭하는 가운데 차츰 요령을 알게 된다.

제도에서 선은 기본이며
선의 질에 따라
경력을 알 수 있을
정도로 선은 중요하다

1) 선긋기 기법

연필을 쥘 때에는 3cm 정도의 위치를 가볍게 쥐는 것이 적당하며 새끼손가락은 종이에 대어 안정되게 한다.
선을 그을 때에는 심을 자의 아랫변에 꼭 대고 연필을 오른쪽으로 30°~40° 뉘어서 단번에 긋는다.

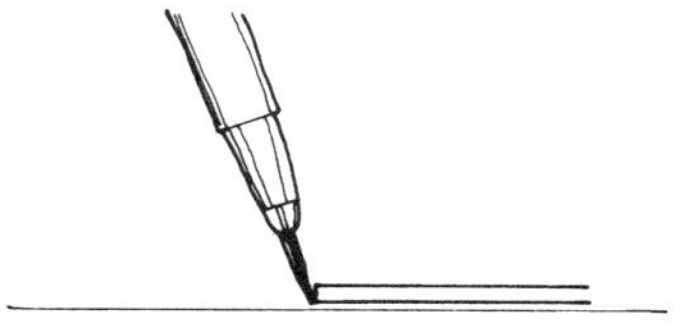

· 날 끝에 바짝 대어서 그으면 제도 용구를 더럽히며 선이 번진다.

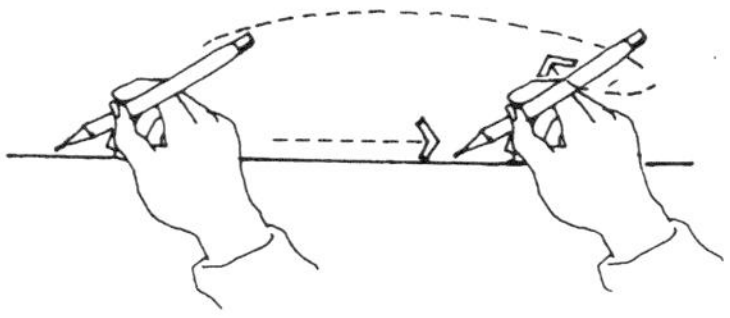

· 연필심이 고르게 묻도록 연필을 돌리면서 빠르고 강하게 긋는다.

수평선긋기

수평선을 그을 때에는 T자를 제도판에 밀착시키고 왼쪽에서 오른쪽방향으로 선을 긋는다.
수평선은 T자를 아래로 끌어내면서 차례로 긋는다.
시작점과 마감점에서 맺어줌의 강조가 필요하다.

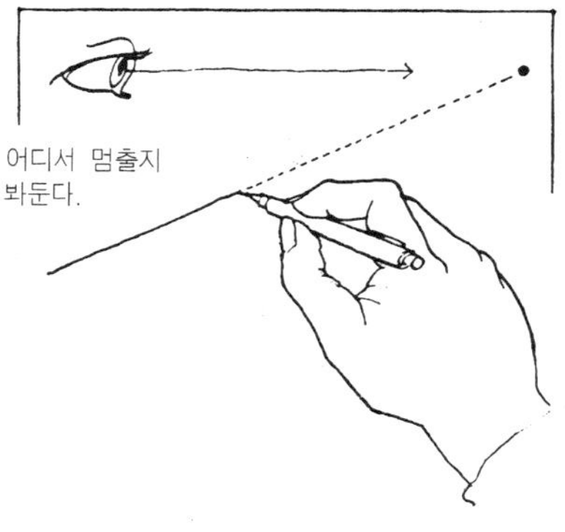

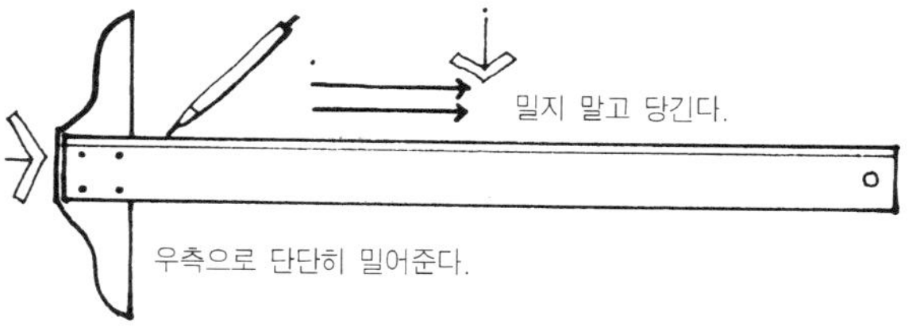

간격을 주시하라.

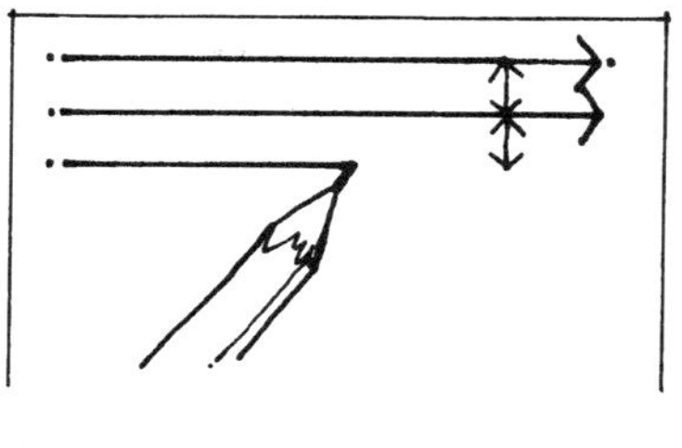

힘을 주어서 시작하고, 힘을 주면서 마친다.(힘있고 명확한 선이 된다)

수직선과 사선 긋기

수직선은 아래에서 위로 긋는다.
사선은 삼각자의 방향에 따라 아래에서 위로 또는 위에서 아래로 긋는다.

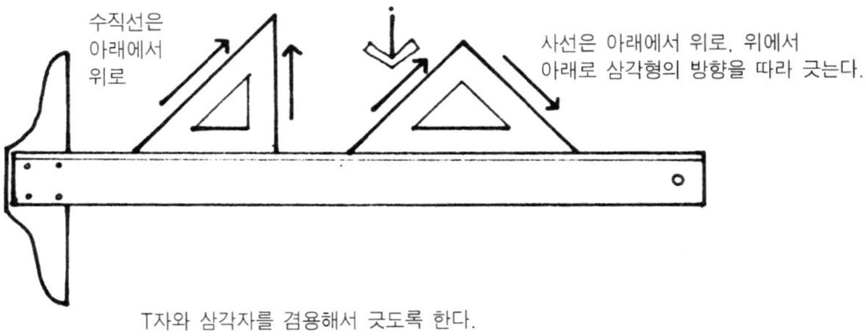

T자와 삼각자를 겸용해서 긋도록 한다.
자 하나로 선을 긋지 않도록 한다.

곡선 긋기

원은 템플릿 · 컴퍼스로 긋고, 원 외의 커브는 곡선자 · 운형자를 사용하며, 불규칙한 곡선일 경우에는 자유 곡선자를 사용하면 편리하게 곡선으로 그을 수 있다.

원

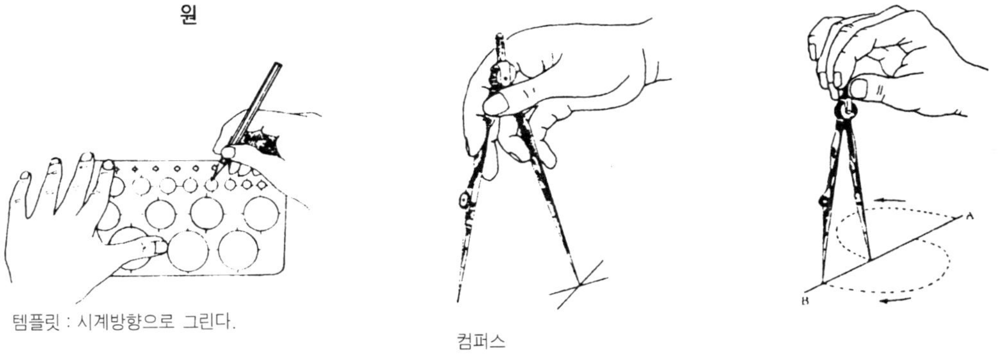

템플릿 : 시계방향으로 그린다.

컴퍼스

자유 곡선

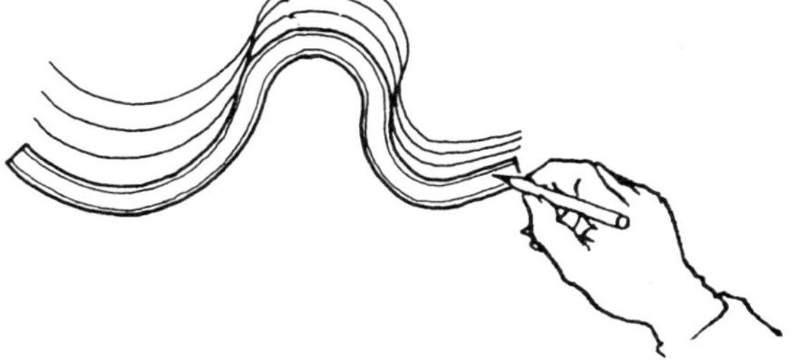

커브 곡선

곡선과 곡선이 합치되는 부분을 그릴 때는 운형자를 충분히 겹쳐지게 한 후 교차점을 그리면 된다.

2) 선의 평가

그은 선이 올바른지 자신이 엄격하게 평가하고 반성한다.

- 선의 끝이 분명하다.
- 선이 힘이 있고 일정하다.
- 선의 끝이 분명하지 못하다.
- 여러 번 겹쳐서 긋는다.
- 선이 도중에 끊어졌다.
- 선이 번졌다.

곡선을 먼저 긋고 직선을 그어야 좋은 결과를 얻을 수 있다.

■ 직선과 직선의 연결

- 모서리선이 닿지 않았다.

- 모서리 선이 너무 지나쳤다.

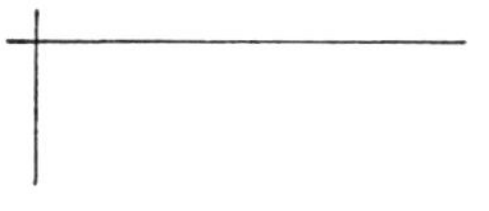

- 모서리선이 잘 맞았다.

■ 직선과 곡선의 연결

- 곡선이 닿지 않았다.

- 잉크가 뭉쳐 적당하지 않다.

- 정확히 잘 맞았다.

■ 파선의 경우

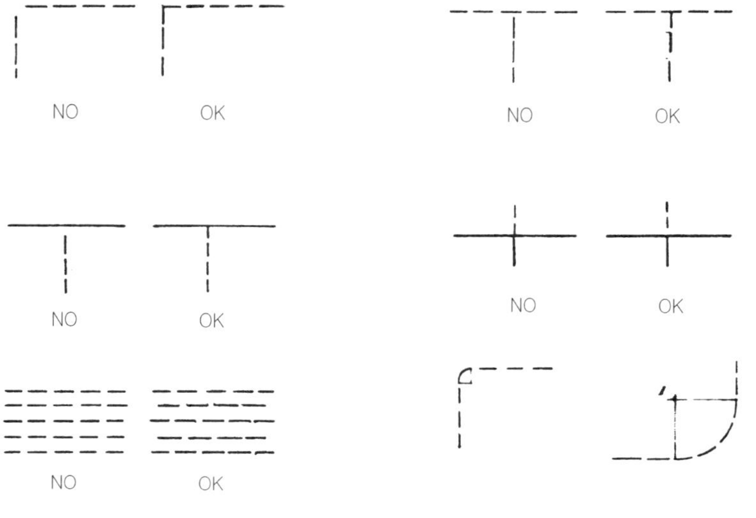

3) 용도에 의한 선의 종류

도면은 보기 쉽게 또 이해하기 쉽게 하기 위하여 굵은선, 중간선, 가는선등으로 구별하여 굵은선은 건물이나 구조물의 외곽선, 단면선, 식생 등에 사용하고, 중간선은 작은 규모의 단면선이나 시설물에 사용하며, 가는선은 레터링 보조선, 질감 치수선 등에 사용한다.

명 칭		종 류	선의 굵기(mm)	용도에 의한 명칭
실선		굵은선	━━━━━ (0.5~0.8)	단면선/외형선/파단선
		중간선	───── (0.3~0.5)	치수선/치수보조선/인출선
		가는선	───── (0.2 이하)	지시선/해칭선
허선	파 선	중간선	------------------	숨 은 선
	일점 쇄선	가는선	- - - - - - - - - - -	중 심 선
		중간선	—-—-—-—-—	절단선/경계선/기준선
	이점 쇄선	중간선	—--—--—--—	가 상 선

도면에서 선의 굵기는 적어도 3가지 정도는 나타나야 하고, 스케일에 따라 굵기는 달라지지만 굵기의 정도는 알아두도록 한다.

평면도 · 단면도의 선굵기

선의 종류	내용	선굵기(cm)
굵은선	건물, 단면선	0.5~0.8
	구조물 외곽선	0.4~0.5
중간선	보차도 · 녹지 경계, 식생	0.3~0.4
	계단, 시설물, 일반문자	0.3
가는선	운동시설, 주차선	0.1~0.2
	치수선, 인출선, 질감	0.1

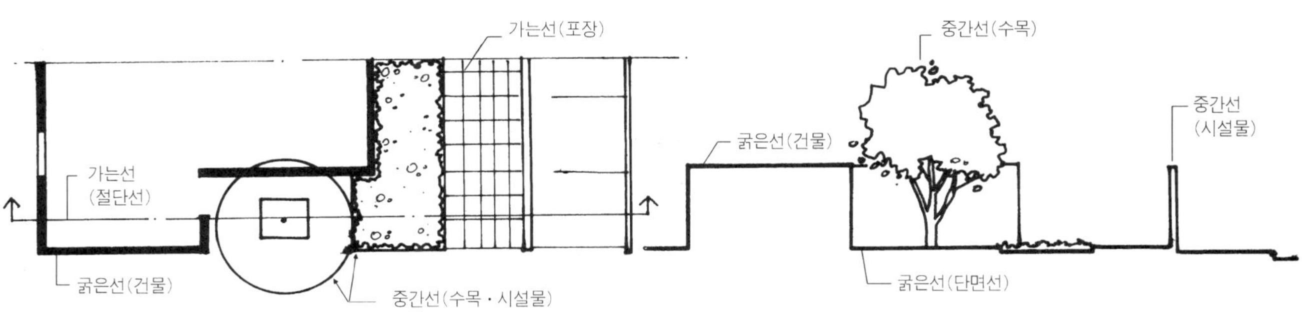

파단선

전부를 나타낼 수 없을 때, 긴 기둥을 도중에 자를 때 사용되는 것으로 여러 가지 표시법이 있다.
파단되어 있는 것이 명백할 때는 파단선을 생략해도 무관하다.

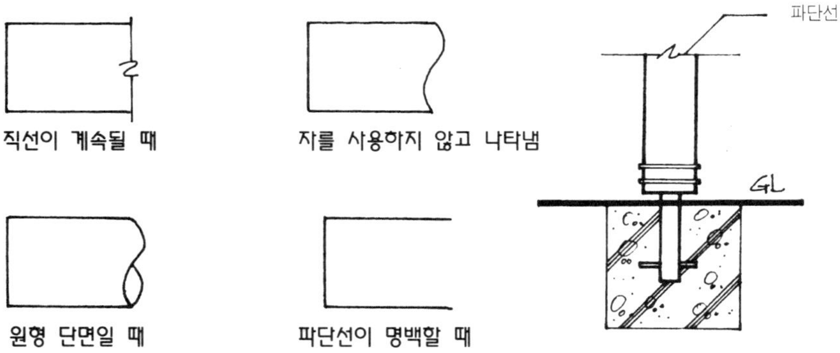

단면선

단면의 윤곽을 나타내는 선으로 바깥선을 굵게 하여 재료의 선을 나타낸다.

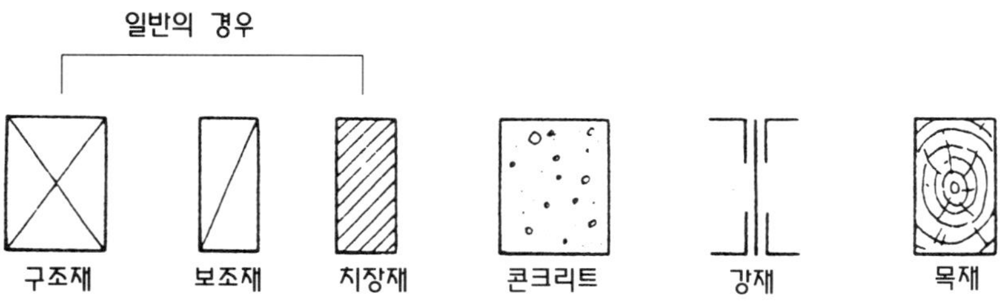

해칭선

가는선을 같은 간격으로 밀접하게 그은 선으로 단면의 표시에 사용한다. 해칭선은 45° 각도로 긋는다.

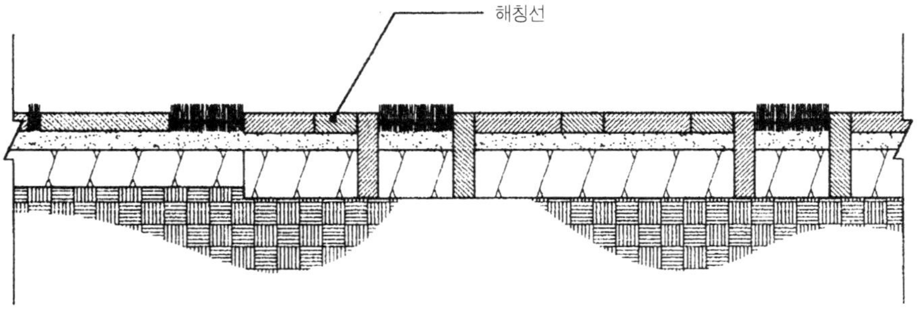

가상선(상상선)

가공하기 전의 모양을 나타내는 선이다.
움직이는 물체의 상호간 위치를 나타내는 선이다.
인접된 다른 부품을 참고하기 위하여 표시하는 선이다.
가상면을 나타내는 선이다.
이점 쇄선으로 표시한다.

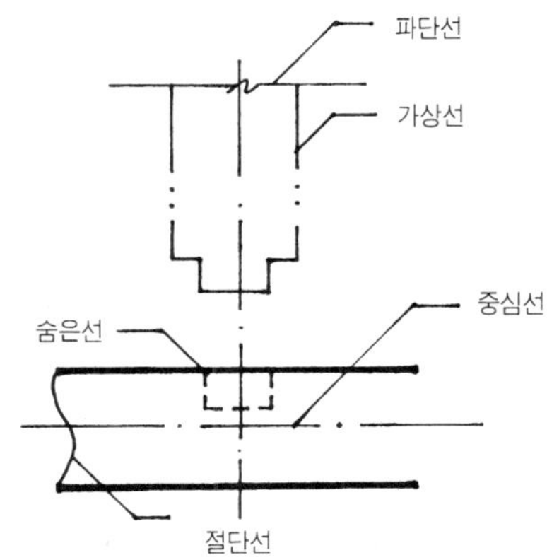

절단선

절단해서 보이려는 위치를 표시한 선으로 쇄선으로 표시한다.
절단선에는 기호를 기입하고 단면에는 보는 방향을 나타내는 화살표를 붙인다.

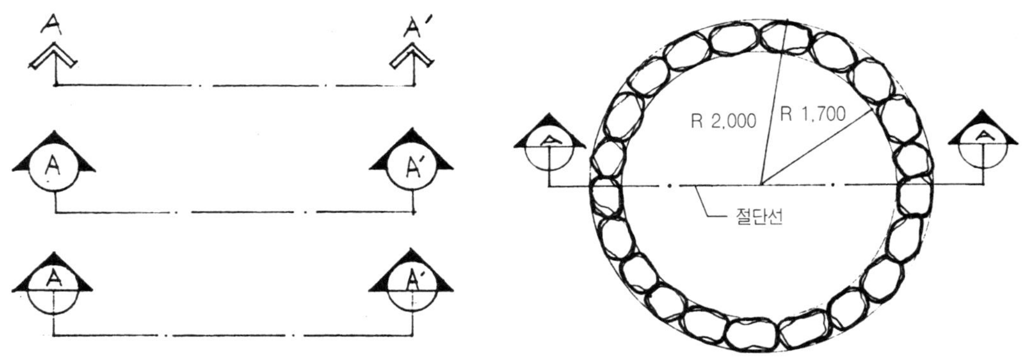

절단선의 예

치수선

치수의 표시방법은 내용을 명확히 하는데 필요한 모든 것을 충분히 기입하고 중복은 피한다.
누락된 치수를 다시 계산하는 일이 없도록 한다.
단위는 원칙적으로 mm를 기입하며, 단위 기호는 붙이지 않는다.
부득이 mm 이외의 단위를 사용할 때는 반드시 단위를 기입한다.
넷째 자리 이상의 수는 셋째 자리마다 쉼표를 찍거나 간격을 두어 읽기에 편리하도록 한다.

치수선의 간격

치수 보조선은 치수를 나타내는 부분의 양끝에서 치수선과 직각이 되도록 긋되, 2, 3mm 정도 떨어져 긋기 시작한다. 치수 보조선의 끝도 치수선과의 교차점을 지나서 3mm 정도 더 나오도록 하는 것이 좋다.
화살표의 크기는 선의 굵기와 조화를 이루어야 하며, 누락되지 않도록 한다.

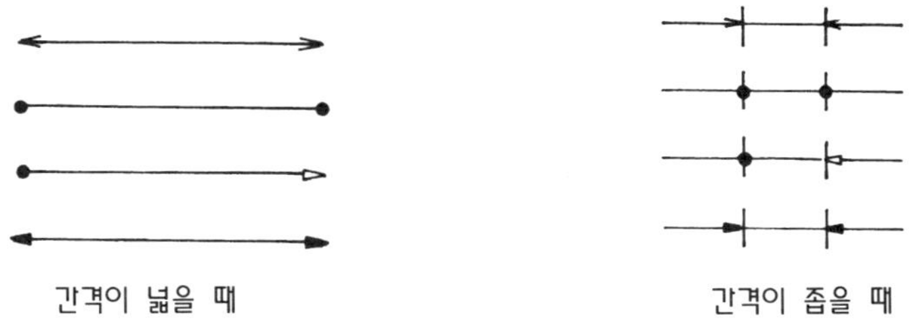

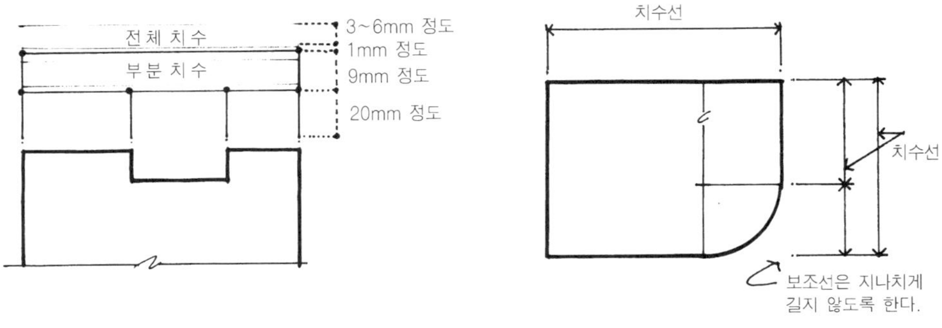

치수의 기입

치수의 기입은 원칙적으로 도면에 평행하게 쓴다.
치수선을 중단하고 선의 중앙에 기입하기도 한다.

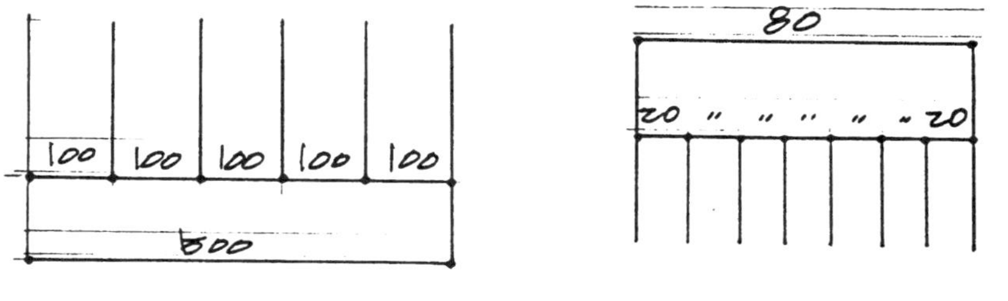

동일한 치수가 연속될 때는 치수를 모두 기입하는 것이 원칙이지만 간격이 좁을 때는 처음과 끝에 반드시 치수를 기입한다.

수치를 기입할 여백이 없을 때는 인출선을 그어 표시하거나 아래, 위로 표시하기도 한다.

원호나 현의 길이 표시는 지름의 기호, 반지름의 기호, 정사각형의 기호는 치수 숫자 앞에 쓴다.

치수는 아래에서 위로, 또는 왼쪽에서 오른쪽으로 읽을 수 있도록 윗 부분에 기입한다.

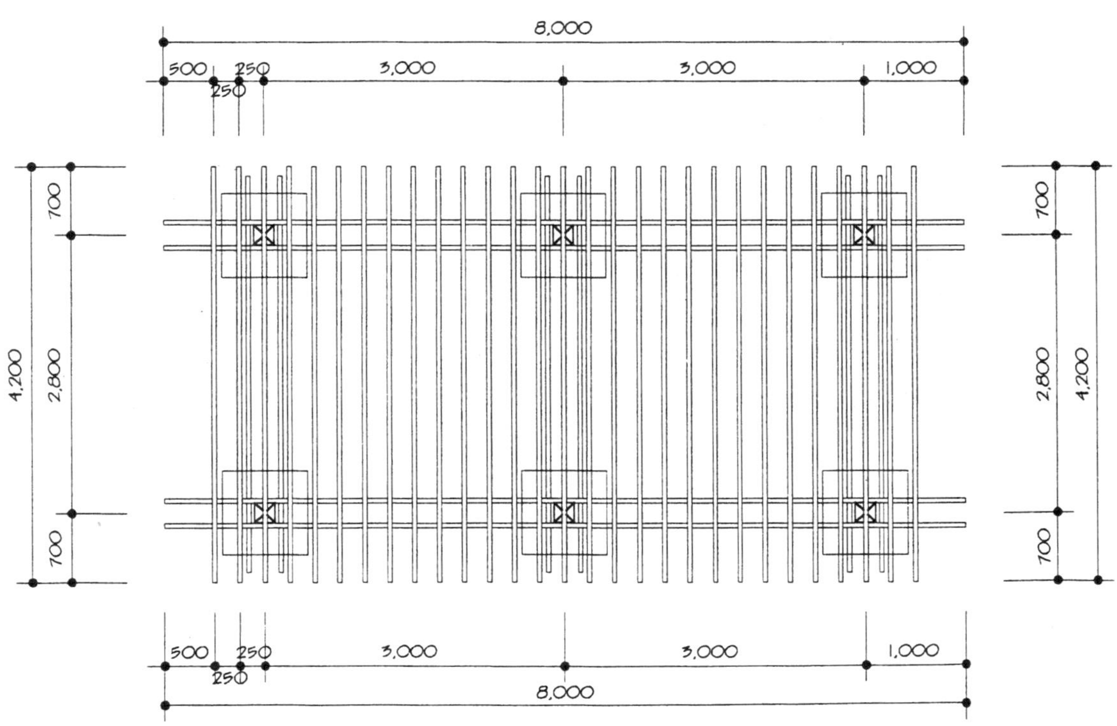

인출선

설계 내용에 기재하여야 할 사항을 인출할 때 사용되는 선을 말하며, 가능한 한 도면에 인출선의 방향과 기울기 등을 통일하는 것이 좋다. 조경 식재 설계에서는 수목의 규격, 수종명 등을 기입하여 인출선을 많이 사용하는데 가는선으로 긋는다.

부득이한 인출선끼리의 교차는 아래와 같이 표시하여 선의 혼돈을 피하도록 한다.

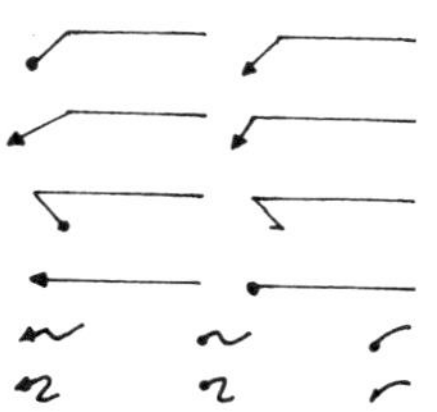

인출선의 종류

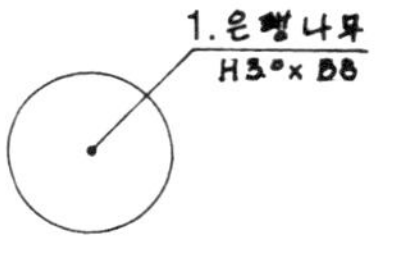

인출선의 예

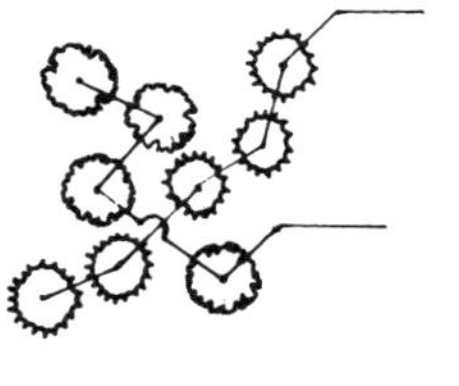

인출선 교차의 방법

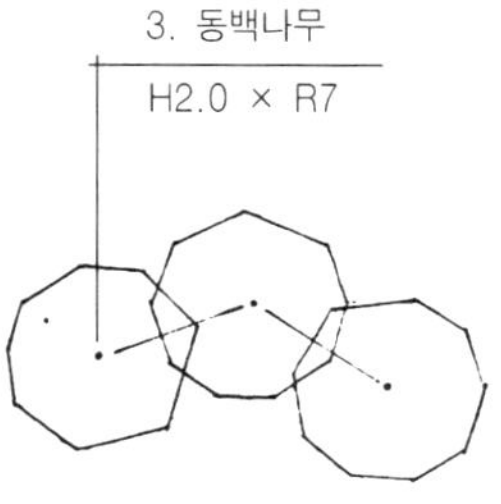

같은 수종끼리는 연결해서 인출선을 긋는다.

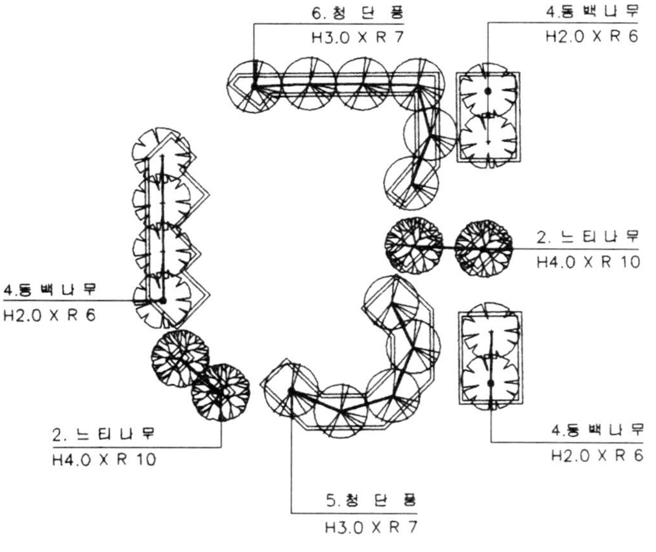

같은 수종이라도 인출선이 교차하지 않도록 위 · 아래 · 좌 · 우로 나누어 표시한다.

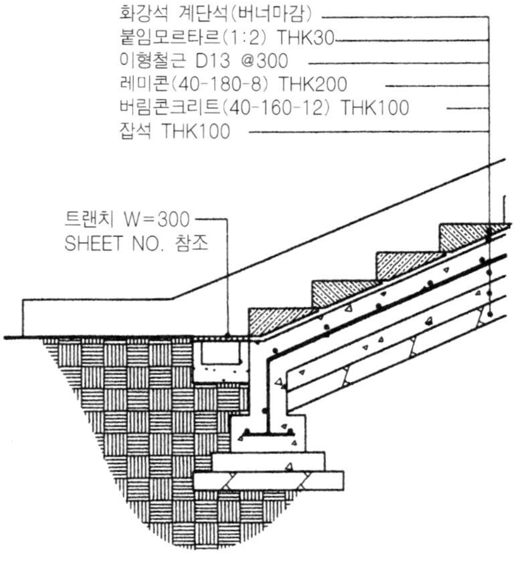

단면도상의 인출선은 아래에서부터 차례로 재료 · 규격을 표시한다.

수목표기

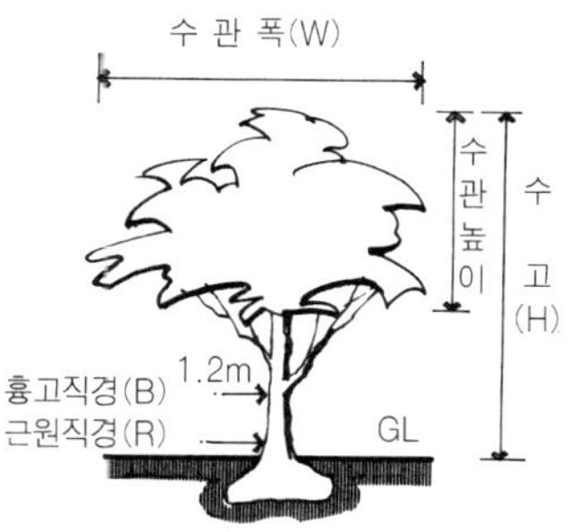

구 분	약 칭	단 위	정 의
수 고	H	m	지표면에서 수관의 정상까지의 수직길이
수관폭	W	m	수관의 직경폭
흉고직경	B	cm	지표면에서 1.2m 부위의 수관직경
근원직경	R	cm	표면 부위의 수관직경
수관길이	L	m	수관이 수평으로 생장하는 특성을 가진 조형된 수관의 최대 길이
성 상	규 격		
교 목 성	수고(m) × 흉고직경(cm)		
관 목 성	수고(m) × 수관폭(cm)		
묘 목	줄기길이(cm) × 근원직경(cm)		

- 조경설계에서 조경식물 소재를 구분하는 표준표시 방법은 없으나 일반적으로 상록교목, 낙엽교목, 상록관목, 낙엽관목, 망경목, 지피류 등으로 구분하여 표시한다.
- 기본계획, 기본설계 단계에서는 보통 수종명만 기입하거나 설계자에 따라 수목에 알파벳 혹은 숫자 등의 기호를 사용하여 범례에 표시하기도 하고, 인출선을 사용하여 도면 위에 직접 수종명을 기입하기도 하지만 수종이 다양한 경우 도면이 복잡하게 된다.
- 실시설계에서는 수목에 인출선을 사용하여 도면에 직접 기재하는 방법이 많이 사용되는데 이 때에는 가능한 주수・수종명, 규격 등을 정확하게 표시하는 것이 바람직하다.

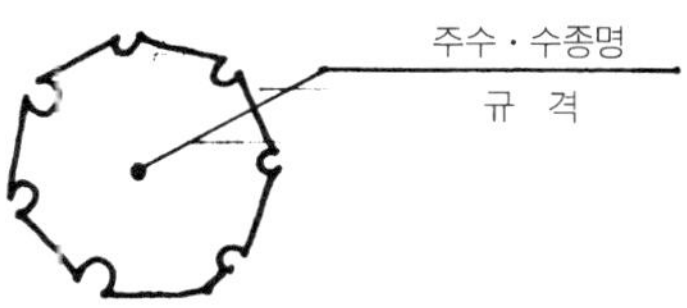

수목에 인출선을 사용하여 주수・수종명, 규격을 표시한다.

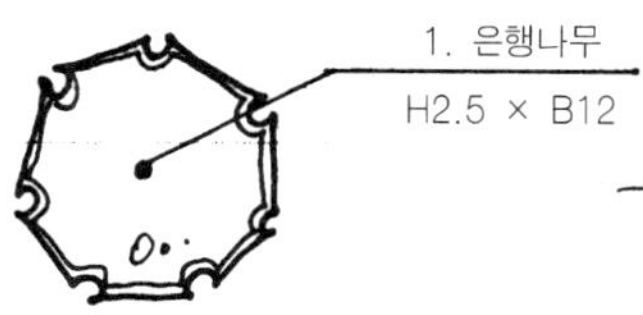

수종에 따라 규격은 근원직경, 흉고직경 등 표기 방식이 다르다.

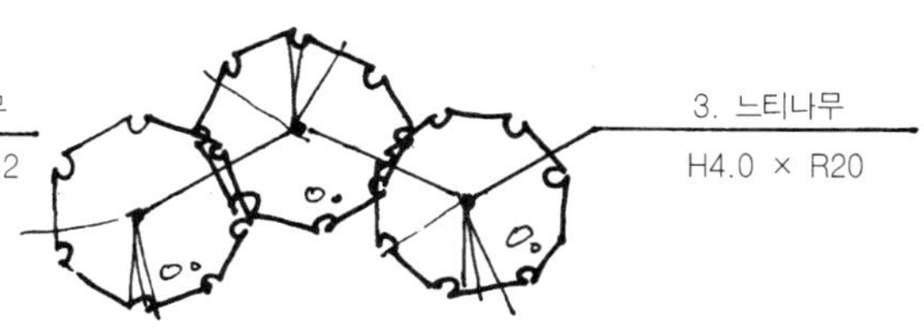

같은 수종은 인출선을 연결하여 표시하면 도면이 복잡해지는 것을 방지할 수 있다.

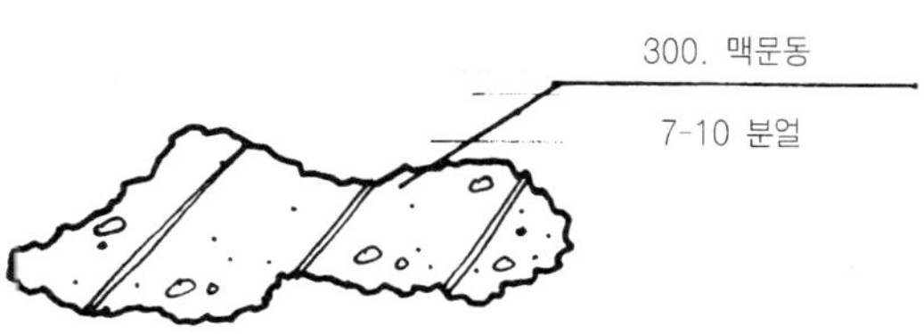

지피류는 일반적으로 분얼로 표시한다.

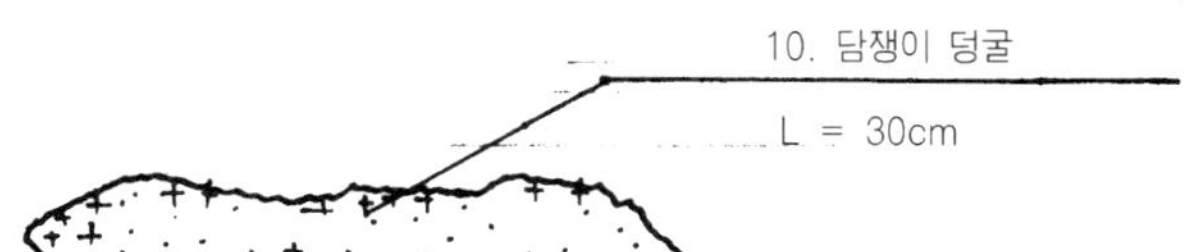

덩굴성 식물은 규격을 길이로 표시한다.

3. 레터링 lettering

레터링은 제도의 질을 향상시킨다

레터링은 정확한 정보의 전달, 미술적 가치로서 도면을 돋보이게 할 수 있는 중요한 요소이다.
레터링이 잘 되어 있지 않으면 도면이 지저분하고 정보의 전달이 부정확하여 도면의 효용이 떨어진다.
그러므로 반드시 형태와 배열의 미를 갖추어야 하며, 표현에 명확성이 있어야 한다.
선에 의해 표현할 수 없는 주, 타이틀, 치수 등을 나타낸다. 알아보기 쉽고, 보기 좋게 함으로써 제도의 질을 향상시키게 한다.

각자에 알맞는 글자체를 개발하여 도면에 개성을 부여하자

레터링은 도면의 위치에 따라 구별하여 사용한다

문장으로 쓰는 것과 제목, 치수 등에 쓰는 것은 구별 사용하는 것이 좋고, 공사 명칭, 도면 명칭, 표제란 등에는 그래픽적인 문자체를 사용함이 좋다.

1) 레터링 수법

보조선을 그은 후 평행자(T자)에 작은 삼각자를 놓고 시작한다.
문자는 수직으로 쓴다. 작은 삼각자를 이용하면 글자의 수직획을 일정하면서도 효과적으로 그을 수 있다.
같은 도면상에서는 동일한 글자체가 되도록 한다.

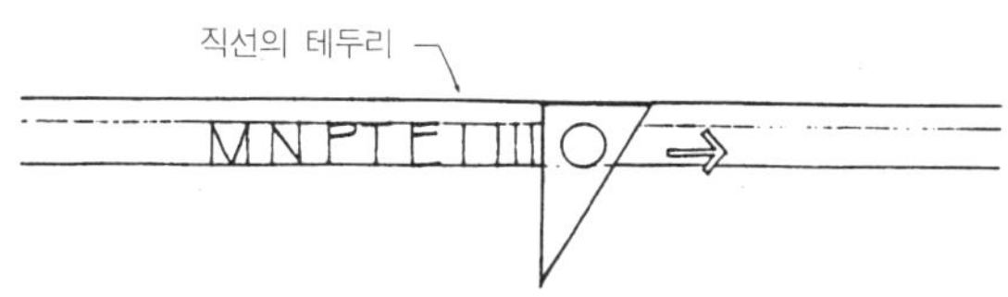

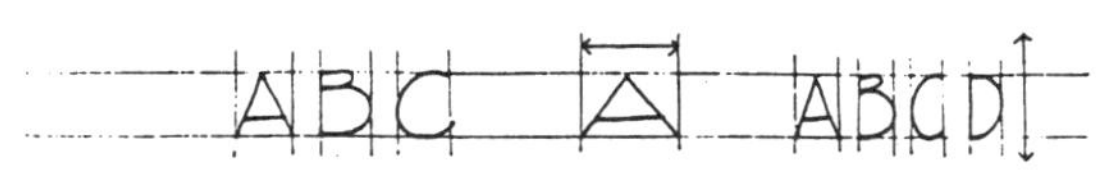

수평선은 좀더 굵고 진한 선으로 그린다.
수직선은 가늘게 또 끝을 강하게 그리고, 수평선은 굵고 진하게 그린다.
끝은 강하고 진하게, 가는 수직선을 그린다.

반드시 자기 고유의 레터링 스타일을 개발해야 한다.
스타일 특성은 글자체나 자간, 장평 등에 일관성이 있어야 한다.

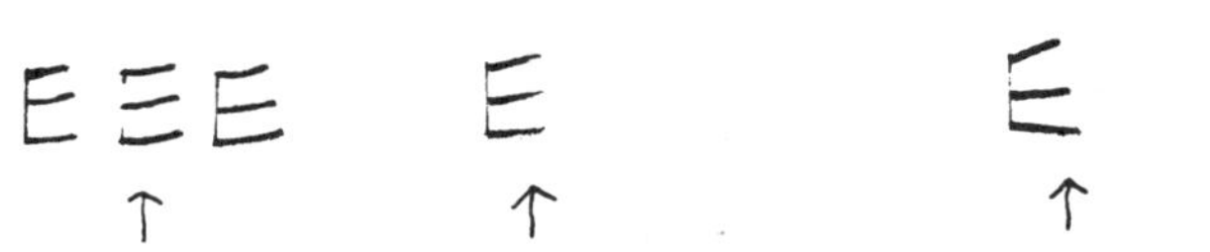

정확한 표현 / 끝을 흘렸다. / 수평선이 평행이 아니다.

너무 심하게 경사가 졌다. / 수평선을 강하게 그린다. / 수평선이 너무 평평하다.

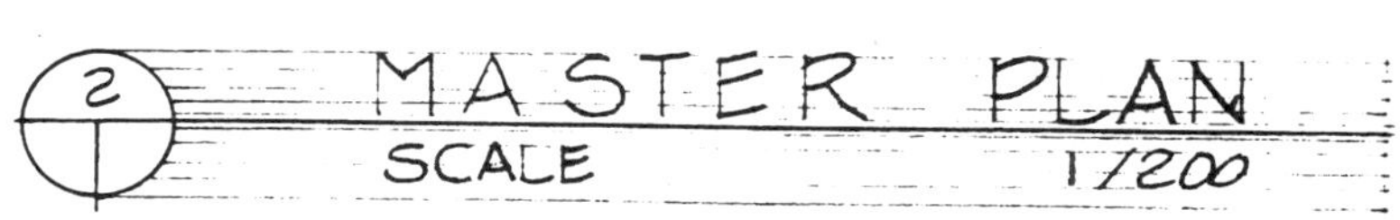

2) 레터링 기법

크고 작은 글자체가 있다. 적당한 글자체를 선택하여 손이나 도구를 이용해 문질러 사용한다.

드라이 트랜스퍼

레터링판을 이용해 글자를 쓰거나 스텐실 붓으로 꺾어서 사용해도 좋다.

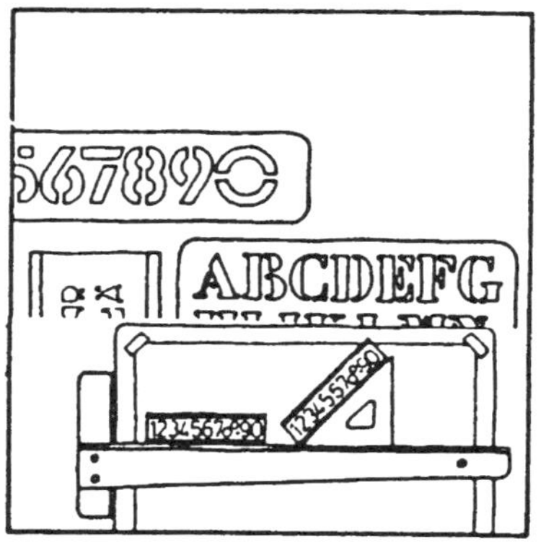

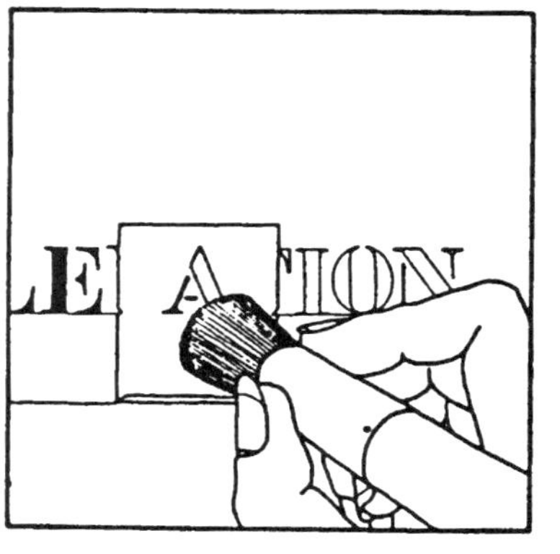

레터링판

컴퓨터에 입력한 글자를 투명한 레크로필름지에 출력한 후 칼로 오려서 원하는 도면에 붙이면 된다.

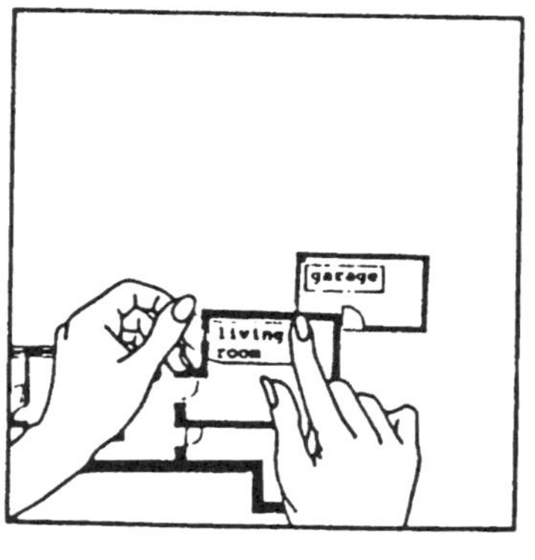

레크로 필름지

형판, 펜촉 스크라이버(scriber) 등이 1조로 되어 있으며, 스크라이버에 펜촉을 꽂아 문자가 새겨진 홈에 따라 연필이나 로트링으로 써 나간다.

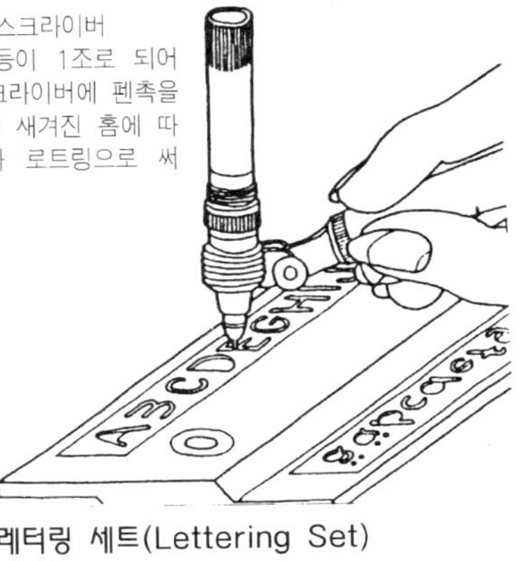

레터링 세트(Lettering Set)

표제용 레터링

표제용은 일반적으로 컴퓨터나 마커를 이용해서 레터링하는데 마커의 경우는 마커로 글자를 쓴 후 로트링으로 외곽선을 마무리하면 된다.

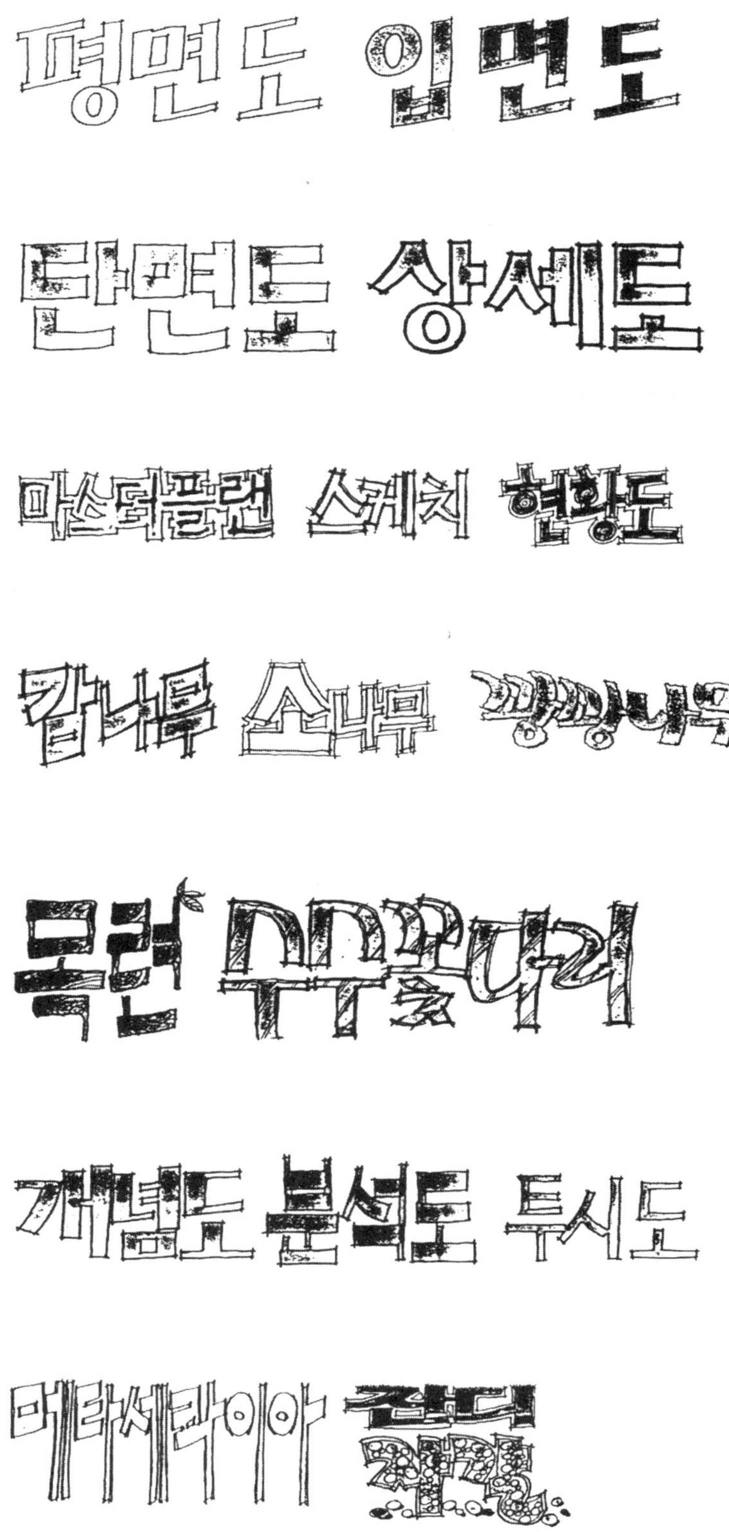

3) 레터링 연습

■ 보조선을 긋고 연습해 보자

A B C D E F G H I J K L M N O

P Q R S T U V W X Y Z

a b c d e f g h i j k l m n o p

q r s t u v w x y z

0 1 2 3 4 5 6 7 8 9

ABCDEFGHIJKLMNOPQRS

TUVWXYZ

a b c d e f g h i j k l m n o p q r s

t u v w x y z

1 2 3 4 5 6 7 8 9 0

평면도 정면도 측면도 단면도

조경 계획도 녹지구적도 배식평면도 식재상세도

지주목상세도 시설물배치도 현황분석도 포장상세도

수목총괄표 공사명 시각분석도 시방서 목차

주차장 전망대 시이소 철봉 안내판 파고라 바베큐

볼라드 선큰광장 데크 화단 그네 은행나무 주목 느티나무

아왜나무 단풍나무 곰솔 개나리 휴지통 조명등 음수대

화장실 휀스 열주 회랑 푸울 마리나 정구장 배구장

식물원 동물원 빈카마이너 송악 수국 옥잠화 잔디 조릿대

4. 도학 DESCRIPTIVE GEOMETRY

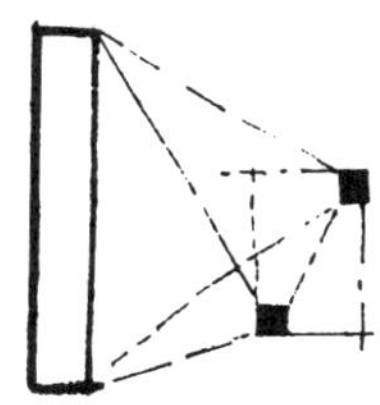

도학이란?

도학은 도법 기하학(descriptive geometry)의 약칭으로 프랑스의 Gaspard Monge가 작도법을 주로 하는 입체표현법으로서 작도에 직접 응용할 수 있도록 체계를 세운 것이다.

보다 신속하게 도면을 완성하기 위해서 기본도법을 암기해 두자

조경 설계시 주로 사용되는 도법을 알아보자.

도법만 설명하는 데에도 많은 시간을 필요로 할 만큼 그 내용이 많다. 이러한 도법을 많이 알고 있으면 정확하고 빠르게 원하는 도형을 작도할 수 있다.

1) 기본도학

■ 우선 도면을 등분해 보자

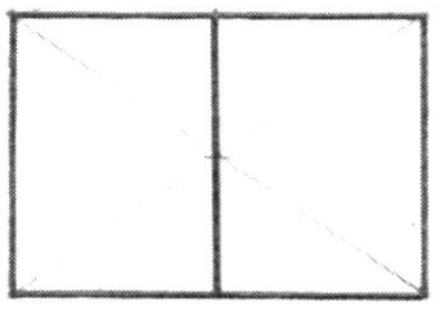

대각선을 이용한 2등분

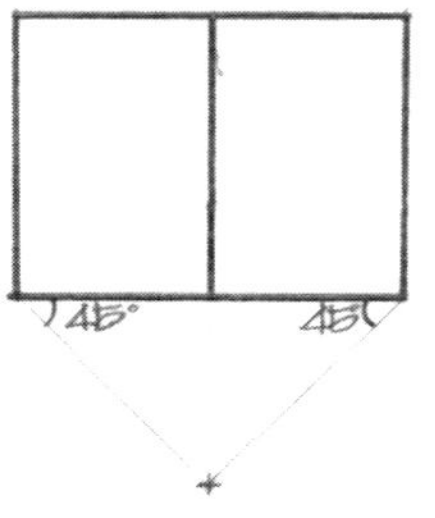

45 ° 로 2등분

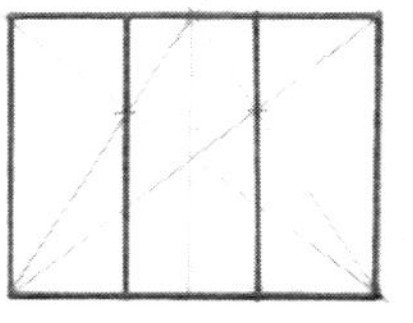

3등분

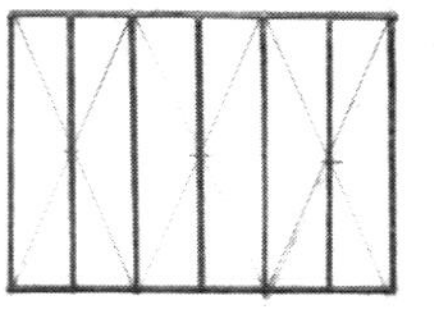

6등분

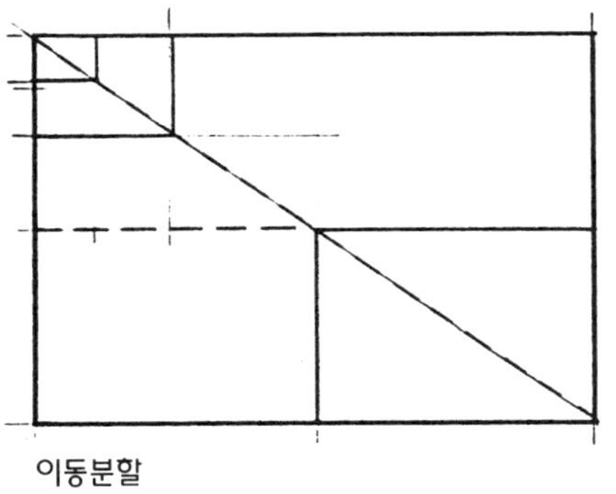

이동분할

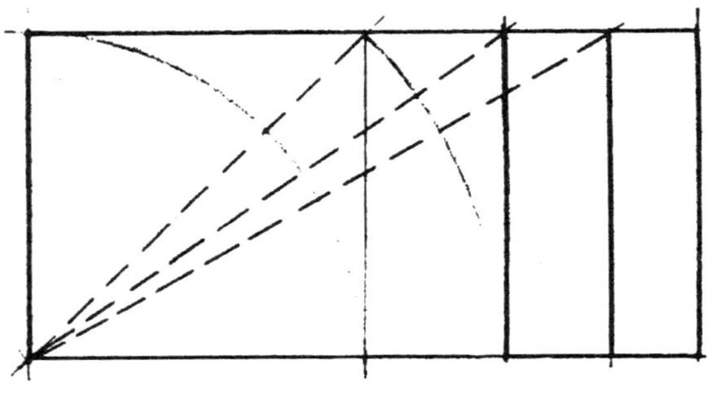

우수한 사각형의 작도

■ 원하는 위치로 이동시켜 보자

도면을 그릴 때, 레이아웃 작업을 할 때 편리하게 쓰인다.

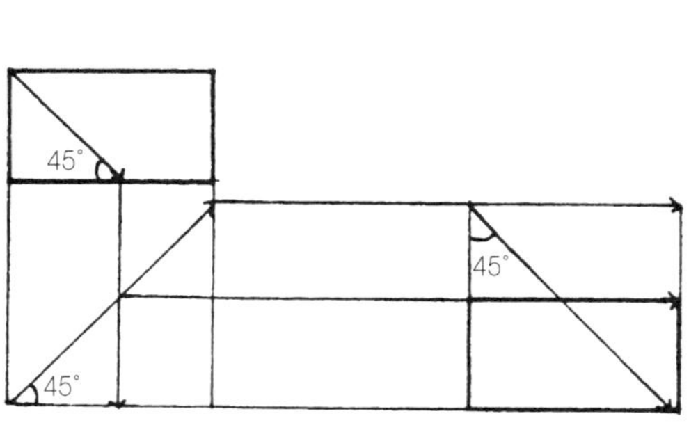

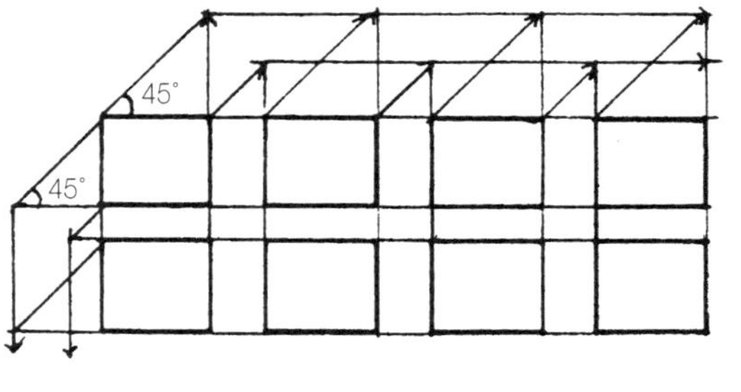

45 ° 를 이용하여 다양한 위치로 분할, 이동시킬 수 있다.

■ 각을 등분해 보자

각의 2등분

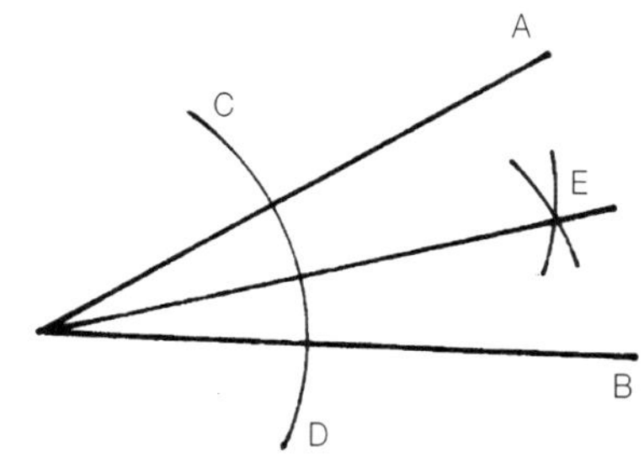

- O를 중심, 임의의 반지름으로 CD를 그린다.
- CD를 중심, 임의의 같은 반지름으로 원호를 그려 그 교점을 구한다. 그러면 OE는∠AOB의 2등분선이 된다.

직각의 3등분

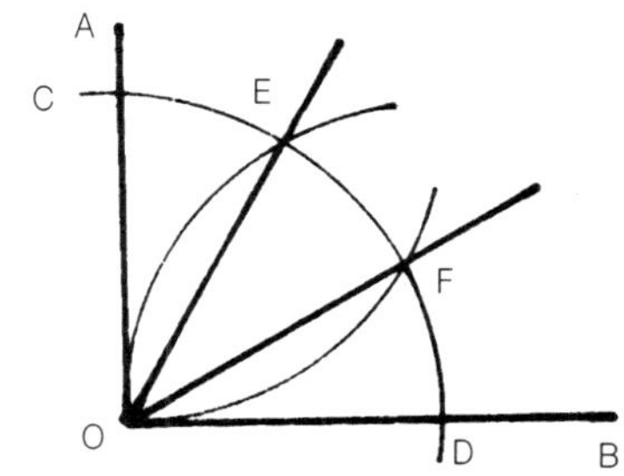

- O를 중심, 임의의 반지름으로 CD를 그린다.
- 같은 반지름으로 C와 D에서 CD를 잘라 E, F점을 구하여 O와 연결하면 OE, OF는 ∠R의 3등분선이 된다.

조경에서 정자, 파고라 등 시설물 설계에 많이 쓰인다.

■ 다각형을 그려보자

원을 이용하여 5각형을 그려보자.

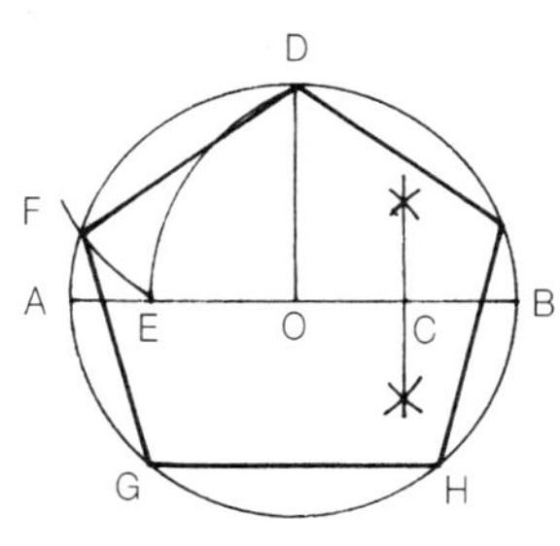

- 지름 AB를 긋고, OB의 중심 C를 그린다.
- AB에 OD의 수선을 긋는다.
- CD를 반지름으로 하는 DE를 그려 AB와 교점 E를 정한다.
- DE를 반지름인 원호와 원주와의 교점 F를 구하면 이것이 정오각형의 한 변이 된다.
- F에서 DF의 길이로 원주를 차례로 잘라 연결하면 된다.

6각형을 그려보자

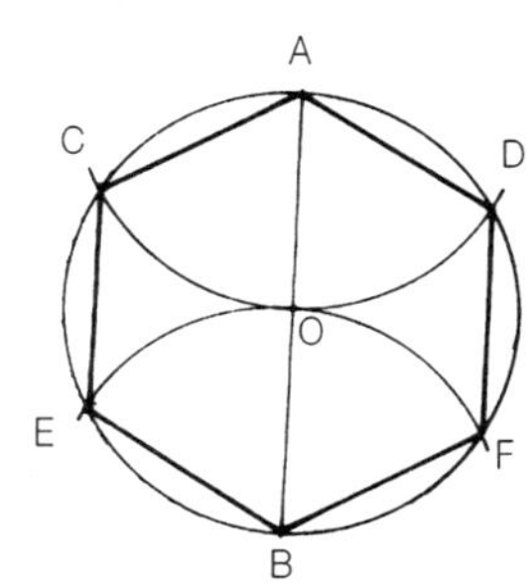

- 지름 AB를 긋는다.
- A와 B를 중심 AO를 반지름으로 하는 원호를 그려 위에 C, D, E, F를 구한다.
  차례로 연결하면 된다.

직선을 곡선으로 연결

원호를 그릴 때 알아두면 편하다.

- 지름 AB를 긋는다.
- A와 B를 중심 AO를 반지름으로 하는 원호를 그려 위에 C, D, E, F를 구한다.
  차례로 연결하면 된다.

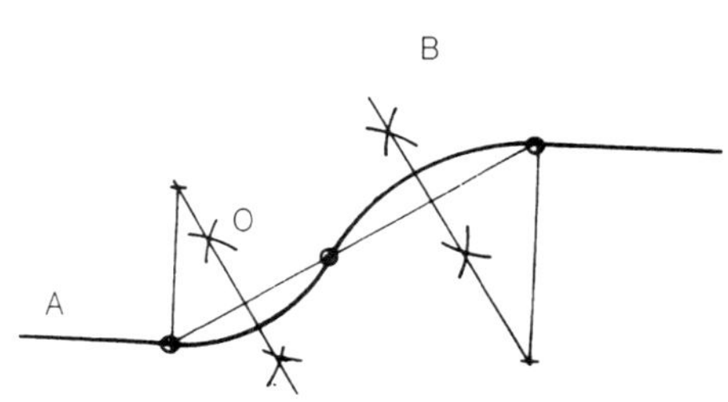

제도를 좀 더 잘하기 위해서

점

점 하나라도 소홀히 취급하지 않도록 한다.
점은 명확하게 그린다.

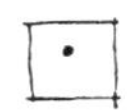

연필을 힘껏 눌러서 원이 되도록 한다.

점이 번져서 짧은 선처럼 보이지 않도록 한다.

선

선은 반드시 펜을 돌리면서 긋고 적어도 3가지 굵기의 선이 나타나도록 한다.

처음에는 힘들겠지만 자주 연습하다보면 익숙해지므로 요령 피우지 말고 곰처럼 연습하도록 한다.

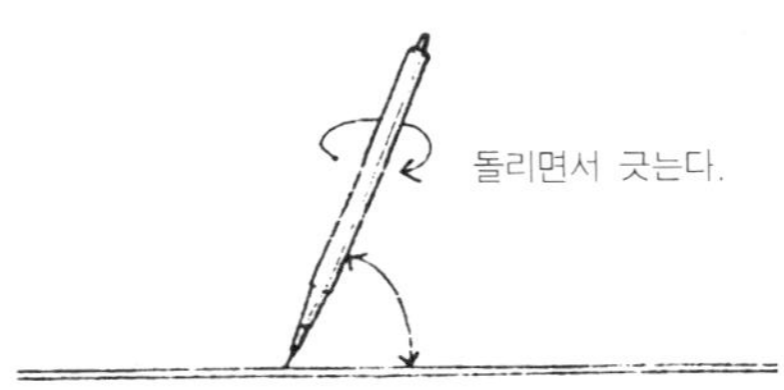

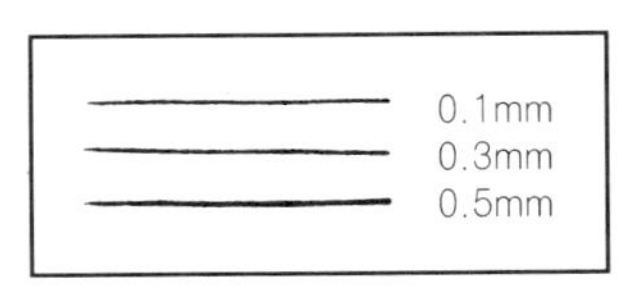

보조선을 최대한 활용한다.

잘못된 사례

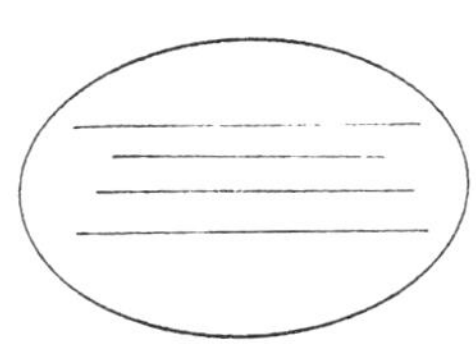

보조선이 없을 때 선들이 정리 되지 않는다.

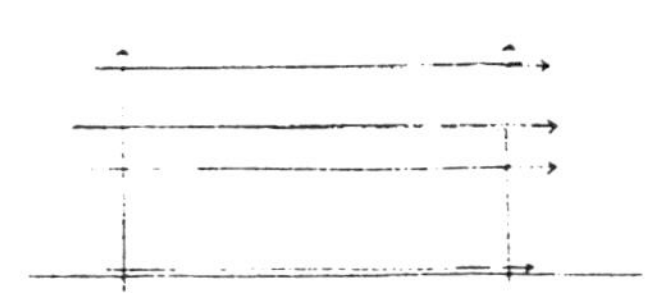

미리 외곽선의 형태를 연한 보조선으로 긋는다.

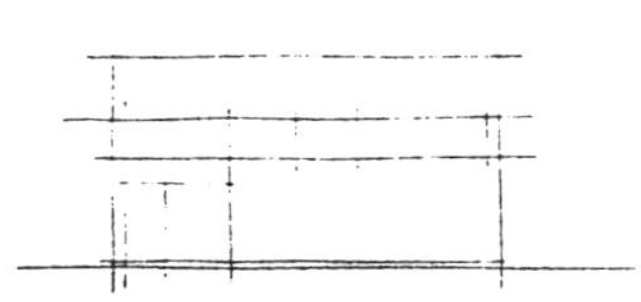

연하게 들어갈 형태의 윤곽선을 그린다.
간격은 45° 자로 등분하면 된다.

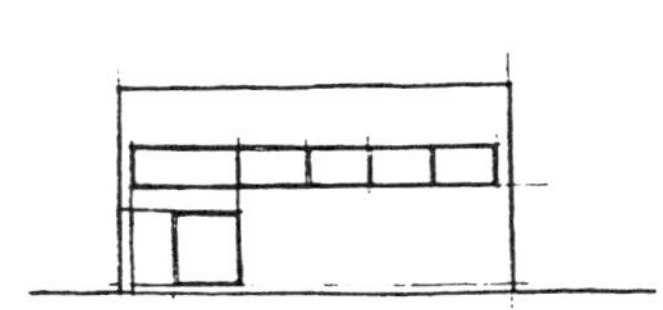

완성된 형태를 진하게 긋는다.
(보조선은 지우지 않아도 된다.)

면

면을 채울 때는 전체적으로 고르게 빈틈없이 칠한다.
넓은 면을 채울 때는 먼저 윤곽선을 긋고, 내부를 펜으로 칠한다.

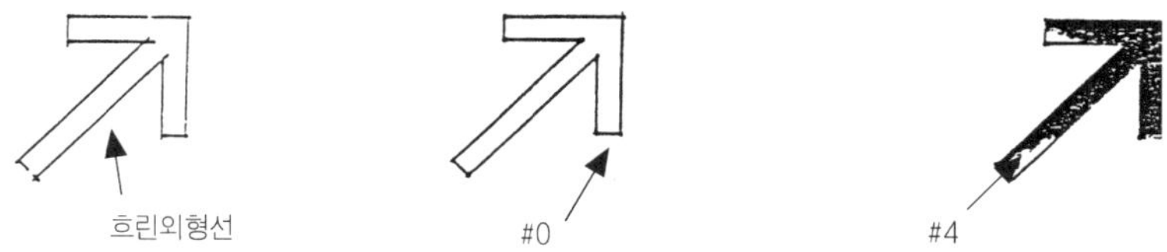

잘못된 표현

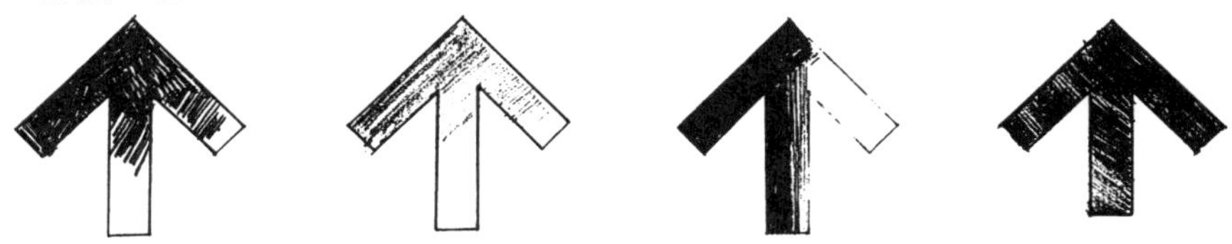

방향이 너무 자주 바뀌어서 거칠다. | 너무 연하면 명료하지 않다. | 가능하면 한 방향으로 선을 그어서 채우도록 한다. | 힘조절이 안 되어서 선의 강약이 있다.

지우기

도면은 청결이 우선이다.

• 연필제도인 경우는 일반 지우개로 쉽게 지울 수 있다.
좀더 깨끗하게 지우기 위해서는 지우개판을 이용하면 좋고, 지우고 난 후 지우개 가루가 제도판 위에 남지 않도록 제도용 솔로 깨끗이 청소하는 것도 잊어서는 안 된다.

• 잉크제도인 경우는 완벽하게 지우기란 어려우므로 최대한 주의하여 잉킹하도록 한다.
부득이하게 지워야 할 경우 수정방법은 다음과 같다.

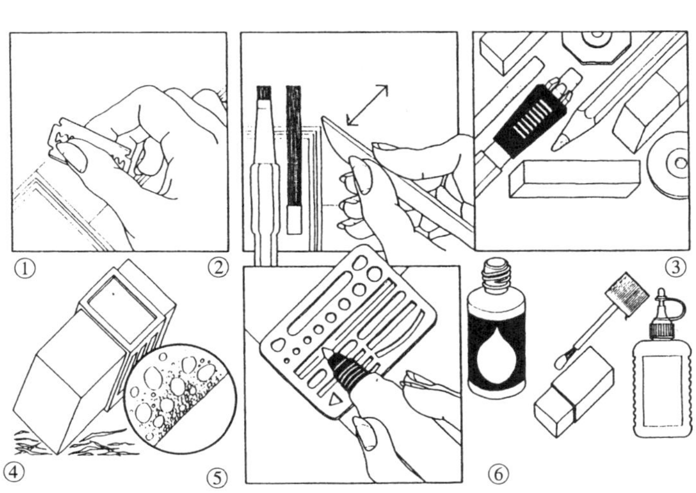

① 칼을 이용하여 조심스럽게 긁는다.
② 연필 형태의 유리섬유질 지우개는 정확하기는 하지만 마모성이 있다.
③ 트레이싱지에 이용할 수 있는 잉크 지우개나,
④ 플라스틱 지우개는 좋은 효과를 얻을 수 있다.
⑤ 전자식 지우개는 많은 부분을 수정하는데 편리하지만 표면이 뒤틀릴 우려가 있다.
⑥ 수정액에 의한 방법은 수정액의 색과 종이의 색이 같을 때만 효과가 있다.

2 평면표현

GRAPHIC SYMBOLS

평면의 표현은 도면제도의 가장 기본이다.
따라서 기법적 차이도 많으며, 경우에 따라 비전문가들이 볼 때 무엇을 말하는지 알아보지 못하는 그림이 되기도 한다.
훌륭한 그림을 작성하기 보다는 앞으로 만들어질 완성작품을 위한 제대로 된 설명서가 되도록 작성되는 것이 중요하며, 평면 작성만으로도 아주 많은 정보를 담을 수 있도록 표현하는데 익숙해져야 한다.

1) 평면도란

위에서 아래를 수직으로 내려다 본 그림이다.
건축도면에서는 일반적으로 건축물을 바닥에서 1.2~1.8m 부분의 지점을 절단하여 시설물의 위에서 본 도면을 말한다.

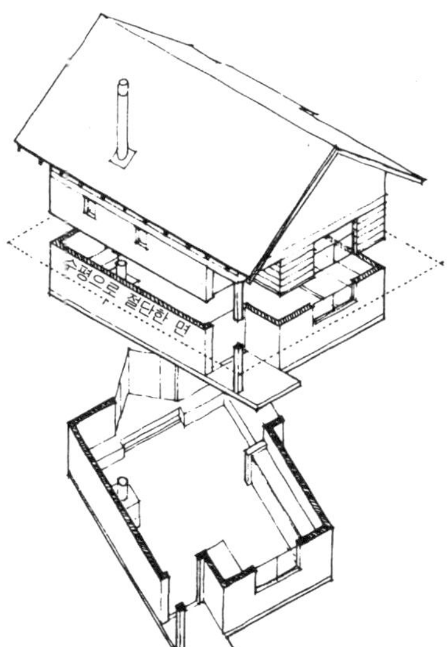

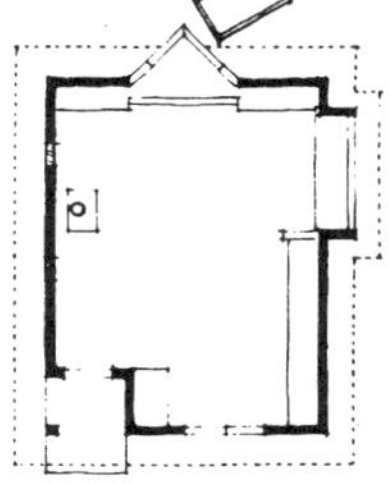

평면

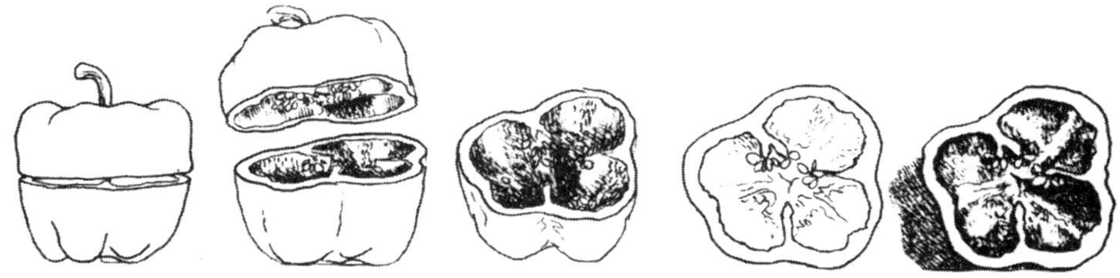

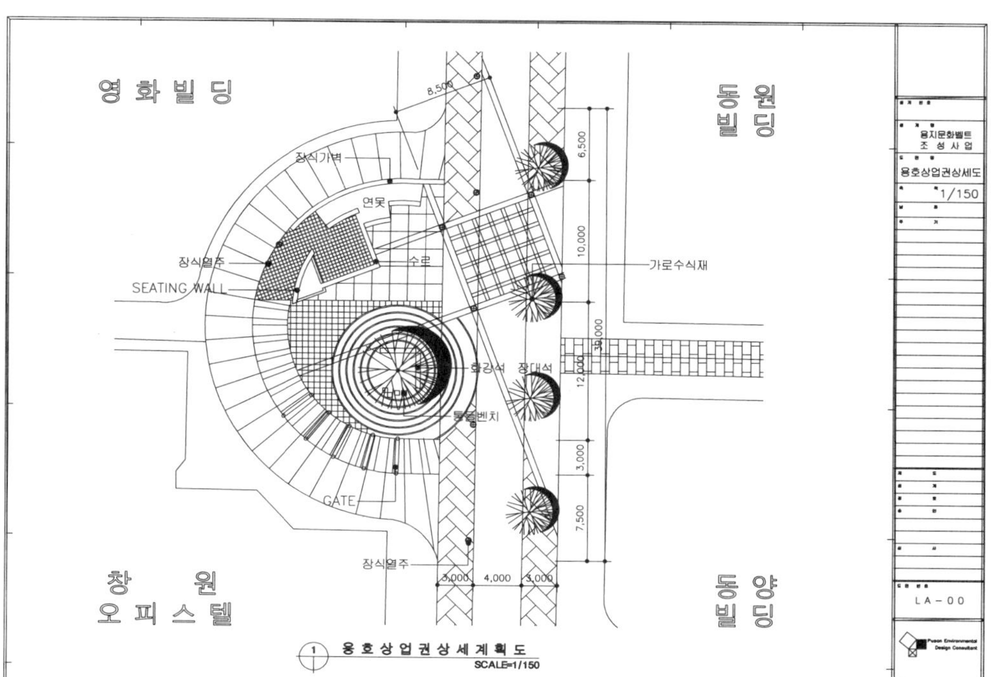

2) 평면도의 요소

도면의 제작

최근에는 필요한 표제 내용이 미리 인쇄된 트레이싱지를 사용한다.

일반적으로 많이 쓰여지는 도면의 크기는 A1 크기이다.

A1 크기는 420×594이다.

- 윤곽 그리기 : 도면은 전체 윤곽선을 진하게 그려 주어야 하며, 도면에 대한 일련의 정보가 표제란으로 만들어져야 한다.

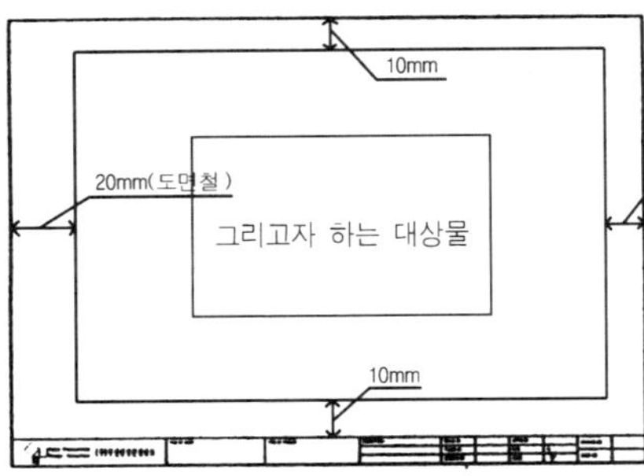

내 용

평면도에 포함되는 기본적인 설계언어 : 도면명, 치수선, 방위, 축척표시

평면도는 「전체 배치도」, 「상세도」로 이루어진다.

평면에 표현되는 모든 내용은 설계에 쓰여지는 모든 요소의 평면적 표현이 조합되어 나타난다.

표현된 평면에는 반드시 치수가 표시되어야 한다.

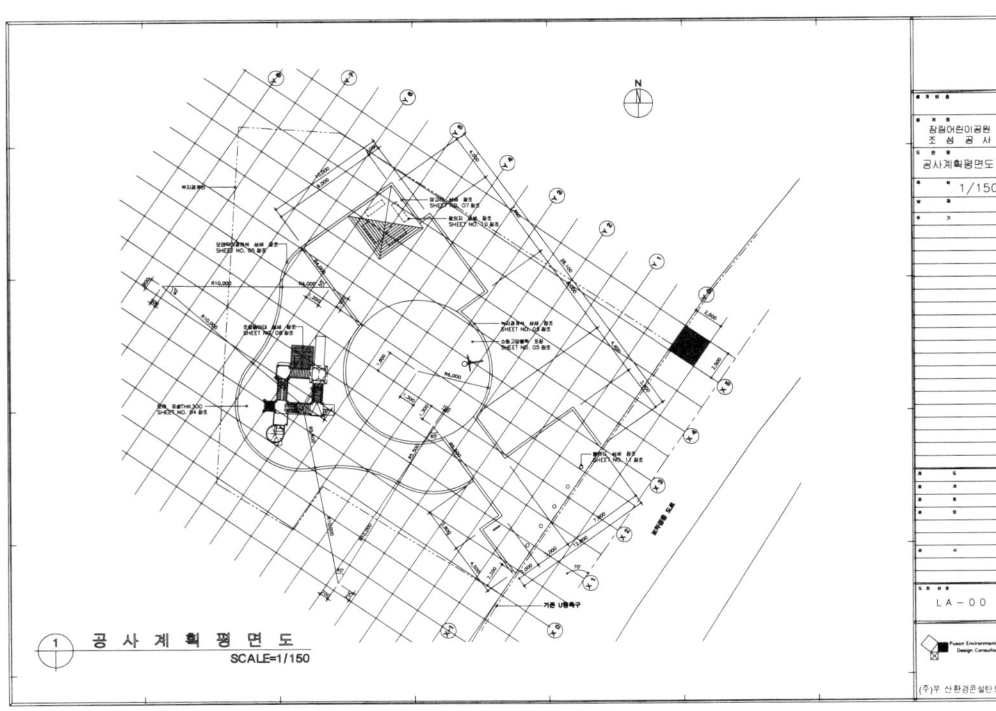

축 척

만약 1/100의 축척이라면 실제 1m 크기를 100분의 1로 표시한다는 뜻이다. 그러므로 1/100 축척 도면에서 1cm는 1m를 의미하는 것이다.

축척이란?

축척은 스케일이라고도 하며, 실물에 대하여 줄여서 표현하는 비율이다. 그러므로 도면에는 축척이 반드시 표시되어야 하는데 도면의 내용에 따라 여러 가지 축척비율을 섞어서 사용하기도 한다.

- 전체를 나타내는 계획도의 경우라면 1/100~1/600 정도의 크기가 적당하며, 때로는 1/1,200, 1/1,500의 스케일을 사용하기도 한다.
- 상세도의 경우는 1/10~1/50 정도의 축척을 많이 사용한다.

같은 도면의 스케일을 1/150과 1/300로 바꾸었을 때 도면의 크기를 비교해보자.

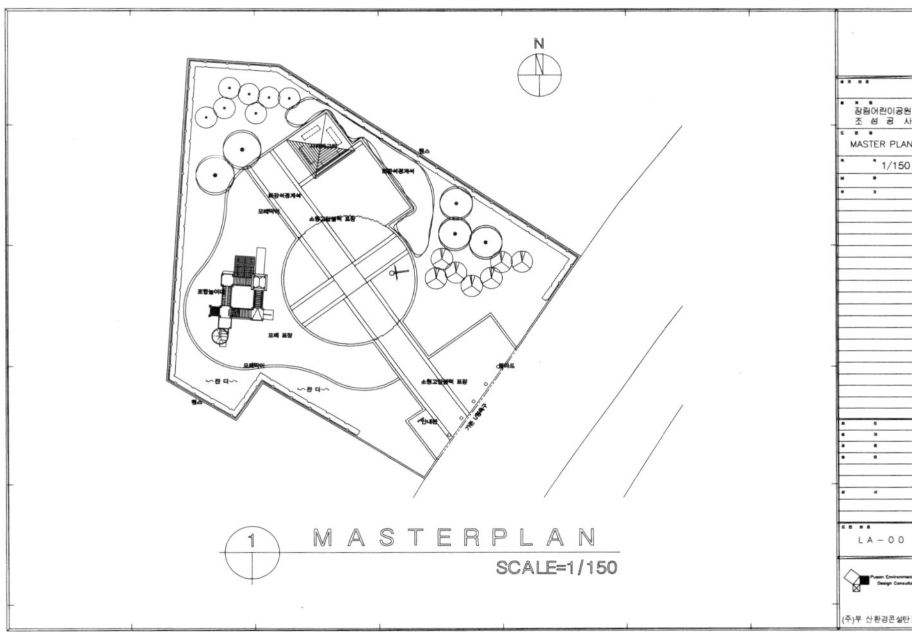

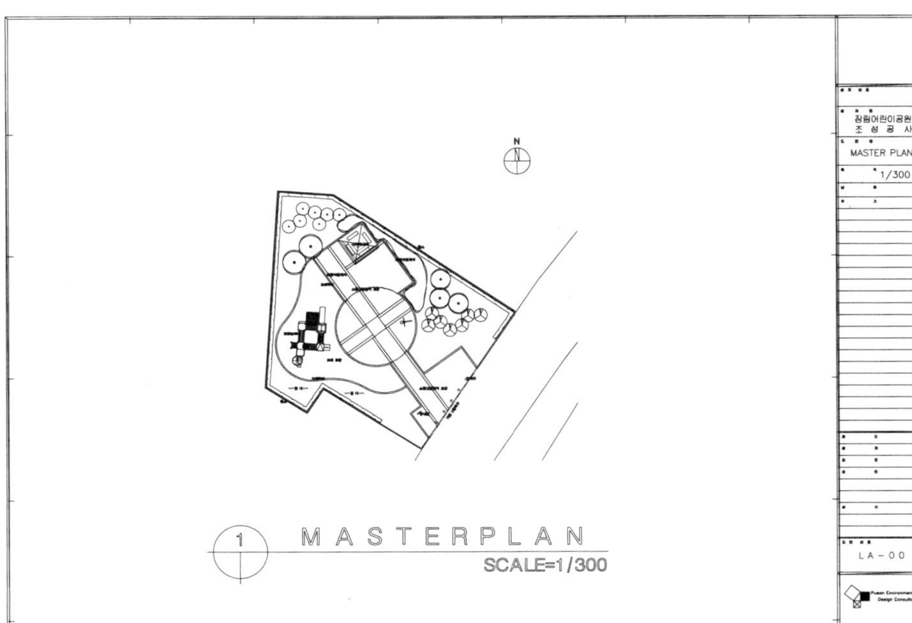

스케일바(스케일의 그래픽 표현)의 표현방법

■ 그래픽 스케일바(스케일)

- 그래픽 스케일의 가치는 도면의 축소 또는 확대된 것이 실제 관계를 나타내 주는 데 있다.
- 그래픽 스케일과 방위를 같이 쓰기도 한다.

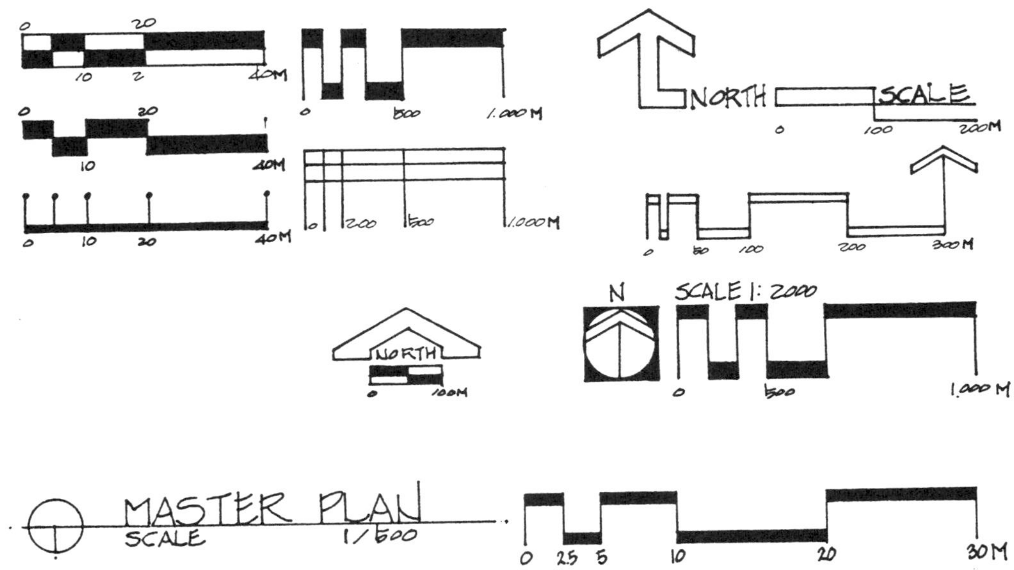

방위의 표현방법

화살표는 30 °, 45자를 이용해서 그린다.

화살표, 원, 사각형을 이용하여 여러 가지 형태의 방위표시를 만들어 본다.

방위표시 바 스케일 표시는 설계자가 디자인을 정하고 사용할 수 있다.

3) 수목의 평면표현 기법

조경 수목의 표현은 일반적으로 하늘에서 본 형태를 기본으로 하며, 설계자에 따라 약간씩 표현 방법을 달리하고 있다.
수목의 성상별 종류에 따라 다른 표현기법을 쓴다.

교목의 표현

침엽교목 표현

모든 선이 중심에서 교차되도록 표현한다.
한쪽에 더 많은 선을 추가하면 깊이감을 준다.
외형선은 침의 모양으로 뾰족하게 표현한다.

그리는 방법

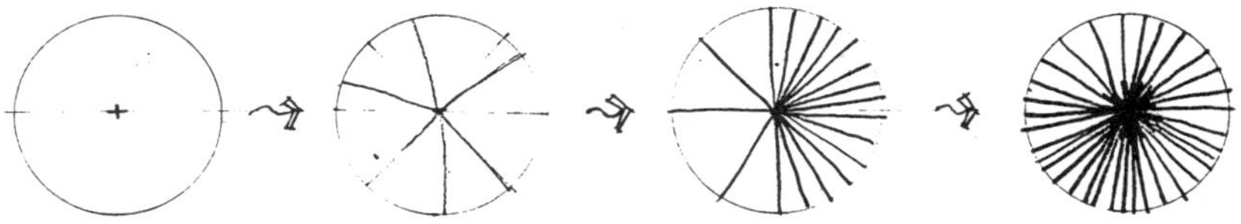

· 크게 등분선을 넣어서 그리면 편하다.
· 자를 이용하거나 프리핸드 모두 무방하다.

· 중심에서 교차하도록 한다.
· 중심에서부터 가장자리로 그려나가는 것이 좋다.

· 등간격으로 그려도 좋지만 한 방향에 더 많은 선을 추가하는 것이 깊이감이 있다.

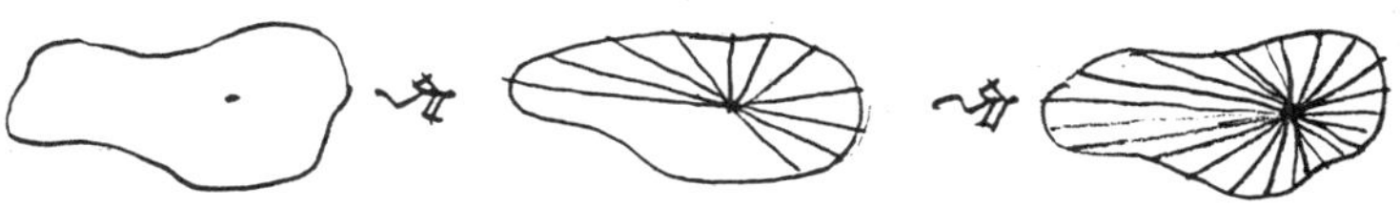

· 중심은 한쪽으로 치우치는 경우가 많다.

· 중심에서부터 가장자리로 그려 나간다.

· 균형잡히게 그려준다.

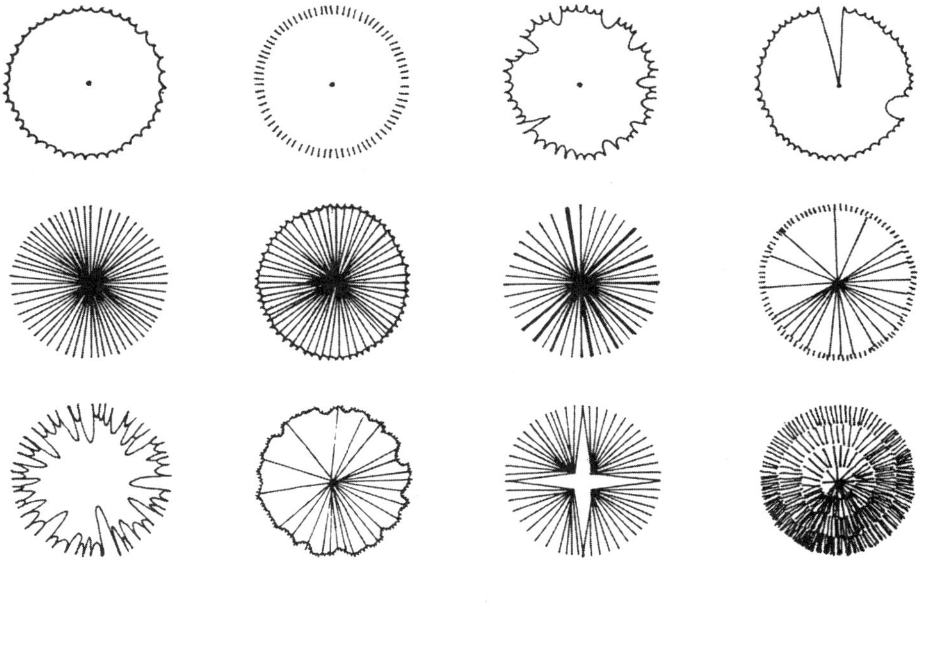

활엽교목 표현

• 외형선에 의한 수목 표현

수목은 완전히 성장하고 최종적으로 퍼진 상태의 대략 2/3~3/4에서 그려져야 한다.

항상 흐린 보조선을 사용하고 수목의 중심을 표시한다.

두 개의 외형선에 의한 표현은 외부의 선을 진하게 한다.

그리는 순서

보조원을 흐리게 그리고 중심을 표시한다.

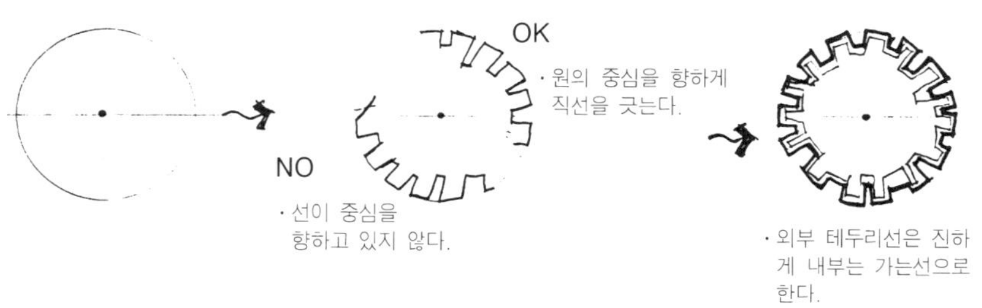

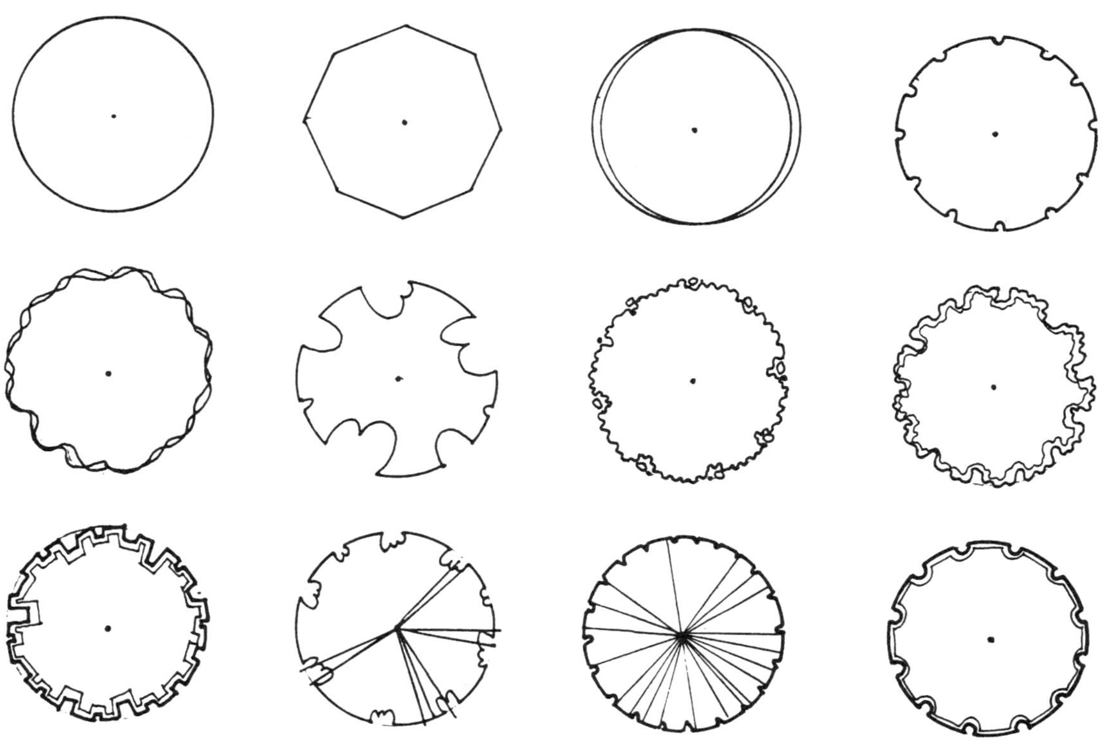

• 잎의 질감을 나타낸 수목 표현
하나의 단순한 형태를 테두리 주변에 반복하여 표현하고 구형을 나타내기 위해 그림자가 진 부분에 겹쳐 그린다.
지나치게 상세한 표현은 산만해 보이게 한다.

그리는 방법

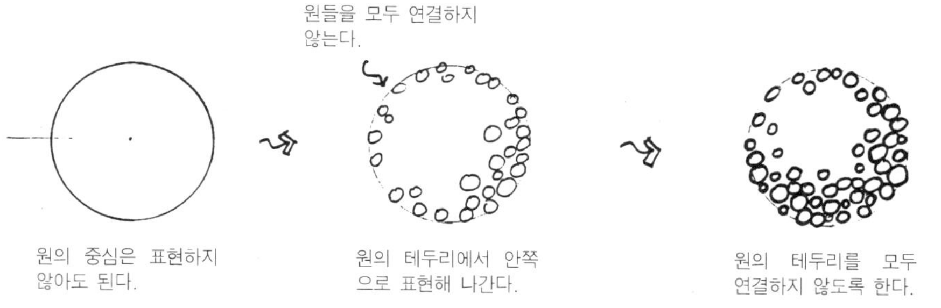

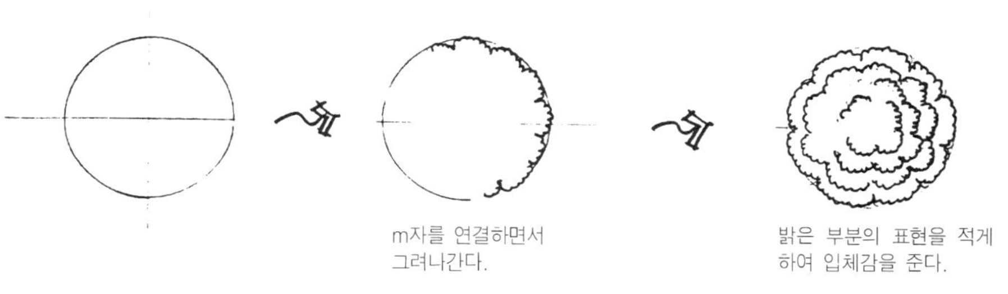

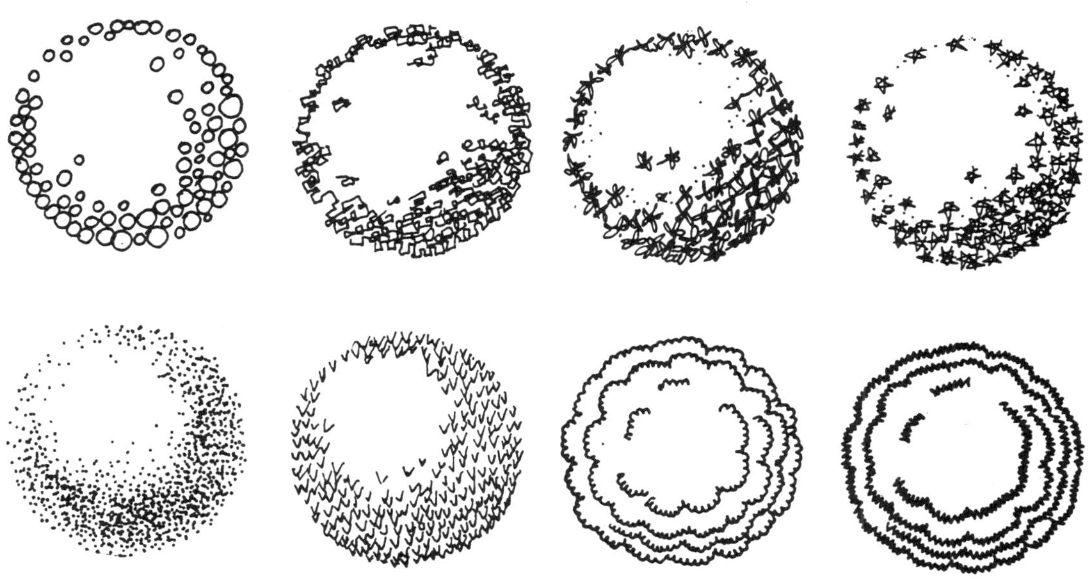

• 가지의 형태에 의한 수목 표현
두껍게 된 중심이 테두리를 향해서 점차 가늘어지도록 하고, 외부로 향한 잔가지의 선들이 원의 테두리를 형성하도록 표현한다.
다섯 개의 주 가지들이 가장 자연스럽다.
잔가지 주변에 원이나 점 등으로 잎의 질감을 표현하기도 한다.

그리는 방법

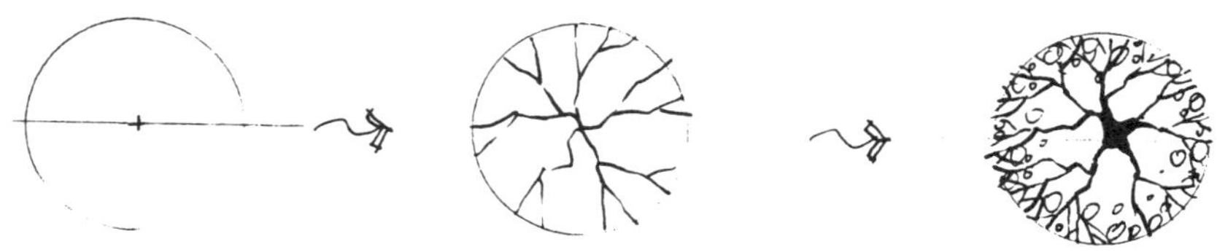

중심에서부터 주된 가지를 그린다.

중심부의 주된 가지는 진하게 잔가지는 가는 선으로 그린다.
잎의 질감을 자연스럽게 넣는다.

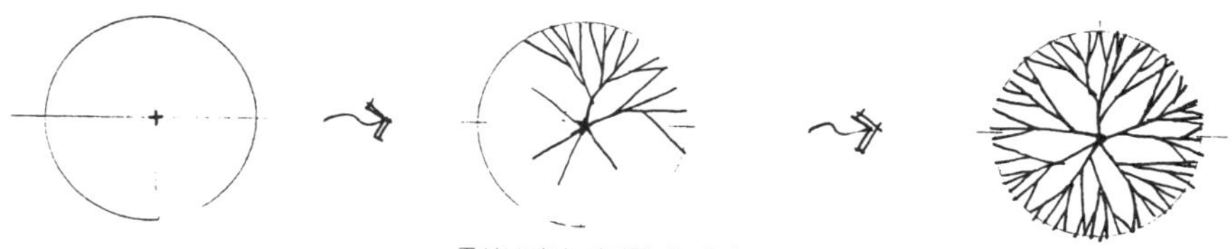

중심부에서 가지를 5~6개 정도 그려 놓는다.
한가지씩 완성해 간다.

잔가지가 원의 테두리를 형성하도록 한다.

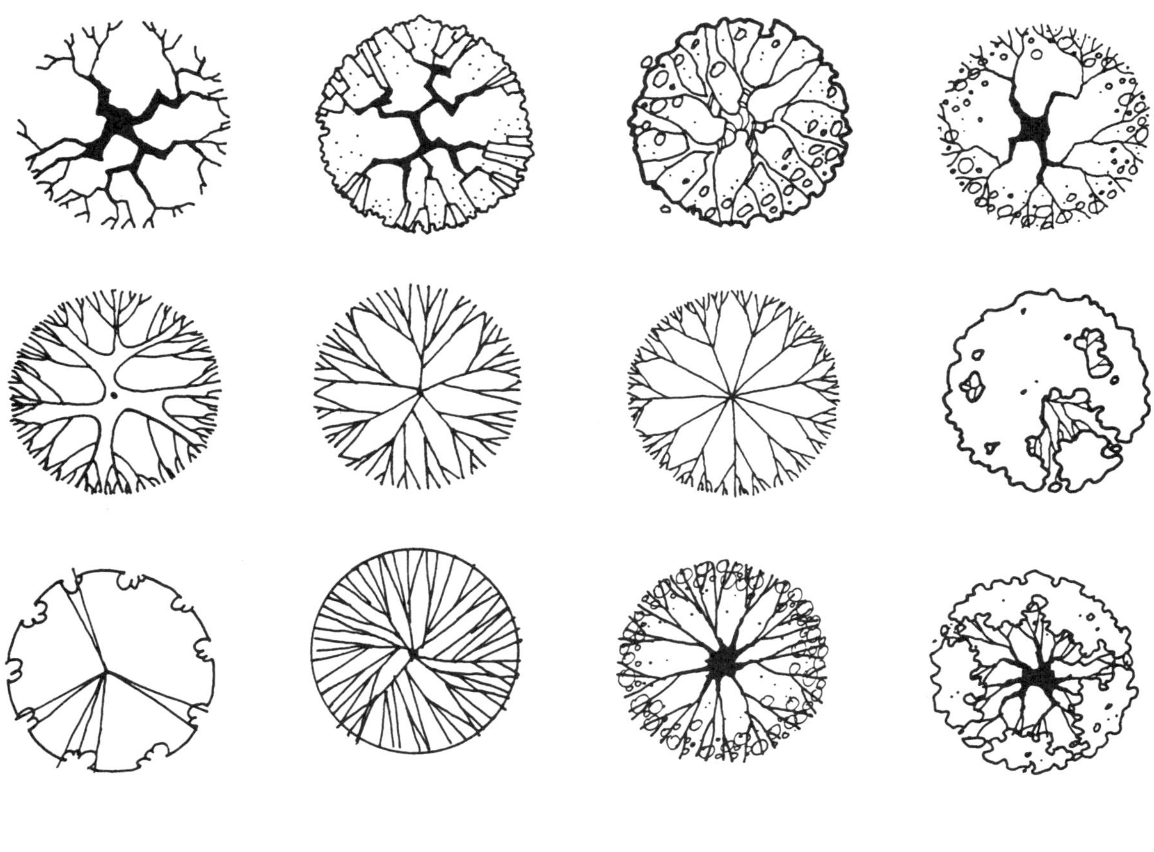

관목의 표현

관목의 표현은 교목의 표현과 비슷하다.
단지 관목은 군식 표현이 대부분이므로 군식 표현기법을 사용한다.
침엽과 활엽의 구분은 교목의 표현구분과 동일하게 적용한다.

그리는 방법

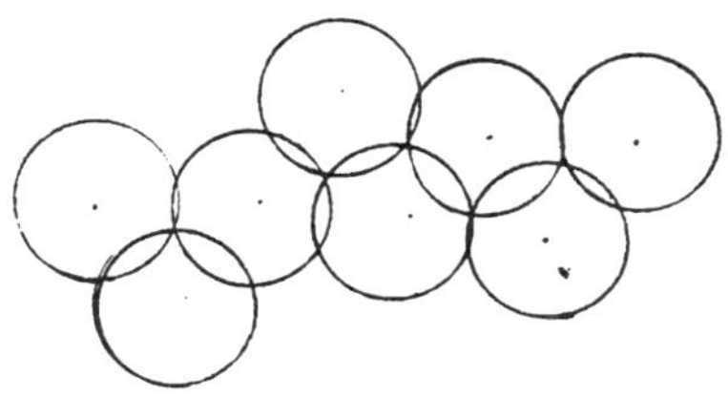

흐린 보조선으로 원을 겹쳐 그리고 공식을 표시한다.

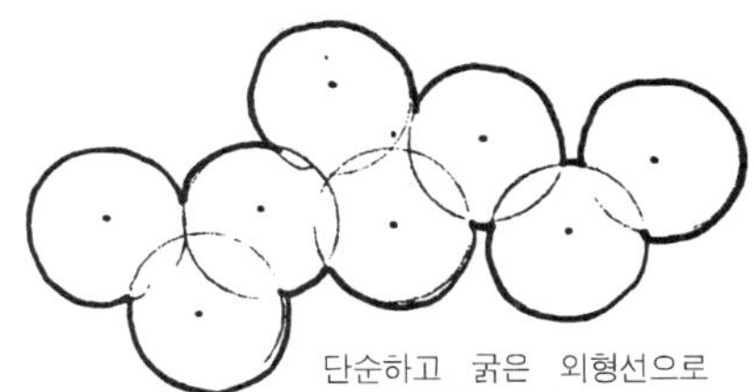

단순하고 굵은 외형선으로 원의 외곽을 그린다.

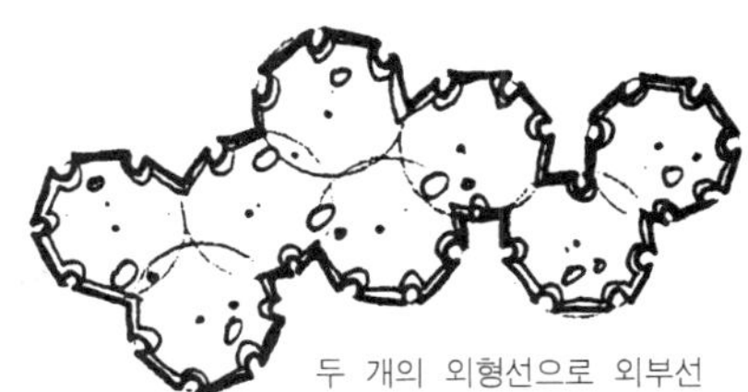

두 개의 외형선으로 외부선은 진하게 내부선은 가늘게 그린다.

관목의 군식 표현

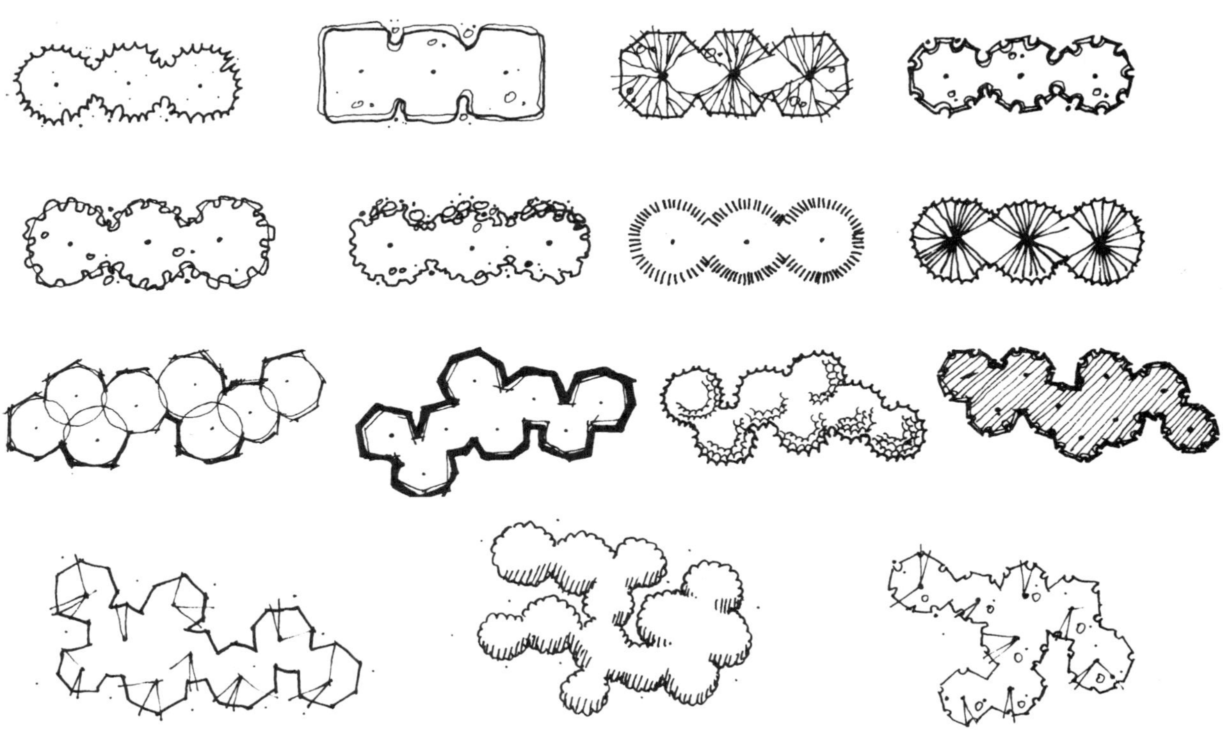

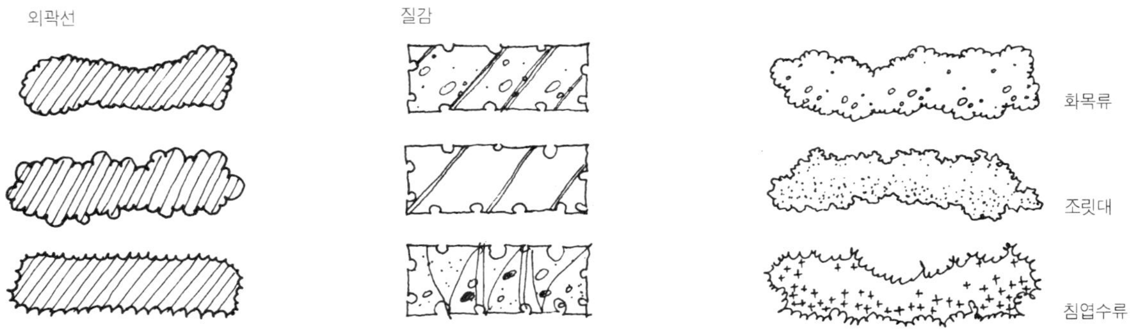

수목의 겹침

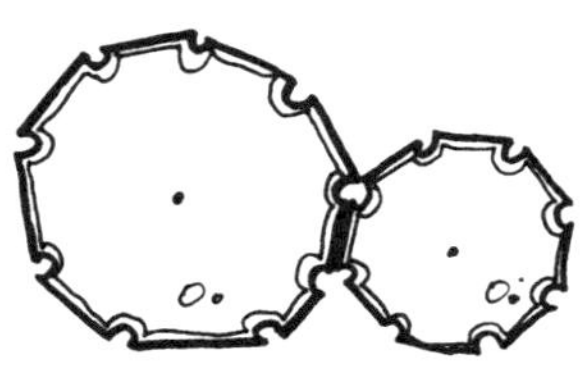

• 경계를 겹치지 않는다.

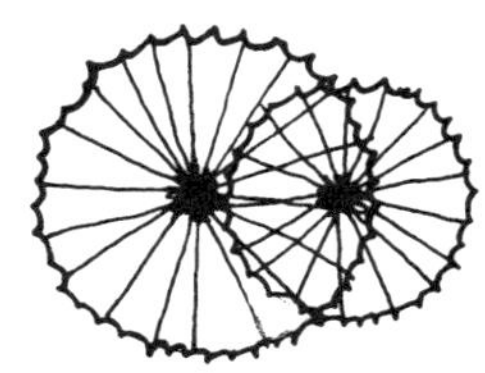

• 지나친 겹침은 피한다.

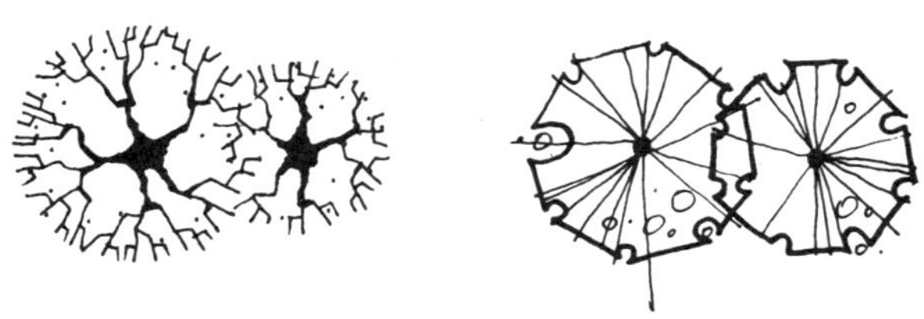

• 겹치는 부분은 수목의 가지 표현을 적게 한다.

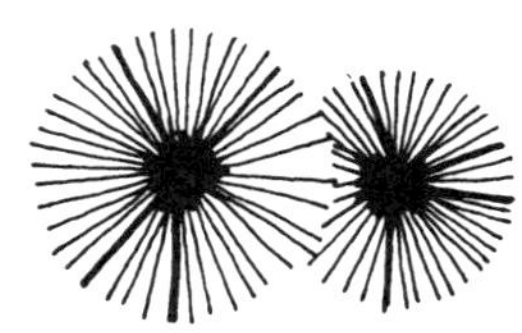

• 아래수목의 표현을 생략해도 무방하다.

• 겹치는 부분의 표현은 생략하고 외곽선만 강조한다.

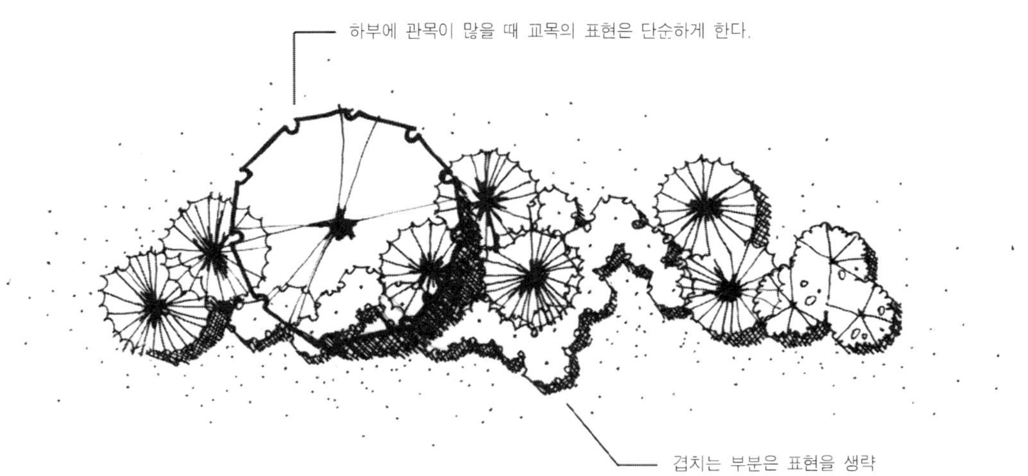

잔디 및 지피류의 표현

면적이 좁은 곳은 기본적인 형태의 반복으로 지표면을 채워서 표현한다. 넓은 지역의 잔디밭일 경우는 질감표현을 하지 않거나 경계부에 밀도 있게 표현한다. 또는 파단선을 그어 일부분만 표현하기도 한다.
지피류의 표현은 자를 이용하여 1mm 간격으로 촘촘하게 표현한다.

지피류의 기본형태

· 왼쪽에 있는 기본 형태를 반복적으로 그린다.

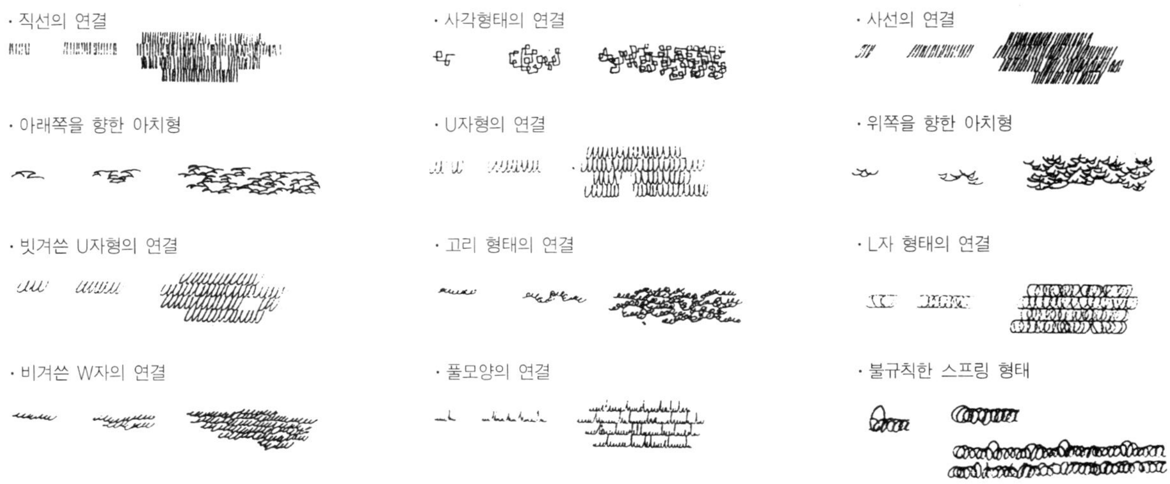

다양한 지피류의 표현

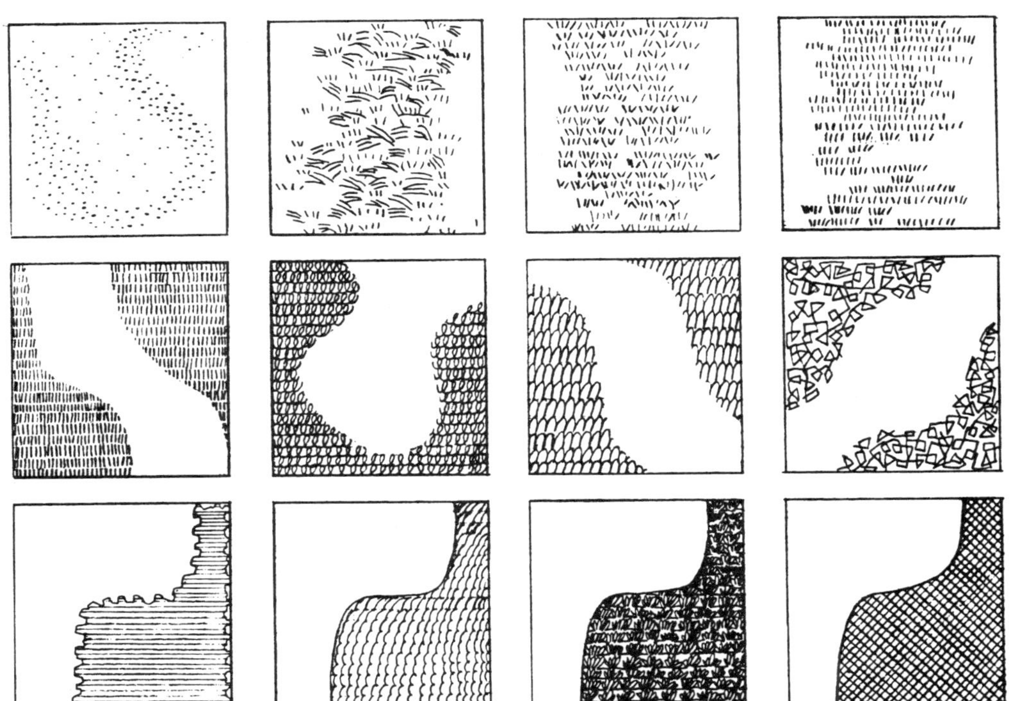

4) 구조물의 평면표현 기법

구조물의 표현기법에 대해 본 서에서 언급하고자 하는 내용은 조경설계에서 다루어지는 조경 구조물에 대한 내용이다.

조경 구조물로 언급되는 소재들은 연못, 벽천, 분수, 그리고 가벽(장식가벽) 등을 대표적인 것들로 볼 수 있으며, 표현기법에 대한 것은 물론 마감재료에 따라 달라진다. 본 서에서 언급하는 내용은 물의 표현기법과 포장재료에 따른 다양한 표현방법이다.

연못, 분수, 벽천

연못, 벽천, 분수 구조물의 표현에서는 사용되는 재료에 따라 여러 가지 형태로 표현이 달라진다.

연못, 벽천, 분수 구조물과 연계되는 물의 요소에 대한 표현기법은 다음과 같다.

- 벽천 : 벽천의 연못에 물이 떨어지는 표현
- 분수 : 연못에서 여러 가지 형태로 물이 솟는 표현
- 연못 : 고여 있는 물에서 빛의 반사나 물의 잔잔한 흐름 등을 표현

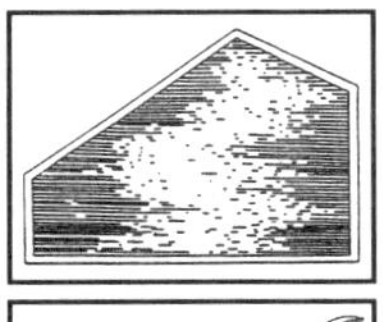

연못에 담기되 조용히 흐르는 물의 표현

자연스러운 수로는 하얗게 남기면서 가장자리 선을 따라 표시한다.

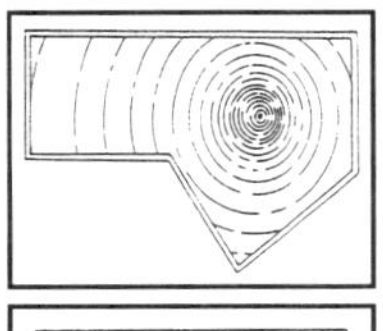

분수로 인한 동심원 파장의 표현

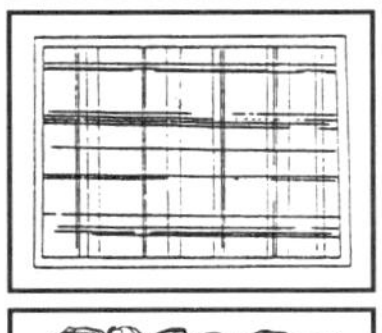

반사되는 풀의 표현

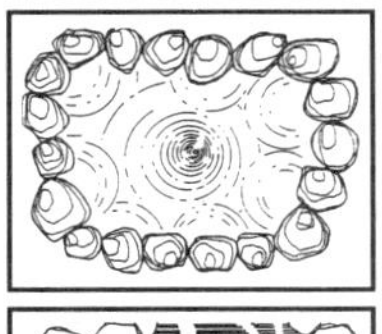

분수로 인한 파장이 있는 연못의 표현

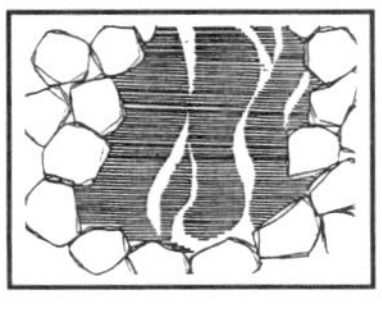

수면이 조용히 흔들리는 물의 표현

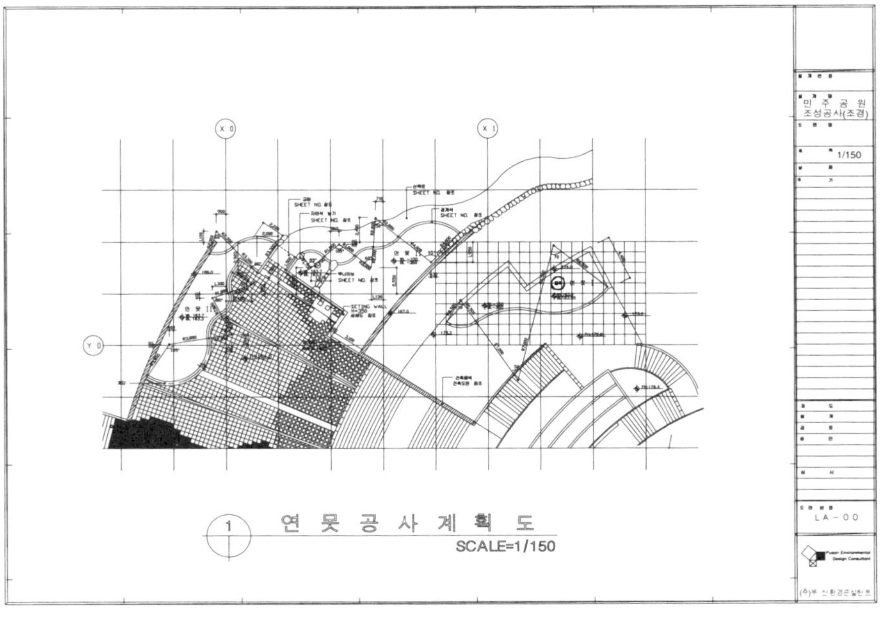

연못

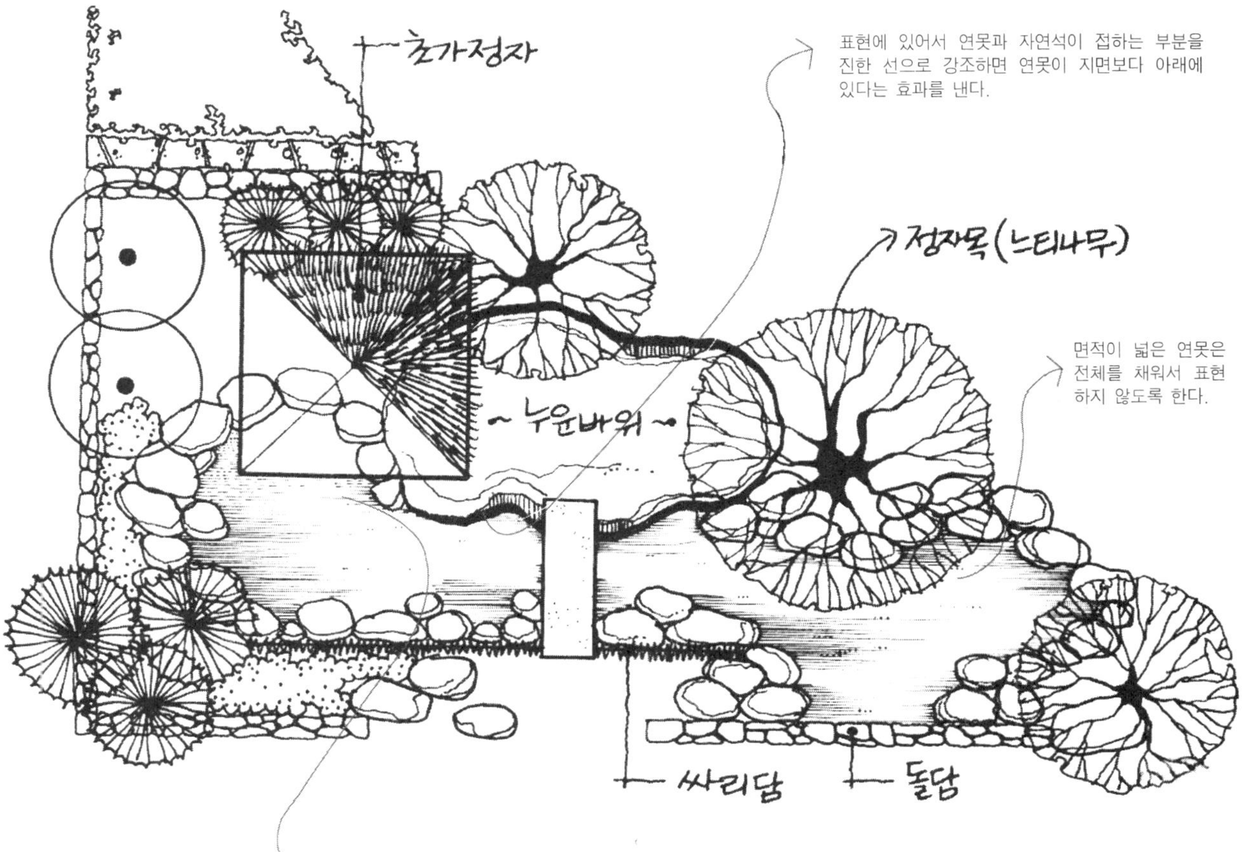

분수

물의 떨어지는 부분과 분출·흐름·고여 있는 상태에 따라 표현을 달리한다.

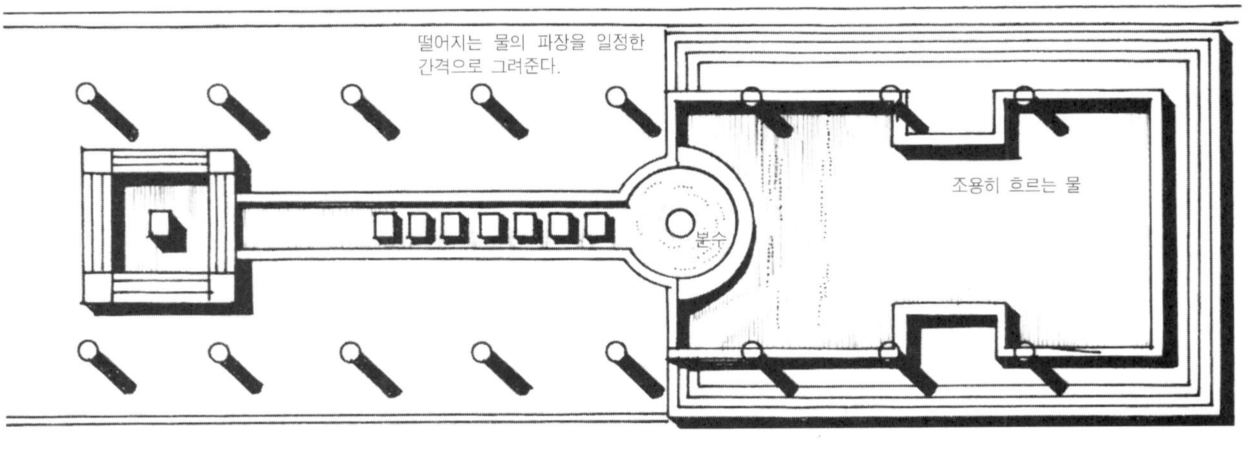

다양한 포장재료의 표현

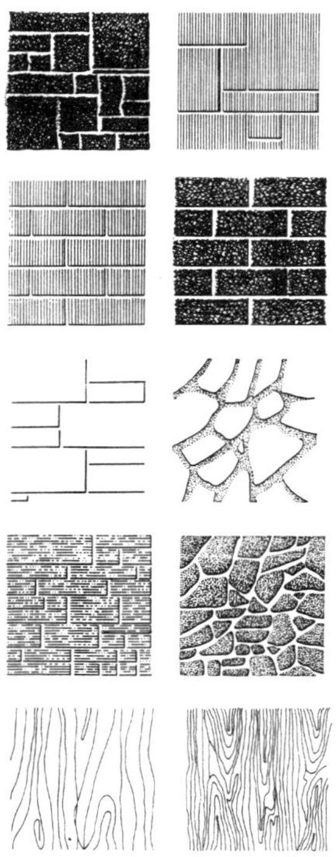

포장재료의 평면적 표현에서 두드러지는 것은 포장계획 내용이다. 즉 「어떤 종류의 재료를 사용하여 어떤 형태로 포장 되었는가?」의 내용이 알기 쉽게 표현되어야 한다.

- 조경에서 포장은 전체 계획의 내용을 돋보이게 하는 장식적 역할을 하므로 기능과 적절하게 어우러진 포장재의 선택은 아주 중요하다. 따라서 포장재의 종류와 각각의 규격, 그리고 질감의 내구성 등을 파악하고 있어야 한다.
- 같은 재료라 하더라도 설계의 효과를 위해 여러 가지 패턴으로 적절하게 표현할 수 있다.
- 스케일에 따라 표현의 정도를 달리하고, 주변의 질감패턴을 고려하여 중복되지 않도록 표현하며, 재료를 쉽게 구별할 수 있도록 한다.
- 재료의 카탈로그를 참조하여 인용하면 좋은 형태를 얻을 수 있다.

재료별 표현기법

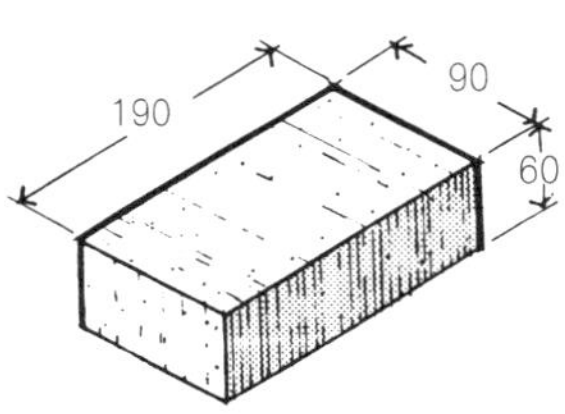

벽돌의 일반적인 치수

소형 고압블록/점토벽돌/적벽돌 포장

블록은 제작되는 회사의 카탈로그를 참조하여 규격을 정한다. 보통 사용되는 것은 190×90×60, 190×90×57, 230×114×55 등의 크기이며, 소형 고압블록의 경우에는 D·H·O·P·R·I·S·U형 등의 여러 가지 모양이 있고, 색상도 회·적·갈·흑·백·황·녹색 등으로 다양하다.

벽돌포장의 경우에는 쌓기를 다르게 하고, 색상 등을 고려하면 벽돌만으로도 여러 가지 분위기를 연출할 수 있다.

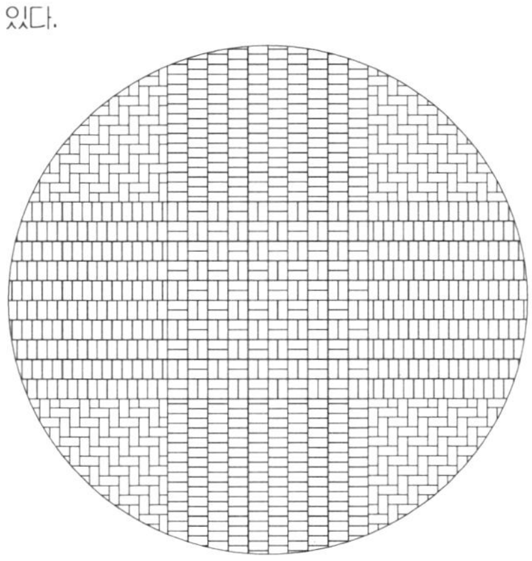

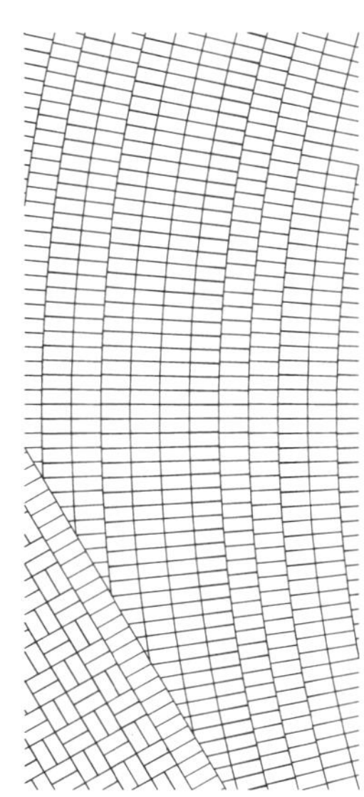

화강석 판석포장(부정형/정형)

화강석 판석포장의 평면적 표현은 화강석을 정방형 또는 장방형의 규격으로 잘라 줄눈이 표시되는 형태로 포장패턴을 보여줄 수 있다.
또한 형태가 정해져 있지 않은 부정형 모양의 판석포장이 있다.

- 판석의 부정형 모양을 그릴 때는 판석의 크기를 세 종류 정도 마음에 두고 우선 커다란 판석 모양을 먼저 그리는데, 채워질 전체 도면에서 균형 있게 그려넣고 그 판석을 보조하는 형태로 작은 판석의 형태가 그려지면 자연스럽다.

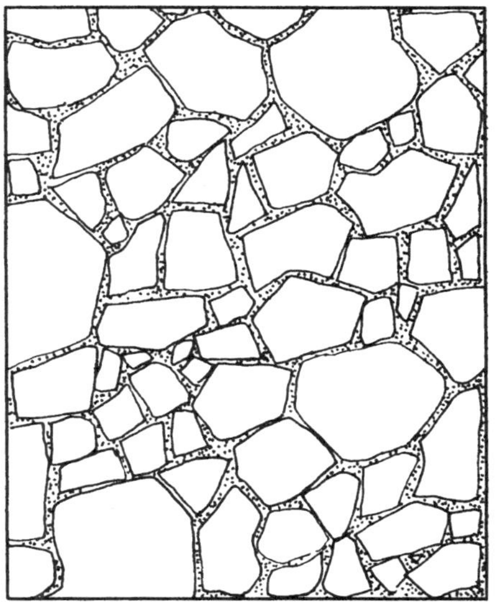

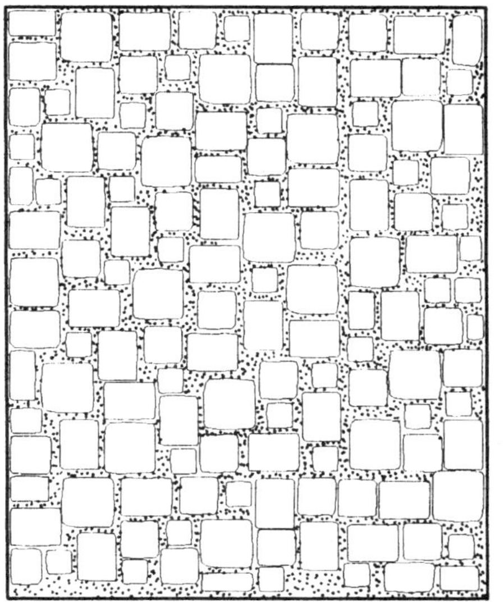

자갈포장

자갈포장은 보통 자갈포장면 전부를 그려넣지 않고, 전체 채워질 면의 1/3~2/3 정도만 그린다.
그러므로 어느 곳을 채울 것인지 비울 것인지를 먼저 보조선으로 구분해 두고 자갈의 크기를 고려하여 자연스럽게 표현한다.

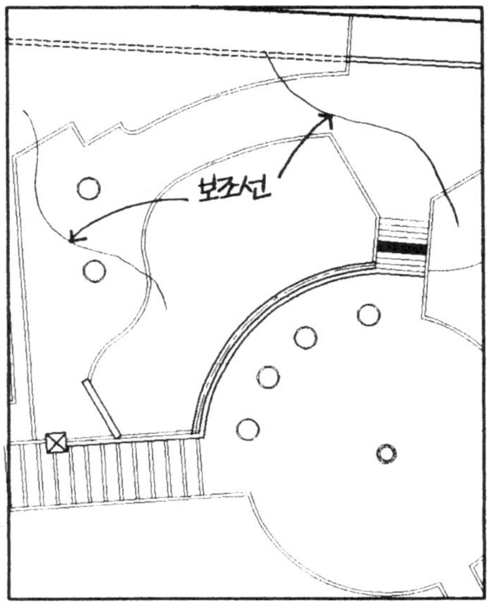

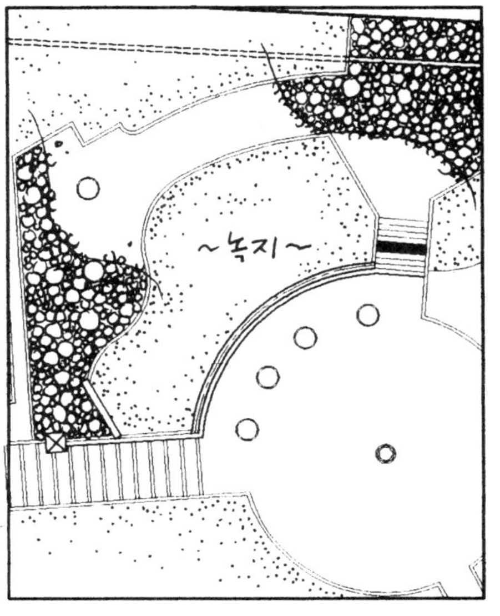

석재타일 포장

석재타일 포장은 정방형의 형태와 부채꼴 모양의 형태가 있는데, 규격은 보통 100×100×T18(T20), 150×150×T18(T20), 200×200×T20을 사용한다.

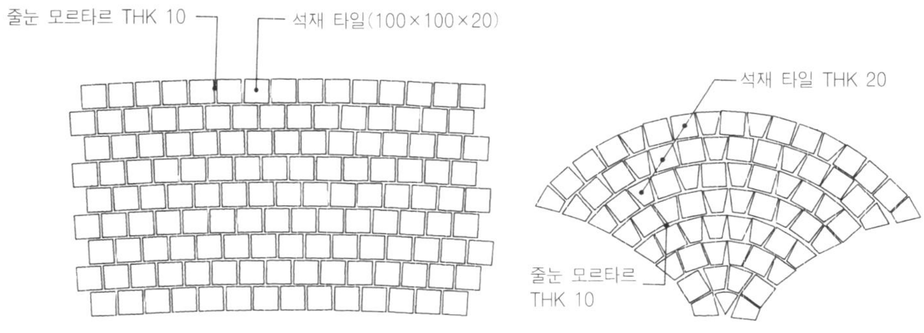

콘크리트/아스팔트/우레탄포장

콘크리트

아스팔트

우레탄

콘크리트포장, 아스팔트포장, 우레탄포장 등은 평면상에서 딱딱한 재질의 포장으로서 서로 구분되도록 표현하기는 어렵다.
따라서 점이나 명암 등으로 표현하며, 현장포설로 포장함으로써 색상을 달리하여 포장의 형태가 달라지므로 구분만은 명칭의 직접 기입으로 표현한다.

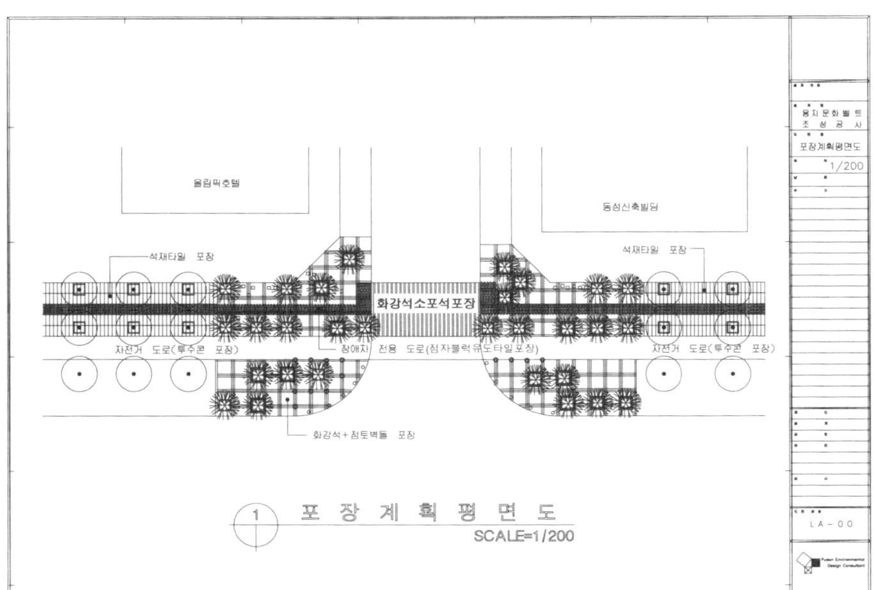

5) 시설물의 평면표현 기법

평면도에서 시설물은 하늘에서 본 형태를 평면기호로 표시하고, 특별히 표준기호가 만들어져 있지 않으므로 설계자가 디자인한 기본 형태를 간단히 기호화하여 사용한다.

상세도에서의 시설물 표현은 재료별로 다르게 표현되도록 해야 한다. 즉 시설물에서 주로 사용되는 재료인 목재, 석재, 철재의 표현이 서로 얽히지 않는 표현기법이 필요하며, 선그리기의 테크닉을 이용하여 재료의 성격이 도면에 나타나도록 표현한다.

다음은 시설물 배치도에서 시설물 기호로 사용되는 예시이다.

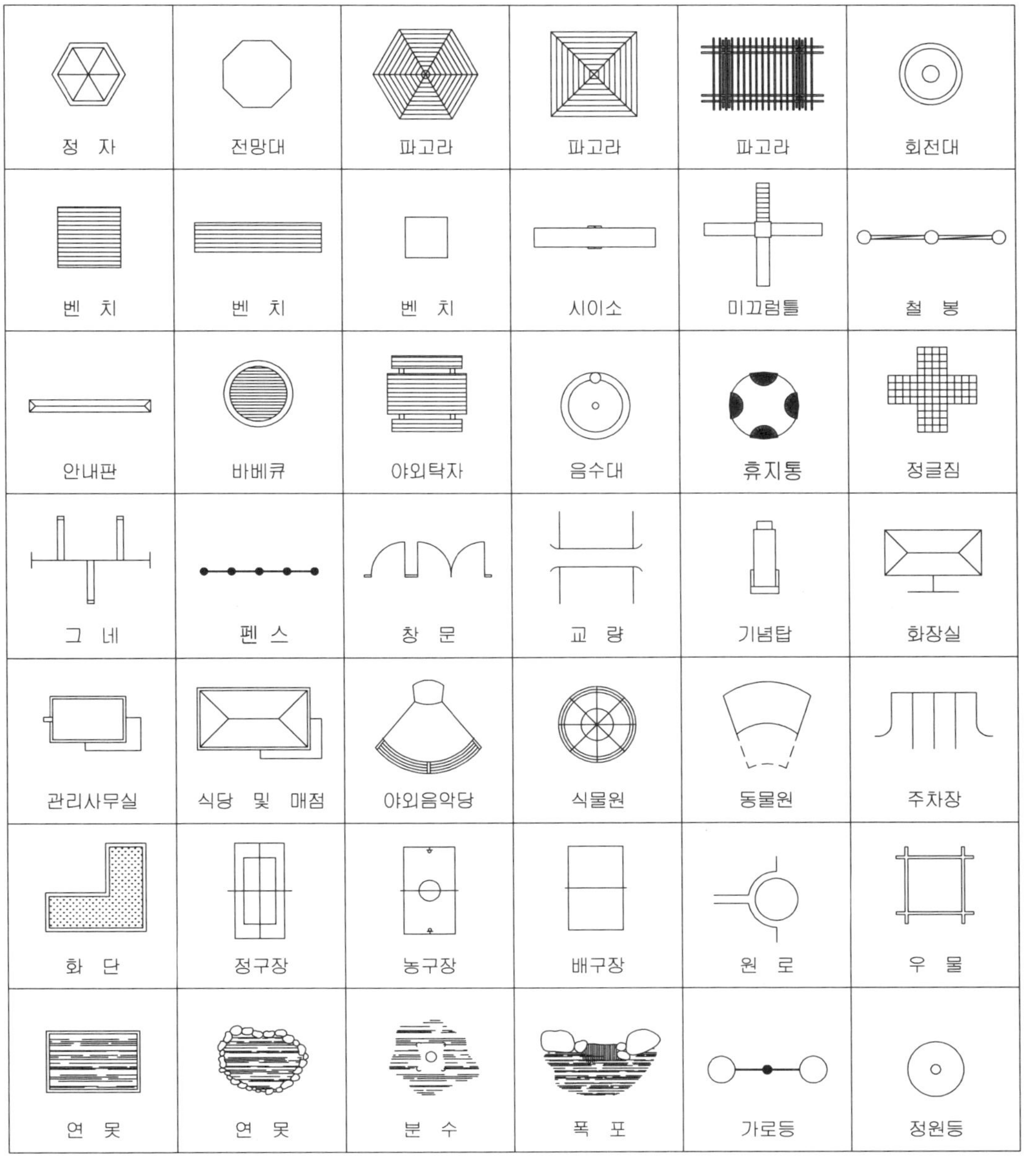

6) 기타 도면표기법

다양한 표시기호는 도면의 축척에 따라 상세 정도가 다르다.

- 구조재마감 표시인 재료표기법은 주로 상세도의 단면이나 입면표시에서 재료를 나타낼 때 사용되는 기호로써 기본적으로 모두 익히고, 정확한 표시로 설계자의 의도를 제대로 표현하도록 한다.
- 표현할 때 혼돈을 주는 것은 재료명을 반드시 기입하도록 한다.

도면표기법	내 용
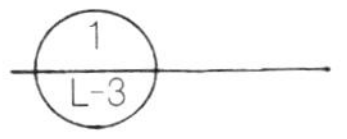	평면도
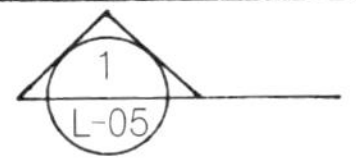	입면도
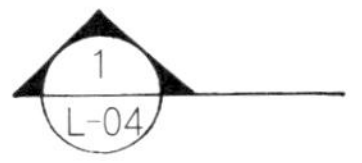	단면도
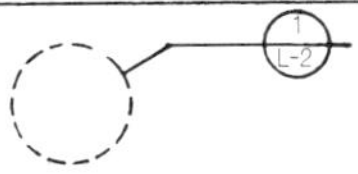	상세 인출
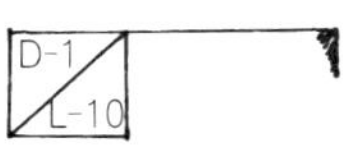	표준단면 축선
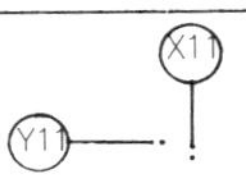	평면배치 축선
	법면 표시1
	법면 표시2
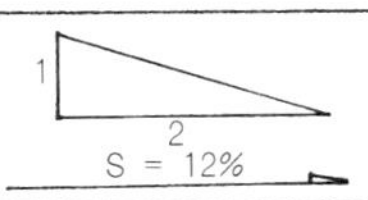	경사도
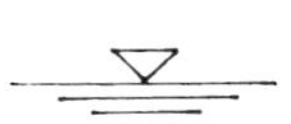	수위
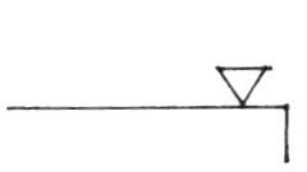	입 · 단면 높이
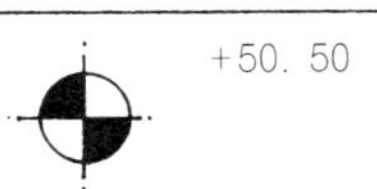	지반고
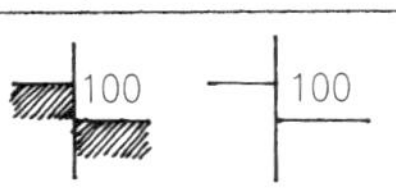	평면단차 표기

재료표기법	내 용
	지반(흙)
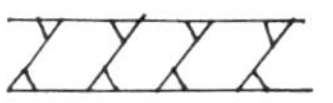	잡석다짐
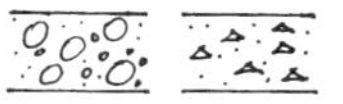	콘크리트(무근)
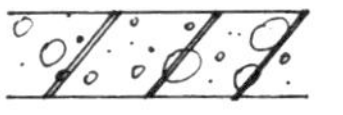	콘크리트
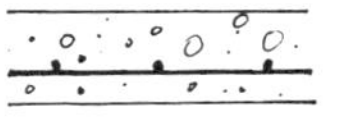	콘크리트 (철근, 대규모)
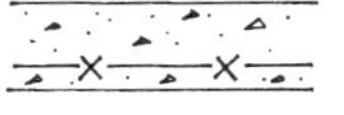	콘크리트 (와이어 메시)
	자갈
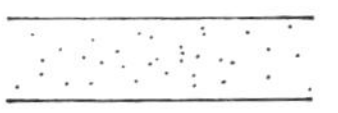	모래
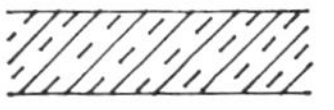	석재
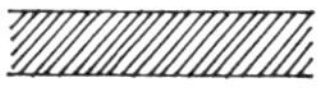	벽돌
	금속
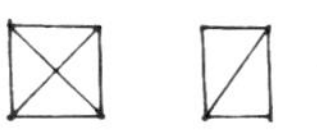	목재(구조재)
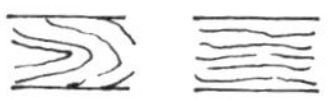	목재(치장재)

파고라 및 벤치의 표현기법

파고라 및 벤치는 주로 목재와 철재의 조합적인 표현이 많이 사용된다.

- 주목해야 할 것은 목재와 철재를 서로 연결하는 연결재(못, 나사, 볼트류)의 표현이 상세도로 표현되어야 하며, 어떤 접합을 하는지의 표현이 자세히 나타나야 도면으로서의 가치가 있다고 본다.
- 각각을 도상에 그릴 때는 앞에서 설명한 선그리기법의 여러 가지 테크닉이 두드러지게 표현되어야 한다.

여기에서는 재료에 따라 선의 굵기를 어떻게 다르게 표현할 것인가를 잘 정해야 한다.

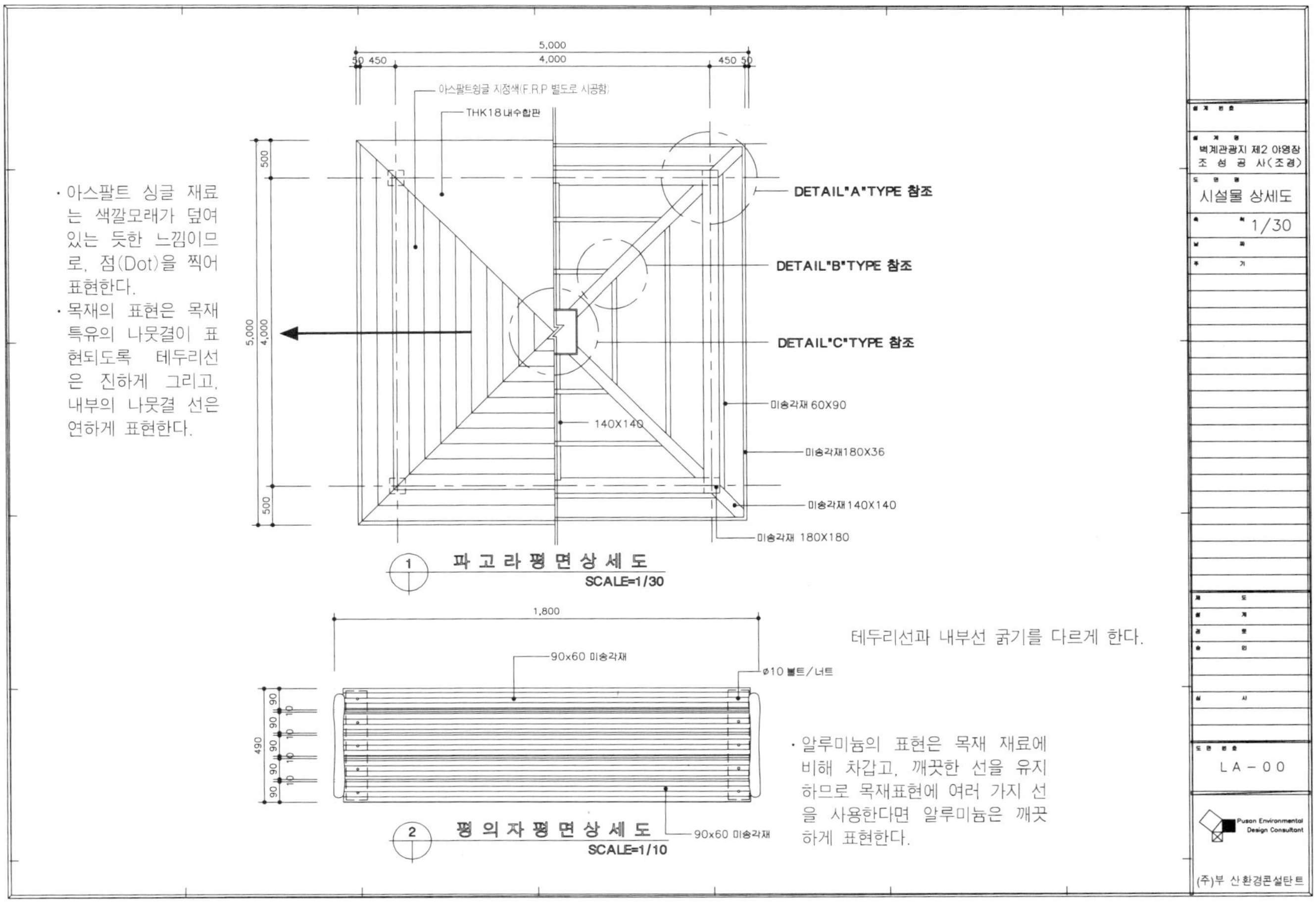

기타 볼라드/화분/조명등/휴지통/음수전/안내판

인출선은 표현하고자 하는 재료의 위치와 너무 떨어져서 표현하지 않도록 하고, 여러 가지 정보가 혼돈되지 않도록 정돈된 형태의 표현이 되도록 고려한다.

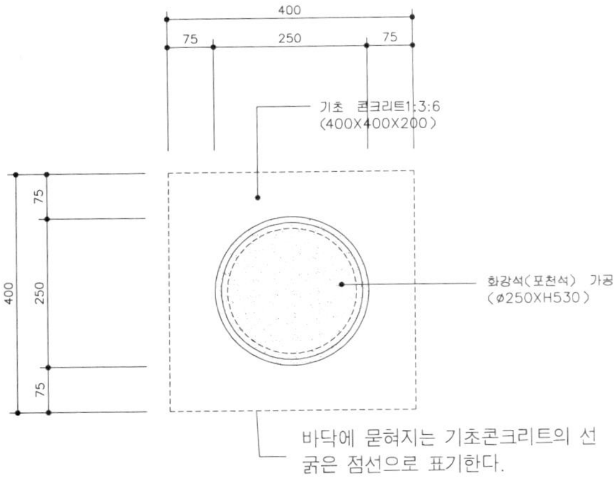

1 볼라드평면상세도
SCALE=1/10

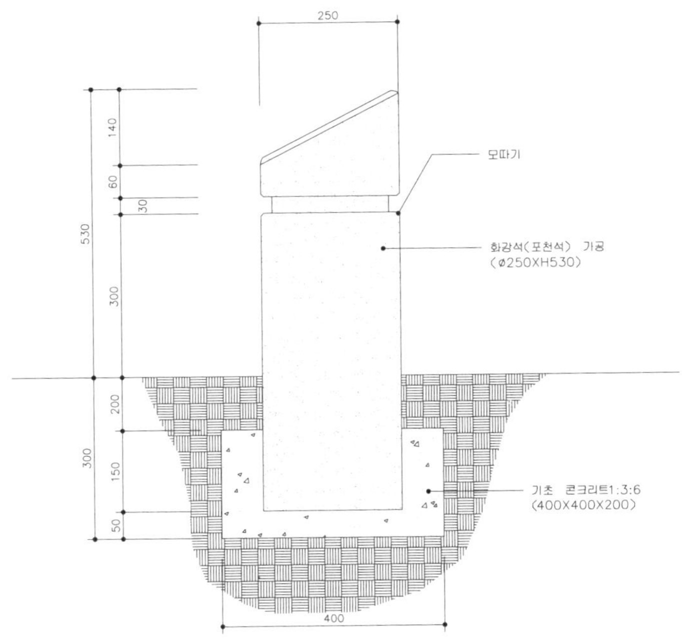

2 볼라드측면상세도
SCALE=1/10

주된 형태는 굵은선으로 재료(목재, 석재 등) 표현은 가는선으로 표현한다.

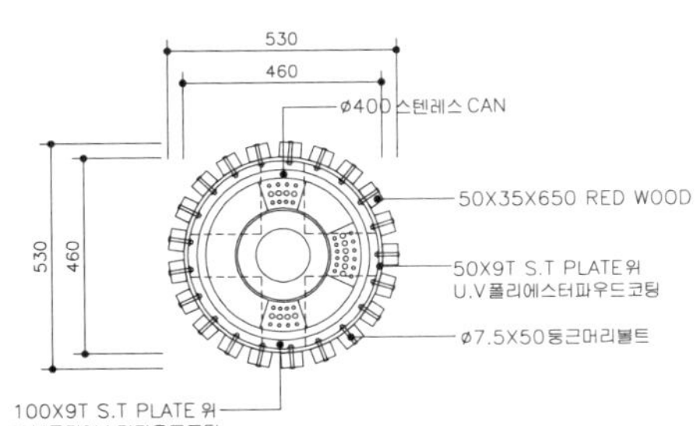

3 휴지통평면상세도
SCALE=1/20

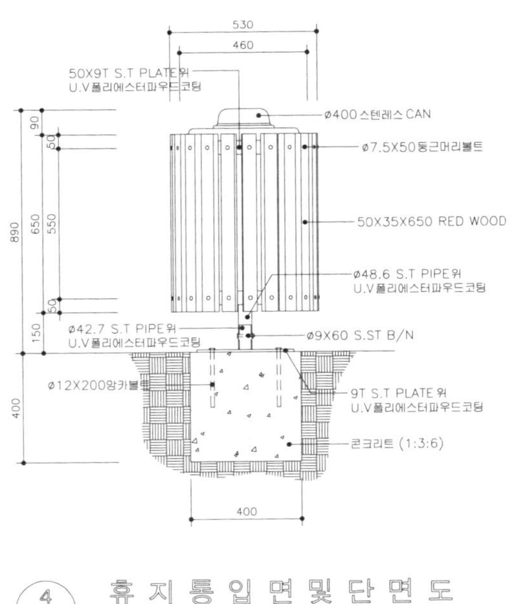

4 휴지통입면및단면도
SCALE=1/20

운동시설

운동시설의 표현은 각 운동시설의 규격에 대한 정보를 우선적으로 정리해서 가지고 있어야 한다.
표현기법에 대한 테크닉보다도 설치 위치에 대한 정보와 각 운동시설에 대한 이해를 바탕으로 도면을 작성한다면 바람직할 것이다.

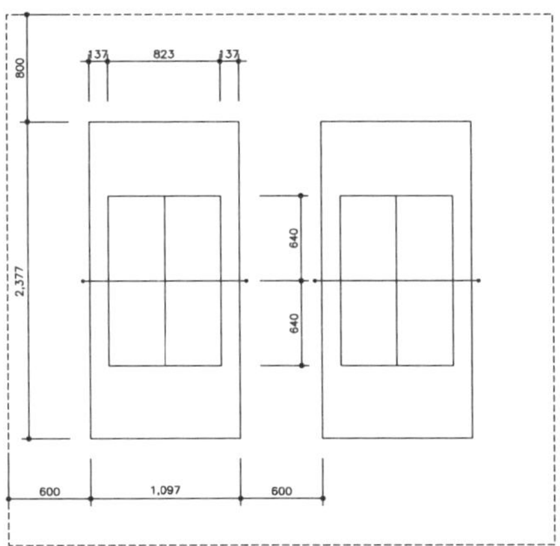

1 복식 테니스 코트 평면도
SCALE=1/60

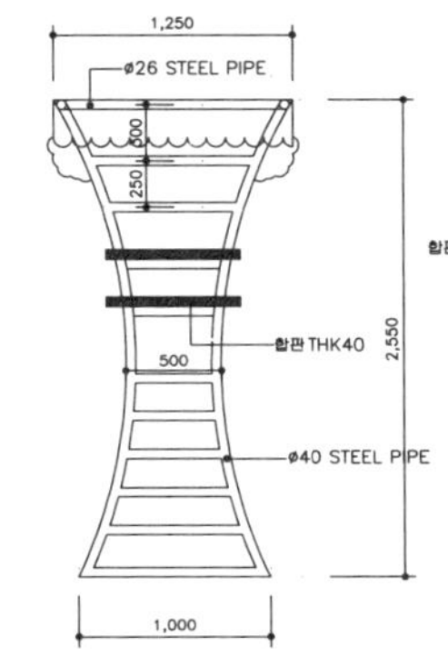

2 테니스 심판대 배면도
SCALE=1/60

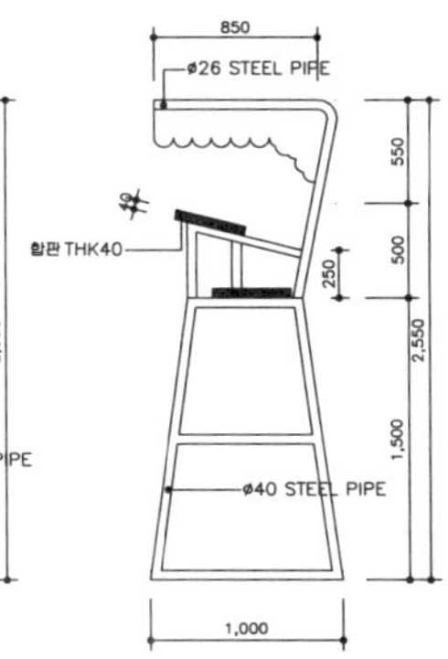

3 테니스 심판대 측면도
SCALE=1/60

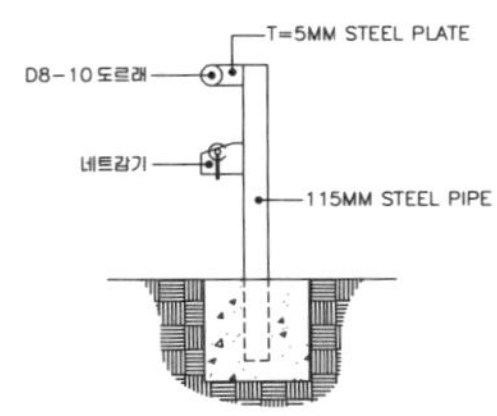

4 테니스 지주대 정면도
SCALE=1/60

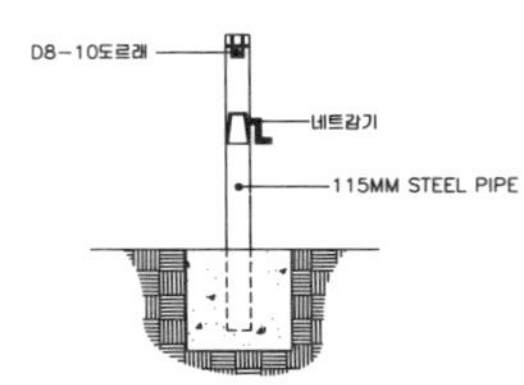

5 테니스 지주대 측면도
SCALE=1/60

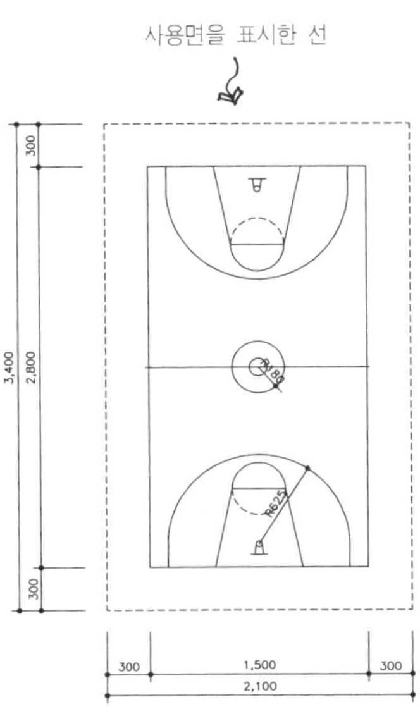

1 농구장 평면도
SCALE=1/60

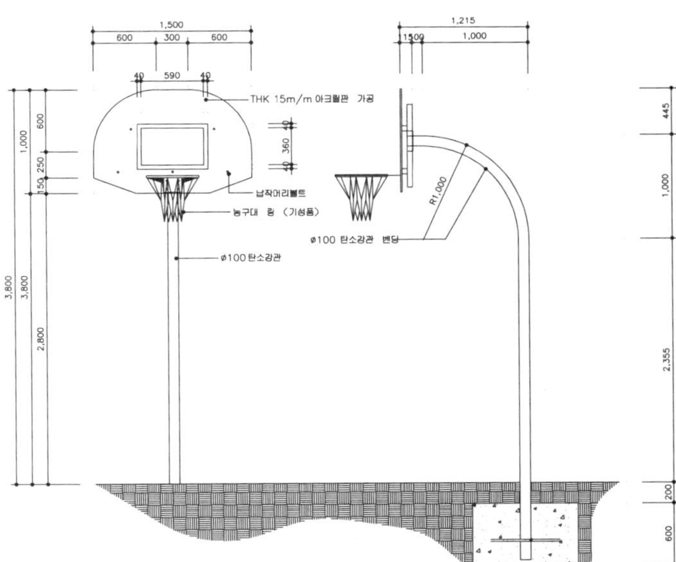

2 농구대 측.단면도
SCALE=1/60

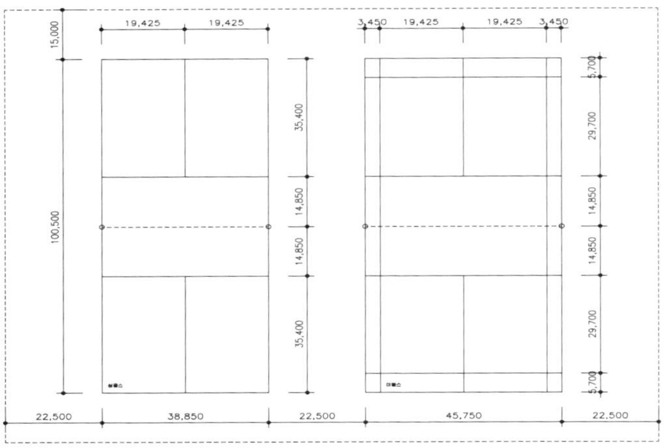

① 배드민턴코트평면도
SCALE=1/600

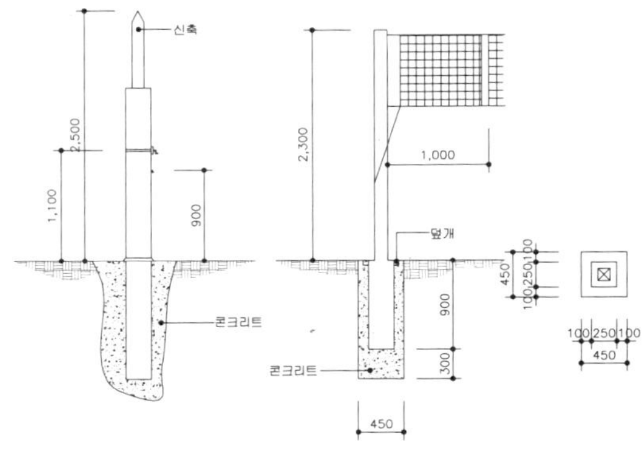

② 배드민턴 매트폴
SCALE=1/30

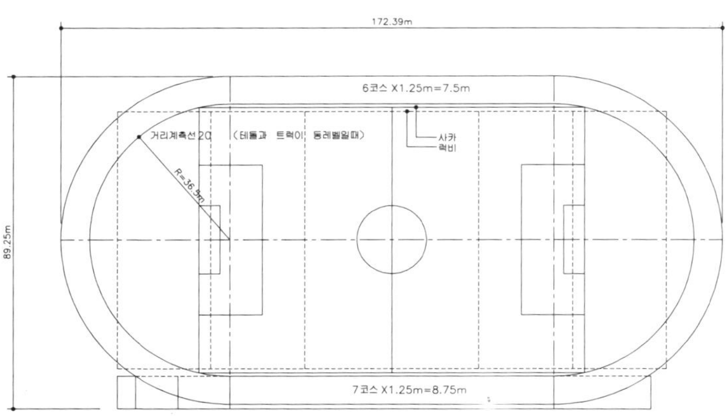

① 축구장평면도
SCALE=1/600

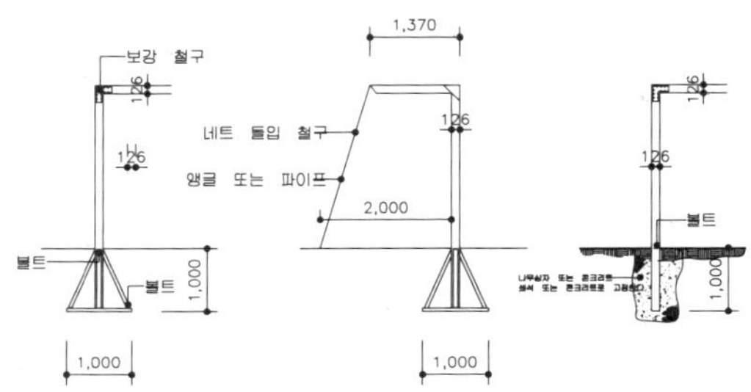

② 매입식
SCALE=1/60

③ 삽입식
SCALE=1/60

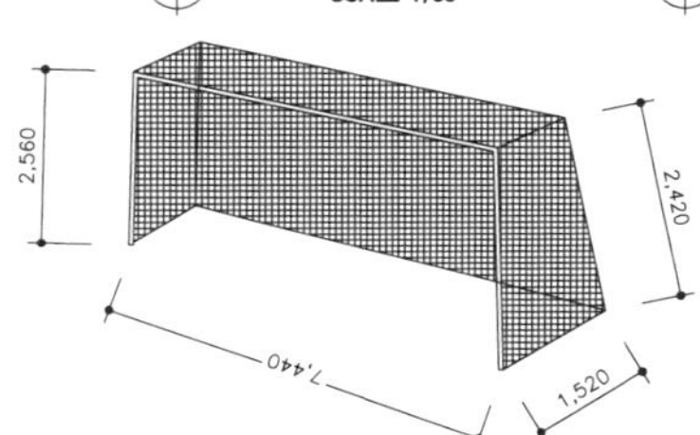

④ 축구네트
SCALE=NONE

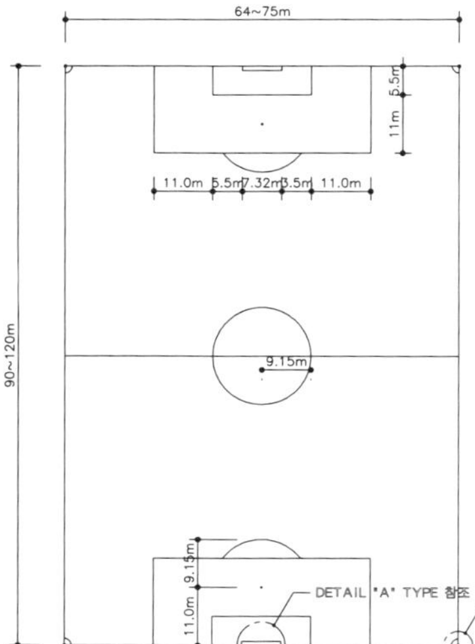

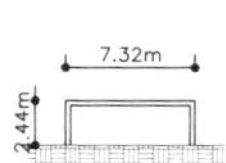

② DETAILA "A" TYPE 상세도
SCALE=NONE

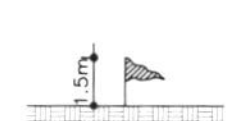

③ DETAILA "B" TYPE 상세도
SCALE=NONE

① 축구장평면도
SCALE=1/600

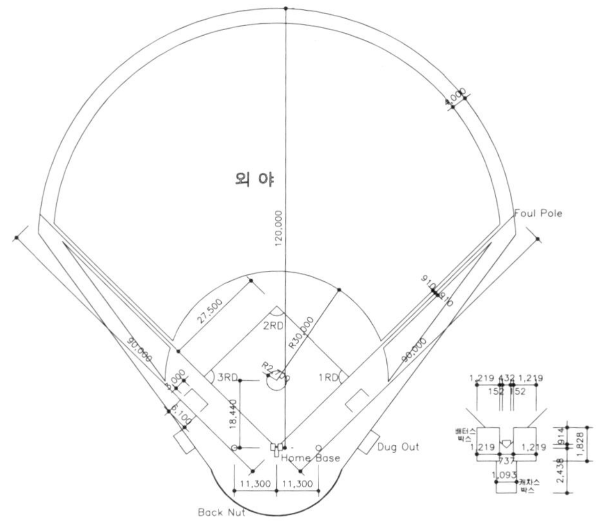

① 야구장평면도
SCALE=1/600

7) 기 타

건물의 표현

건물의 외곽선은 강한 선으로 그린다.

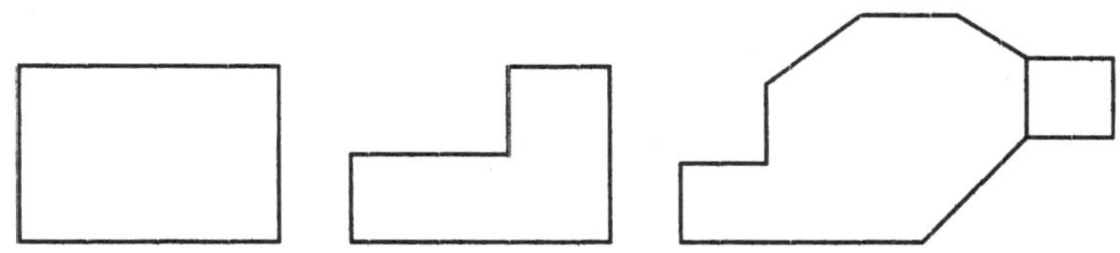

외곽선 내부는 가는선으로 표현한다.

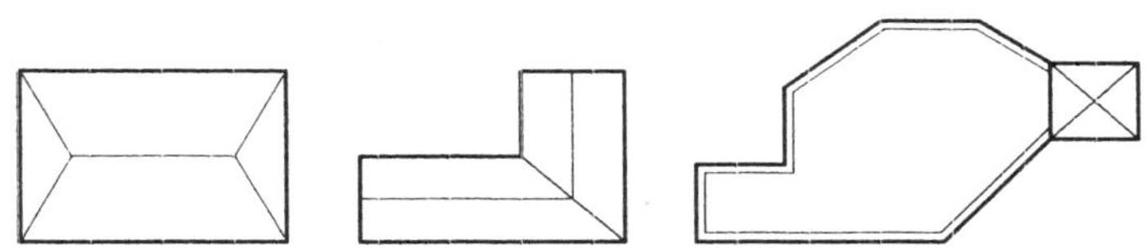

질감의 표현은 건물 외곽선을 따라 나란히 긋는 방법과 건물 외곽선에서 지붕선까지 직각으로 표현하는 방법이 있다.
지붕의 신축 줄눈을 가는선으로 표현하며 광선의 방향을 설정하여, 그늘진 부분은 짙은 질감으로 표현한다.

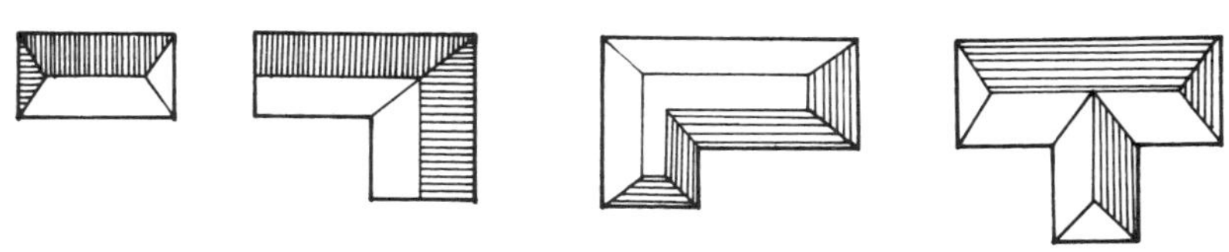

지붕의 종류

자동차의 표현

도면에서 자동차는 관련된 공간의 용도와 도면의 축척을 이해하는데 큰 역할을 하며, 도면에 활기를 불어 넣기도 한다.

자동차의 기본형은 직사각형에 본네트, 트렁크, 차의 지붕으로 3등분한 형태가 기본이며, 축척에 따라 창문과 기타 상세한 세부표현의 정도를 달리한다.

그리는 방법

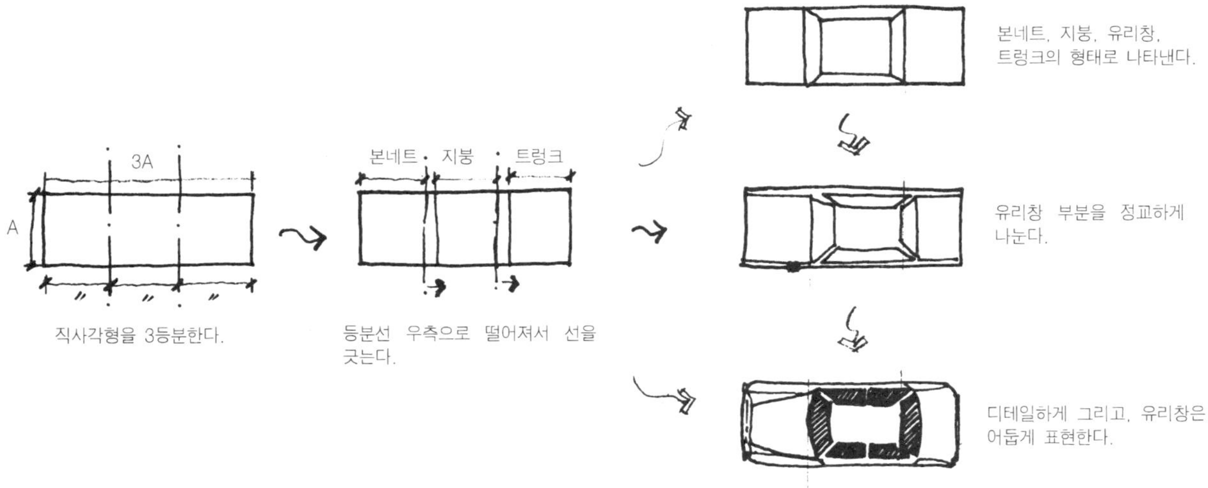

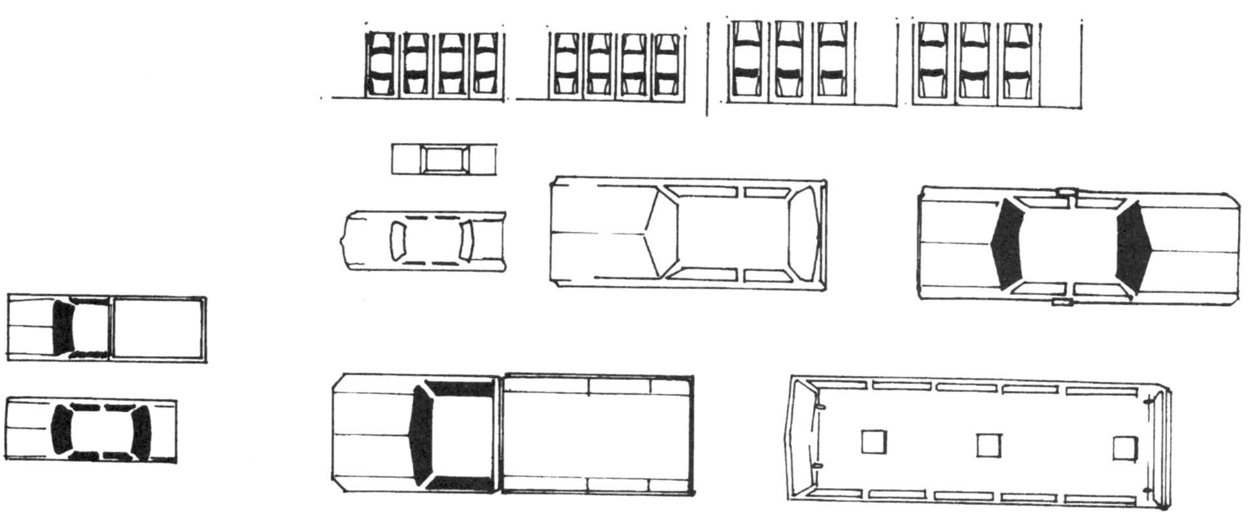

각종 교통수단의 규격 보기

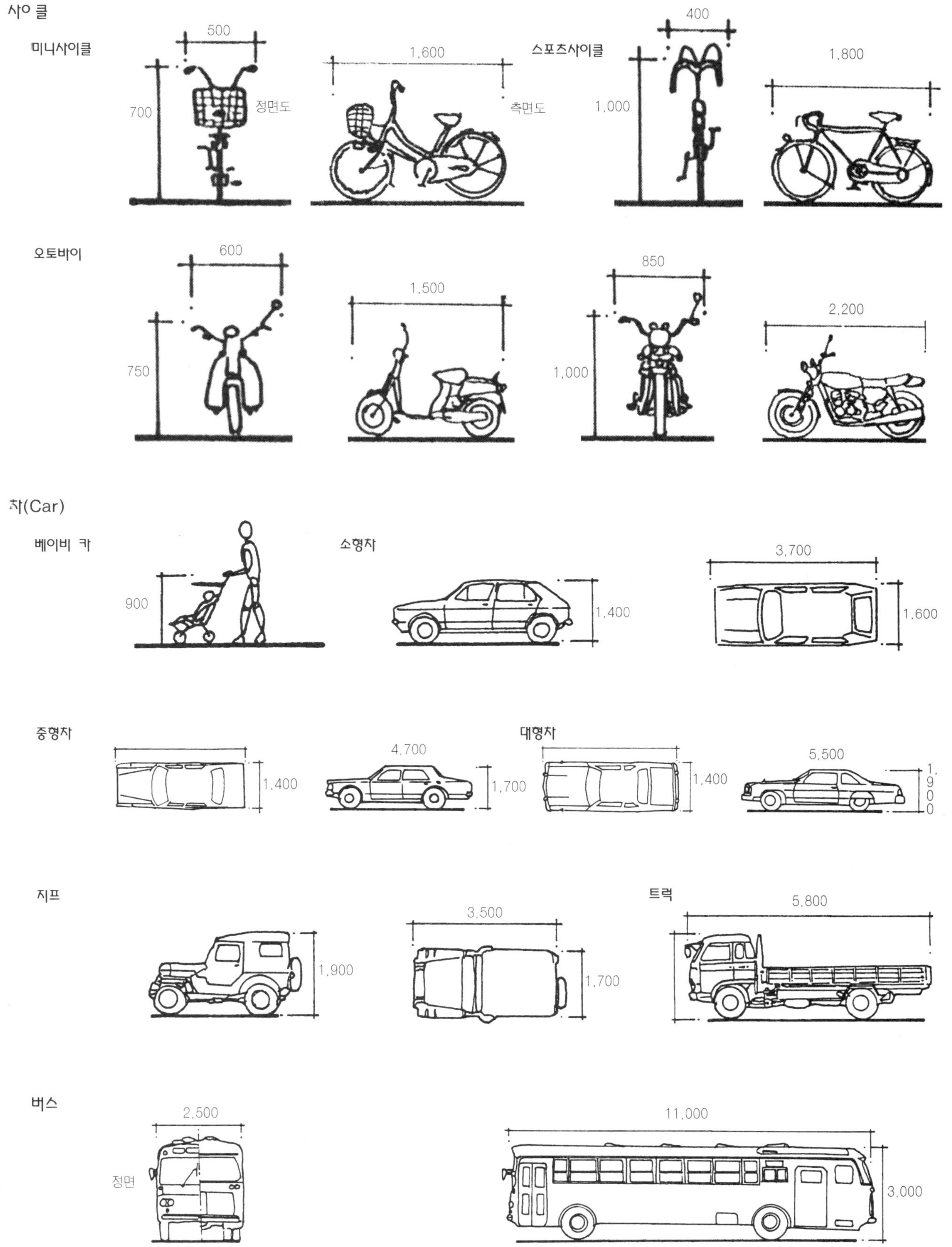

그림자의 표현

음영 표현은 도면에 나타나는 공간의 구조를 더욱 구체적으로 이해시키며, 도면에 명암대조를 주어 설계의 내용을 보다 선명하고 알기 쉽게 해 준다.

그리는 방법

① 연습평면도 위에 대략적인 태양의 위치를 정한다.

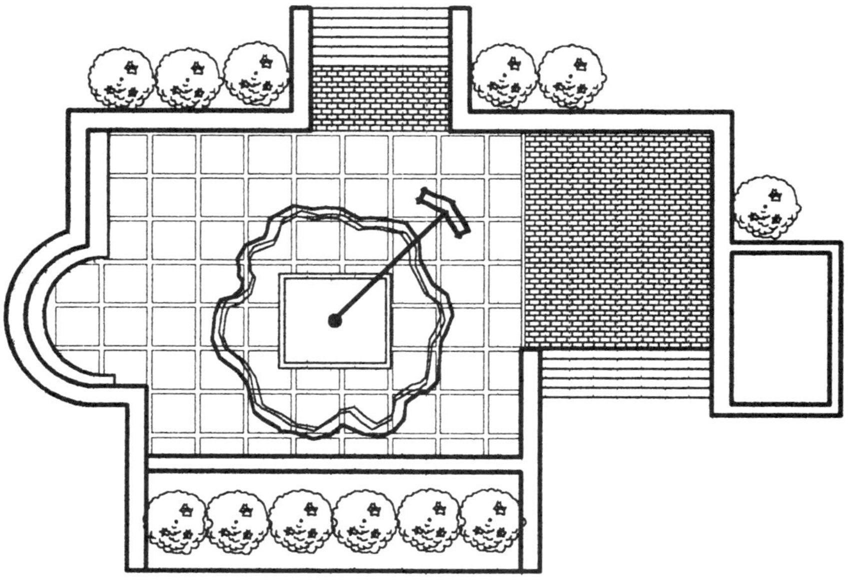

그림자의 길이가 지나치게 길어지면 도면을 이해하는 데 어려워진다.

② 그림자를 만들 대상의 테두리선 모서리에서 일정 각도의 선들을 연장시킨 다음 그림자가 드리워질 길이를 정하는데 우선 위에서 연장된 선에 각 수직 돌출부의 스케일에 맞춘 높이를 대입시켜본다.

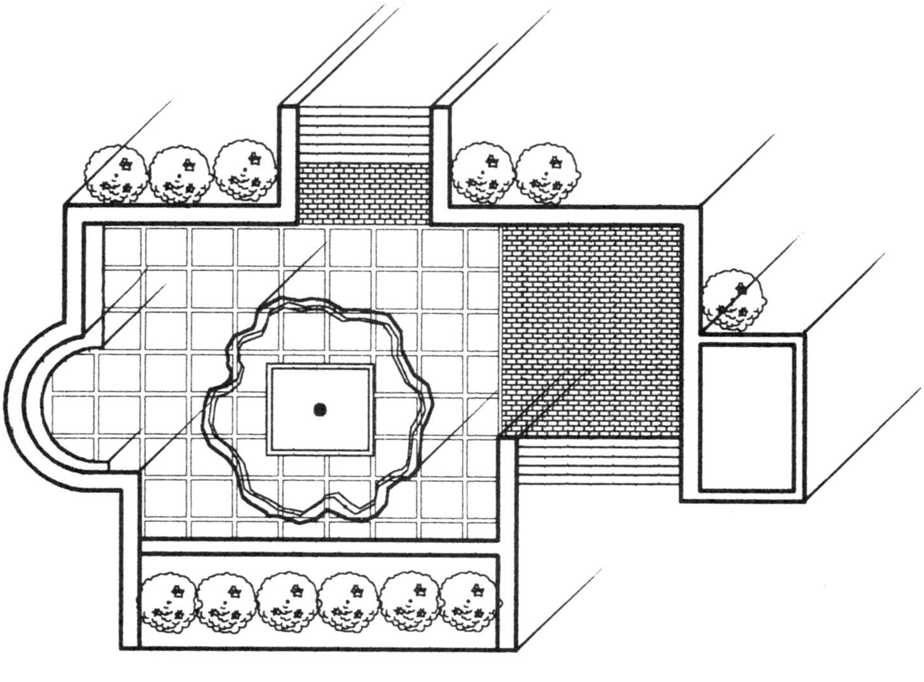

③ 그림자의 길이가 정해지면 선들을 연결하여 만들어진 그림자의 모양은 평면도화된 대상의 원래 3차원적 형태에 근거하여야 한다.

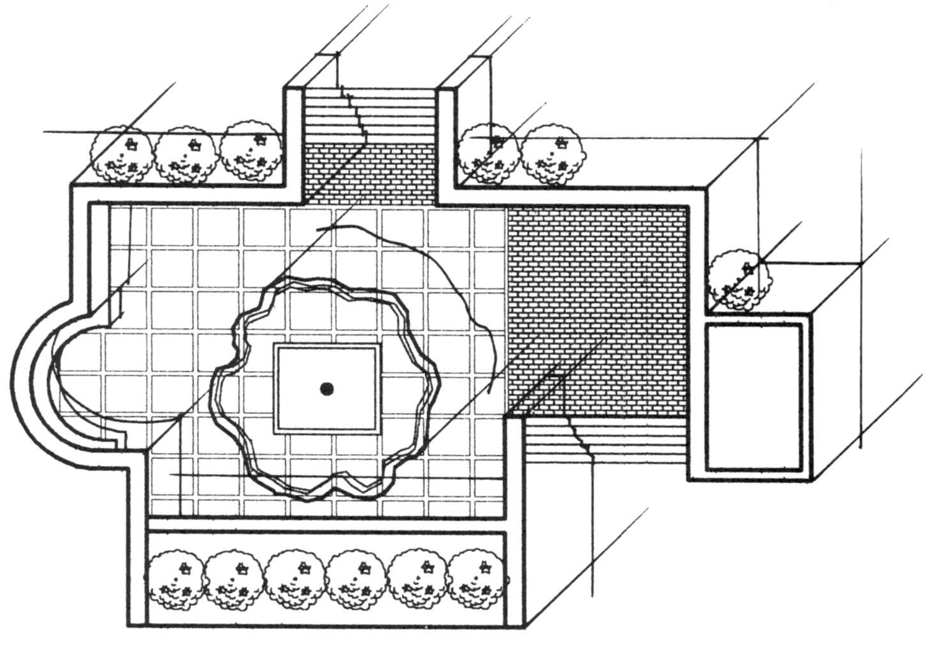

④ 그림자가 불투명하게 보이지 않도록 중간색이나 회색계의 명암을 가진 마커나 색연필을 사용하여 밀집된 선의 연속으로 그려나간다.

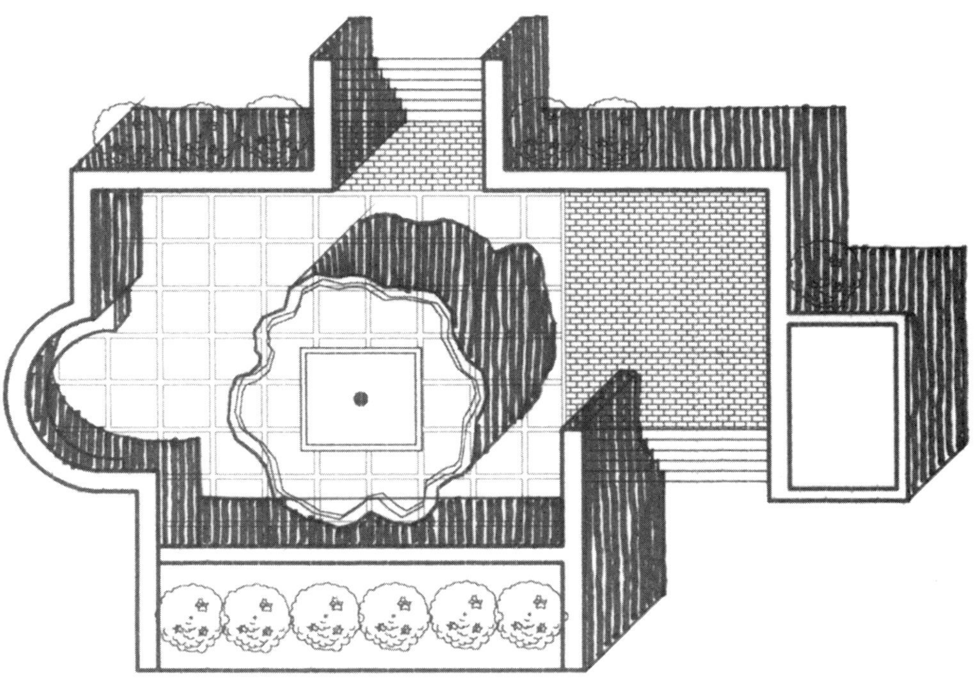

그림자는 대상물의 높이와 관련이 있으므로 도면의 깊이감을 준다.
도면에서 그림자의 방향은 일정하게 한 방향으로 생기도록 한다.
그림자의 방향은 보통 왼쪽 아래나, 오른쪽 아래에 두는 것이 입체적인 효과가 크다.
그림자는 시간에 따라 그 길이가 달라지지만 설계자가 도면의 효과를 고려하여 선택해도 좋다.

수목의 그림자 표현

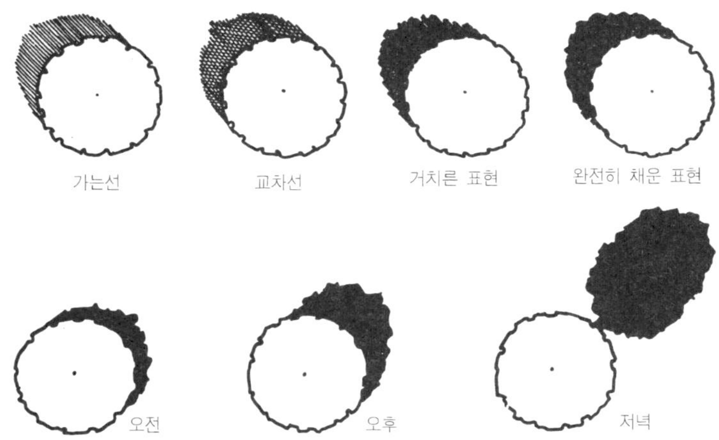

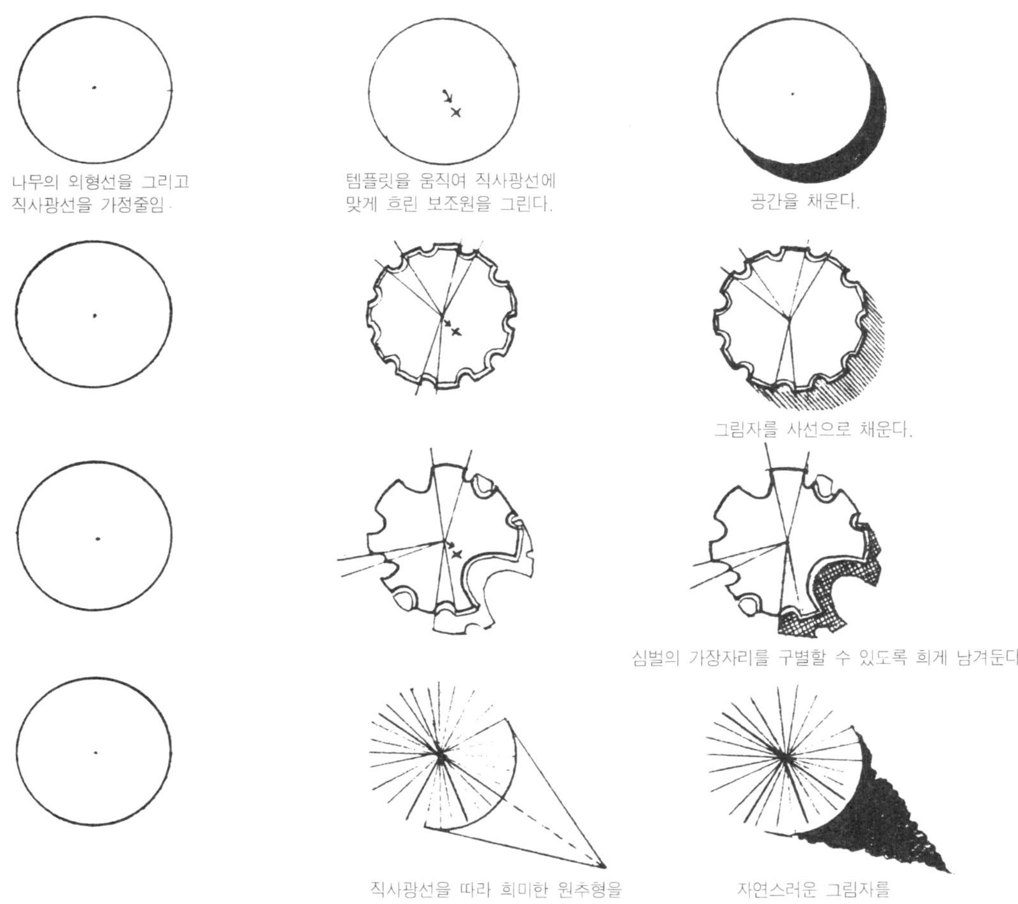

광선의 각도를 정한 다음 각 모서리로부터 선들을 연결한다.
지붕 측면의 질감표현은 지붕물매에 대한 그림자 길이 변화를 설명하는 데 도움이 된다.
건물의 형태와 높이, 지붕의 모양에 따라 그림자는 다르게 표현된다.

건물의 그림자 표현

그리는 방법
기본형

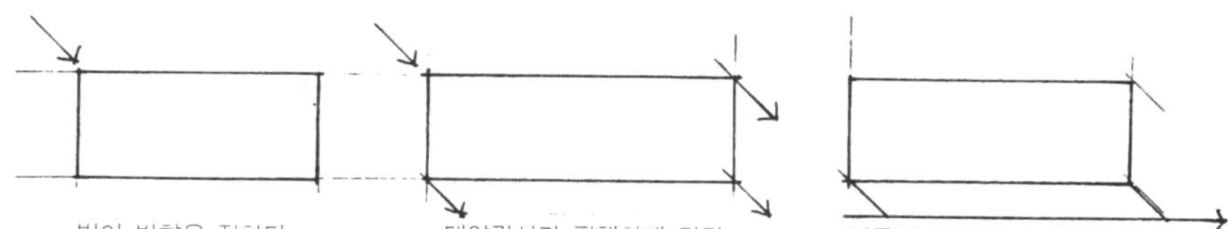

빛의 방향을 정한다.

태양광선과 평행하게 각각 모서리에서 선을 긋는다.

건물의 높이를 고려하여 임의로 폭을 정한다.

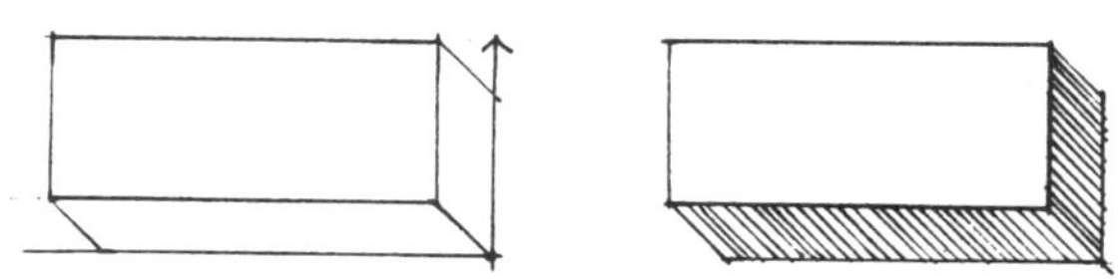

그림자 선을 연결한다.

그림자를 채운다.

지붕이 없는 건물

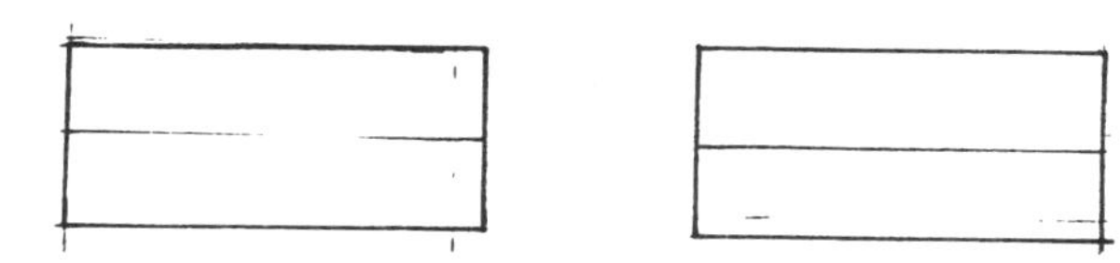

지붕의 경사면과 모서리 측면의 그늘이 더 길게 표시된다.

각 모서리로부터 태양광선과 평행선을 그린다.
지붕 꼭대기는 상대적으로 높으므로 선을 길게 한다.

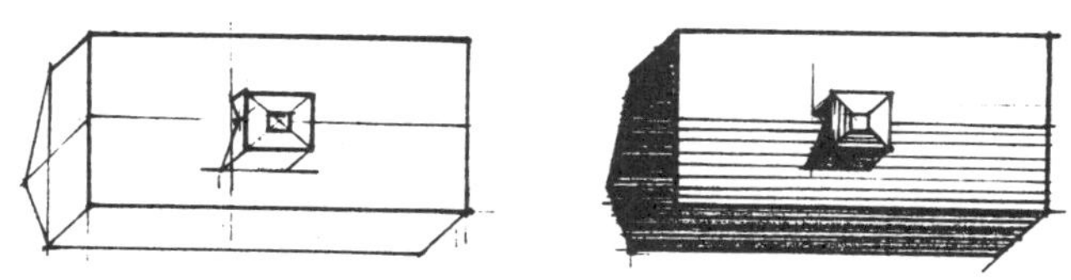

지붕 측면의 그늘 그림자 표현은 길이의 느낌을 강조하는데 도움을 준다.

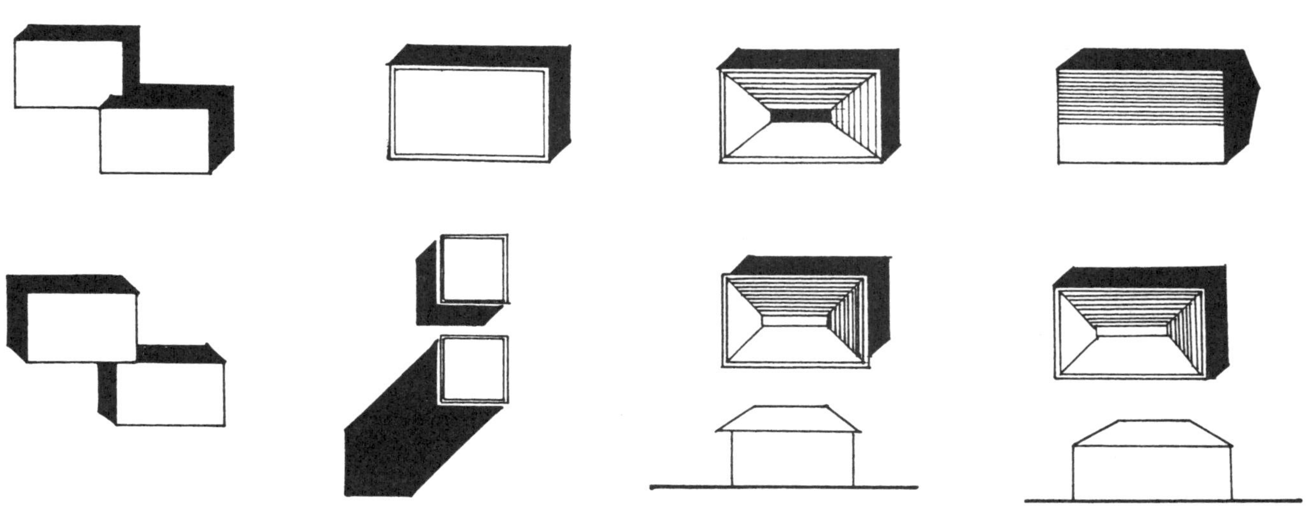

평면도 그리는 법

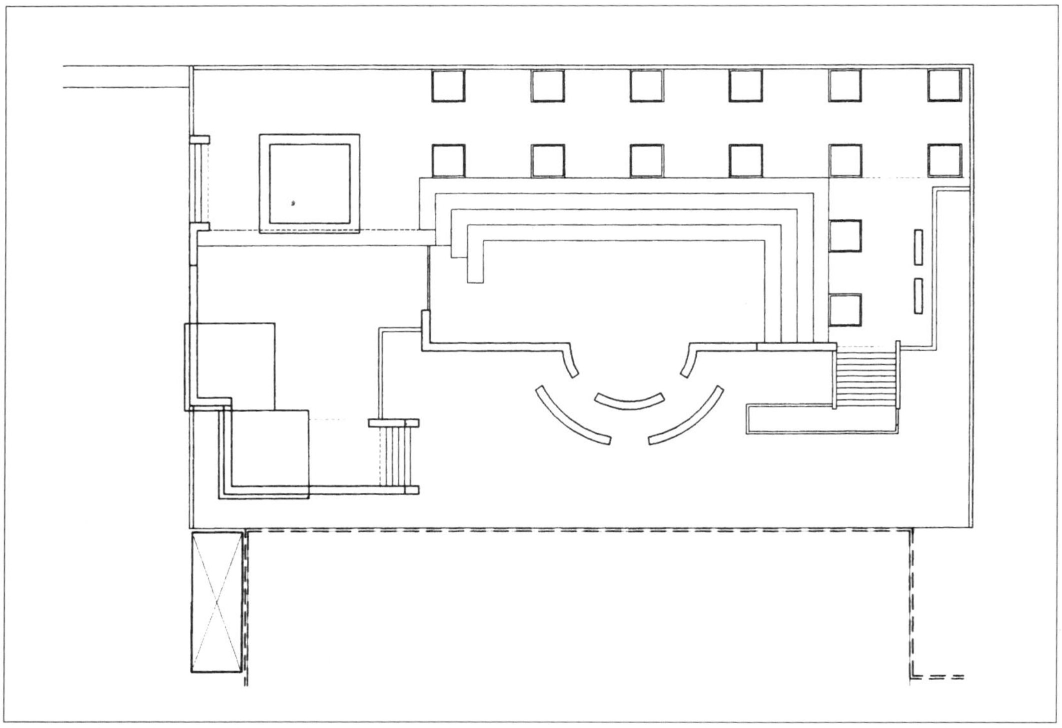

① 먼저 그리고자 하는 건축물, 구조물, 시설물, 수목의 위치 등의 외곽선을 축척에 맞추어서 그린다.

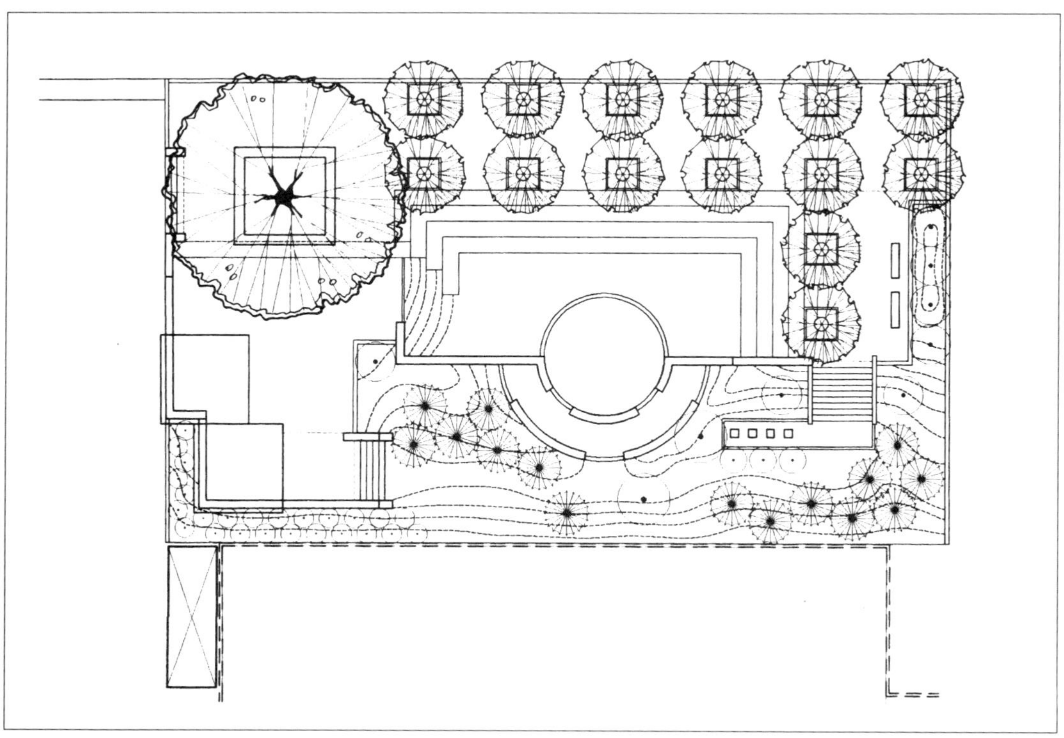

② 수목의 위치가 결정되면 침엽수, 활엽수, 초본류별로 식수표시를 한다.

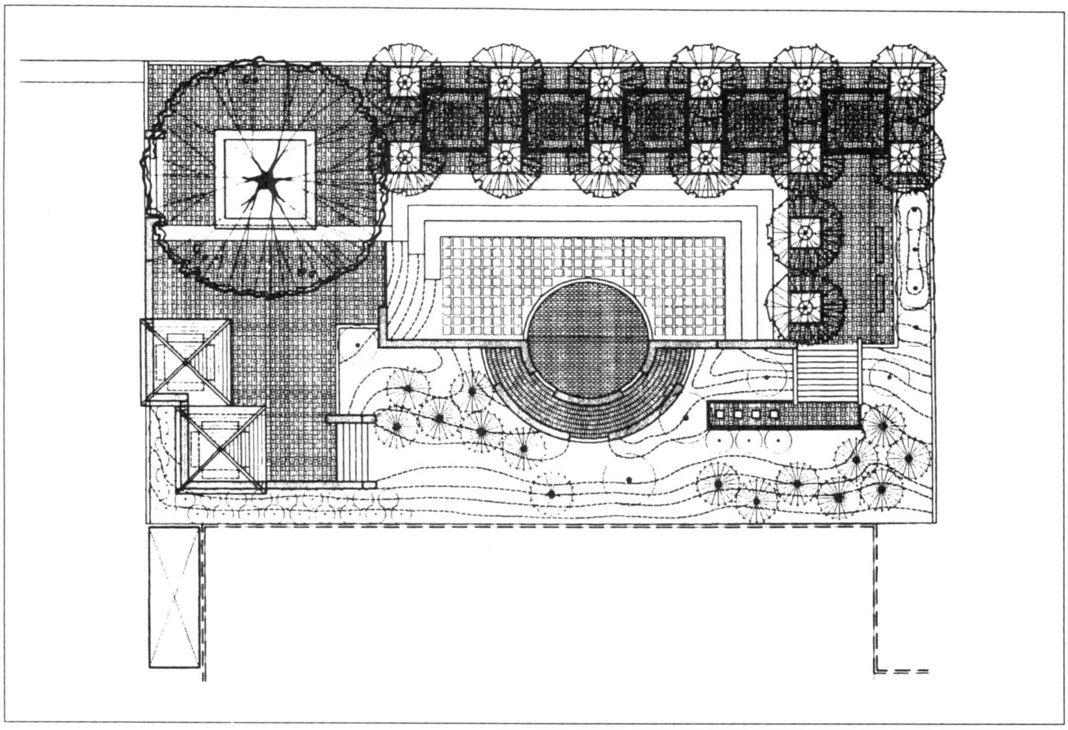

③ 바닥포장, 물의 표현, 기타 재료 등의 표시를 하고 그림자를 넣어준다.

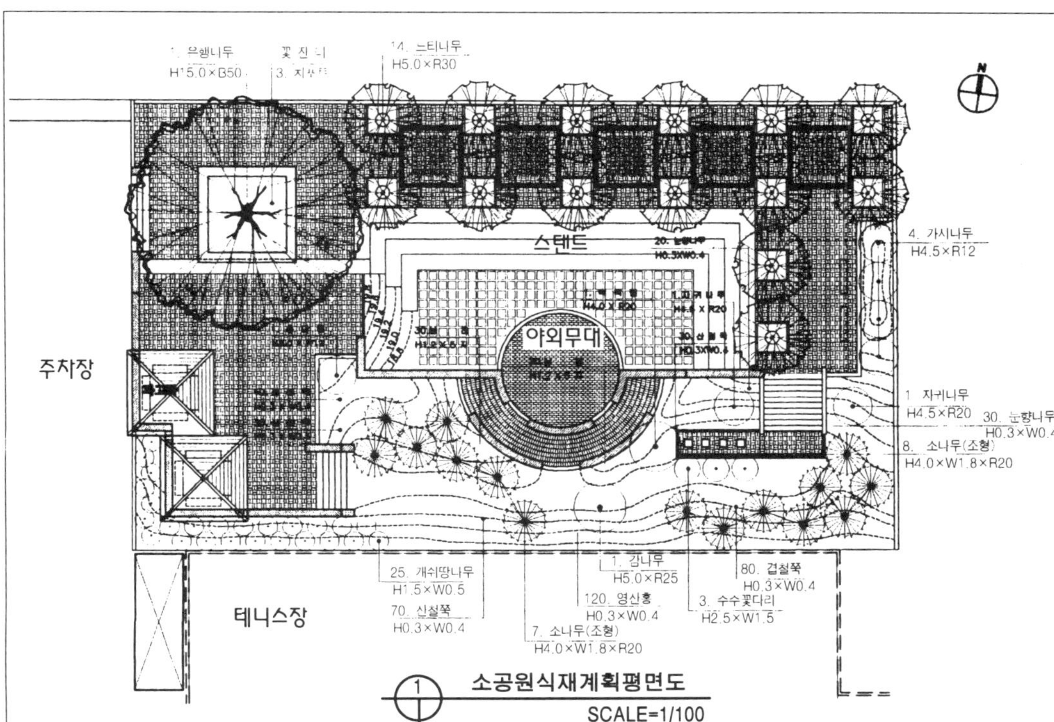

④ 수목의 경우 인출선을 긋고 본수·수종명·규격 등을 기입한다.
도면명과 스케일 방위 표시도 빠뜨리지 않고 기입하여 도면을 마무리한다.

8) 마스터플랜

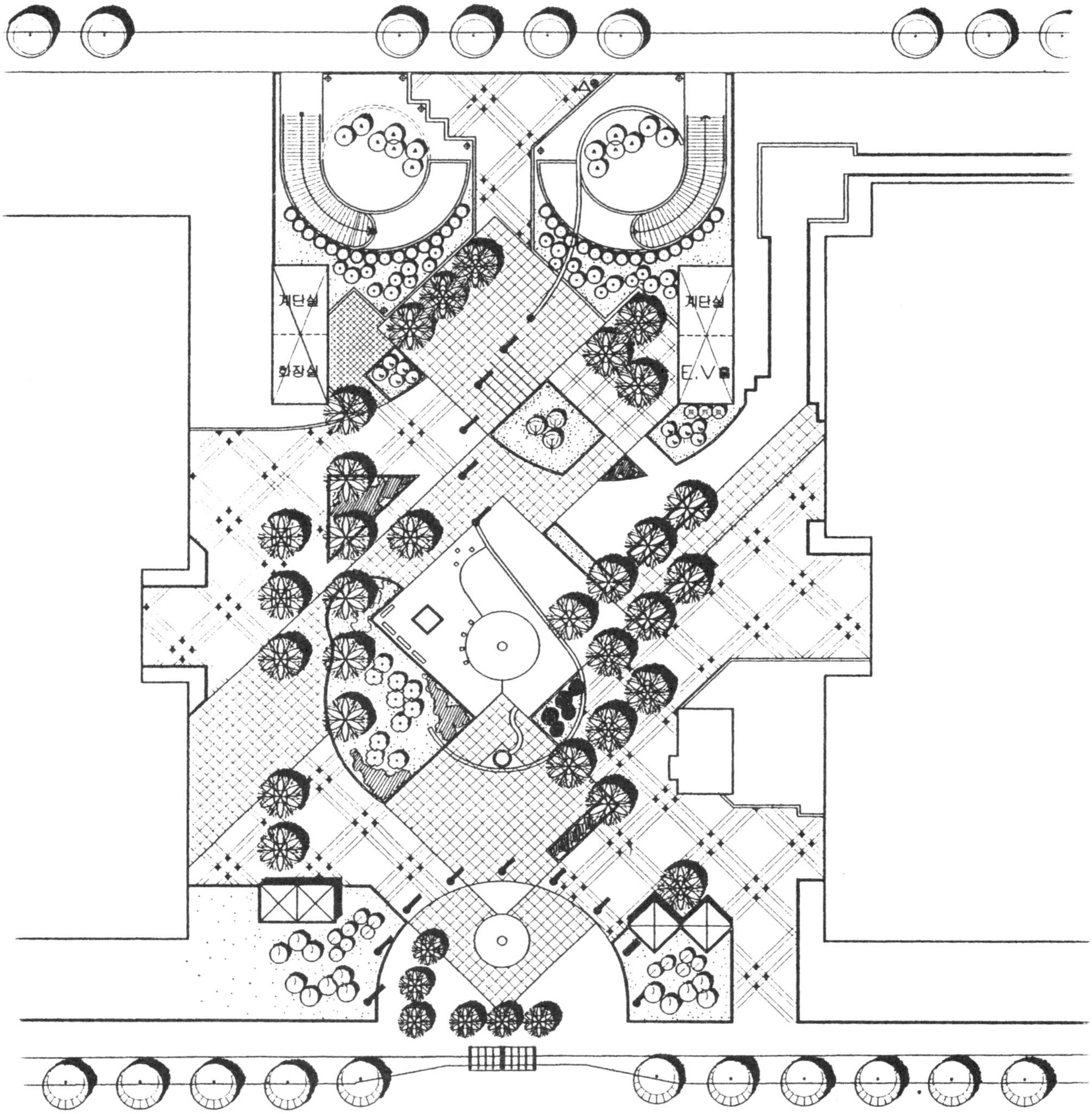

MASTERPLAN
SCALE=1/400

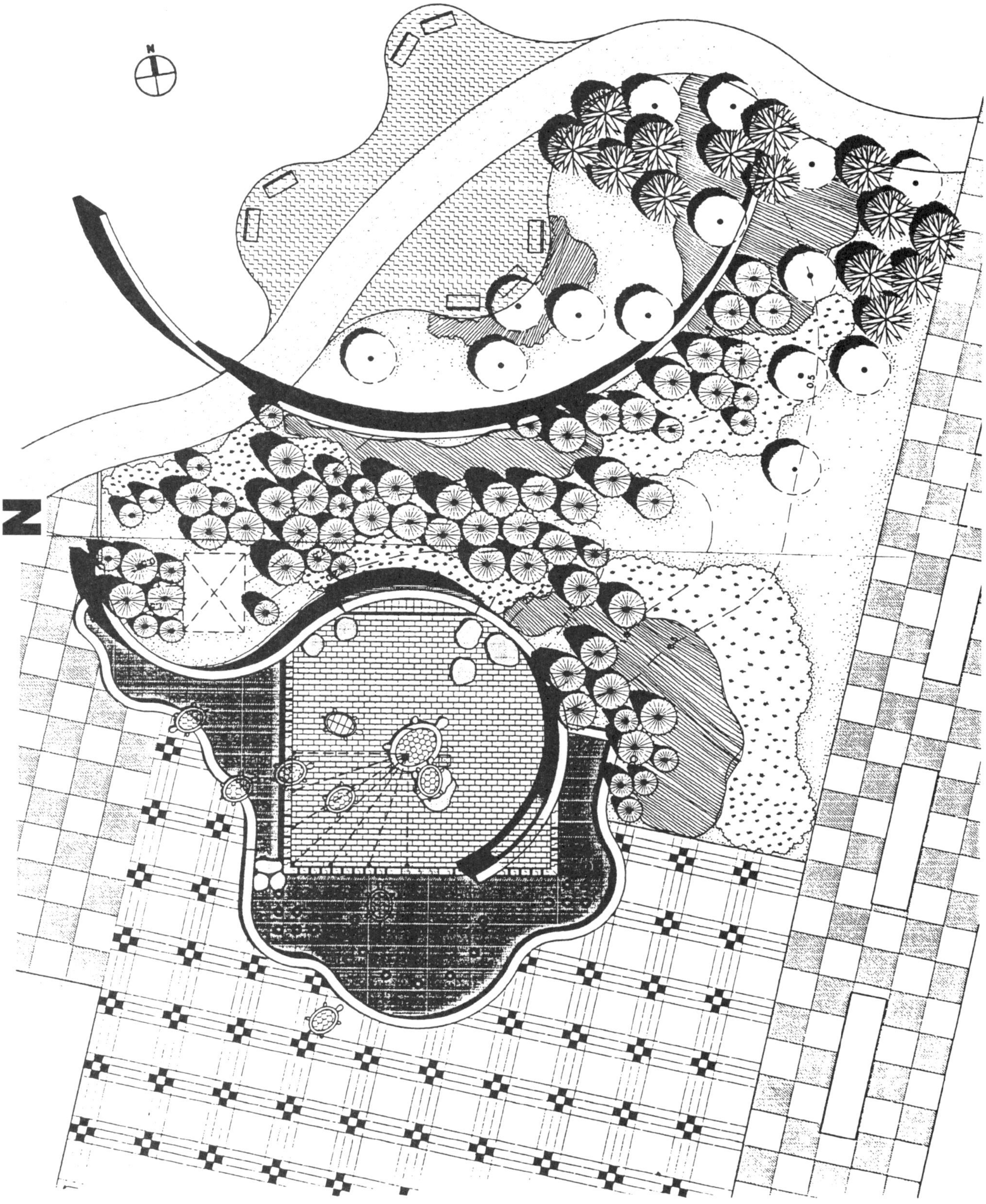

MASTERPLAN
SCALE=1/150

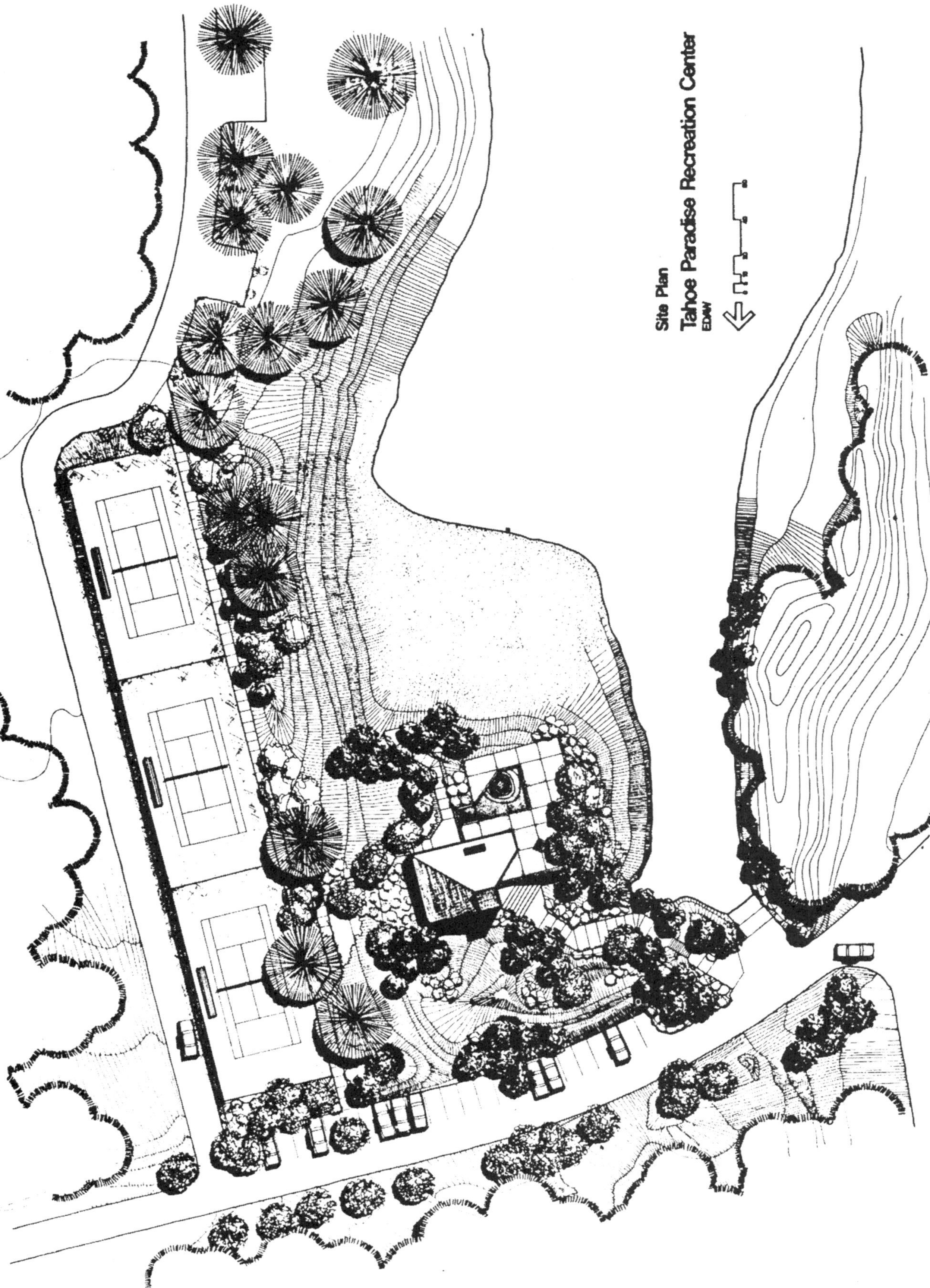
Site Plan
Tahoe Paradise Recreation Center
EDAW

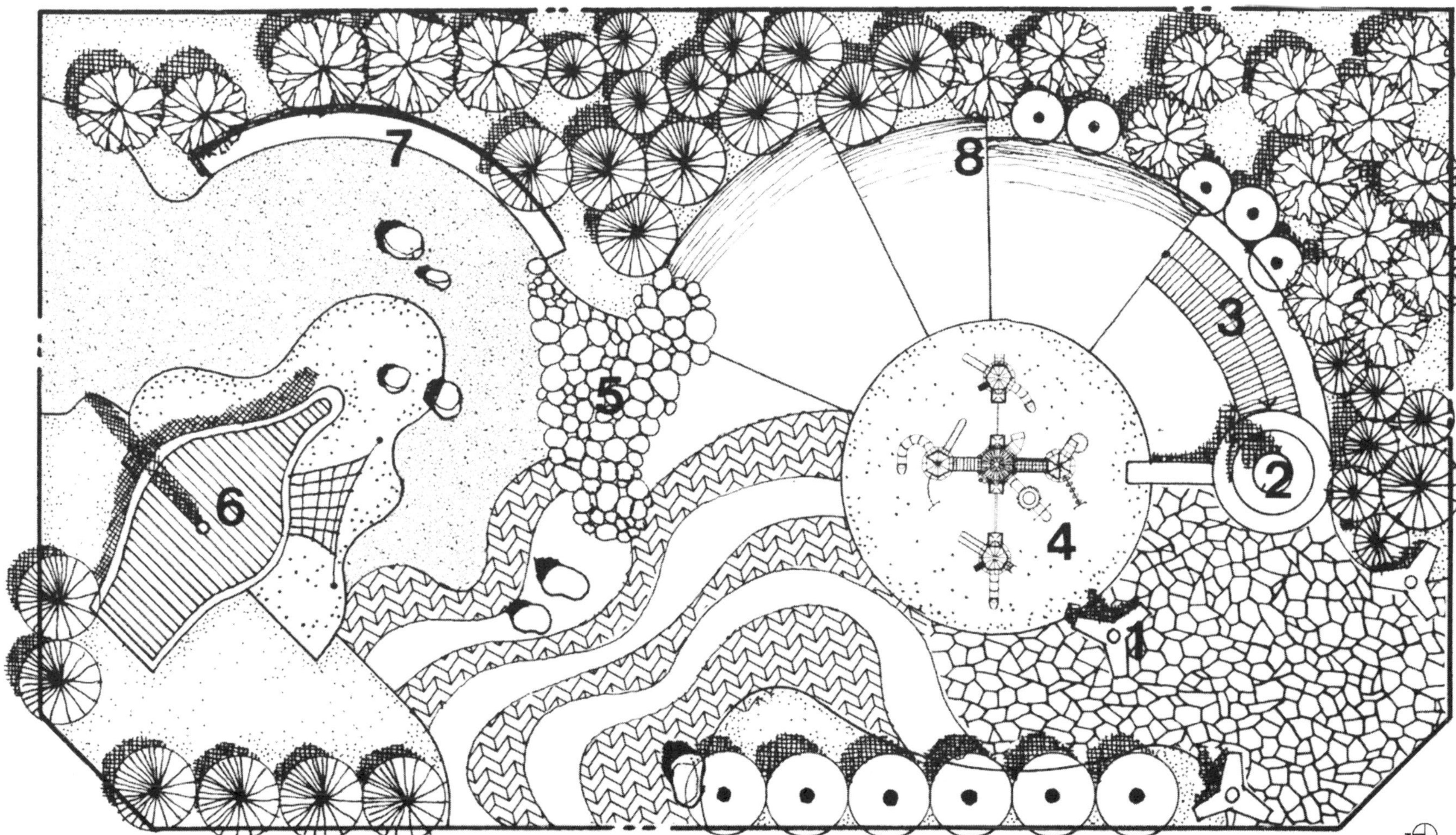

범 례
1 테트라포트
2 등 대
3 램 프
4 조합놀이대
5 자연석쌓기
6 놀 이 배
7 스 탠 드
8 파도형 놀이벽

① 어린이공원 기본계획도

SCALE=1/200

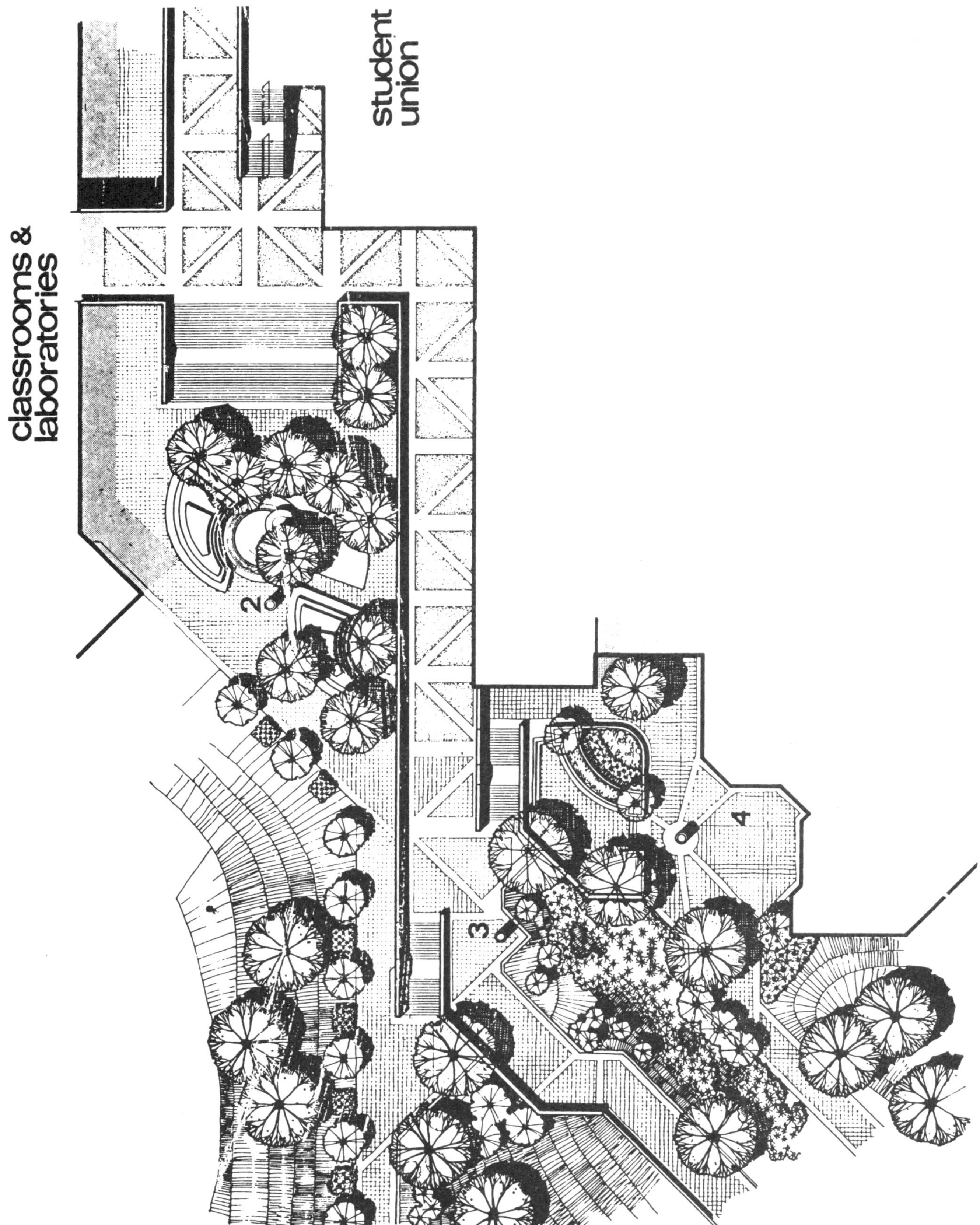
classrooms & laboratories
student union
2
3
4

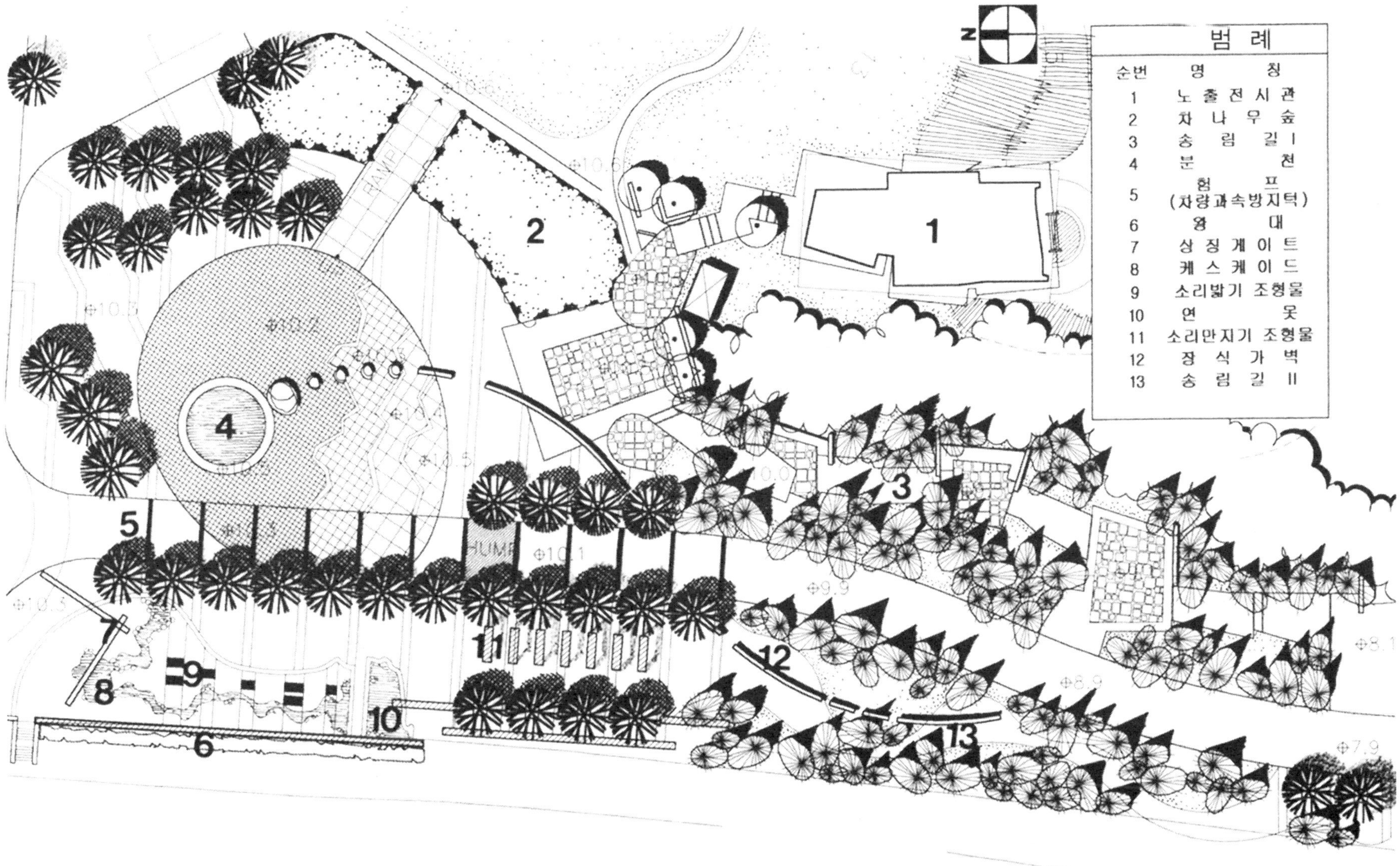

범례	
순번	명칭
1	노출전시관
2	차나무숲
3	송림길 I
4	분천
5	험프 (차량과속방지턱)
6	옹대
7	상징게이트
8	케스케이드
9	소리밟기 조형물
10	연못
11	소리만지기 조형물
12	장식가벽
13	송림길 II

① 기본계획도

SCALE=1/600

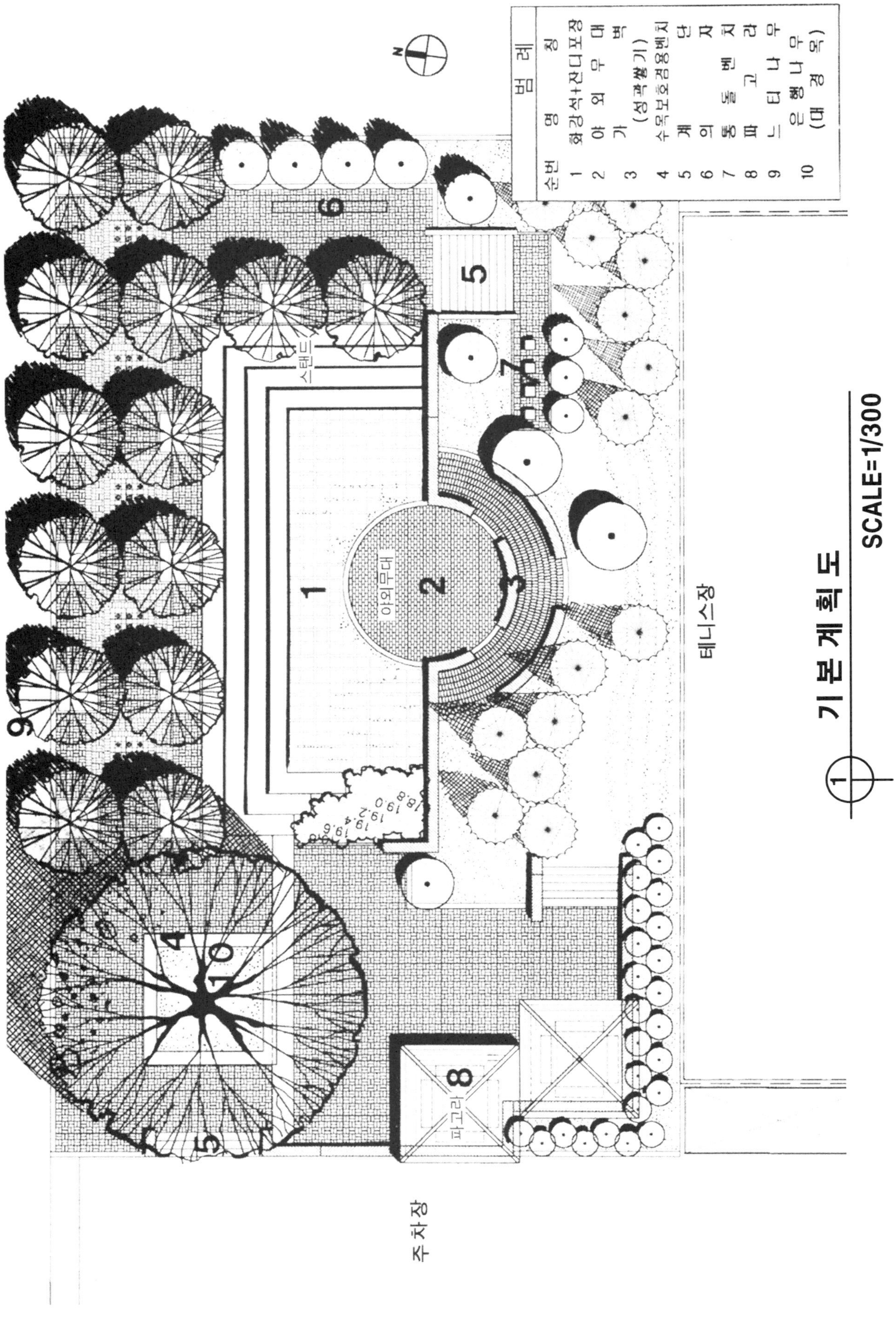
범례
순번 명칭
1 화강석+잔디포장
2 야외무대
3 가벽 (성곽쌓기)
4 수목보호겸용벤치
5 계단
6 의자
7 돌벤치
8 파고라
9 느티나무
10 은행나무 (대경목)
스탠드
아외무대
테니스장
주차장
파고라
기본계획도
SCALE=1/300

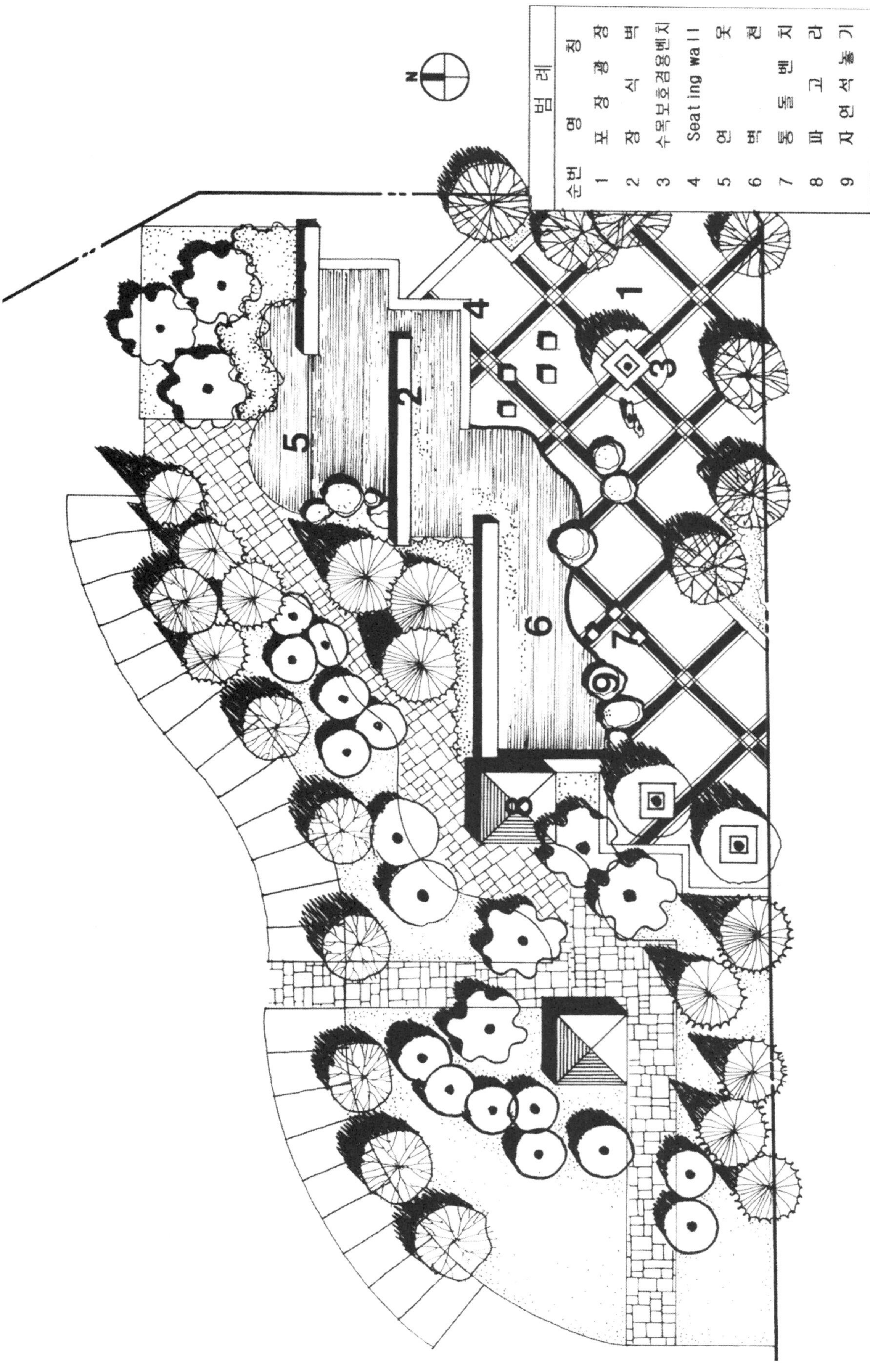

소공원 기본계획도

SCALE=1/300

3 입면표현
VERTICAL PRESENTATION

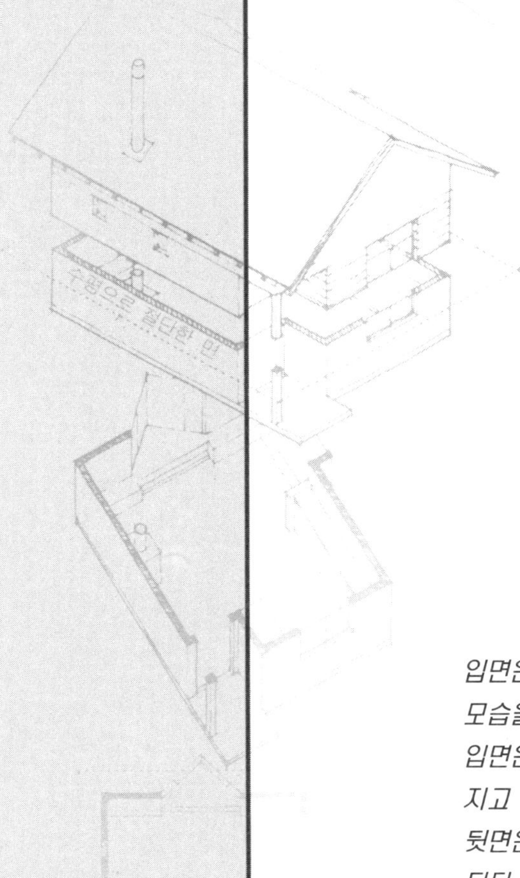

입면은 우리가 서 있는 시점에서 사물을 바라보는 그대로의 모습을 그리는 것이라 할 수 있다.

입면은 보통 동서남북 4개의 방향이 있는 데, 대지경계선이 보여지고 그 면에서부터 정면으로 보여지는 것(보통 남쪽)이 정면도, 뒷면은 배면도, 좌우 양측을 표현하는 것이 좌측면도, 우측면도가 된다.

이것은 평면도에서 나타나지 않는 높이 개념과 그 벽면(혹은 서 있을 때의 모습)에서 보여지는 여러 가지를 설명하는 것이다.

I. 입면표현 ELEVATION

평면의 요소들은 입면에서
어떻게 표현될까?

평면과 달리 입면은 높이값을 가지므로
평면의 각 요소는 다른 형태를 가지게 된다.
설계도를 이해하려면 평면과 입면을
연관지어 볼 수 있어야 한다.

이제 입면에 필요한
기본 요소를 익혀보도록
하자

입면 요소의 표현은 입면도와 단면도 표현을 잘 할 수 있도록 한다.

크게 수목, 구조물, 시설물, 기타 요소의 표현을 다루고 특히 조경의
특색을 살려 수목 표현에 치중하여 다루고자 한다.

1) 입면도(ELEVATION)란

입면도는 형태의 외관을 상세히 나타내는 효과적 방법으로 평면도와 입면도를 관련시켜 도면의 전반적인 모양을 알 수 있다.
축척은 평면도와 같이 하는 것이 보통이다.

이것은 건물일까?
아니면 땅일까?

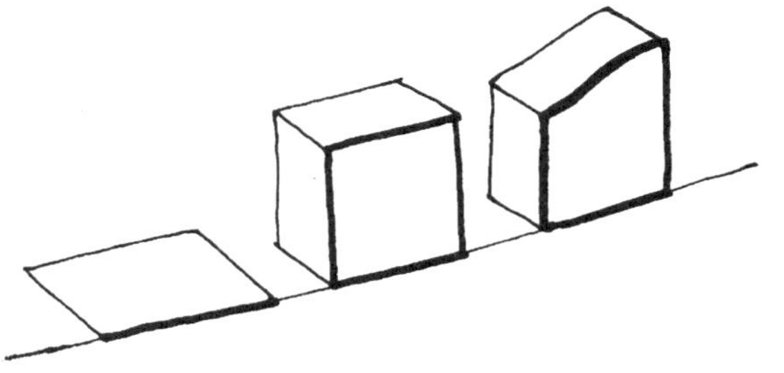

· 평면도는 같아도 입면도를 보면 달라진다.

입면도를 잘 그리기 위해서는 평면상의 물체들이 입면도에서 어떻게 표현되는지를 이해하고 각 요소들의 표현이 뛰어나야 전체 입면 표현의 결과가 좋아진다.

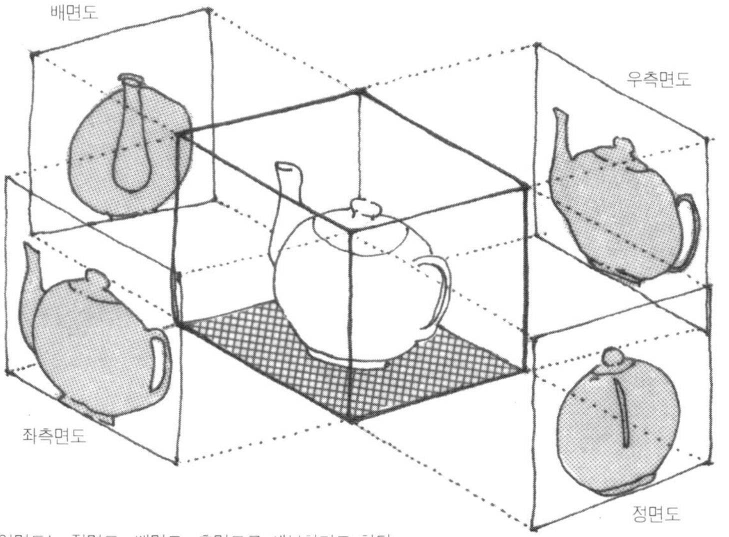

입면도는 정면도, 배면도, 측면도로 세분하기도 한다.

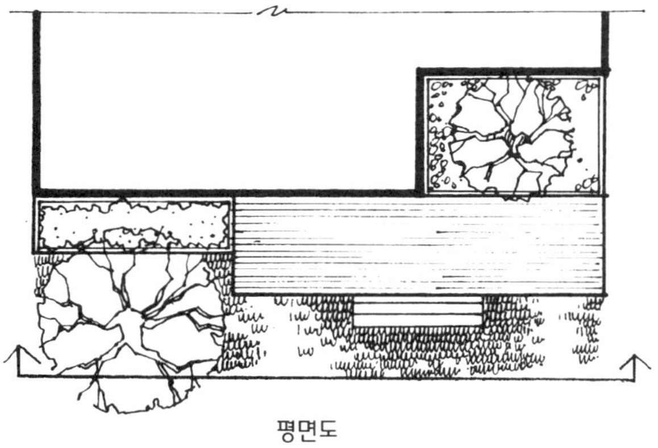

평면도

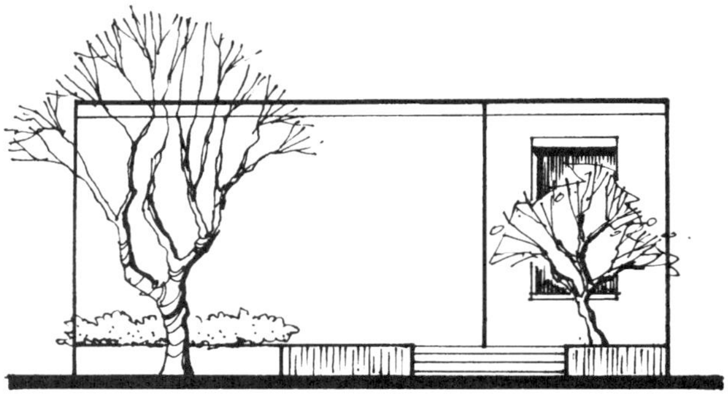

입면도

2) 단면도(SECTION)란

건물 혹은 시설물을 수직으로 절단하여 수평방향에서 본 것으로 장축방향으로 절단한 것을 종단면도, 단축방향으로 절단한 것을 횡단면도라 한다.
단면도는 형태의 내부 재질이나 구성, 결합상태에 대해서 그 수직방향과 수평방향으로 하나의 치수를 그리는데 도움이 된다.
입면도와 단면도를 혼용해서 사용하는 경우가 많은 데 입면도는 정면·측면·배면과 같이 외부에서 떨어져서 볼 때 외형을 말하는 것이고, 단면도는 절단하여 본 것이다.

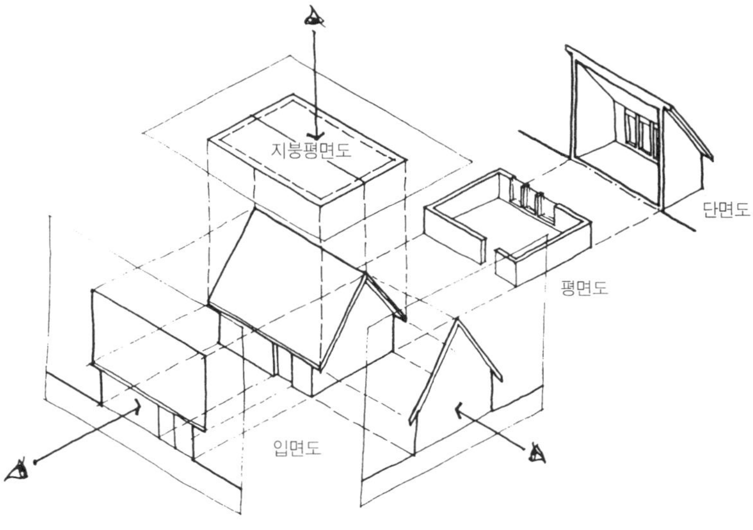

입면도·단면도를 그리기 위한 기본적인 요소부터 표현해 보도록 하자.

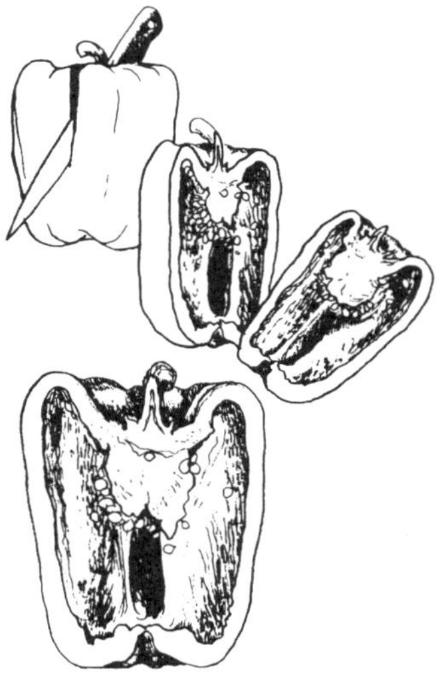

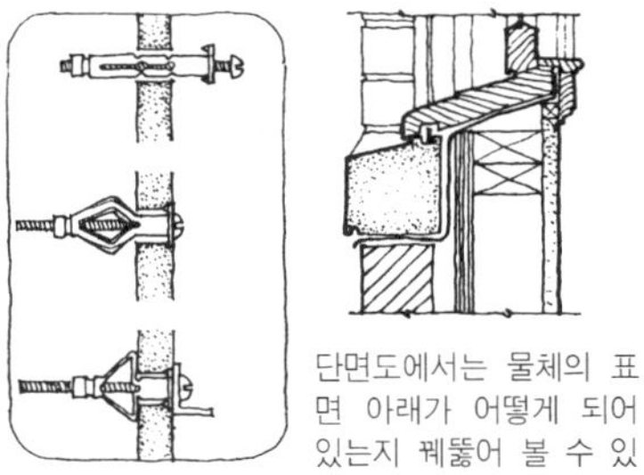

단면도에서는 물체의 표면 아래가 어떻게 되어 있는지 꿰뚫어 볼 수 있는 능력이 필요하다.

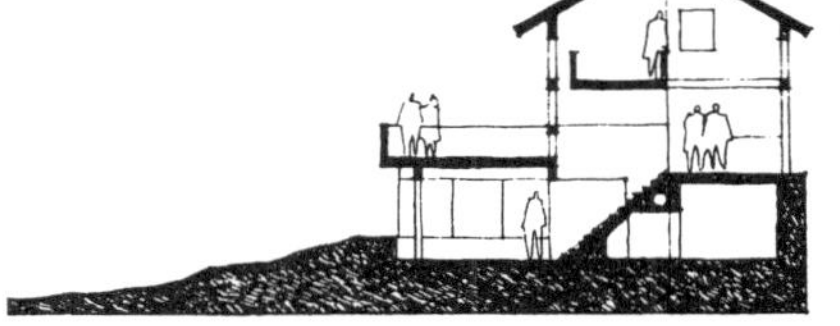

건물의 단면은 평면에서는 표시되지 않는 공간의 크기를 나타내고 있다.

수목의 입면 표현

교목의 표현

수목을 그리면서 흔히 부채모양의 평면으로 그리는 경우가 많다.
가지는 수간의 좌우에만 뻗어 있는 것이 아니고 앞, 뒤에도 있으며, 수목은 평면이 아니고 입체로 되어 있다.
수목에서 전체적인 형태의 기본구조는 각주, 원주, 원추라고 생각하고 그리면 쉽게 그릴 수 있다.

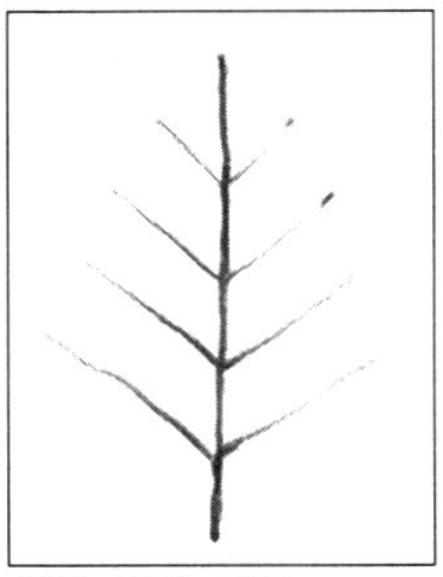

잘못 그린 사례

수목의 표현은 조경에서 가장 중요하므로 사진을 찍어서 실제 수형을 많이 그려보도록 하자.

■ 가지와 줄기의 표현

주된 가지가 한눈에 들어오면 평면적으로 보인다.

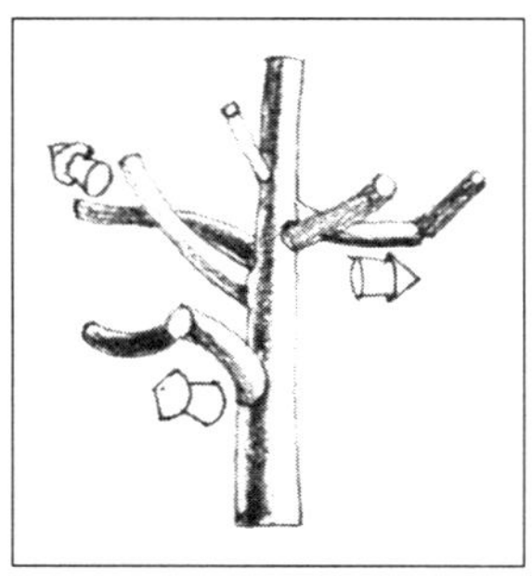

가지가 뻗어 나가는 방향과 입체감.

줄기와 가지의 구조를 면밀히 관찰해 보자.

여러 각도에서 본 가지의 생김새

가지는 모두 같은 구조로 생긴 것이 아니라 위치에 따라 생김새가 다르다.

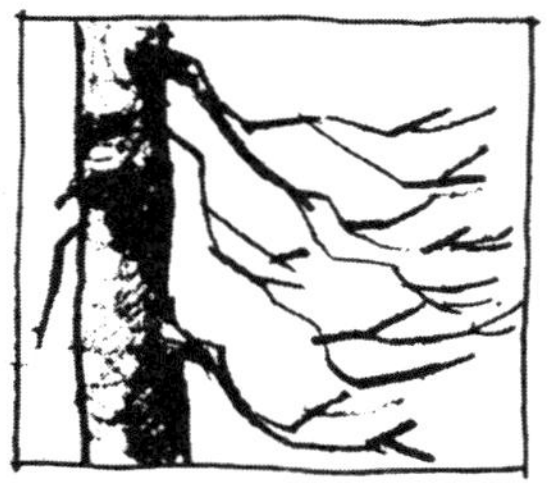

1. 위로 향한 가지가 많다.
2. 수평에 가까운 가지가 주를 이룬다.
3. 아래로 향한 가지가 많다.

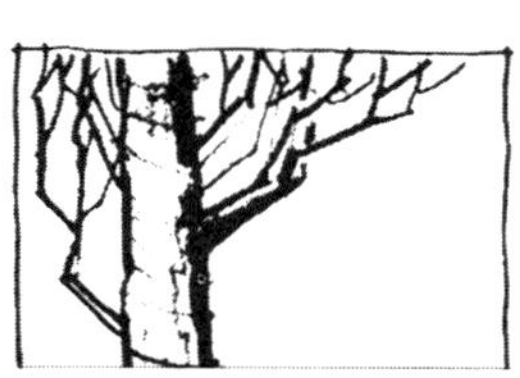

■ 수피의 표현

나무는 모두 고유한 수피를 가지고 있어서 그 특징에 맞는 수피를 그리면 보다 더 사실적으로 보인다.

지나치게 사실적으로 그리지 말고 각 나무의 특징이 나타나도록 그리면 된다.

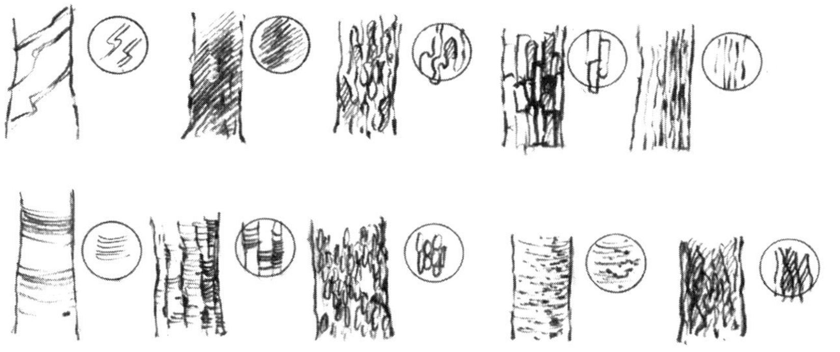

근처에 있는 나무를 치밀하게 관찰하면 수피의 특징을 파악하는데 도움이 된다.

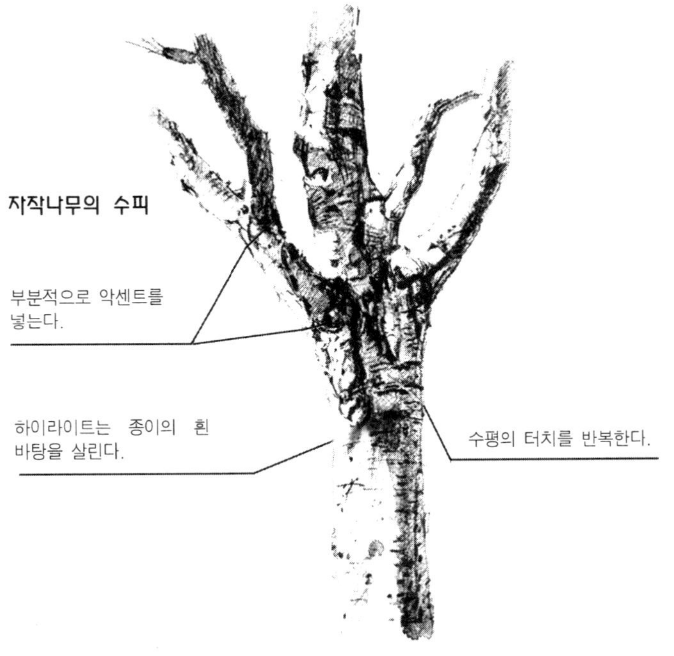

■ 수피의 다양한 표현

■ 잎의 표현

나무의 잎은 기본적인 형이 반복적으로 집단을 이루고 있다.

잎의 표현을 많이 연습해야 가장 빠른 시간 내에 나무의 표현이 좋아질 수 있다.

잎의 기본형　　하부의 잎　　상부의 잎

나무의 고유한 잎의 생김새를 파악하여 그려보자.

각 나무마다 잎의 고유한 형태를 유심히 관찰 해 두자.

▪ 은행나무류

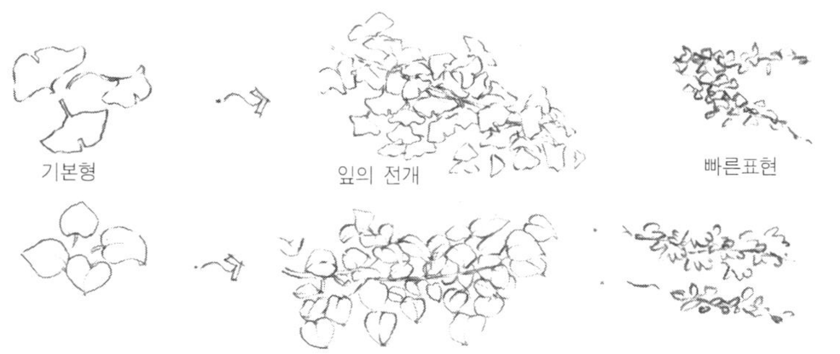

▪ 자작 · 참나무 · 느릅나무류

▪ 소나무류

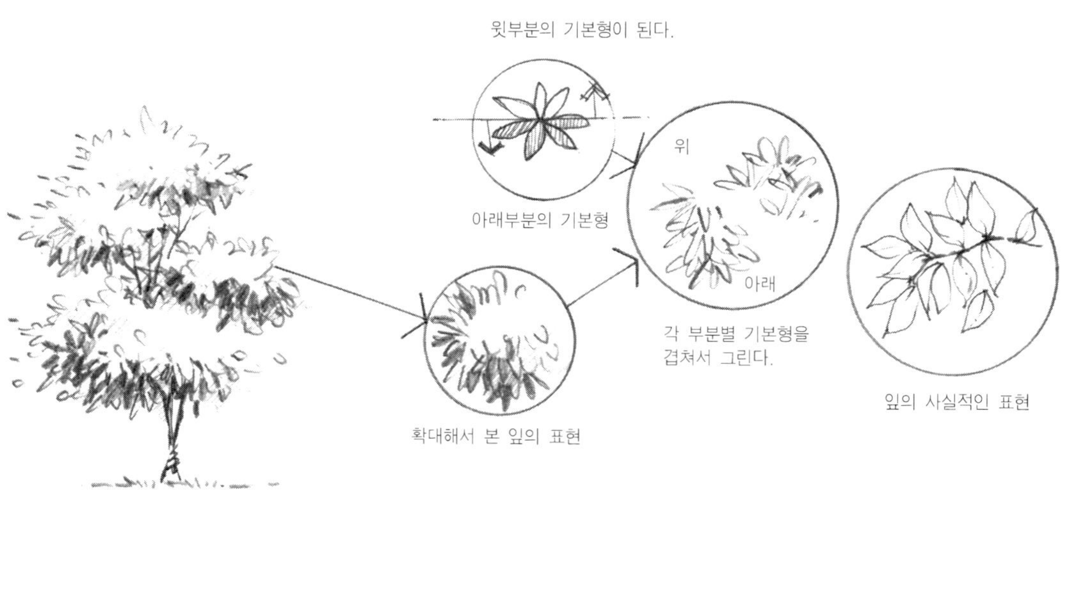

잎을 표현하는 거친 선을 스피드 있게 표현해 보자.

사실적인 표현이
어려우면 잎의 특징을
단순화시켜 나무를
그려도 좋다.

M자형 터치

방사상의 터치

W자형 터치

동심원을 그리는 터치

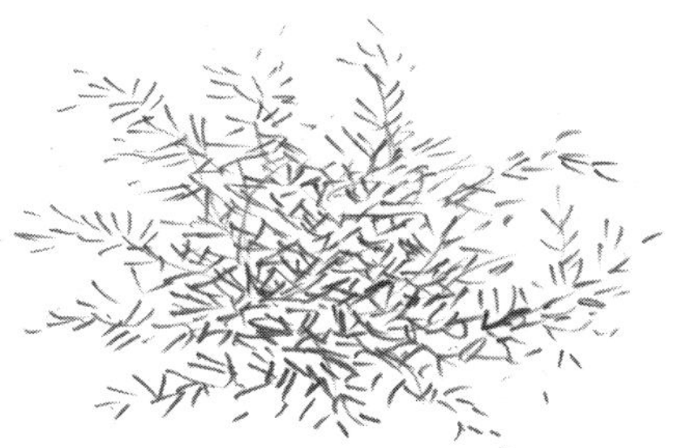
짧은 선의 터치

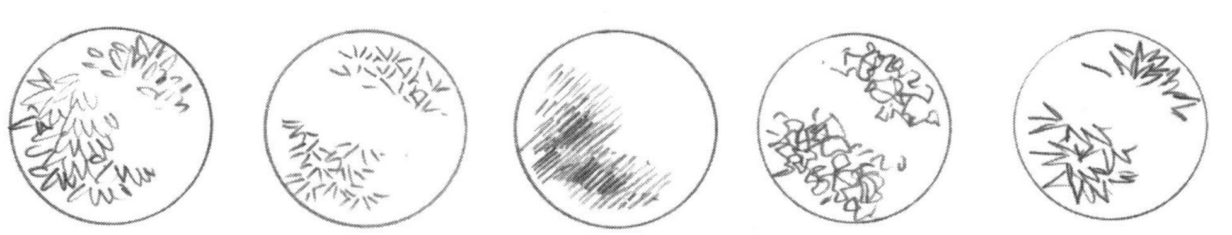

M자의 연결에 의한 잎

삼각형에 의한 잎

불규칙한 선에 의한 잎

꺾어진 선의 잎

■ 표현의 기본사항

구도를 잡고 선의 강약을 주면서 단번에 그려간다.

기본적인 형태를 그린 후 줄기를 그린다.

외곽선은 어둡게 강조해 준다.

빠른 표현

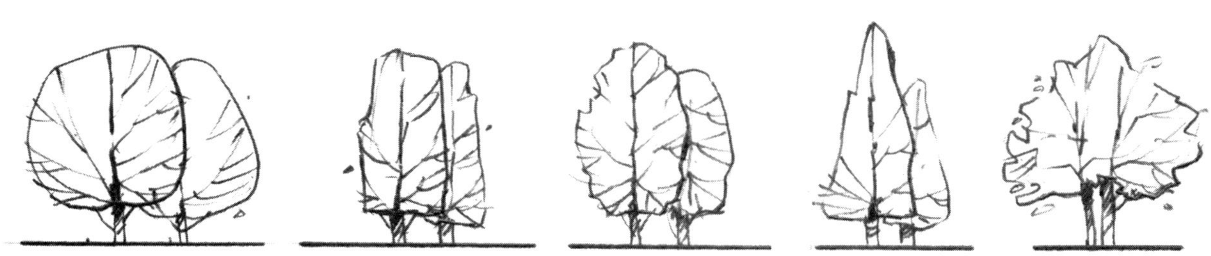

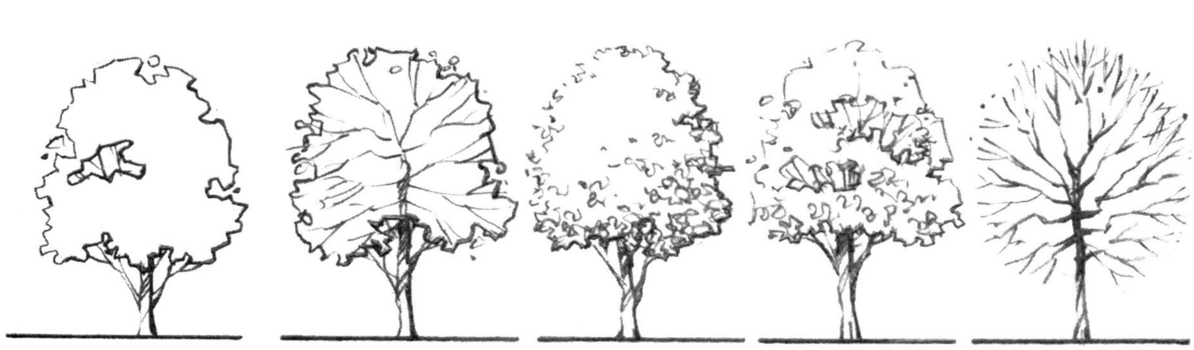

외곽선에 사선을 전체적으로 그려
덩어리를 형성한다.

줄기는 중심을 향하여 모이듯이 그려준다.

어두운 부분만 질감을 표현해도 명암의 대조로
입체적으로 보인다.

짧은 사선으로 스피드 있게 그린다.
짧은 사선을 강약을 넣어 그리면 스피드하게
표현할 수 있다.

사실적인 표현

잎의 형태를 하나 하나씩 정성껏 그린다.

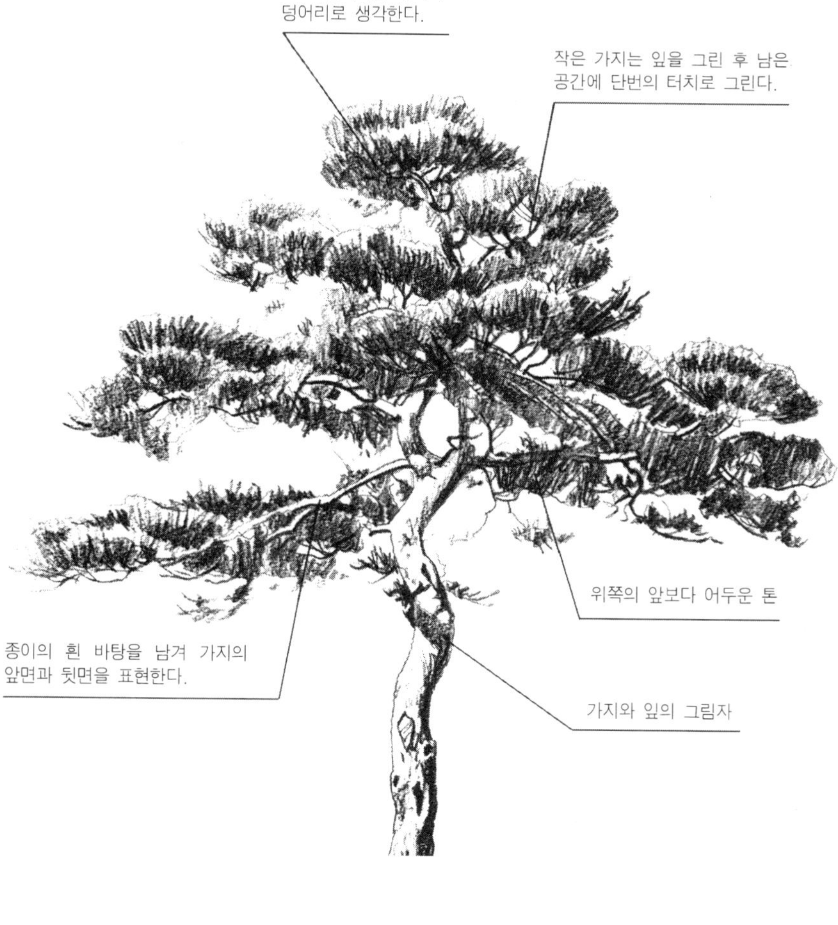

■ 활엽수 그리는 순서

활엽수는 잎의 군락이 앞과 뒤에도 있음을 유의하여 평면이 되지 않도록 형태를 잘 잡아야 한다.

① 수관의 형을 간략하게 그린다.
② 가지의 형태를 연하게 그린다.
③ 잎의 질감을 그린다.
④ 잎의 사이사이에 잔가지를 그려 넣는다.
⑤ 명암을 넣어서 입체감을 준다.

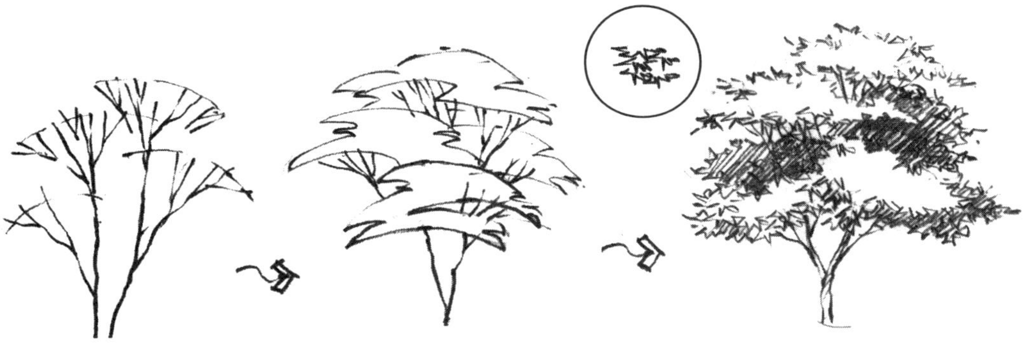

단풍나무류

느티나무 · 느릅나무

■ 침엽수 그리는 순서

침엽수는 잎의 형태를 충분히 연습해야 좋은 결과를 얻을 수 있다.

① 주된 줄기를 그린다(가능하면 기울어지지 않도록 한다).

② 수형을 잡는다(평면으로 보이지 않도록 앞, 뒤에도 그린다).

③ 잎의 특징을 파악하여 위에서부터 아래로 잎을 그린다.

④ 밝은 부분은 잎을 적게, 어두운 부분에는 잎을 많이 그린다.

⑤ 잎이 완성된 사이에 가지를 그리고, 수피를 그려 넣는다.

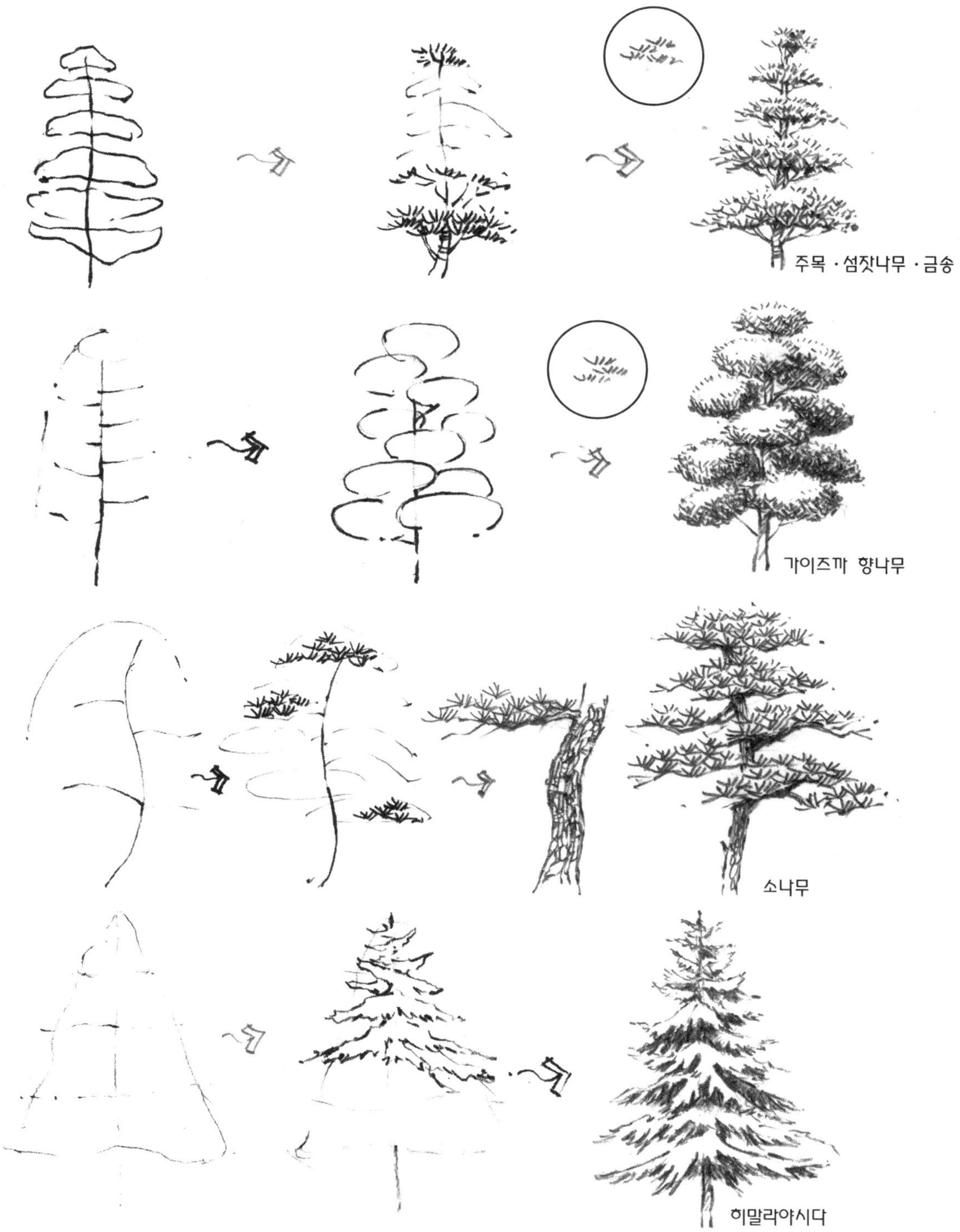

■ 낙엽수의 표현

낙엽수의 표현은 계절별로 달리 표현된다.

① 기본적인 실루엣을 잡은 후 잎을 그리고 잔가지를 그려 마무리하는 방법이 있다.

② 잔가지를 모두 그린 후 잎을 그리는 방법이 있다.

■ 상록 활엽수의 표현

■ 침엽수의 표현

■ 소나무의 표현

관목의 표현

■ 관목의 종류

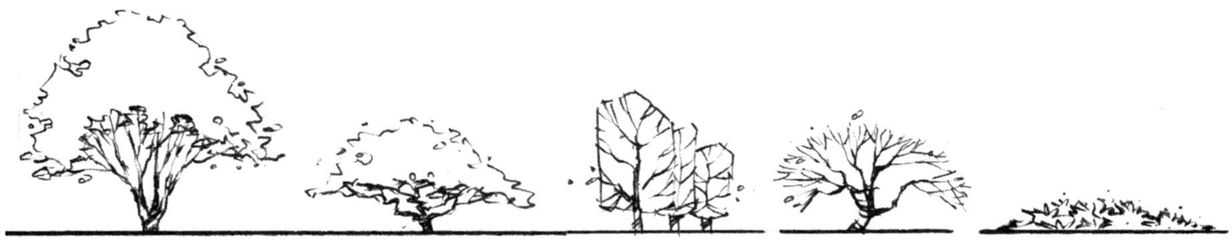

■ 잎의 질감에 따른 표현

■ 관목의 빠른 표현

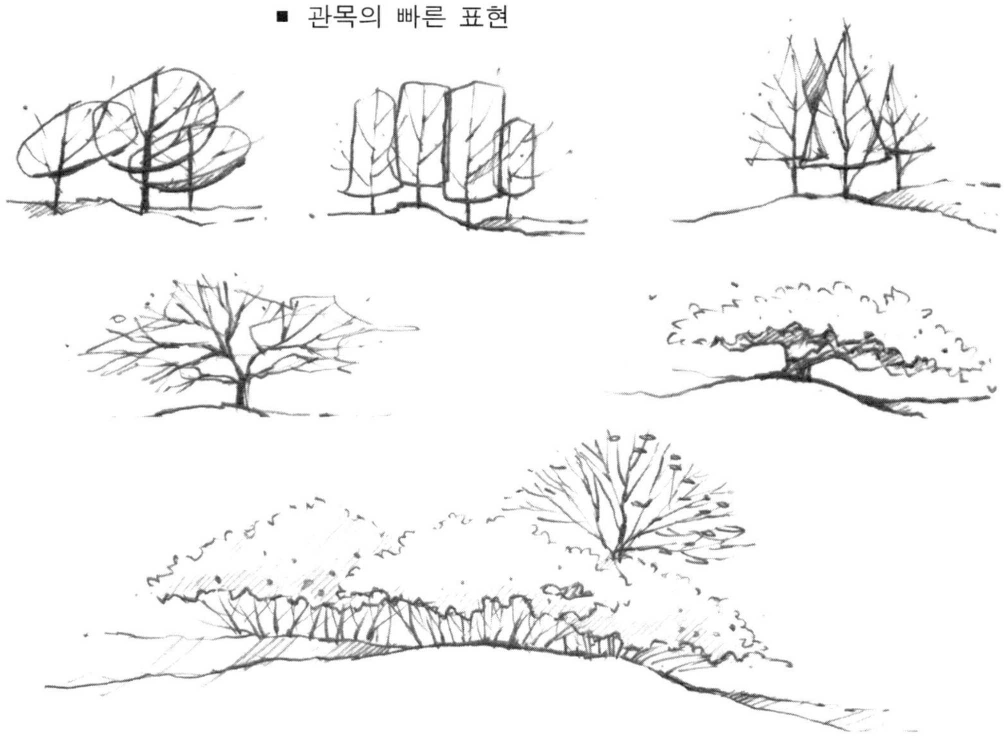

■ 관목 그리는 순서

① 템플릿을 이용해서 반원을 그린다.

② 잎을 반복적으로 그려간다.

③ 명암을 생각하고 어두운 부분에 질감표현을 많이 한다.

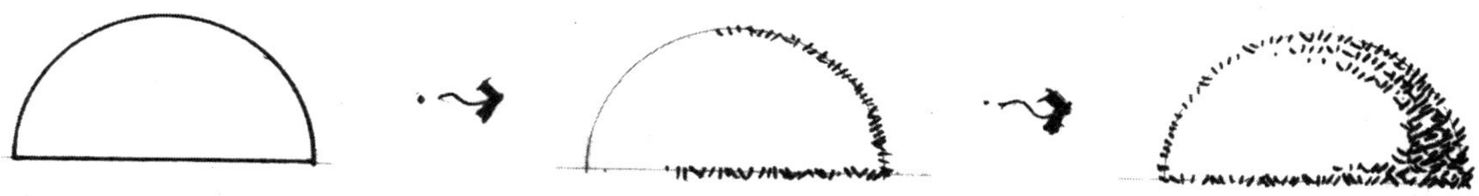

■ 군식의 표현

① 흐린 외형선을 그린다.

② 잎의 질감을 반복적으로 그린다.

③ 관목의 아래 부분과 겹치는 부분에는 어둡게 표현한다.

■ 관목의 표현

■ 관목의 사실적인 표현

지피류의 표현

■ 지피류 표현에 적당한 질감

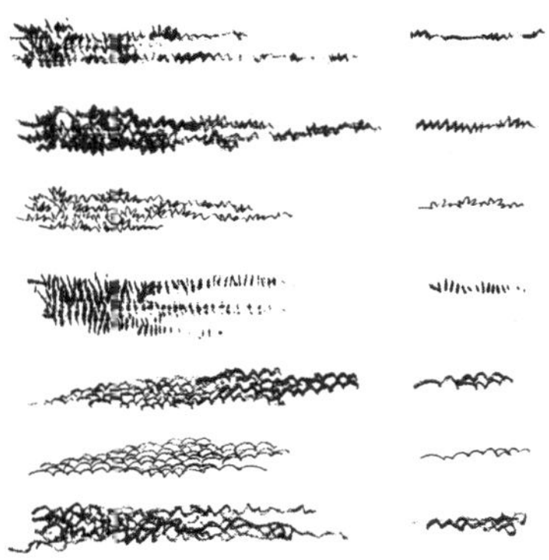

지피류 표현의 유의 사항

· 하나의 패턴을 반복적으로 그룹을 형성하여 그려간다.
· 선의 강약이 없는 표현은 피한다.
· 경직된 표현보다는 자유로운 움직임이 있는 표현을 한다.
· 지형의 형태를 따라 그린다.
· 땅 위의 그늘을 잘 관찰하여 다른 부분보다 어둡게 표현하면 좀 더 활력 있게 보인다.
· 지나치게 지표면을 모두 채우려 하지 말고 어두운 부분이나 경계가 되는 부분에 밀도 있게 표현한다.

■ 지피류의 표현

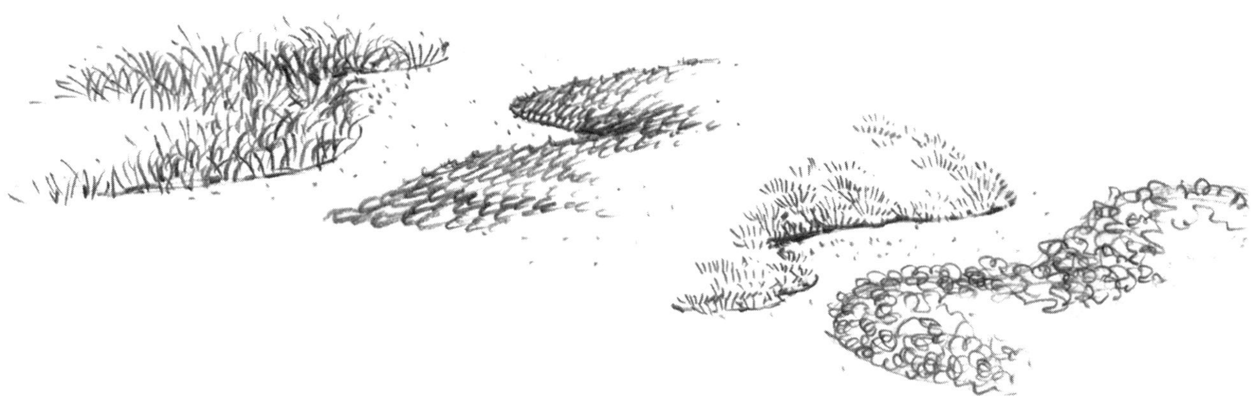

구조물의 입면 표현

평면과 달리 입면에서의 구조물은 육면체나 원기둥이 같은 사각형으로 표시되는데 이를 구분하기 위해 원기둥일 경우는 가장자리로 갈수록 밀도가 높게 선이나 점으로 표현한다.

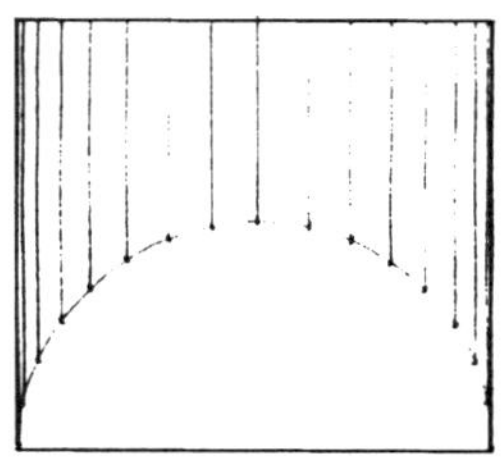
원기둥

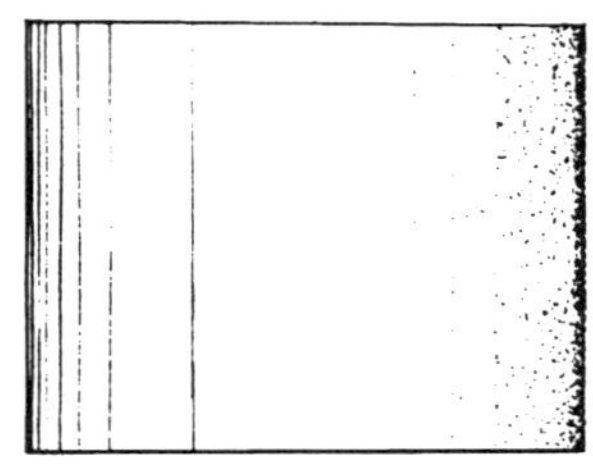
선묘 점묘

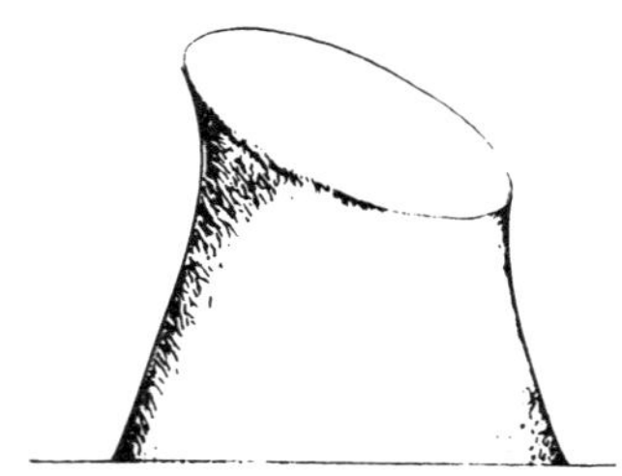
불규칙 사선

입면에서 구조물의 표현은 거의 재료의 표현이라고 할 수 있다. 재료로는 주로 콘크리트, 목재, 나무, 석재, 벽돌 등을 들 수 있다.

콘크리트

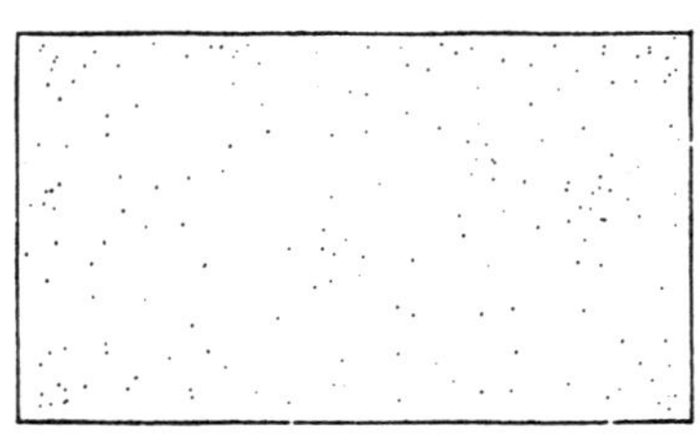
점으로 표현(외곽선)

회게 표현(외곽선)

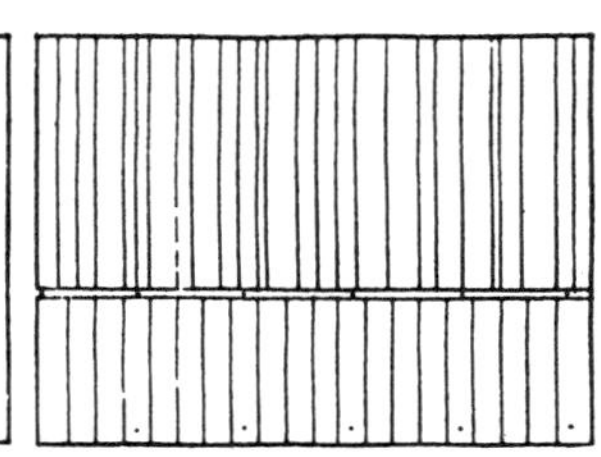
판형콘크리트(board form concrete)

목재

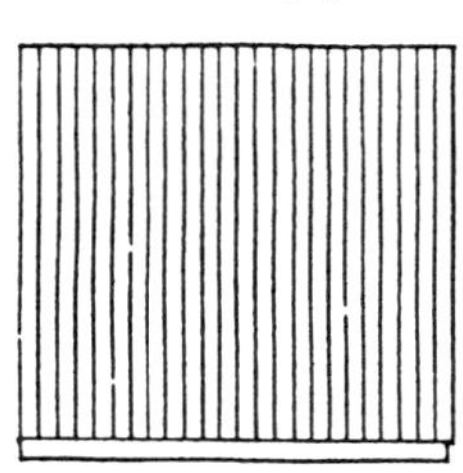
세로판벽

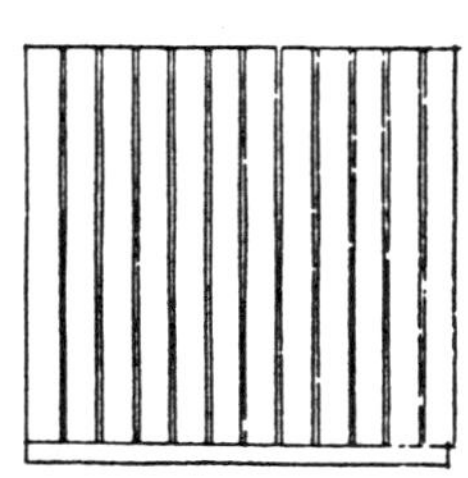
턱솔비늘판벽

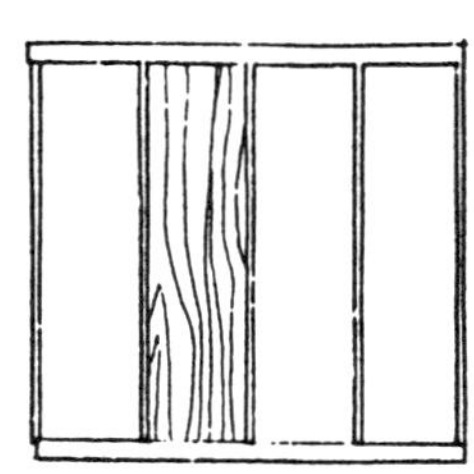
판벽과 각목

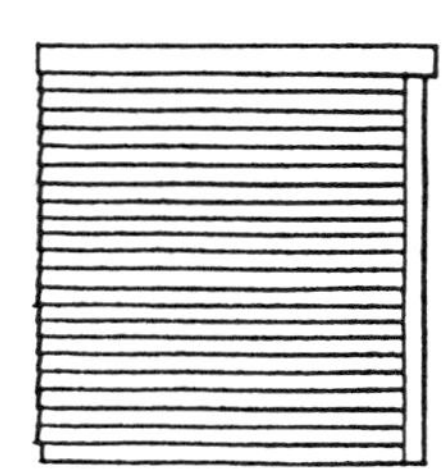
비늘판벽

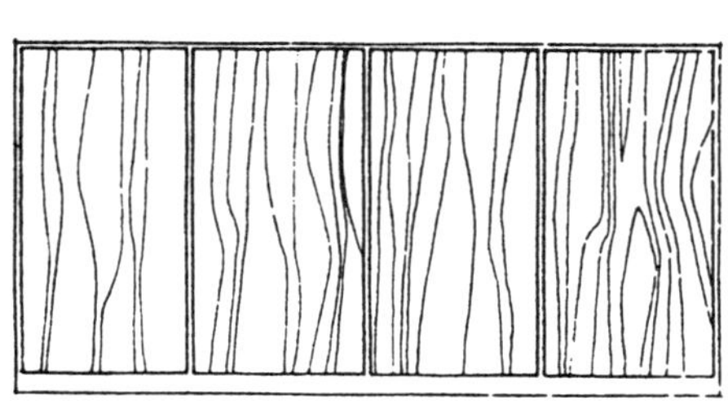
판벽

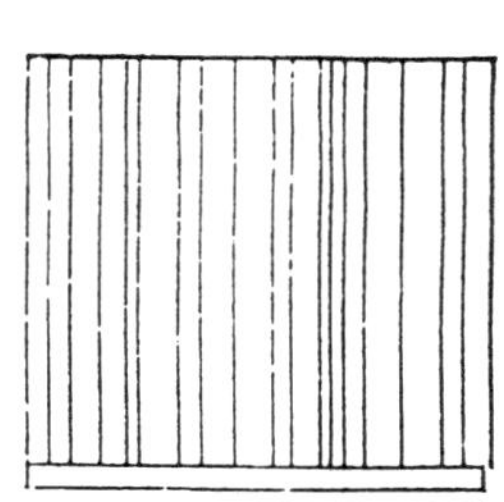
임의간격 판붙임

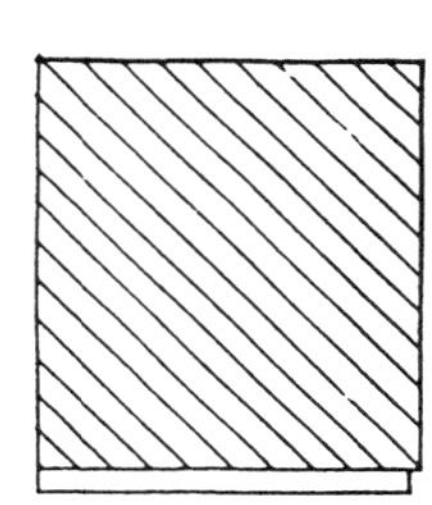
사선 판붙임

조적조

평면

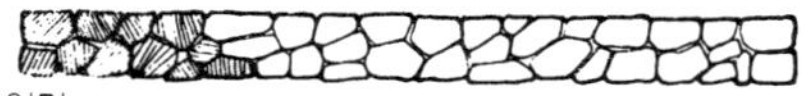

입면

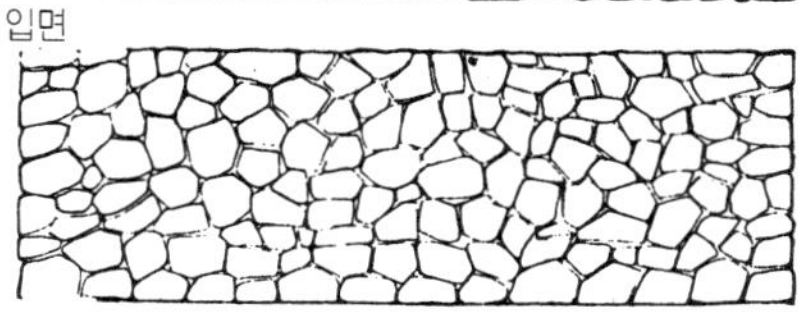

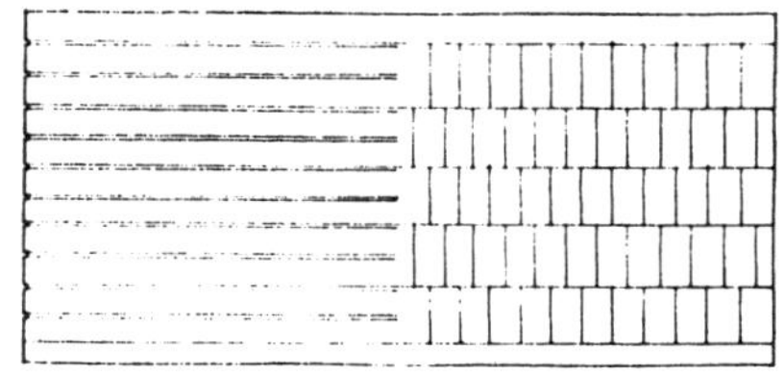

목재

콘크리트 블록

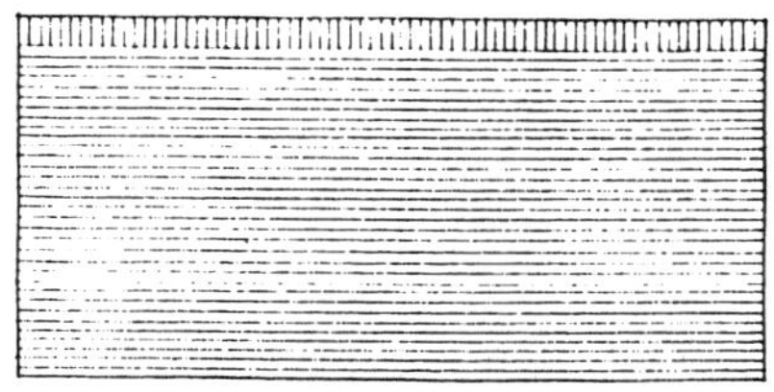

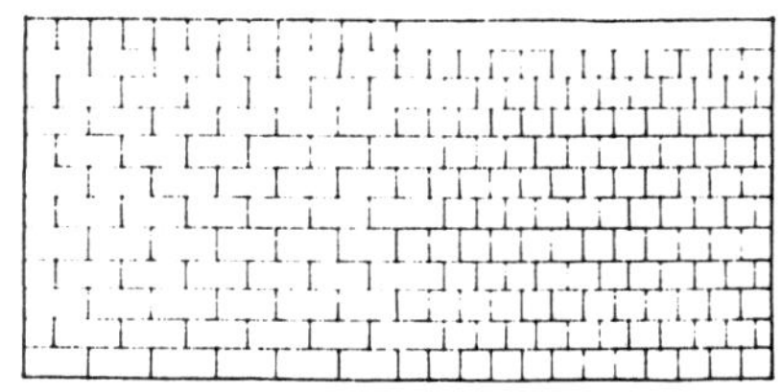

벽돌

콘크리트 블록

자연석

경석을 그릴 때 주의할 것은 돌은 입체라는 것이다.
돌의 전체적인 형태의 기본구조를 입방체, 원주라 생각하고 여기서 면을 깎아내는 기분으로 그리면 입체적인 표현을 할 수 있다.

옥석은 부드럽게 표현

절단석은 거칠게 표현

돌의 단단함을 나타내기 위해 외곽선은 진하게 표현한다.

자연석의 다양한 표현

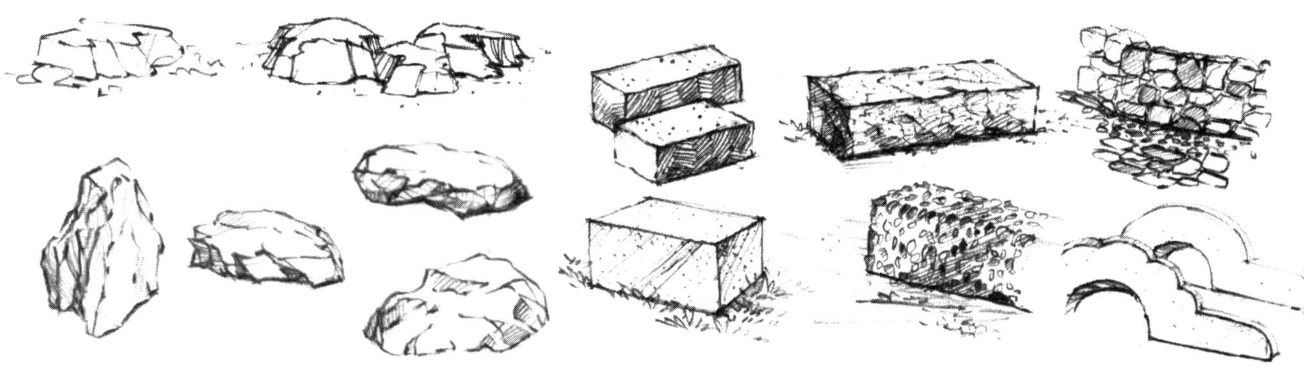

■ 구조물의 사례

담장

옹벽

계단

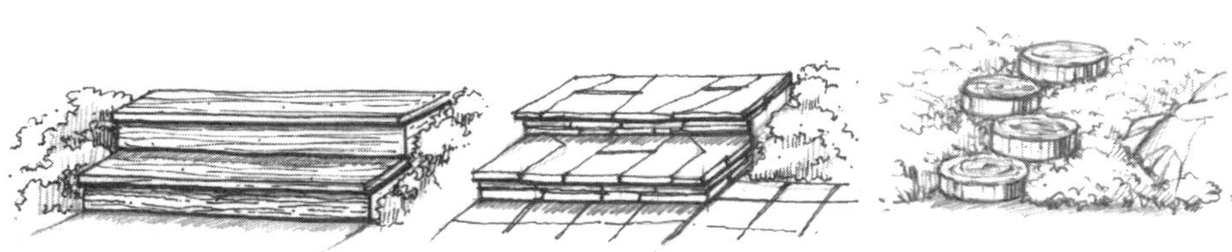

연못 · 벽천 · 분수

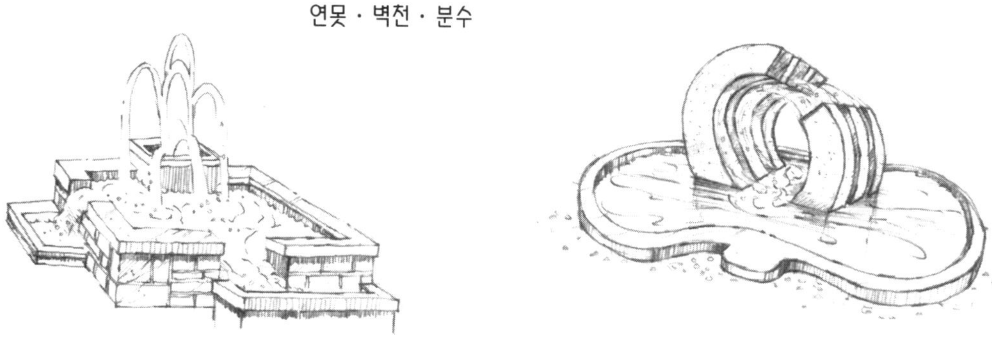

시설물의 입면 표현

시설물의 입면도는 일반적으로 평면도상 높이 관계를 설명하기 위해 그려지는데, 각 시설물의 높이는 인간의 신체치수와 관련이 많으므로 무릎의 높이는 앉을 수 있는 시설물이 높이 기준이 되고, 허리 높이는 탁자높이의 기준이 되는 등 기본적인 치수를 염두에 두고 시설물의 입면도를 그려보도록 한다.

플라워박스

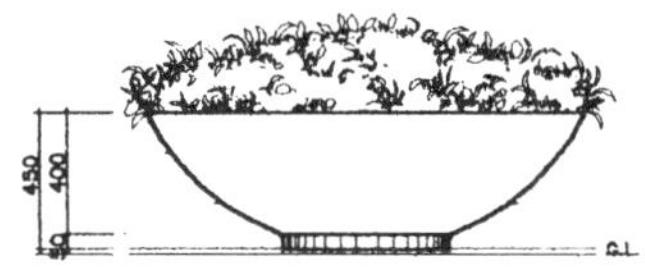

입 면 도
SCALE : 1/20

파고라

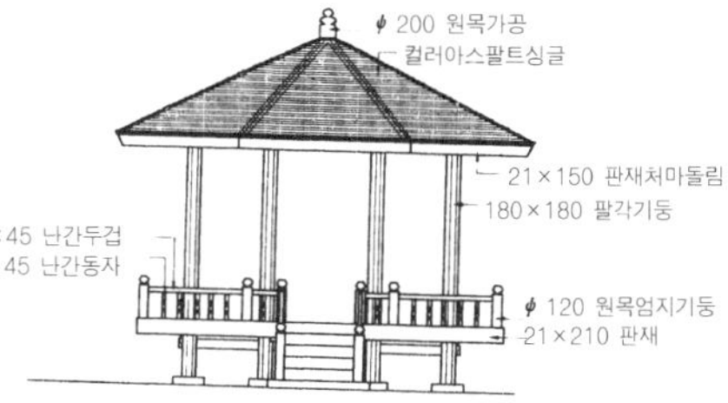

정 면 도
SCALE : 1/40

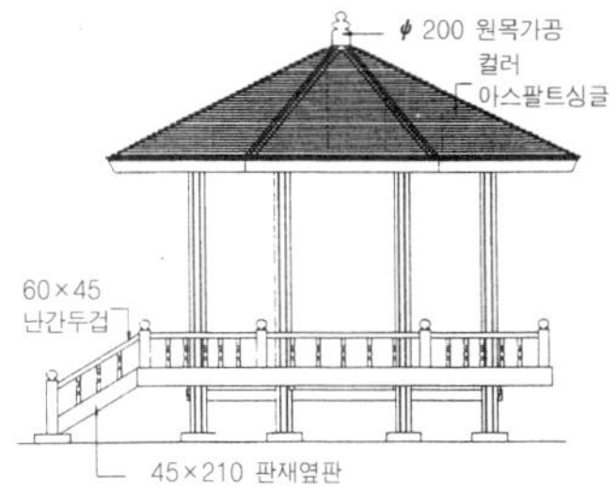

측 면 도
SCALE : 1/40

벤치

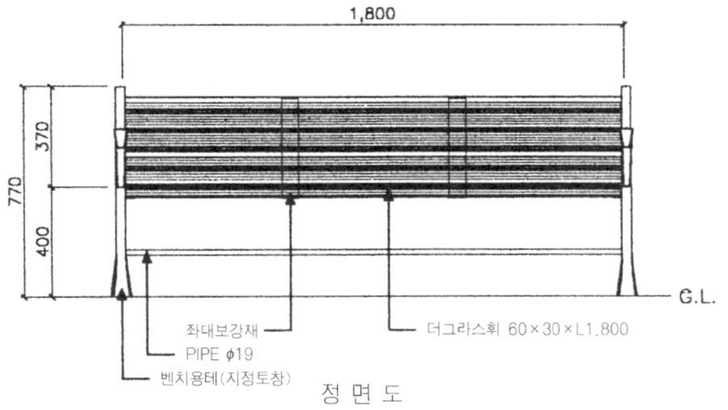

정 면 도

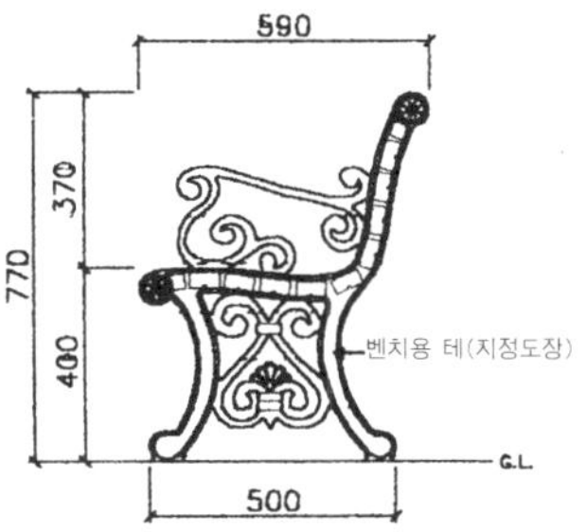

측 면 도

조명등의 종류

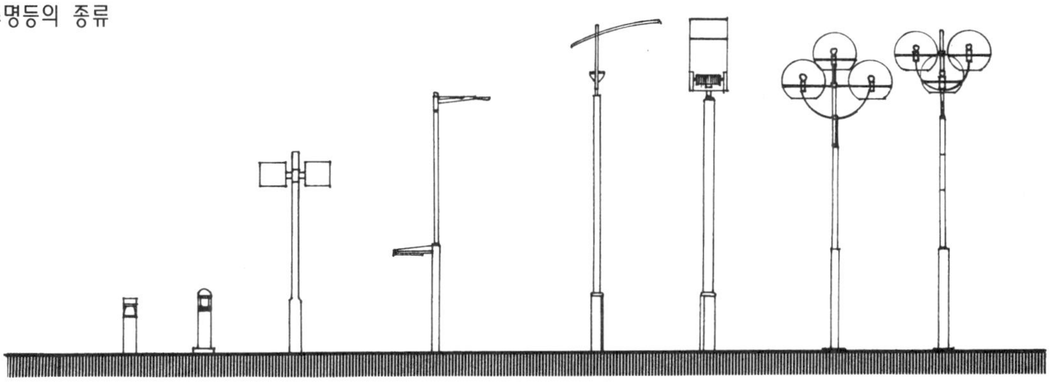

시설물의 입면도

시설물의 입면도 표현 방법은 다양하다.

높이 기준선을 긋고 시설물의 높이 관계를 나타내면 스케일 없이도 쉽게 이해할 수 있다.

입면도 표현에 사람을 그려 인간 척도에 적당한 높이인가를 평가하게 한다.

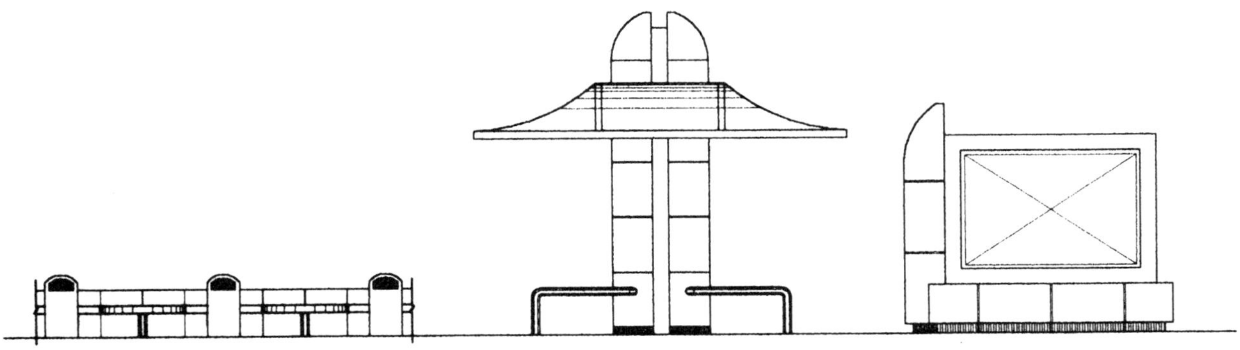

벤 치　　파 고 라　　시가지 안내판

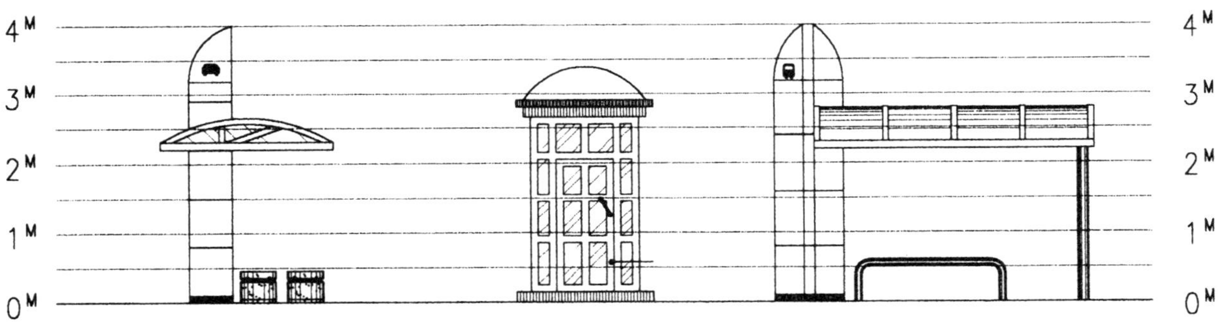

택시 쉘터　　공중전화박스　　버스 쉘터

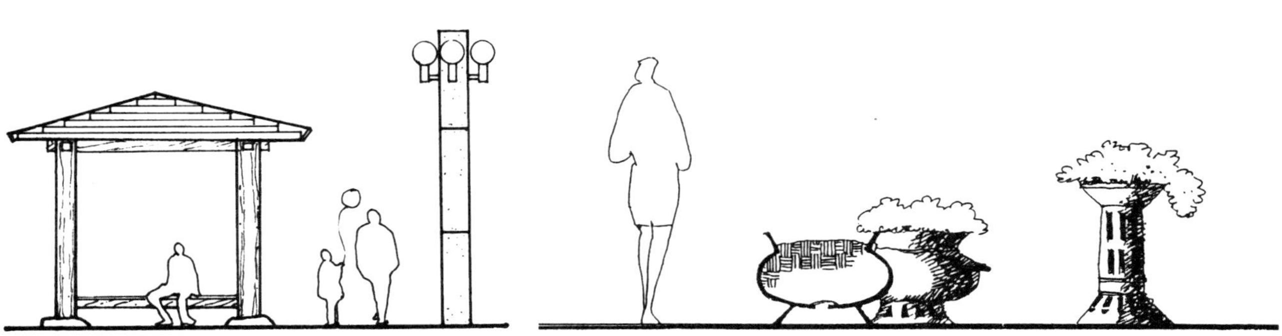

기타 입면 표현

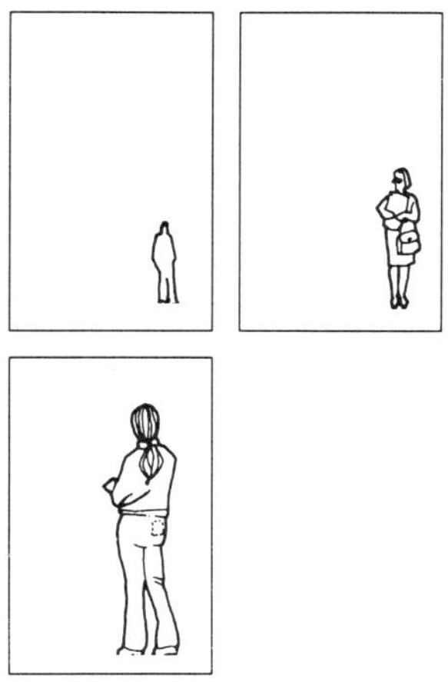

사람의 표현

도면을 보는 사람은 도면에 그려진 사람과 자신을 연관시킨다.
도면에 사람을 그려 넣는 것은 스케일을 표현하기 위함이다.
사람의 수, 위치, 옷은 공간의 용도를 나타낸다.

■ 사람은 팔등신을 기준으로 한다.

머리를 1로 할 때 인간의 각 부위별 크기를 분석하면 목이 0.5, 팔이 3.0, 몸통이 3.5, 다리가 4.0이 된다. 또 하나 중요한 것은 팔과 다리의 절반 위치이다.

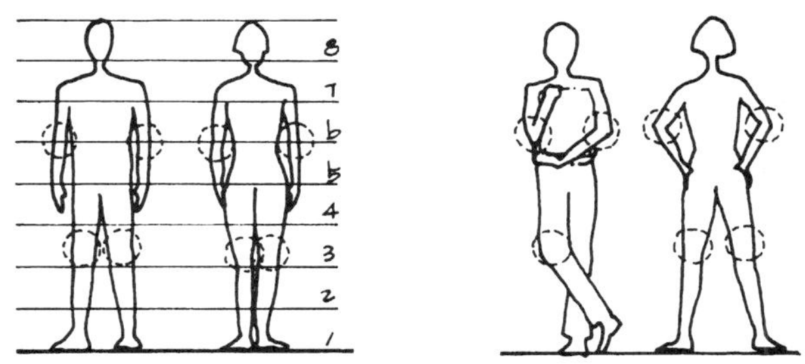

■ 데포르메한 사람의 표현

도면에서는 특징만 파악하여 우화적으로 그리는 방법을 많이 쓴다.
머리는 작게, 다리도 한 쪽은 위로하면 걷고 있는 느낌이 난다.
다음에 어깨의 선을 그리고 몸체와 다리를 한꺼번에 그린다.
땅에 붙은 발에 그림자를 넣는다.
머리를 검게 칠하면 뒤쪽, 오른쪽 반절을 칠하면 왼쪽으로 얼굴이 향하고, 위쪽을 칠하면 얼굴이 아래쪽을 향하게 된다.
여자는 약간 좁은 어깨로 하여 스커트를 입히고,
남자는 심플한 넥타이 같은 느낌을 주면 분위기가 난다.
어린이는 머리를 약간 크게, 손발의 움직임을 주면 좋다.

■ 인물의 묘사

의상

장소를 고려하여 적당한 의상을 묘사한다.
인물의 성격을 다양하게 묘사한다.

굳어 있거나 똑바로 정지해 있는 모습 및 과도하게 활동적인 사람의 모습은 피한다.

움직임과 포즈

관절의 위치가 중요하다. 잡지 등에서 모델의 사진을 오려 움직임과 포즈를 연구한다.

사람의 표현

사람의 표현

사람의 표현(자세)

사람의 표현(어린이)

자동차의 표현

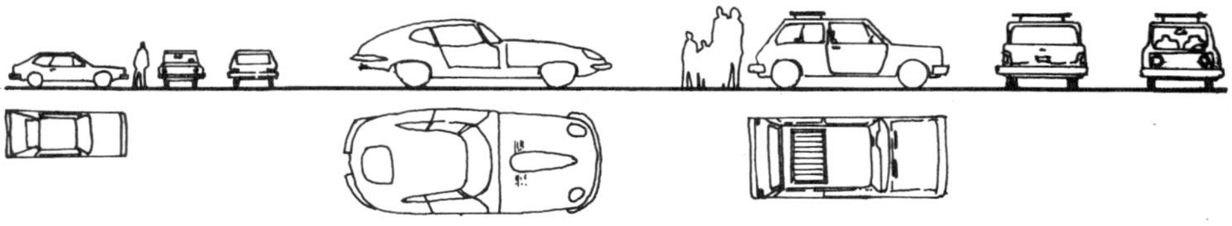

자동차는 스케일감이 확실해서 도면에 운동감과 생명감을 부여한다. 도로의 진입방향, 주차공간 등을 표현할 수 있다.
승용차의 표준적인 치수는 너비가 1.6m~1,8m, 높이는 1.3m~1.4m, 길이는 4.5m~5.5m 정도이다.

■ 자동차 그리는 방법

측면 그리기

① 사각형을 그린다.
전면, 후면, 측면 등을 분할한다.

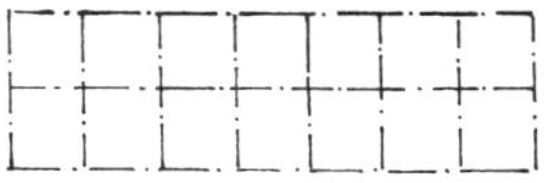

② 창 부위를 그린다.
본네트 부위를 약간 넓게 그린다.

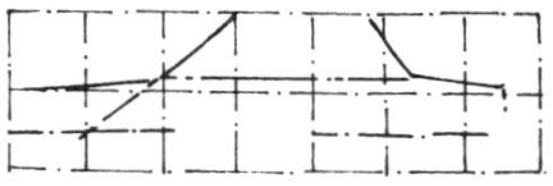

③ 범퍼를 그린다. 전후 바퀴의
자리를 그린다.

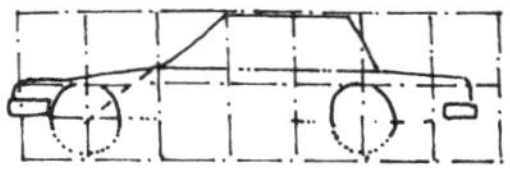

④ 문을 그려 넣는다.
몰딩과 뒤 범퍼를 그린다.

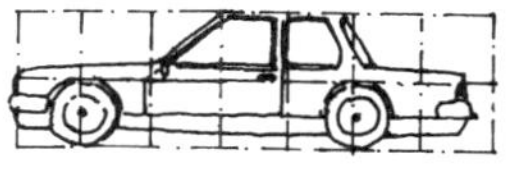

정면 그리기

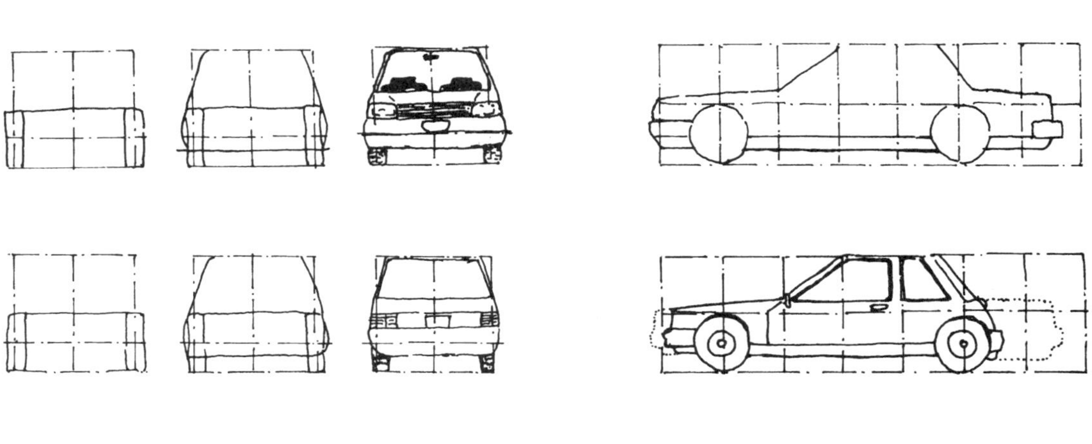

■ 자동차의 표현

여러 각도에서 자동차를 그려보자.

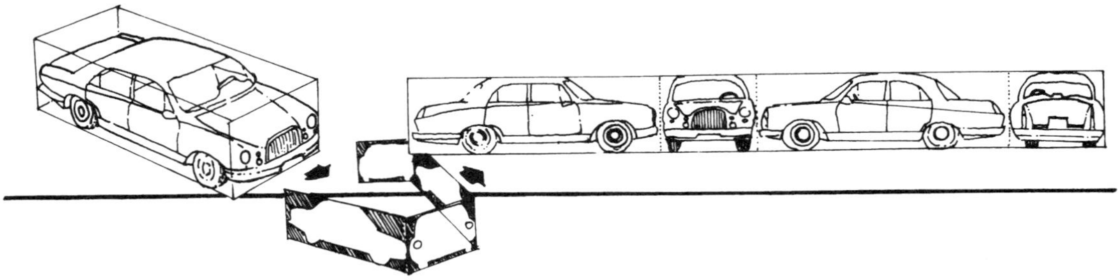

자신의 마음에 드는 차의 사진을 여러 각도에서 찍어두면 자료로 좋다.

잡지와 사진 카탈로그를 보고 최신 자동차의 형태를 그려보자.

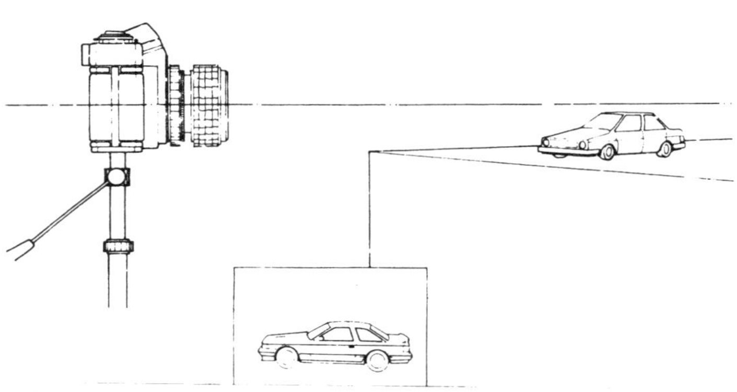

입면 그림자 넣기

평면에서 그림자는 높이관계를 파악할 수 있는 역할을 하였다면 입면에서 그림자는 깊이의 정도를 쉽게 이해할 수 있게 해 준다.

평면도와 입면도를 같이 놓고 그리면 더 이해하기 쉽다.

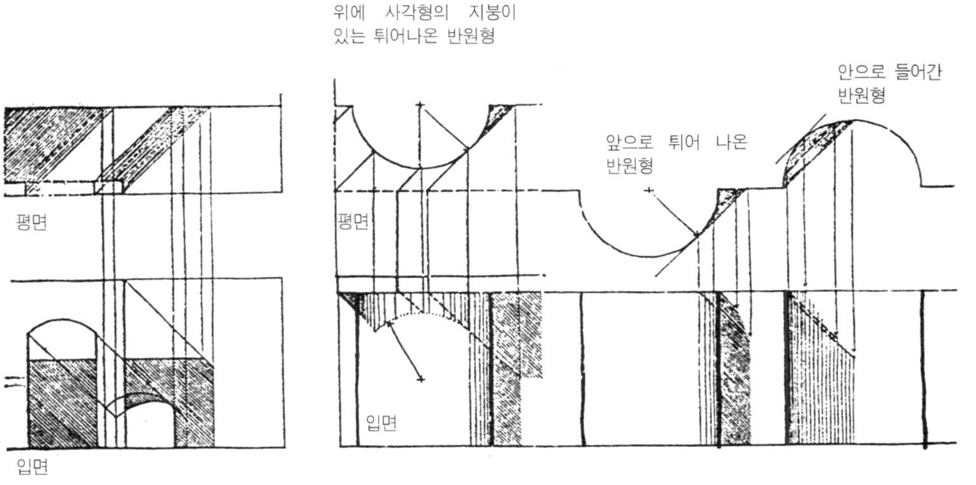

평면도에서 45°로 그은 선을 수직으로 내린 선과 입면도에서 45°로 각 모서리의 연장선을 그었을 때 만나는 것이 입면 그림자의 폭이 된다.

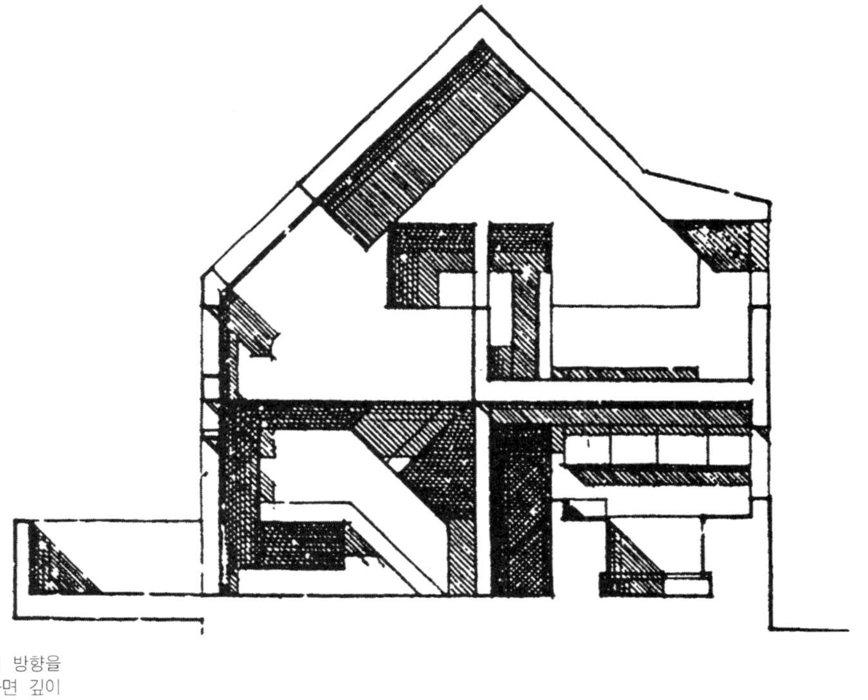

그림자가 겹치는 부분은 선의 방향을 바꾸거나 선을 어둡게 표현하면 깊이감을 잘 알 수 있다.

그림자 표현

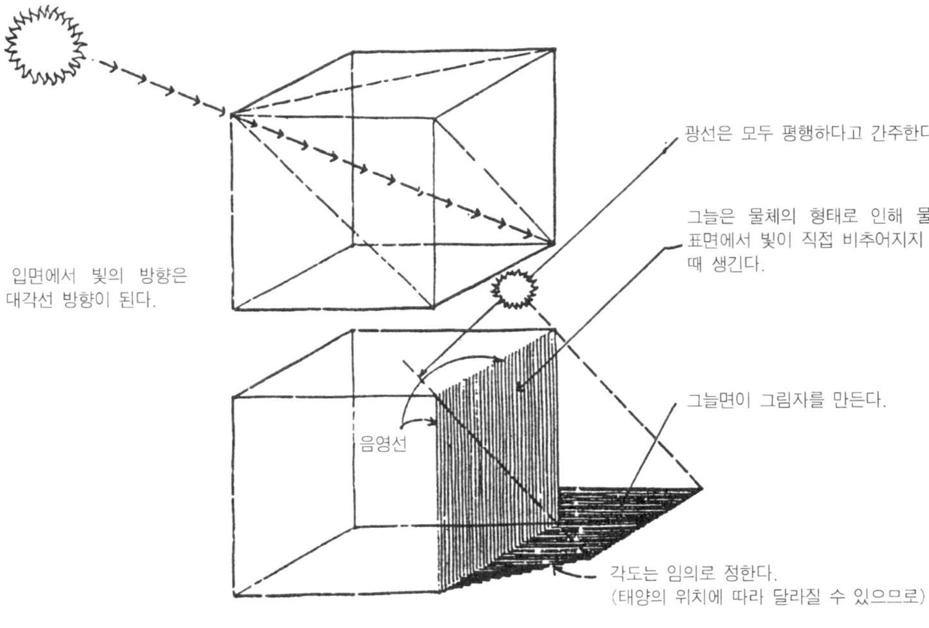

평면, 입면, 입체 그림자의 비교

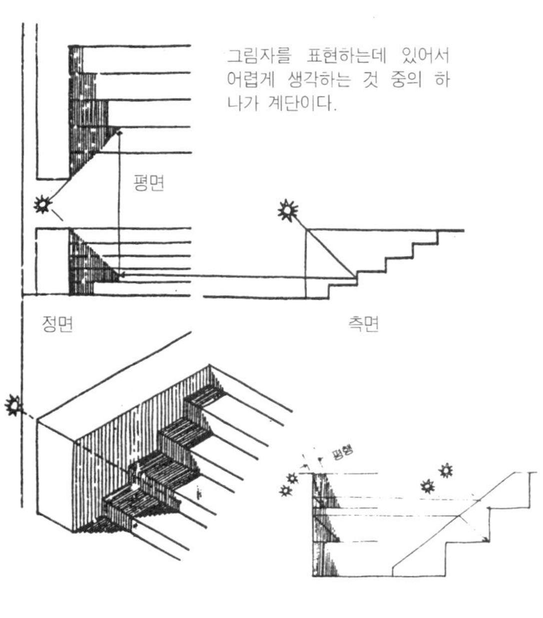

평평한 표면 위에 있는 직선의 그림자는 그 직선 양끝의 그림자를 찾으면 된다.

복잡한 구조의 그림자

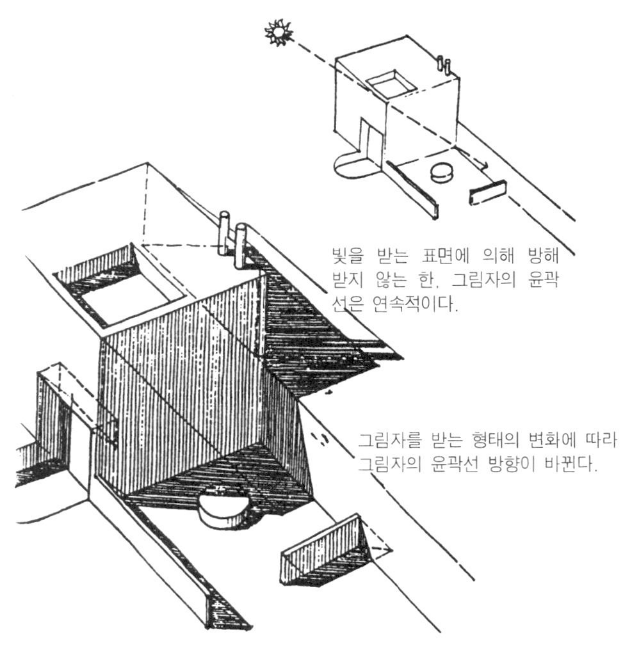

복잡한 형태의 그림자는 가장 단순한 기하학적 요소를 분해해서 각각의 기하학 요소 그림자의 조합으로 그리면 된다.

입면도 그리는 법

먼저 평면도의 바로 앞부분에서부터 주된 대상물이 통과하도록 절단선을 설정한다.

그리고자 하는 위치에 지면(G.L)의 선을 긋고, G.L선상에 평면도와 동일한 축척으로 정면 폭 양단의 간격을 취하고, 주된 대상물의 위치를 정한다.

평면도의 앞에서부터 대상물의 높이를 축척에 따라 가는선으로 그려 넣는다.

강한 선으로 완성된 대상물을 마무리한다.

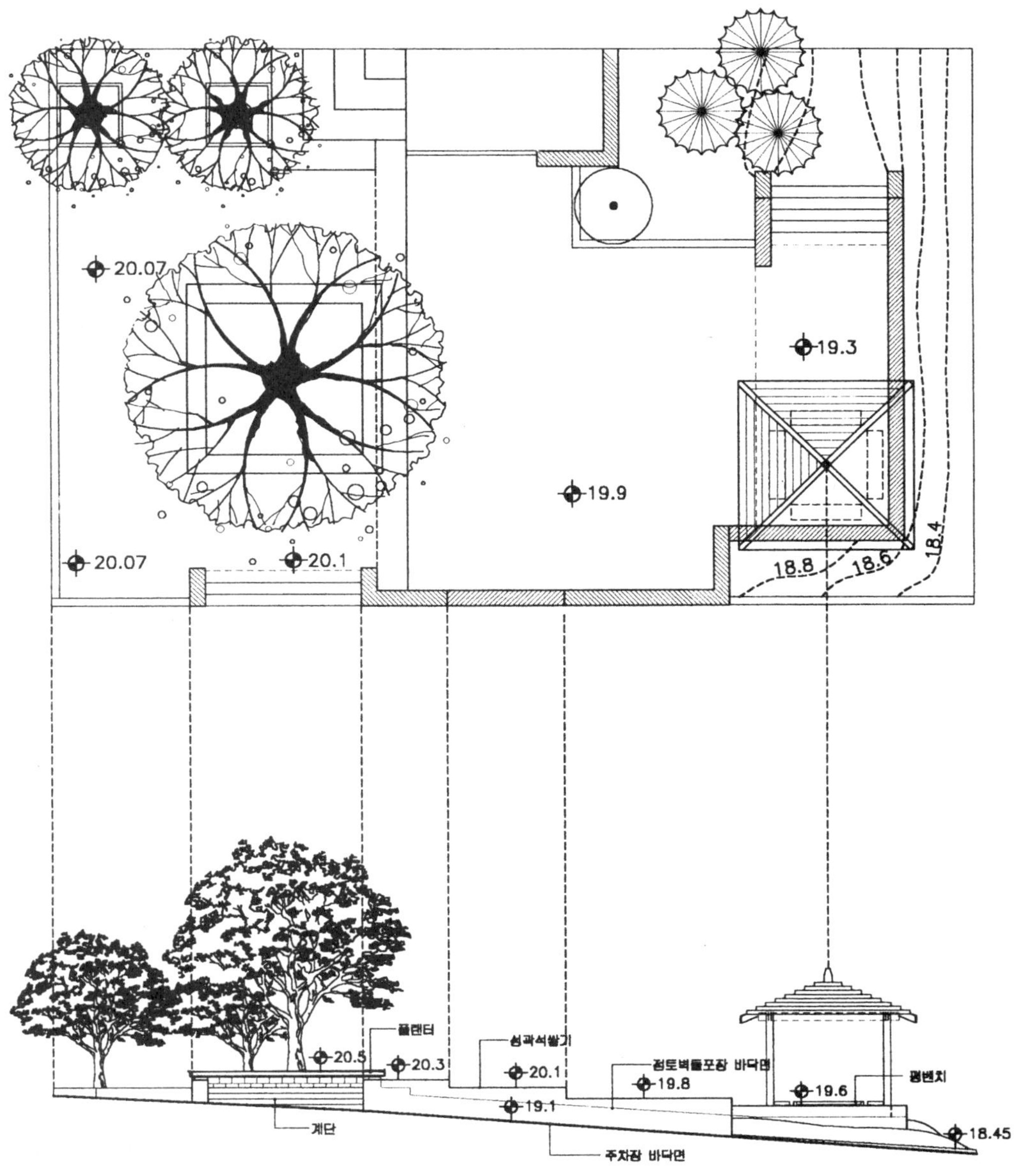

① 정 면 도

SCALE=1/80

■ 마운딩 단면도 그리기

식재를 하는 식수대에 흙을 채울 때는 토목과 달리 조경에서는 마운딩 처리가 중요하다.

마운딩 처리에 따른 단면을 위와같이 여러 단면으로 자르는 것은 전체 마운딩 물량 산출과도 관련이 깊다.

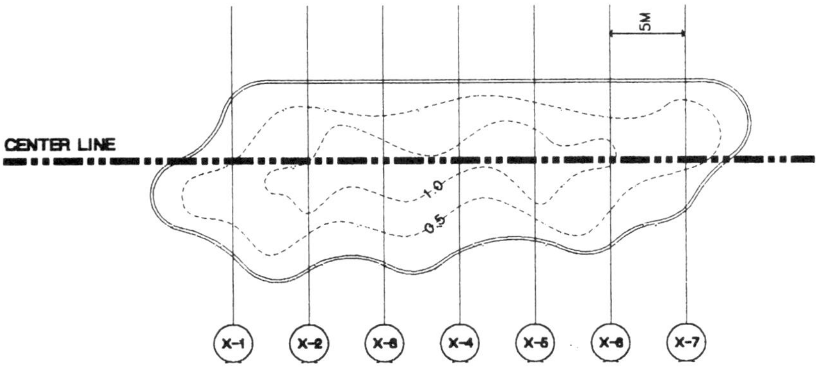

1 마운딩 계획 평면도

SCALE=1/400

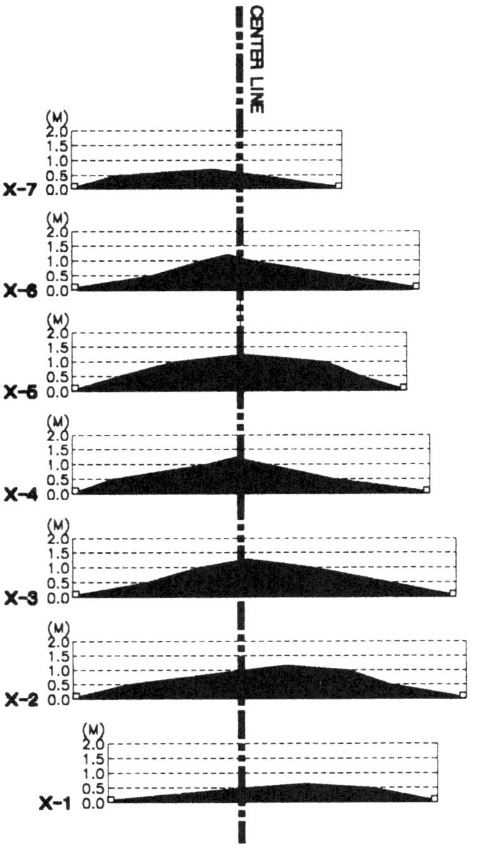

1 마운딩 계획 단면도

SCALE=1/400

■ 마운딩 단면도 그리기

① 단면도를 나타낼 지역을 지나는 절단선을 긋는다.
등고선의 콘타를 이용하여 1m 간격으로 높이 기준선을 긋는다.

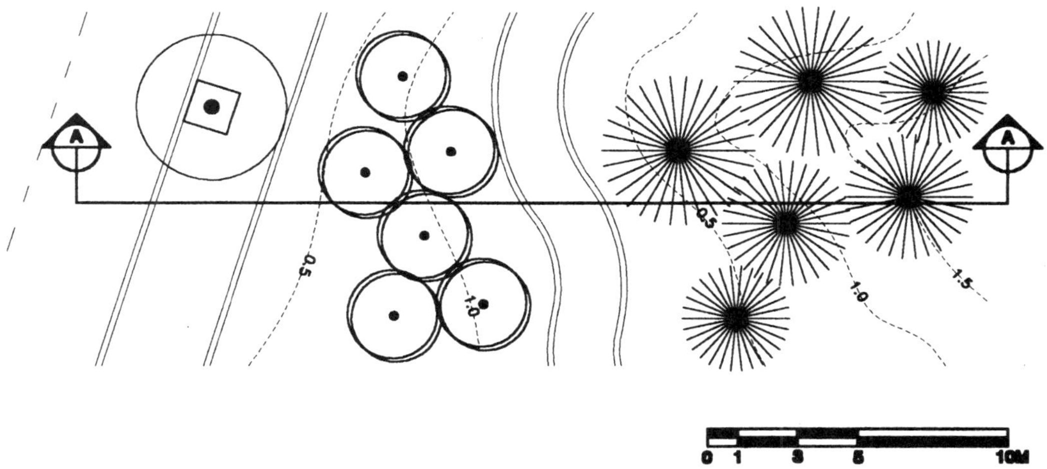

② 투명한 종이를 떼어내고 수직 고도의 증가를 나타내기 위해 기준선의 아래 위로 연속적인 수평선을 그어준다.
기준선 위의 각 표시에서 수직으로 보조선을 그려주고, 단면과 정확히 교차하는 지점에 점을 찍어 그 점을 연결시킨다.

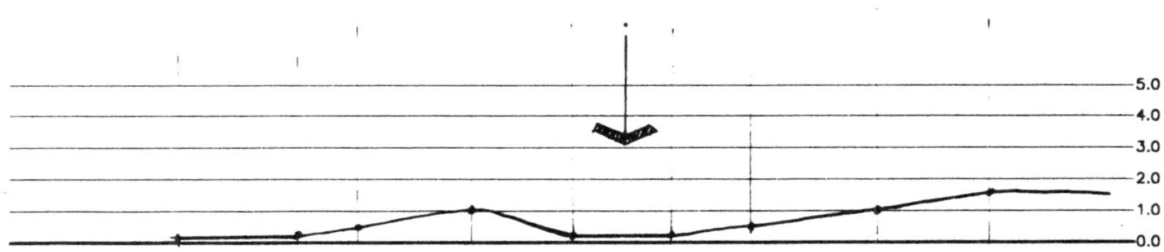

③ 또 다른 투명한 종이를 겹쳐서 그것들을 고도에 알맞은 경관 특성을 스케치하고 단면선을 굵게 그려준다.

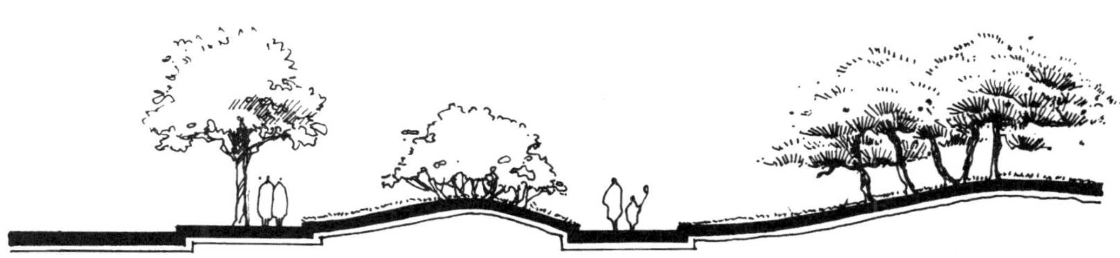

입 · 단면도 표현의 유의 사항

① 가까운 대상물은 상세하게 굵은선으로 나타내고 먼 곳의 대상물은 가는 외형선으로 대충 나타내준다.

② 조경 도면에서 특히, 절단선은 굵게 그려야 한다.

③ 절단면 뒤의 요소들은 계획내용을 설명하는데 중요한 영향을 미칠 수 있는 한계까지만 그리는 것이 일반적이다.

단면도

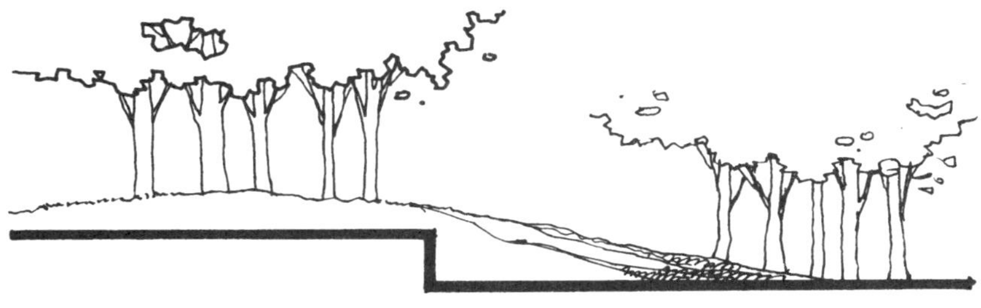

굵은선

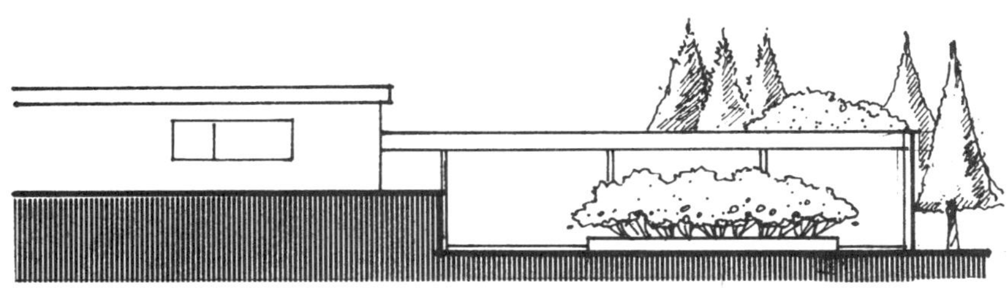

스크린톤

입 · 단면도

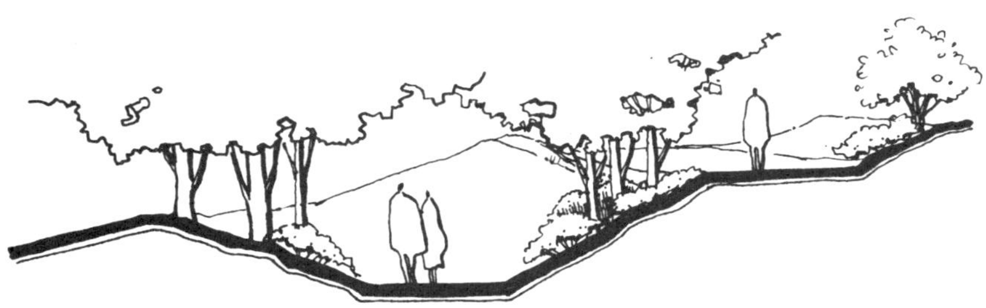

투시단면도

평면도와 입면도의 관계

일반적으로 설계에 있어서 입면도는 단독으로 그리기도 하지만 평면도와 관계를 이해하기 쉽게 평면도와 같이 한 장에 배치하기도 한다.

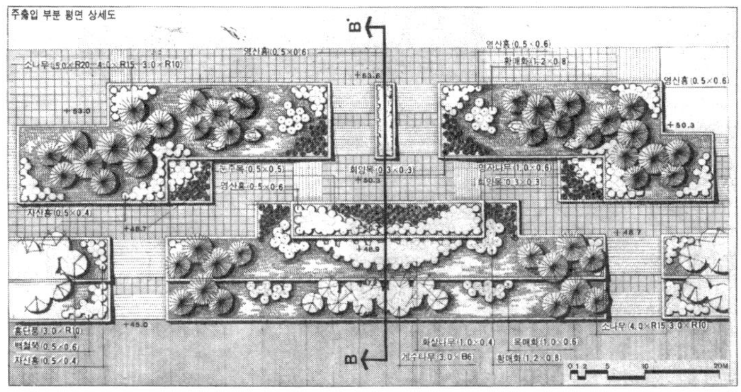

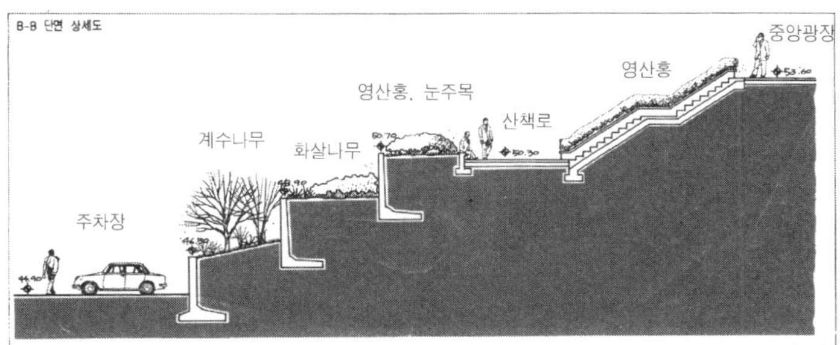

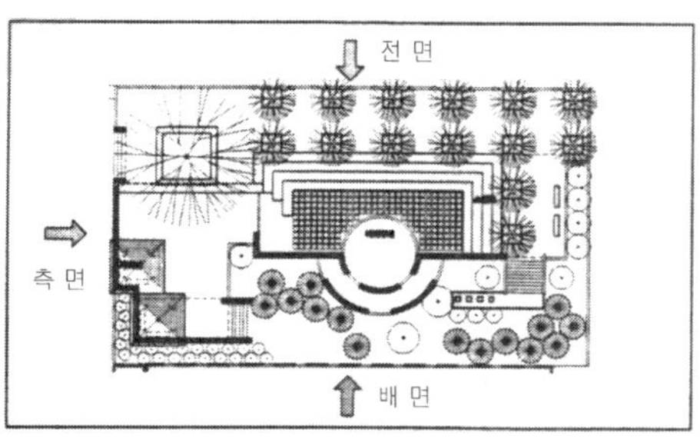

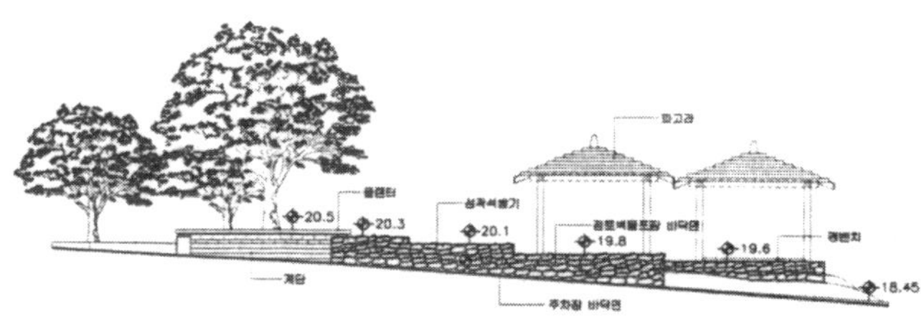

① 측면입면도 SCALE=1/60

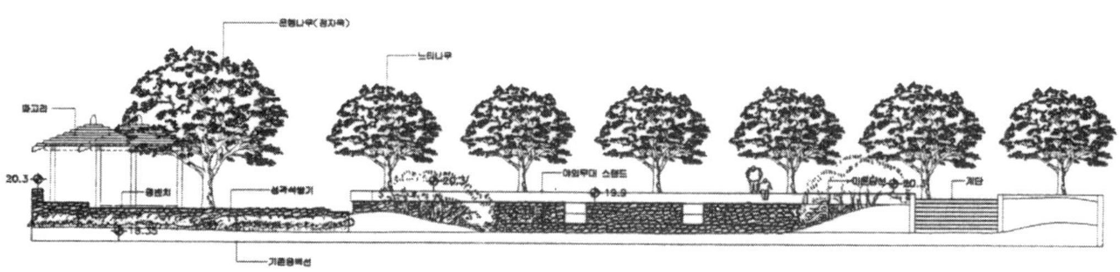

② 배면입면도 SCALE=1/60

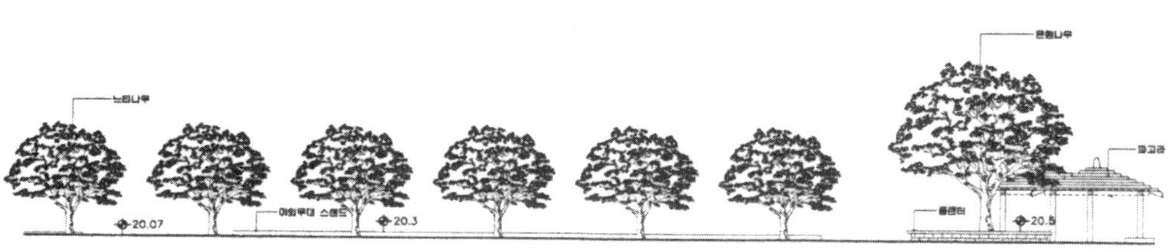

③ 정면입면도 SCALE=1/60

입면도 사례 1

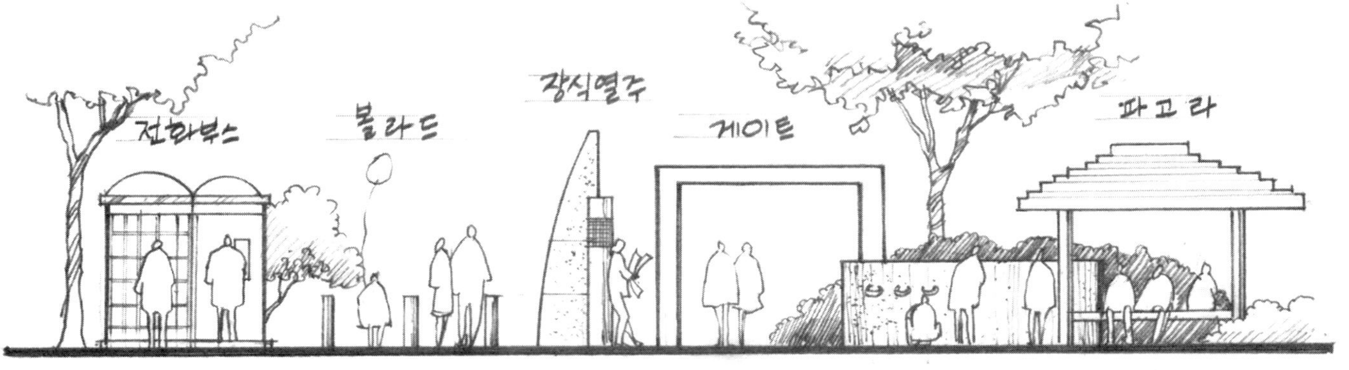

입면도 사례 2

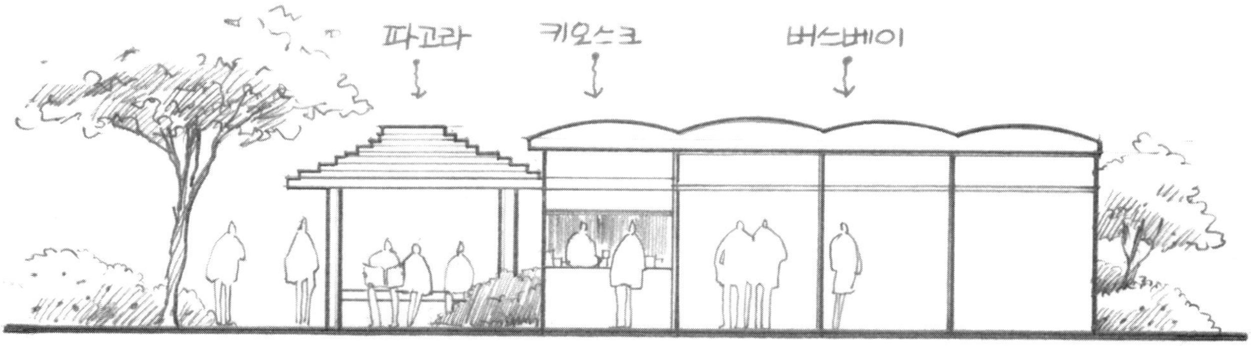

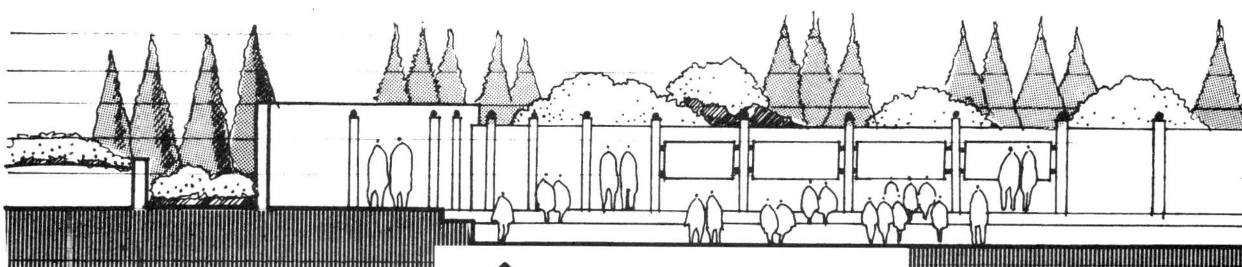

1 야외무대입면도
SCALE=1/100

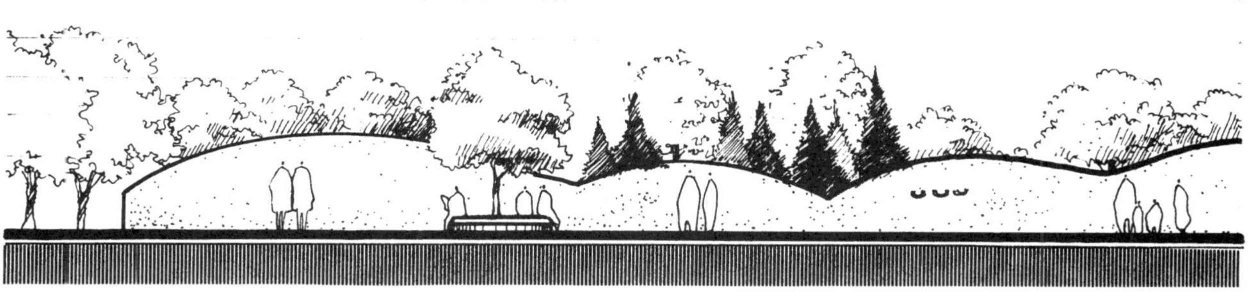

2 입면도
SCALE=1/200

입면도 사례 3

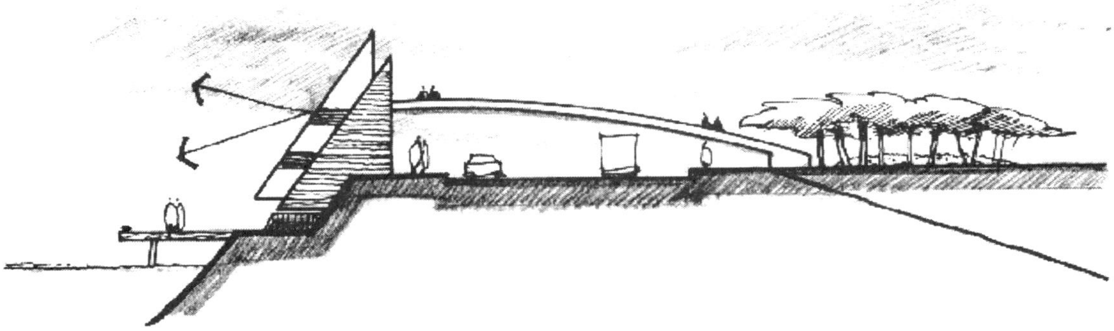

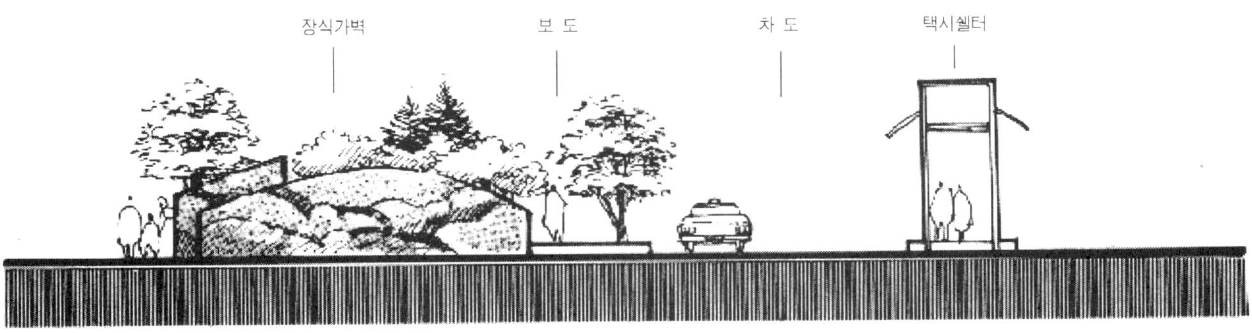

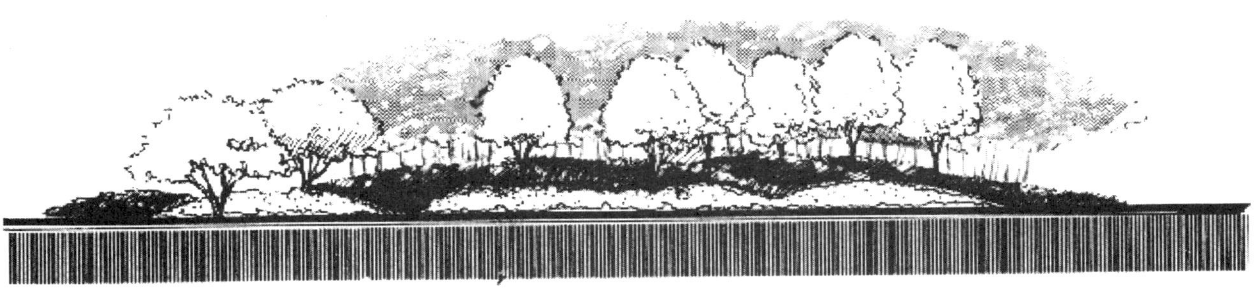

8 화 단 입 면 도
SCALE=1/100

4 스케치
SKETCH

레오나르도 다빈치의 노트 북을 보면, 그 한 장의 그림에는 여러 가지 사상이 담겨져 있다. 주의 깊은 관찰을 한 대상에 대한 주제에서 다음 대상에 대한 주제로 끊임없이 사고를 확장시키고 풍부하게 해주기 위해 여러 가지 대안을 제시하고 있다.
스케치는 다른 대상을 표현하기 위해 자신의 사상을 담아내는 것으로 아직도 수작업으로 이루어지고 있는 만큼 사람의 감각을 우선으로 하고 있다.

자연스럽게 그리기 위해서

인간의 시각적인 기억은 시간이 지날수록 애매해져 지금 보고 있는 것만을 생각하게 된다.

명확히 본다는 것은 많은 시간 동안 지켜본다는 것이 아니라, 어떤 기준에서 무엇을 취하고, 버릴 것인가 하는 선택의 격차를 판단하는 것이다. 잘 본다는 것에 의해 새로워지는 자신을 발견할 수 있을 것이며, 자신의 변화가 하나의 선을 그리는 것에서부터 시작된 것이었다고 생각할 때가 올 것이다.

코르뷔지에는 결코 능숙하다고는 말 할 수 없지만 좋은 느낌의 스케치를 했다. 그것은 자신이 설계한 건축에 애착을 갖고 생을 그려 넣었기 때문이다. 스케치 하나 하나에 생을 불어넣고 애착을 가지면 자신의 개성적인 스케치를 하는데 익숙해질 것이다.

지신이 좋아하는 사람의 투시도를 복사해보거나 스케치 여행을 떠나는 것도 스케치에 대한 자신감과 애착을 갖게 하는데 도움이 된다.

르·코르뷔지에의 롱상교회당 스케치

산속에서 절 발견

해변에서

스케치의 선

제도 · 건축적인 선의 표현

처음부터 끝까지 동일한 선은 생명감이 없다.

자연적인 소재일 때의 선

방향을 바꾸는 부분에서는 선의 강약에 변화를 준다.

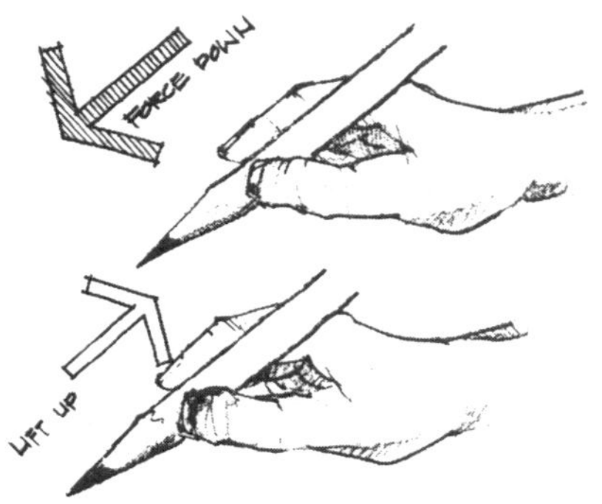

손목을 이용하여 힘을 조절한다.

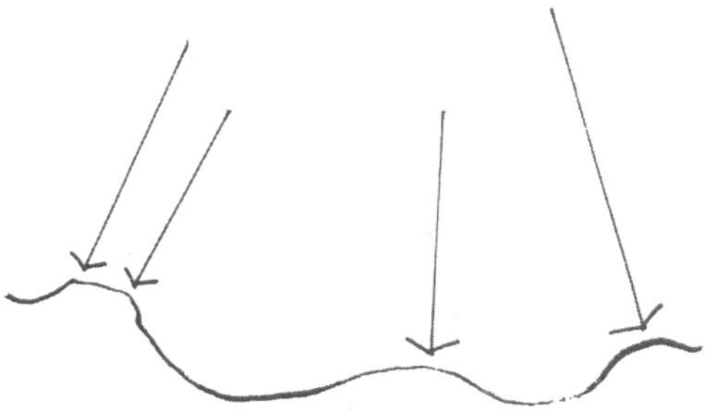

움직임이 살아 있는 선에는 강약의 변화를 준다.

연필의 힘을 조절하면서 연습해보자

스케치에 사용되는 다양한 터치

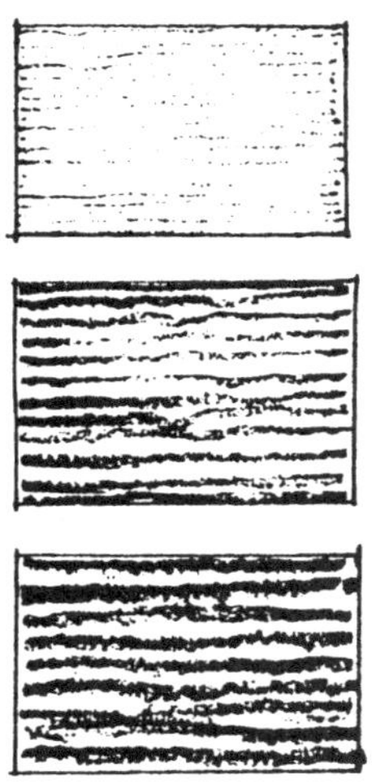

연필의 각도를 눕힐수록 선은 굵어진다.

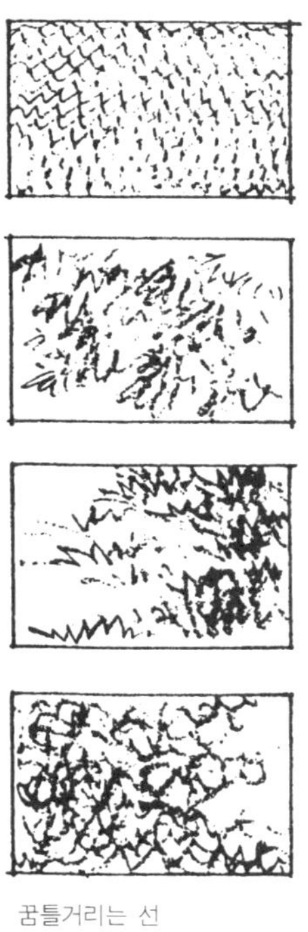

꿈틀거리는 선

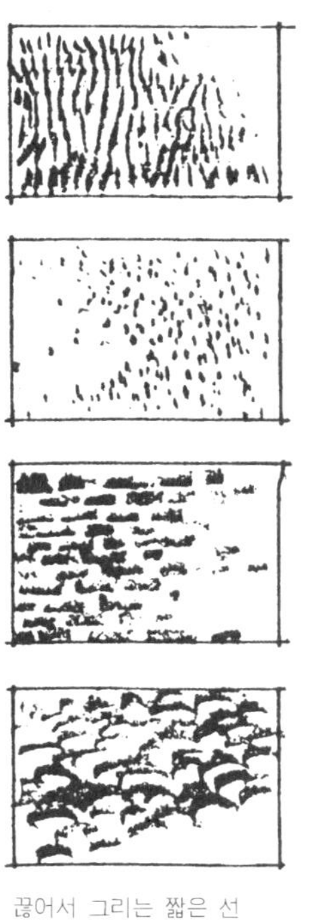

끊어서 그리는 짧은 선

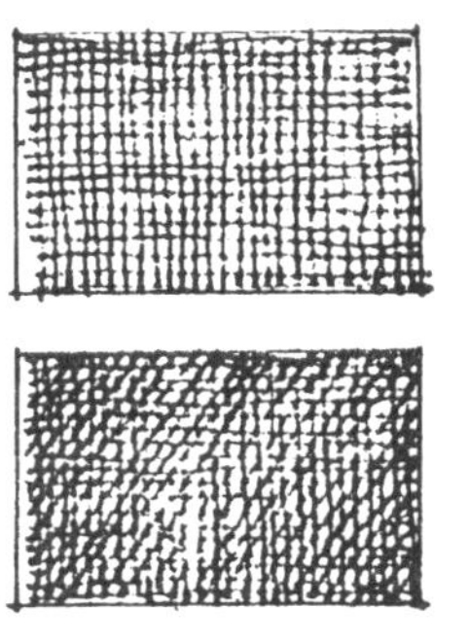

겹쳐서 그리는 선

해칭선

해칭은 일반적으로 사선을 말하는 것으로 일정한 도형의 내부를 정하진 패턴으로 메꾸어 가는 것을 말한다.

■ 선의 터치를 살려서 연습해보자

선의 터치를 살려서 표현하는 것은 연필을 사용해도 좋으나 펜의 경우에 더욱 적당한 표현이다.

조경의 스케치일 경우 일반적으로 로트링이나 플러스펜 등을 많이 사용하는데 선의 굵기를 생각하면서 선 하나 하나를 살려서 그리는 방법으로 주로 해칭에 의해 재질을 표현한다.

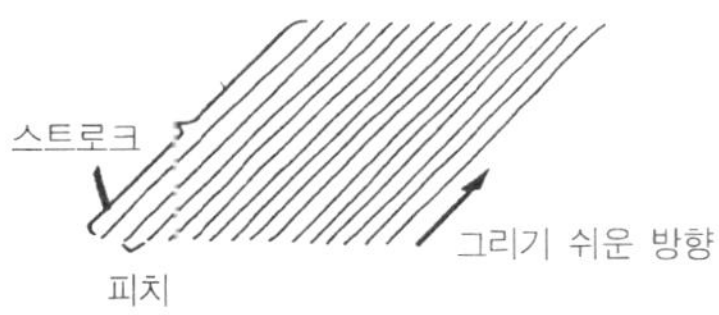

■ 해칭의 패턴으로 그라데이션을 연습해보자

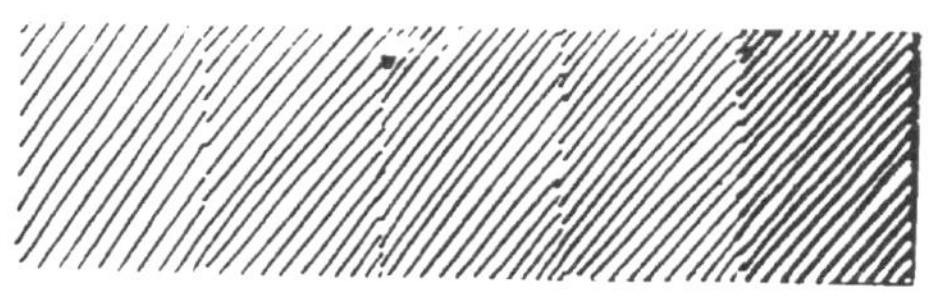

사선의 굵기를 변화시켜 음영을 주는 방법

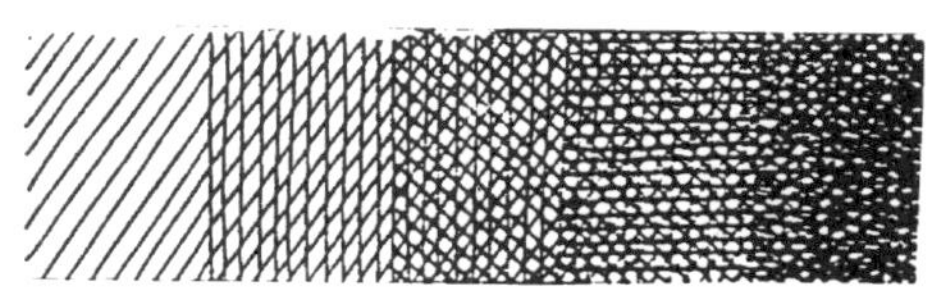

크로스 해칭에 의한 방법

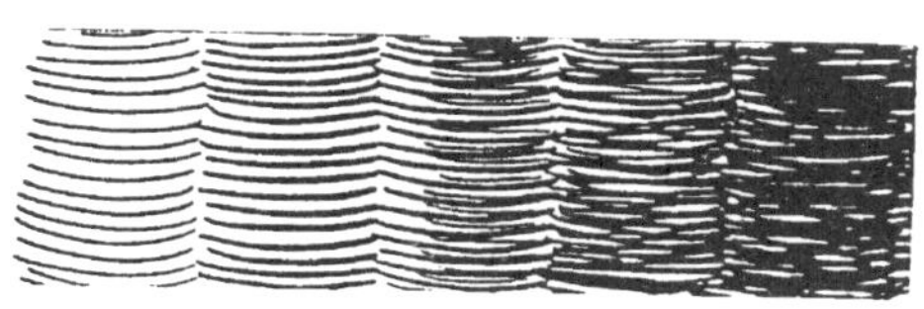

펜의 탄력을 이용해서 그린다.

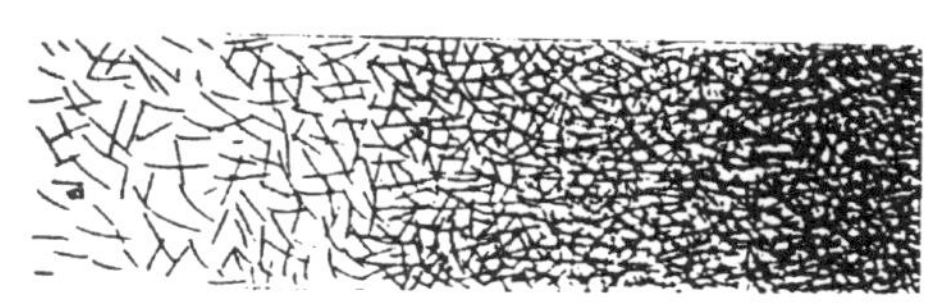

자유로운 방향의 짧은 선으로 그린다.

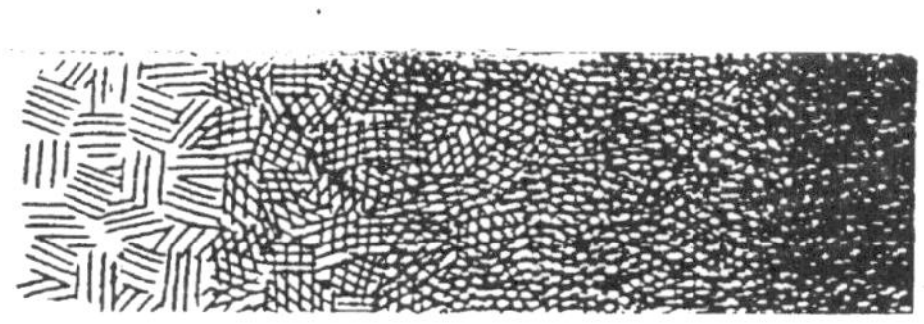

방향이 제멋대로인 선의 블록으로 그린다.

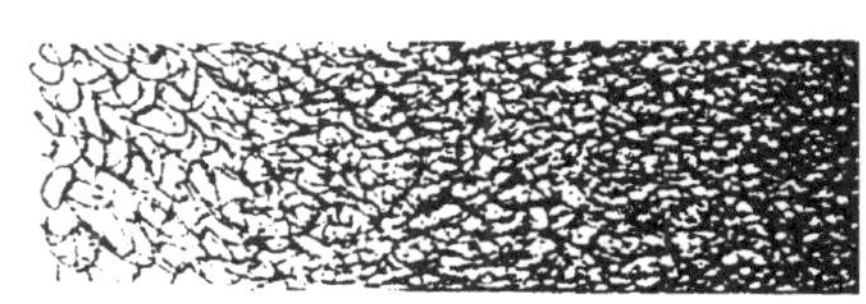

자유로운 동글동글한 곡선으로 그린다.

자유롭고 예각적인 작은 형태를 겹쳐 그린다.

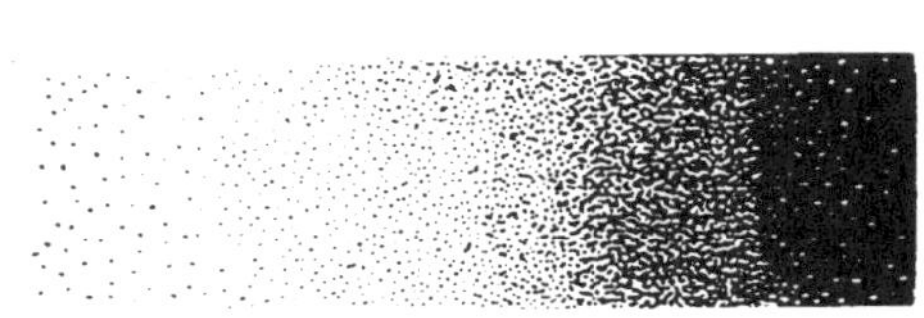

점은 밀도에 의한 음영을 준다.

입방체 연습

모든 조형물을 단순화시켜 그것의 입방체로 환원해 기본형체를 완성한 후 세부표현으로 들어가면 보다 쉽게 입체감 있는 표현을 할 수 있다.

■ 여러 각도에서 입방체를 그려보자.

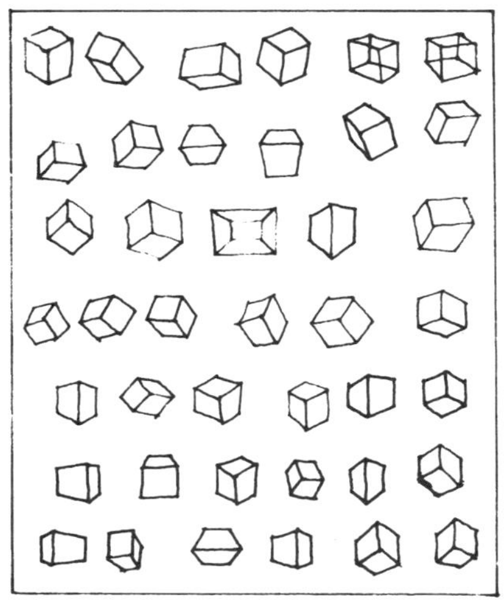

■ 입방체를 그릴 때 피해야 할 실수

- 모든 선들이 발산한다.
- 지나치게 가까이서 수렴한다.
- 두 소점이 평행하지 않다.

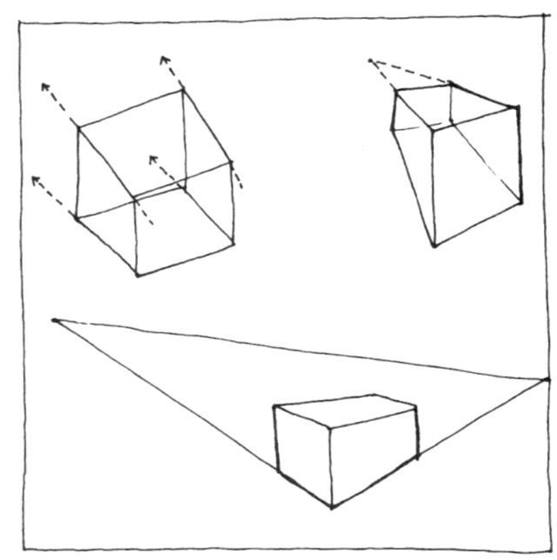

입체의 명암 표현

기본 도형의 명암을 알아야 모든 물체의 입체적인 표현이 가능하다.

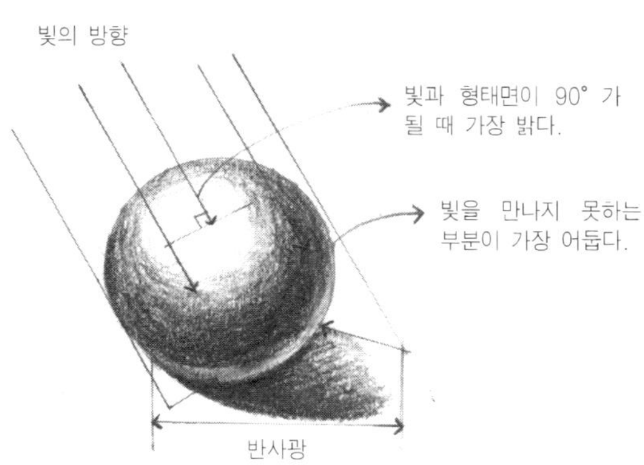

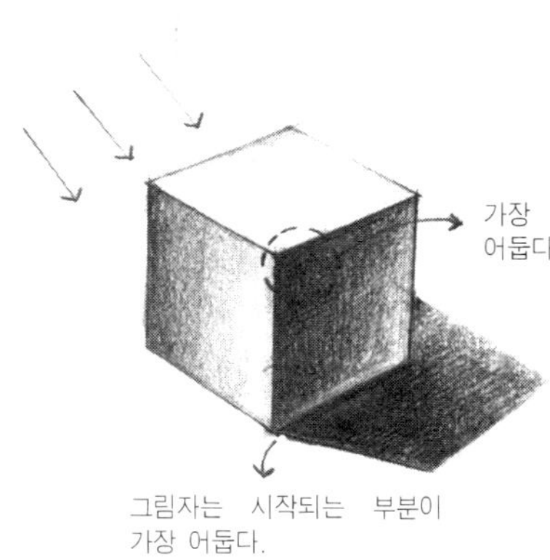

빛의 방향을 바꾸어 명암을 표현해 보자

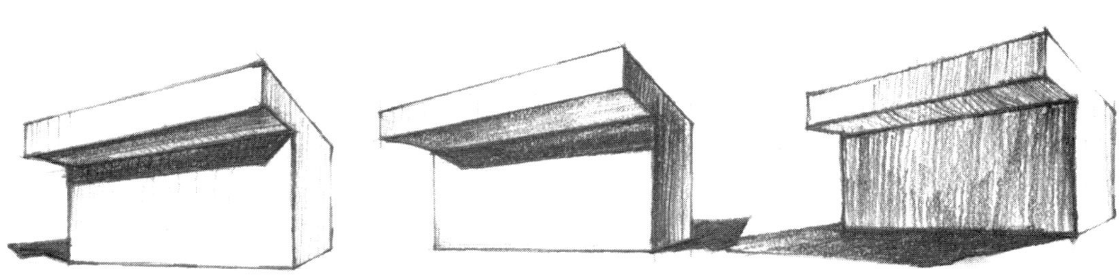

입방체와 원기둥, 구 등을 다양한 해치로 표현

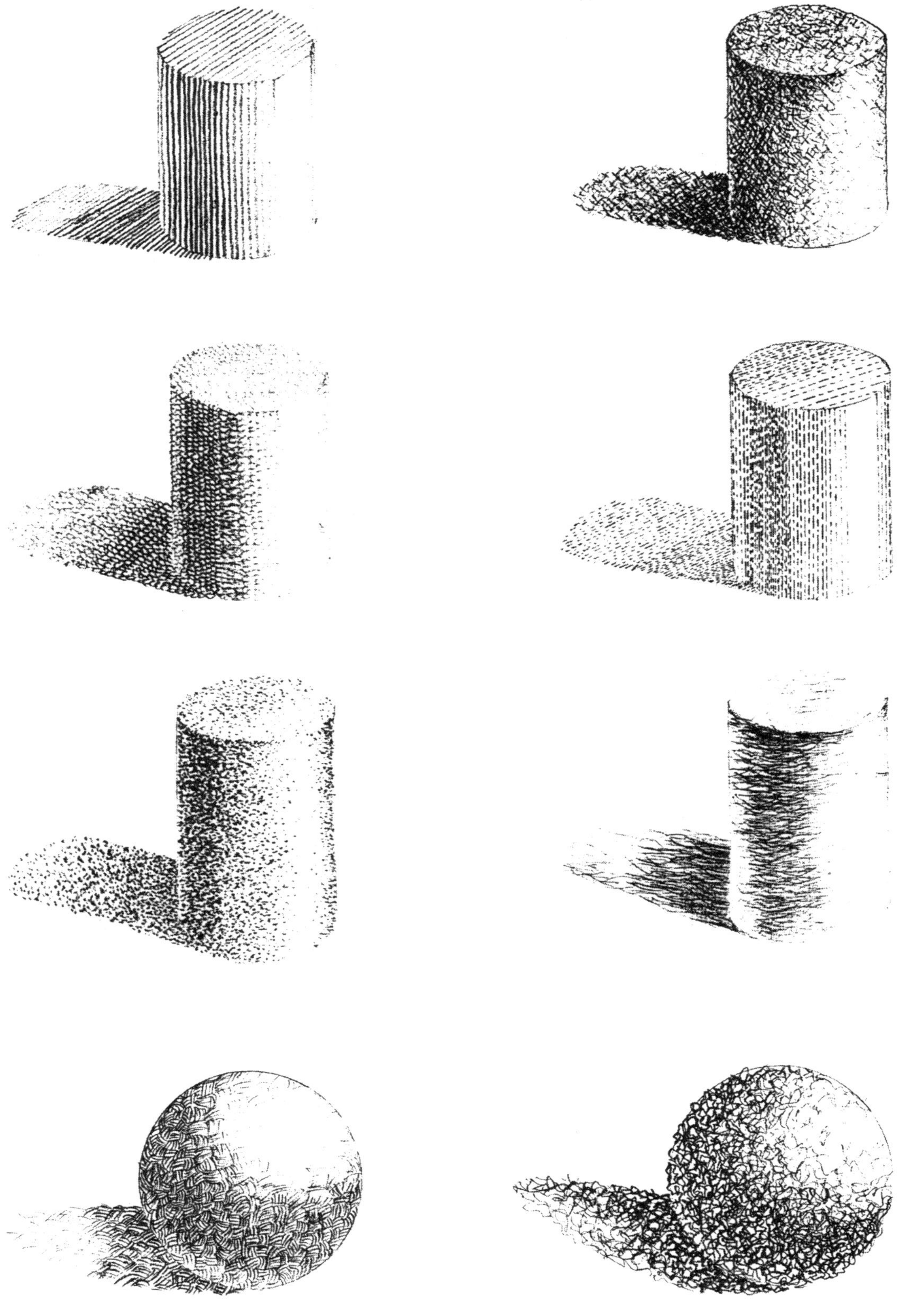

스케치가 입체감을 갖기 위한 기본 요소

원근감

착시에 의해 우리들은 공간과 원근감을 가진 3차원 형태를 표현할 수 있다.
뒤로 갈수록 같은 길이의 선이라도 더 짧게 그리면 원근감이 생긴다.

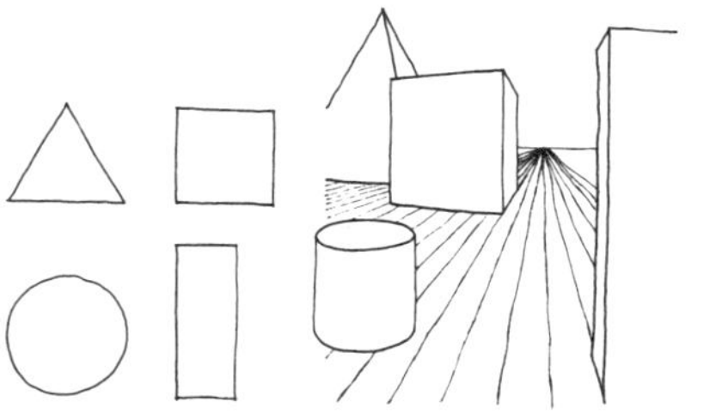

중첩

형태가 나란히 있는 것보다 중첩되면 더 거리감을 가지게 된다.
겹쳐진 앞의 것이 더 가깝게 보인다.

윤곽선의 강조

윤곽선을 명확하고 진하게 강조해주면 물체는 강한 이미지와 함께 앞으로 진출해 보인다.

형태가 명확하지 않다.

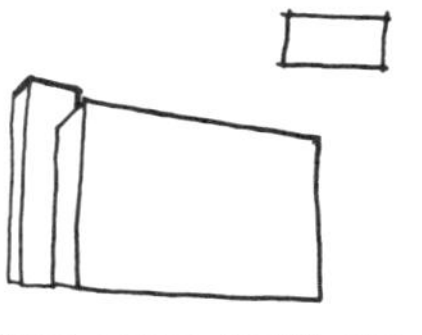

포인트를 가지고 둘러싼 쪽이 입체면을 명확하게 한다.

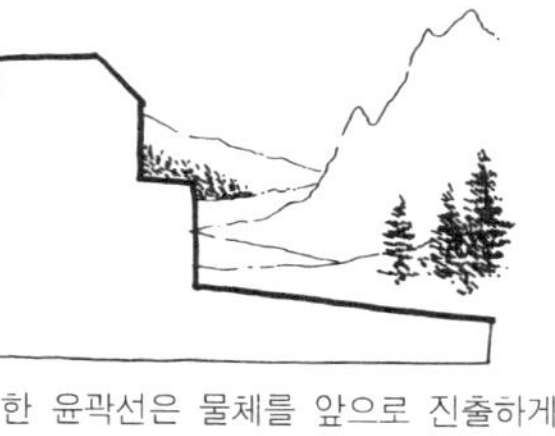

강한 윤곽선은 물체를 앞으로 진출하게 한다.

명암과 대비에 의한 강조

검정바탕에 흰색

흰바탕에 검정

흑지에 백색이 부각되어 보이는 효과를 사용한다.

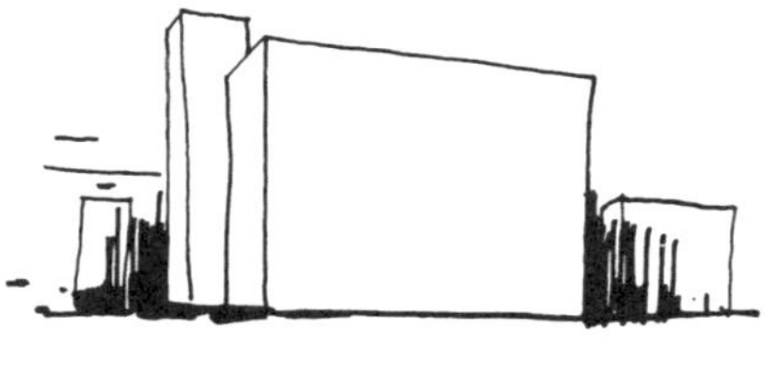

양 옆을 짙게 하면 주제가 부각된다.

텍스처

물체의 표면이 멀어짐에 따라 텍스처의 밀도는 점점 낮아져 벽돌벽이 접근했을 때 모르타르까지 보이지만 멀리서 보면 선처럼 보인다.

투시 속의 투시

나무나 사람의 배치에 있어서도 소점에 따라 그리면 보다 더 원근감을 강조해 준다.

등간격으로 두지 않는다.

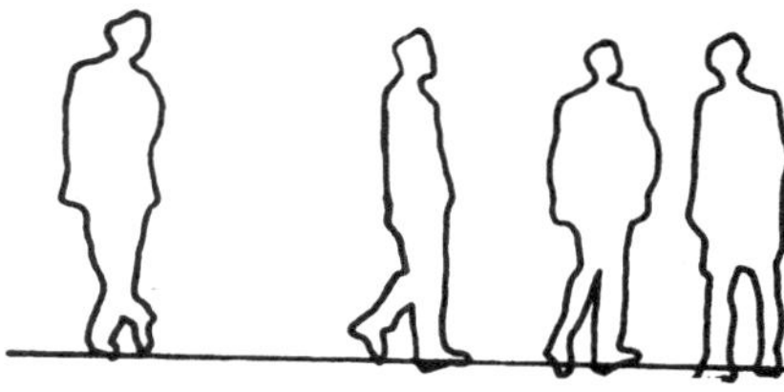

같은 크기일지라도 간격이 달라지면 거리감이 생긴다.

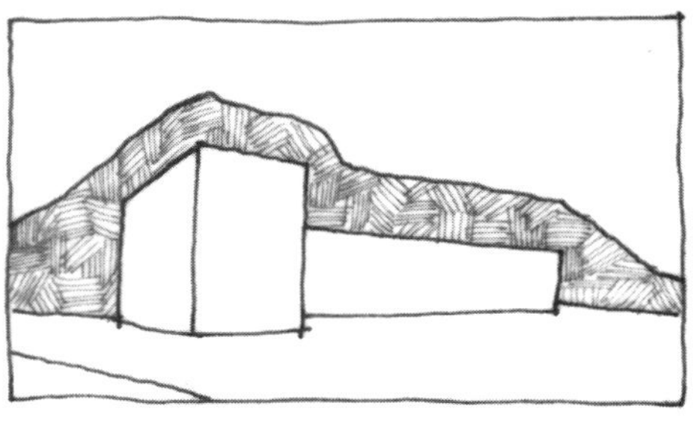

평행으로 두지 않는다.

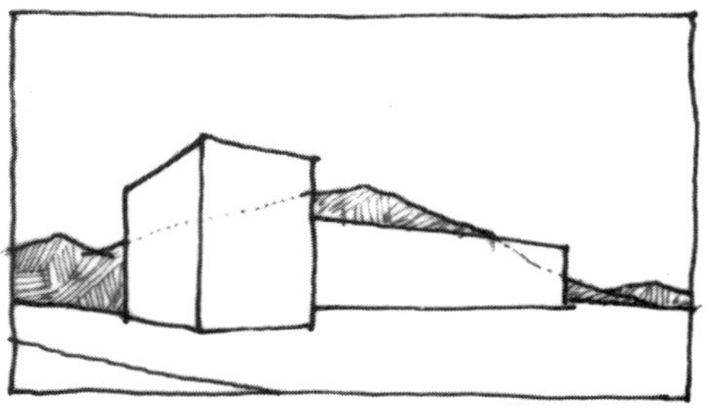

중앙에 두지 않는다.
시선의 유도하는 방향으로 사람을 중첩시켜 나간다.
단독 혹은 여러 명이 있는 형태로 배치한다.
뒤로 갈수록 밀도를 높게 배치한다.
애매한 형태가 있는 부분에 배치한다.

좋은 구도를 잡기 위해서

배치와 균형

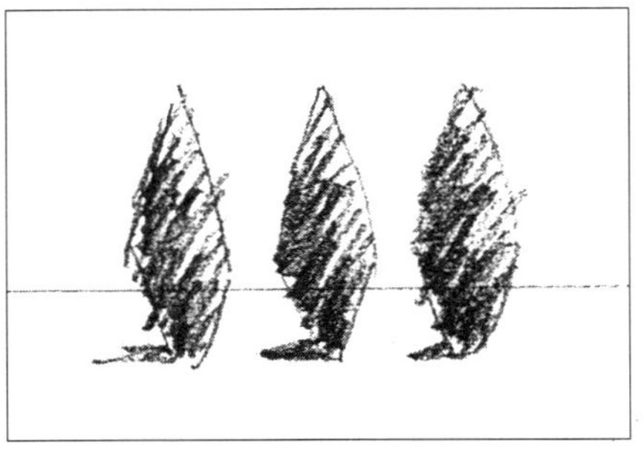

같은 크기의 나무를 나란히 늘어 놓으면 균형감은 있어 보이지만 거리감이 없고 밋밋하여 단조롭게 보인다.

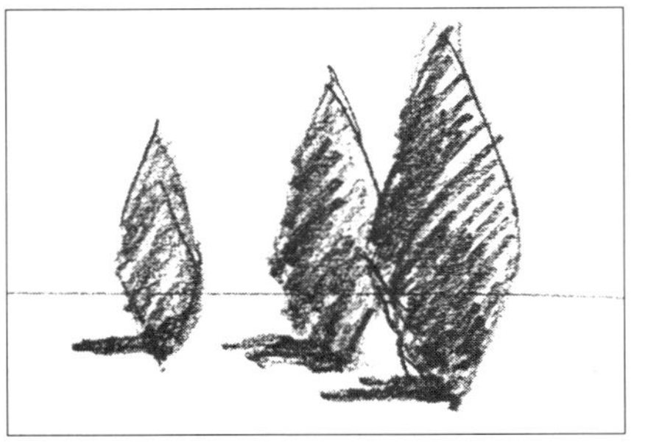

크기와 배치에 변화를 주고 중첩시켜 거리감을 표현했지만 오른쪽이 무거운 느낌이 든다.

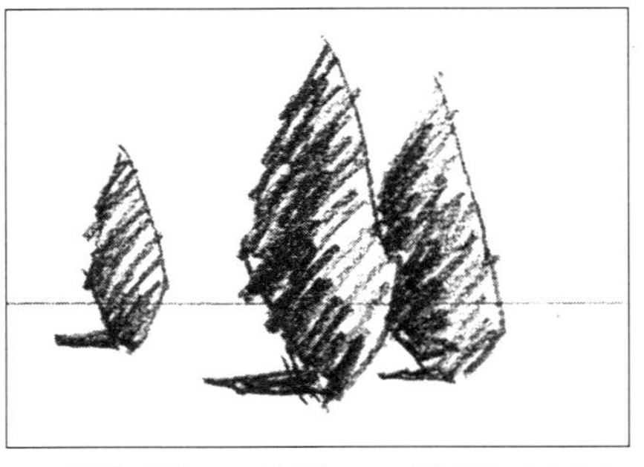

큰 나무를 정점으로 삼각형으로 배치하면 거리감과 안정감이 생기고 균형도 잡힌다.

큰 나무의 아래 위를 잘라 크기의 차이를 강조하면, 박력 있는 균형을 이룬다.

명암의 균형

같은 크기라도 명암이 다르면 어두운 쪽으로 시선이 끌려 균형이 사라진다.

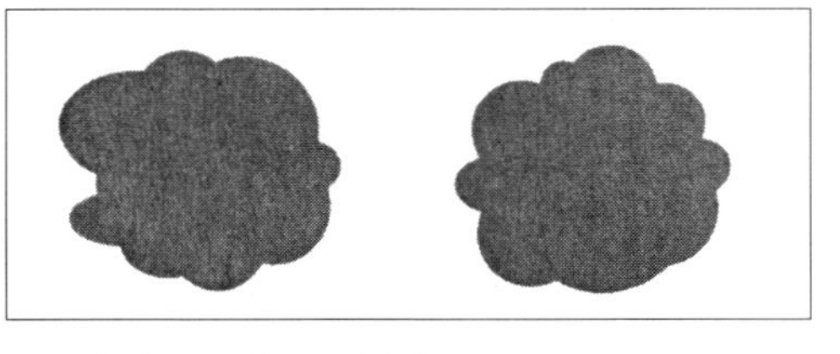

명암이 같으면 균형이 유지된다.

크기가 달라도 명암으로 균형을 잡을 수 있다.

거리감과 균형

주로 모티브를 돋보이게 하고 거리감 있는 공간을 균형있게 배치하는 방법에 대해서, 다음의 세 가지 요소를 예로 들어 설명한다.

산은 크게 그리고 바위와 나무는 작게 그린 것이다. 통일감이 없고 어느 것이 주요 모티브인지 알 수 없다.

아래 위로 자른 나무를 주요 모티브로 하고 바위를 보조 모티브로 하여 산과의 거리감을 강조한다.

구도상으로 바위가 화면을 지배하는 주요 모티브이고 뒤쪽의 산과 나무는 보조 모티브로서 거리감을 강조한다.

모티브를 단순하게 나열한 것으로 거리감이 없는 단조로운 구도이다.

나무의 아래 위를 자르고 가지의 방향을 연구하면 시선이 건물 쪽으로 끌려 거리감 있는 구도가 된다.

무성한 잎과 가지의 방향을 이용해서 건물로 시선을 집중시키고 있다.

투시도법과 거리감

같은 종류의 나무들이 정연하게 늘어 서 있는 가로수의 경우, 투시도법을 바탕으로 그리는 사람의 눈 높이와 소실점을 설정하여, 앞쪽과 뒤쪽에 있는 나무의 위치를 결정하여 묘사함으로써 거리감을 표현할 수 있다.

나무들이 불규칙하게 늘어 서 있는 경우에는 기준이 되는 나무의 밑동을 설정하고 각각의 위치 관계를 결정해도 좋다.

정연하게 늘어선 가로수는 투시도법으로 거리감을 나타낸다.

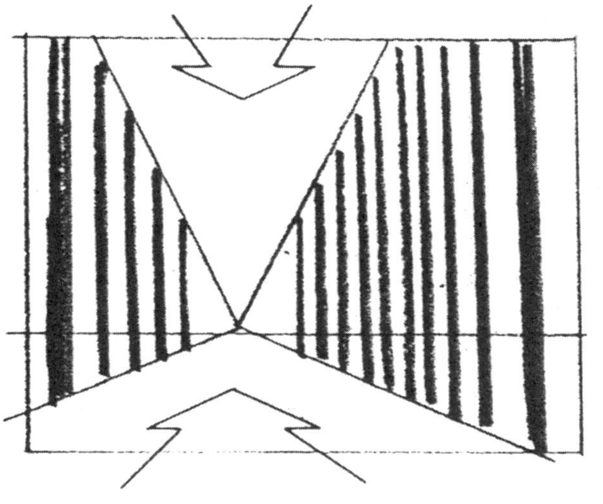

눈의 높이에 소실점이 모이는 1소점 투시도법

밑동의 위치로 거리감을 나타낸다.

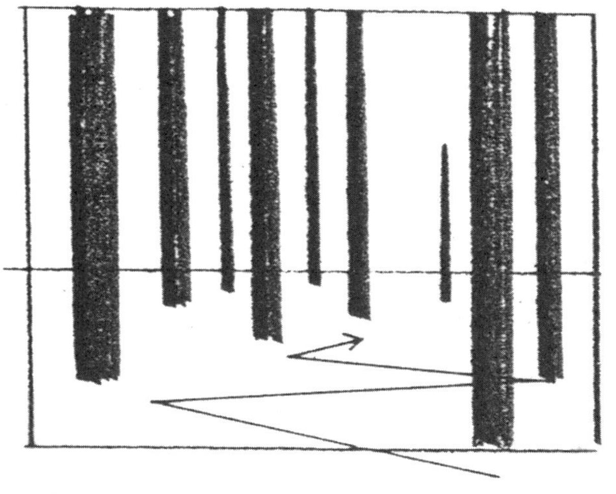

기준이 되는 밑동이 위치를 정하고 시선을 뒤쪽으로 끌어가도록 다음 나무의 밑동을 배치한다.

많은 나무를 그릴 때의 거리감

여러 종류의 나무가 많이 있는 경우, 각 나무들의 잎을 명암의 패턴으로 정리하면 나무 사이의 거리 관계를 명료하게 표현할 수 있다.

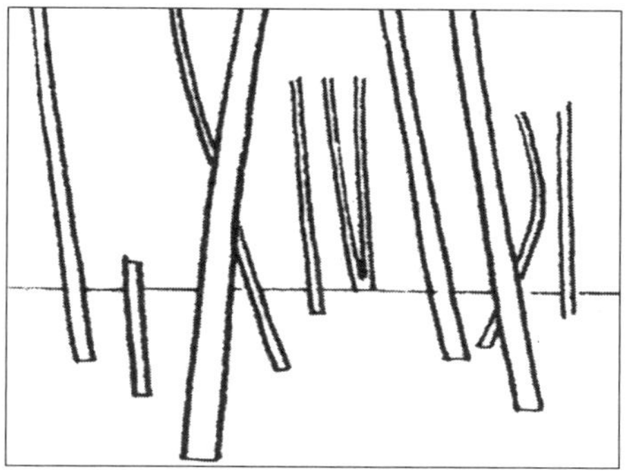

나무 밑동의 위치 관계도 거리감을 나타내는 요소가 된다.

각 나무들의 잎을 명암 패턴으로 정리하여 거리감을 표현할 수 있다.

대기 원근법

근경은 명암 대비가 강하고 뚜렷하지만 거리가 멀어짐에 따라 명암 대비가 약해지고 평면적으로 보이게 된다. 이 원리를 응용해서 대기 원근법으로 근경, 중경, 원경을 표현해 보자.

근경 : 명암 대비가 강해서 그늘이 되는 부분이 가장 어둡다.

중경 : 명암 대비가 약해서 전체적인 톤이 부드럽다.

원경 : 명암 대비가 전혀 없어 전체가 흐릿하고 평면적으로 보인다.

실제로 스케치를 해보자

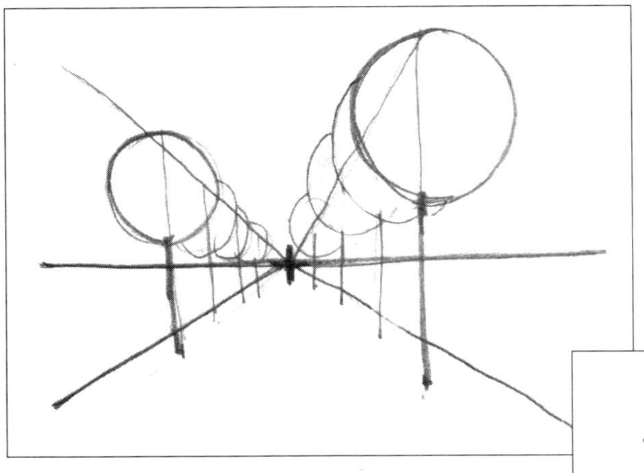

1. **구도잡기**

소점을 정하고 소점에 따라 전체적인 구도를 잡는다.

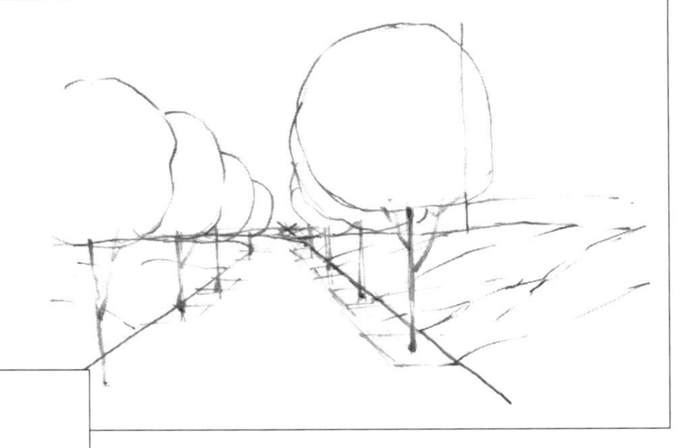

2. **개략적인 형태**

선으로 전체적인 형태를 간략하게 그린다.

3. **원근감 있는 표현**

나무, 사람, 포장 표현을 원근감 있게 표현한다.

4. **음영넣기**

빛이 방향을 정하고 주제가
부각되도록 음영을 넣는다.

배경처리

배경이 되는 하늘의 처리 방법은 크게 2가지가 있다.

위를 어둡게 하고 아래로 갈수록 밝게 처리하는 방법은 주된 주제가 되는 부분이 어둡거나 그림 전체를 원근감에 입각하여 표현하려 할 때 사용하면 좋다.

아래부분을 어둡고 윗부분을 밝게 처리하는 방법은 주제가 밝을 때나 명암의 대조로 인해 주제를 부각시키고 여백의 미를 주려 할 때 사용하면 좋다.

화구의 효과

연필

한번의 손목을 이용하여 어두운 곳에는 힘을 더 주면서 생명감 있는 스케치를 하자.

나무 지피류 명암 배경

펜

선이 가늘고 굵기가 일정하기 때문에 한번에 강약이 표현되는 선을 긋기 어려우므로 해치 패턴을 이용하여 차분하게 그려간다.

주된 해치 패턴

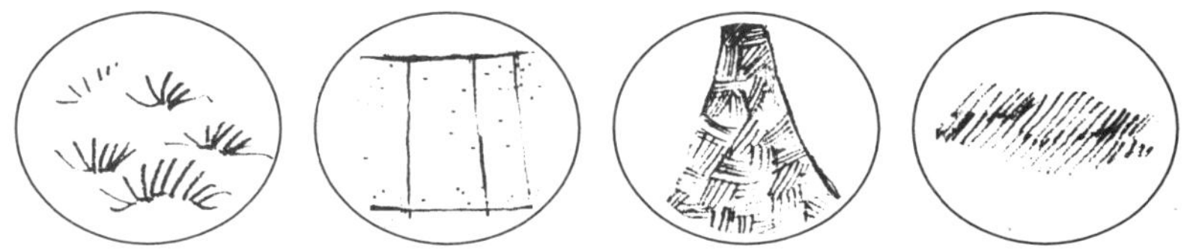

소나무 콘크리트 상징물 배경

앞에 있는 소나무의 표현은 잎을 하나 하나 그리고
시선의 흐름을 위해 윗부분의 줄기만 어둡게 표현한다.

뒤에 있는 소나무는
표현을 간략하게
한다.

명암의 대조를 위해 물을 어둡게 표현하면
소나무는 근경으로 부각되어 보인다.

포장패턴도 모두 일정한 간격으로 표현하기
보다는 시선의 흐름을 위해 왼쪽 표현에 치중
한다.

사람은 주제를 향하여 점점 다가가듯이 배치한다.

기 타

배경처리는 좋은 효과를 내기 위해서 다양한 방법을 활용하면 좀 더 프로페셔널한 스케치를 할 수 있다.

스텐실 방법

원하는 형태를 종이나 필름지에 그려서 오려낸 뒤 스펀지나 스펜실 붓을 이용하여 찍는다.

잉크가 묽게 되면 입자가 굵어지므로 휴지에 몇번 찍어낸 다음 사용한다.

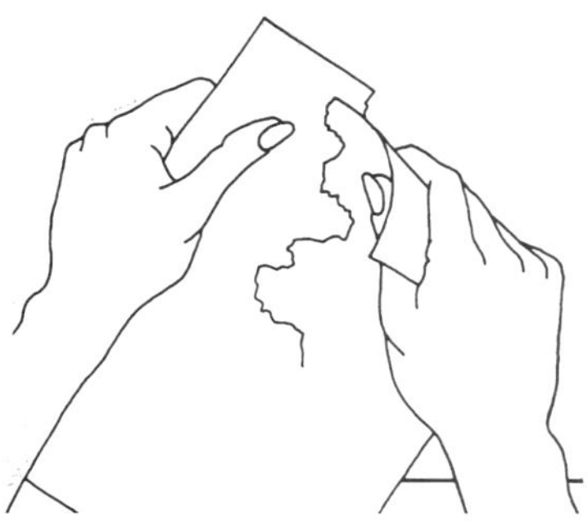

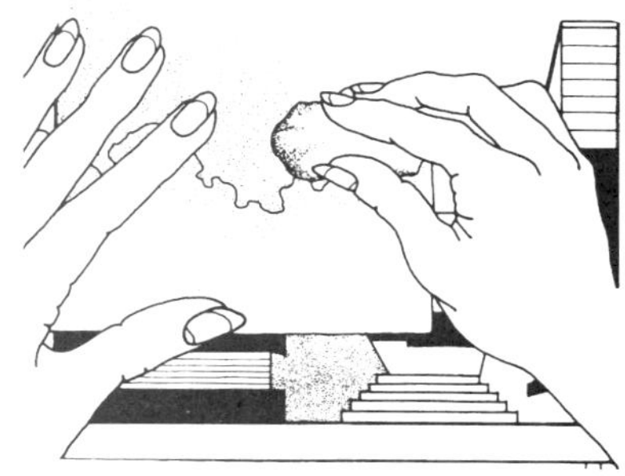

에어브러시

원하는 부분을 마스킹 테이프로 가린 후 에어브러시를 뿌린다.
수정이 필요하면 펜으로 해도 된다.

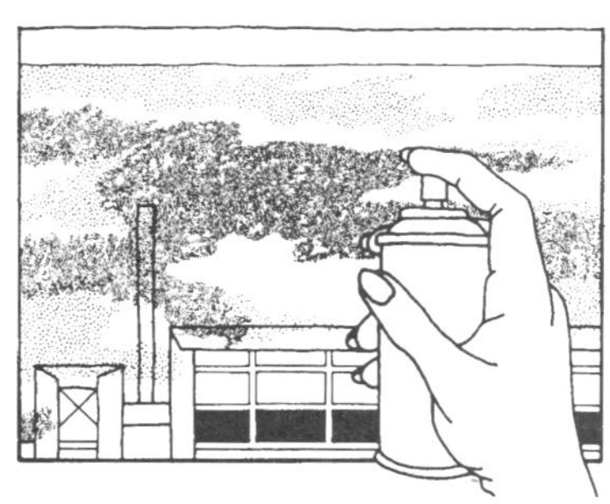

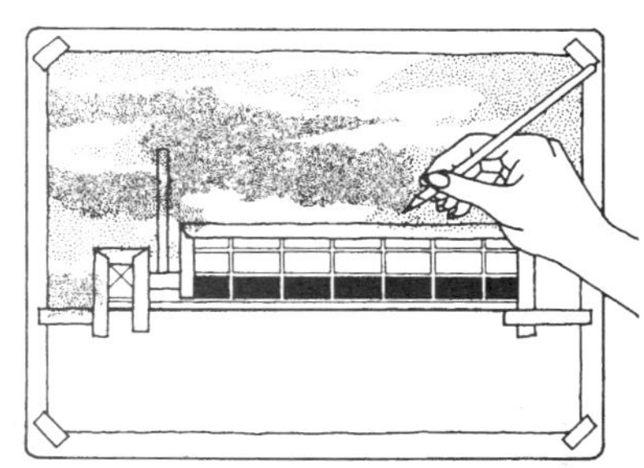

스크린톤 이용

펜 터치 후에 질감표현을 다양한 스크린 톤을 이용하여 처리해도 좋다.

그 외에도 컴퓨터를 이용한다든지 다양한 방법이 있다.
좋은 효과를 낼 수 있는 방법을 나름대로 연구해 보자.

스케치 사례

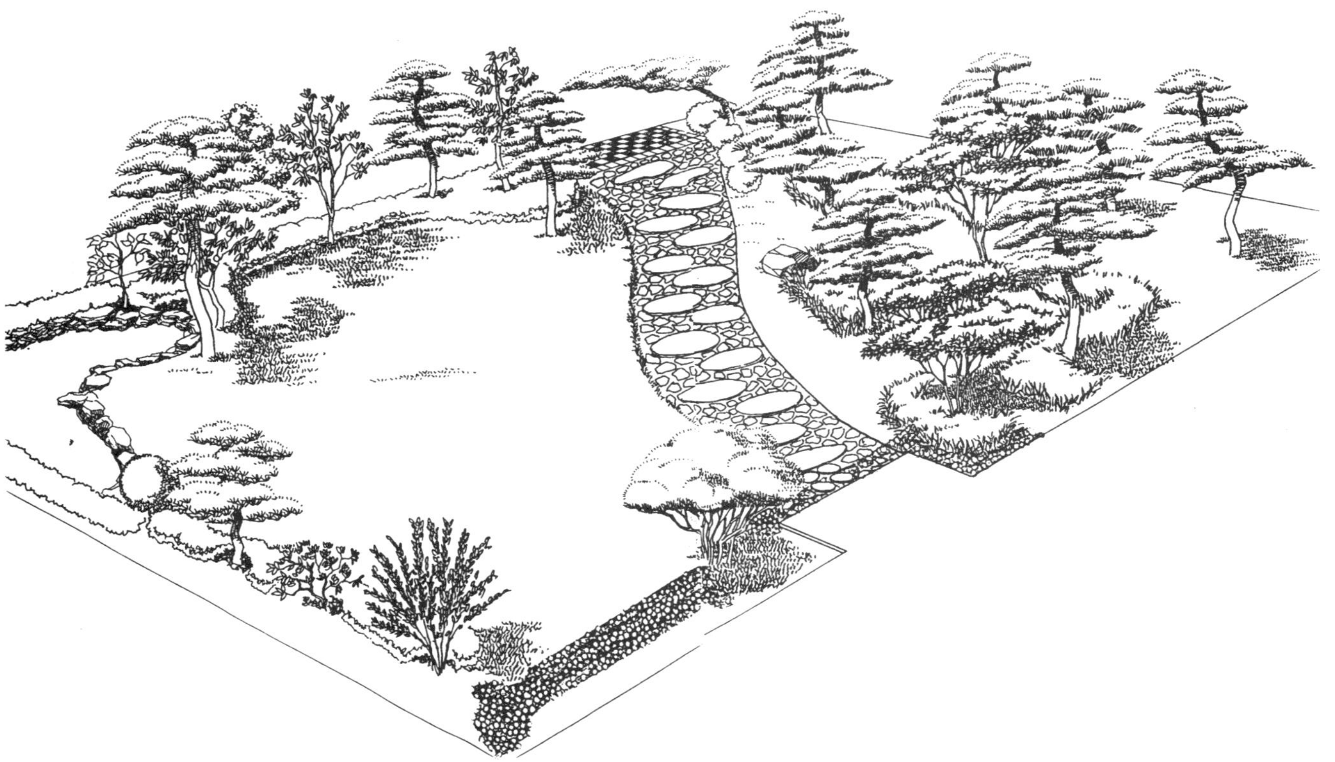

얄남공원

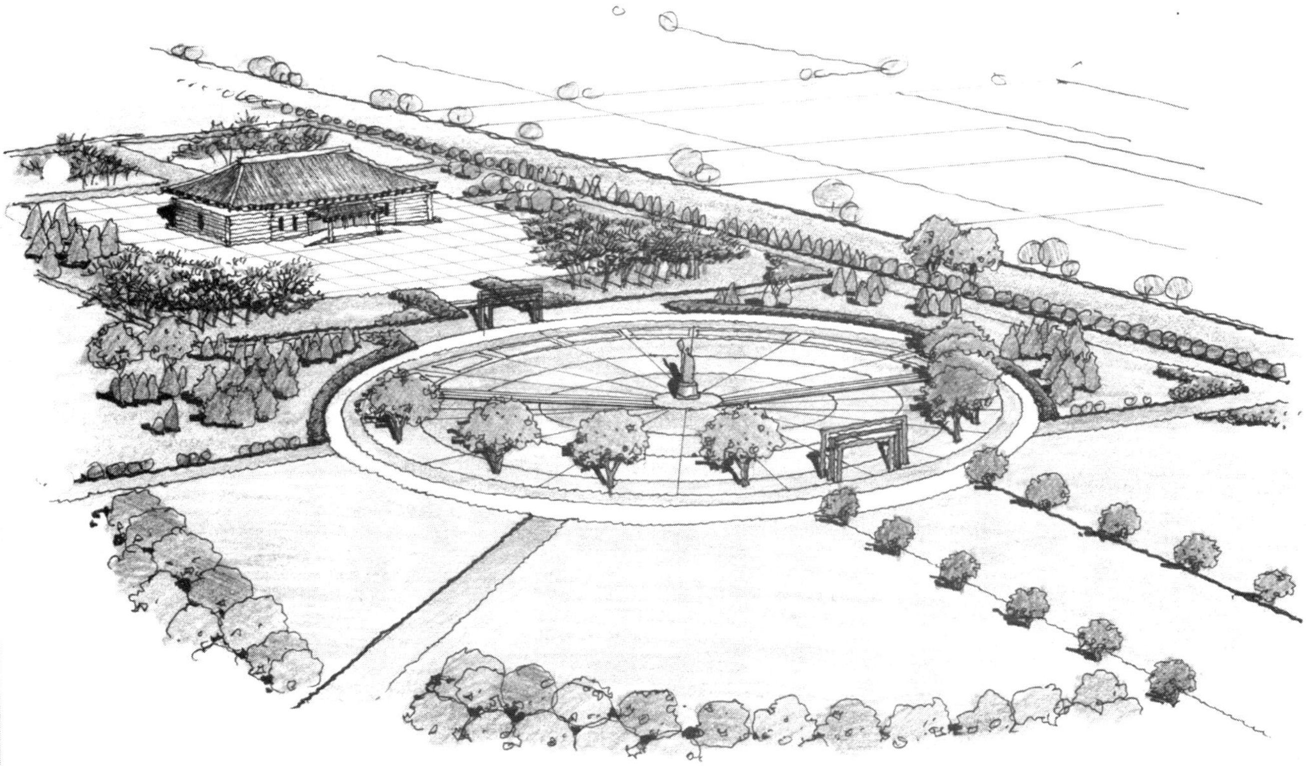

5 실시설계

CONSTRUCTION & DETAIL DESIGN

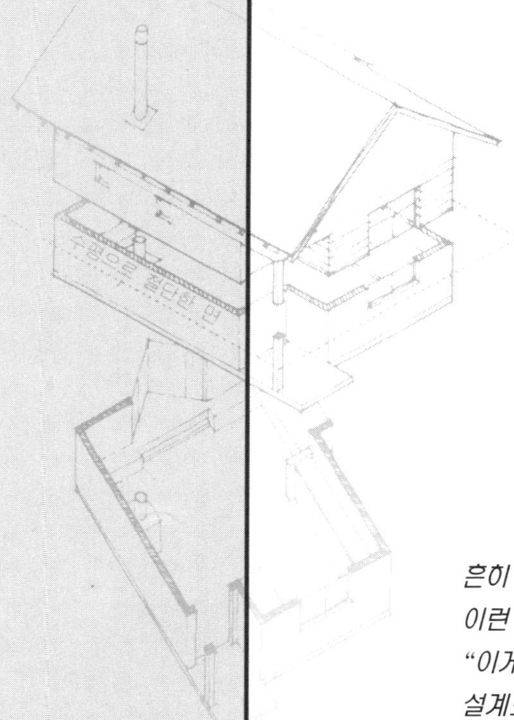

흔히 공사를 하는 공사현장에서는 도면을 보고
이런 말을 하는 사람이 있다.
"이게 그림이지 도면인가?"
설계도면과 그림의 차이점은,
그림은 보는 사람의 시각에 따라 다른 해석이
많을 수 있다는 것이다.
그러나 설계도면은 설계자와 시공자 사이의 언어적
표현수단으로써 감상적 해석이 아니라 명확한 전달이
되어야 하는 것이다.

실시설계 도면의 작성

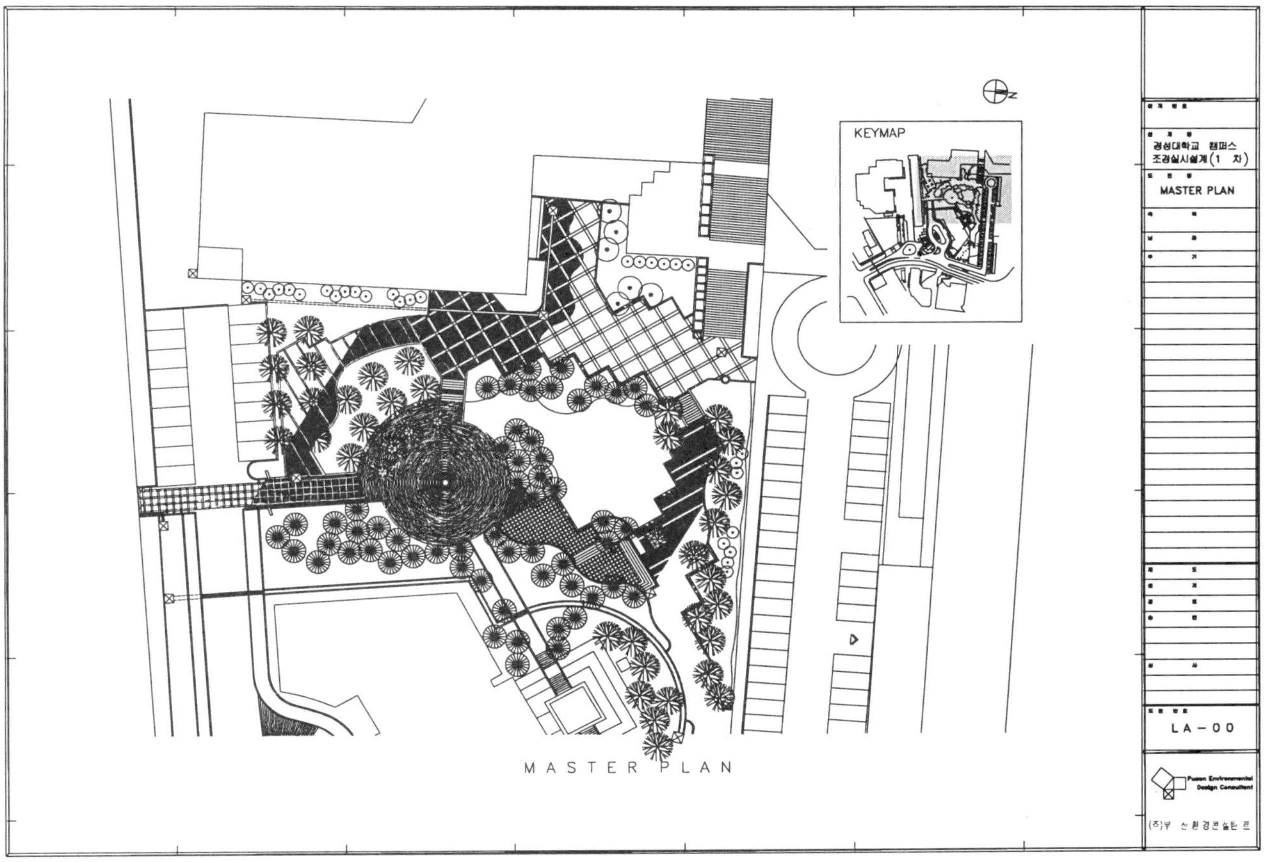

실시설계 전의 자세

설계가의 최종 성과물은 트레이싱지 위에 그려진 도면 및 청사진으로서 모든 수고가 설명되는 것이다. 그러므로 실시설계에 임하기 전에 가져야 할 마음가짐에 대해 몇 가지를 먼저 언급하고자 한다.

① 실시설계 도면은 완성된 도면을 보고 시공해야 하는 사람이 얼마나 설계자의 의도를 잘 이해할 수 있는가에 따라 그 작품의 성패를 좌우한다.
② 현황과 시공 후의 전후반 상황이 잘 설명될 수 있어야 한다.
③ 실시설계 도면의 순서는 공사하는 순서와 동일한 순서로 연결되어져야 한다.

시작전에

요즘 펜 드로잉을 하는 사람은 없다. 그러므로 CAD를 사용한 도면작성법이나 기술 등에 대한 내용을 더 궁금해하는 사람들이 대부분이다. 그러나 여기서는 CAD도면 드로잉에 익숙해져 있는 요즘의 학생들에게 펜 드로잉의 기본을 설명하고자 한다.

펜 드로잉의 기본을 설명하는 의도는 어떤 작품을 도면으로 설명하고자 할 때 우선 초안작업은 펜 드로잉에서 시작되며, 이것은 디자이너의 기본이기 때문이다.

재료의 준비

▶ 본 서의 '제도의 기본' 참조

- 재료 1 : 0.5~0.7 샤프펜슬
- 재료 2 : 트레이싱지(보통 「format」 지라고도 한다)
  A1 size(590×817), A2 size(570×396)
- 재료 3 : 여러 가지 템플릿(둥근모양, 네모모양, ...), 삼각자, 스케일 기타 등등

• 보통 도면의 작성은 A1 또는 A0 size를 사용하며, 작업의 내용에 따라 결정하고, 일반적으로 A1 size를 많이 사용한다.

• 도면의 테두리를 만드는 방법은 앞의 제도(P. 40)에서 언급한 내용대로 작성한다.
(설계사무실에서는 이 내용의 틀(format)이 결정되어 있다)

도면에 작성되어야 할 필수적인 내용

▶ 본 서의 '평면표현' 참조

• 설계명, 도면명, 스케일(scale)이며 도면을 작성한 사람의 실명을 기입하는 제도, 설계, 심사 등의 내용이 있다.

• 보통 설계작업은 개인작업이 아니라 팀(team)작업으로 이루어지므로 팀작업의 책임자(P.M, Project Manager)가 '심사란'에 사인하도록 되어 있다.

• 실시설계 작업은 우선 도면 내용의 결정(도면목차 결정)－현황분석도의 작성(측량작업과 동시에 진행)－기본도(base map)의 작성－각 공종별 계획평면도의 작성－세부 상세도(detail)의 작성－수량총괄표－마스터 플랜(master plan)작성 순으로 이루어진다.

• 우리가 흔히 사각의 종이에 그려 넣은 것을 '그림'으로 이해할 때 그림과 도면의 작성이 다른 점은 그림은 아름다움을 추구하고 보는 이에게 어떤 감동을 주는 것이라고 한다면, 도면은 설계자가 작성한 도면을 누가 보더라도 같은 내용으로 알아들을 수 있는 언어(설계기호)

로 작성되어야 한다는 것이다.

- 도면에는 표기에 대한 약속 말고도 그것의 재료나 규격을 모양대로 시공하는 방법 등이 자세하게 표현되어야 한다. 예를 들면 나무를 그려 넣을 때 나무의 크기, 심어지는 위치, 수량까지도 도면에 상세히 표현되어야 한다(즉 시공할 사람 중 누가 보아도 같은 형태로 시공할 수 있도록 도면이 작성되어야 한다).
- 도면의 작성에서 가장 먼저 할 것은 무슨 내용을 그릴 것인가에 대한 결정이며 두번째는 이러한 내용을 어떻게 나열할 것인가?를 결정하는 일이다.
- 또한 도면에서 표현하는 공통적인 설계언어를 습득하고 있어야 하는데 이것은 앞에서 설명한 여러 가지 표현기법을 숙지한다면 충분히 해석되는 일이다.

다음에 계속적으로 사용되는 내용이 초보자에게는 다소 생소하고 어렵겠지만 순서대로 한다면 훌륭한 도면집 한 권 정도는 누구나 작성할 수 있으리라 생각된다.

설계안 결정(대안 결정을 위한 패널작업)

- 실시설계에 임하기 전에 우선 부지의 현황을 파악하고 여러 가지 조건들을 검토한 후 발주자(관공서, 개인)와 설계안에 대한 내용을 확정지어야 한다(패널작업에 대한 것은 공통된 약속이 있는 것은 아니다).
- 여러 장의 패널로 만드는 경우라면 패널의 순서를 번호로 표시하는 것이 좋고 각 패널은 어떤 공통성을 갖는 요소로 해야 한다.
- 작업의 내용이나 규모에 따라 보고(briefing)용 자료를 작성한다. 기본적으로 들어가는 내용은 부지의 위치도/주변 현황의 파악(도시계획사항, 주변 관광 자원현황, 유사시설 현황 등 계획과 관련지어 생각할 수 있는 주요시설)/법규 검토/개념도(구상도)/계획안(master plan, 보통 2, 3개 정도 작성)/각각의 재료에 대한 예시(선진 사례를 통한 사진제시 또는 새로운 소재의 사용인 경우 소개 혹은 예시도/스케치/입단면도) 등이다.
- 장차의 실시설계 작업을 위한 계획안 결정은 발주자와 설계자의 의견절충으로써 결정되므로 패널의 내용은 설계자의 계획내용이 충분히 설득력 있게 표현되어야 한다.

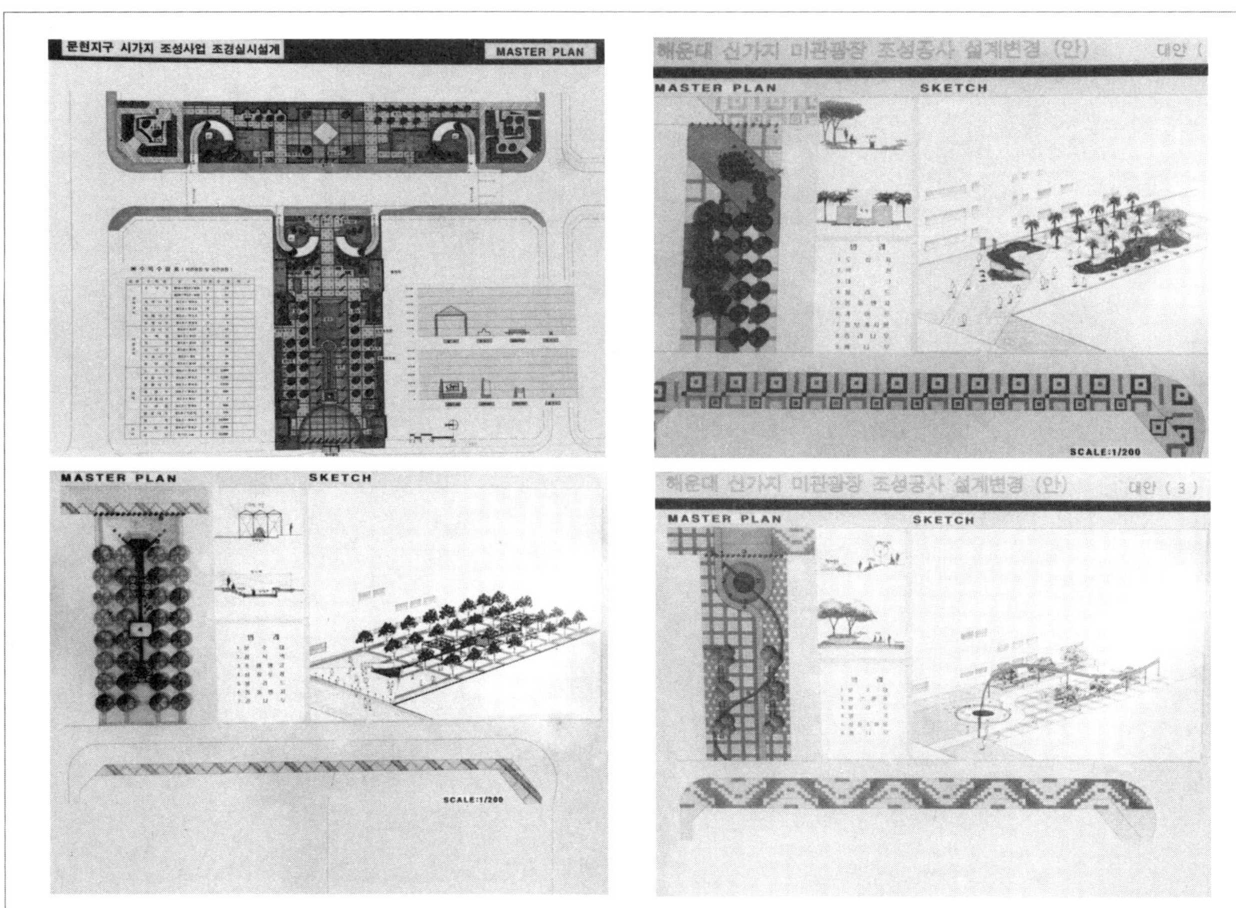

- 어떤 내용을 담을 것인가? 즉 ① 어떤 내용을 이슈(issue)로 해서 작업할 것인가?, ② 지도나 상위계획 내용에 대한 표현은 어떻게 해줄 것인가?, ③ 이러한 계획이 실현되기 위한 법규를 검토한 내용(도시계획법, 도시공원법, 기타 법규)을 넣을 것인가? 등을 결정하고 이러한 내용을 한 장의 패널로 할 것인가?와 전체적인 컬러톤은 어떻게 정할 것인가? 등의 패널계획을 세운다.

- 패널의 크기/내용의 글씨 크기/그림의 규모 등을 결정할 때는 보고할 수 있는 환경(인원, 대상)에 따라 조정해야 한다(관공서의 경우는 크게 작성될수록 좋다).

- 물론, 패널은 만들지 않고, 현황분석도와 계획평면도 등을 패널 한 장에 모두 압축하여 표현하기도 한다.

- 패널작업은 전문가가 비전문가에게 설계내용을 효과적으로 설명하기 위한 필수적인 작업이며, 실시설계 작업을 위한 기본 베이스맵을 위한 시작이다.

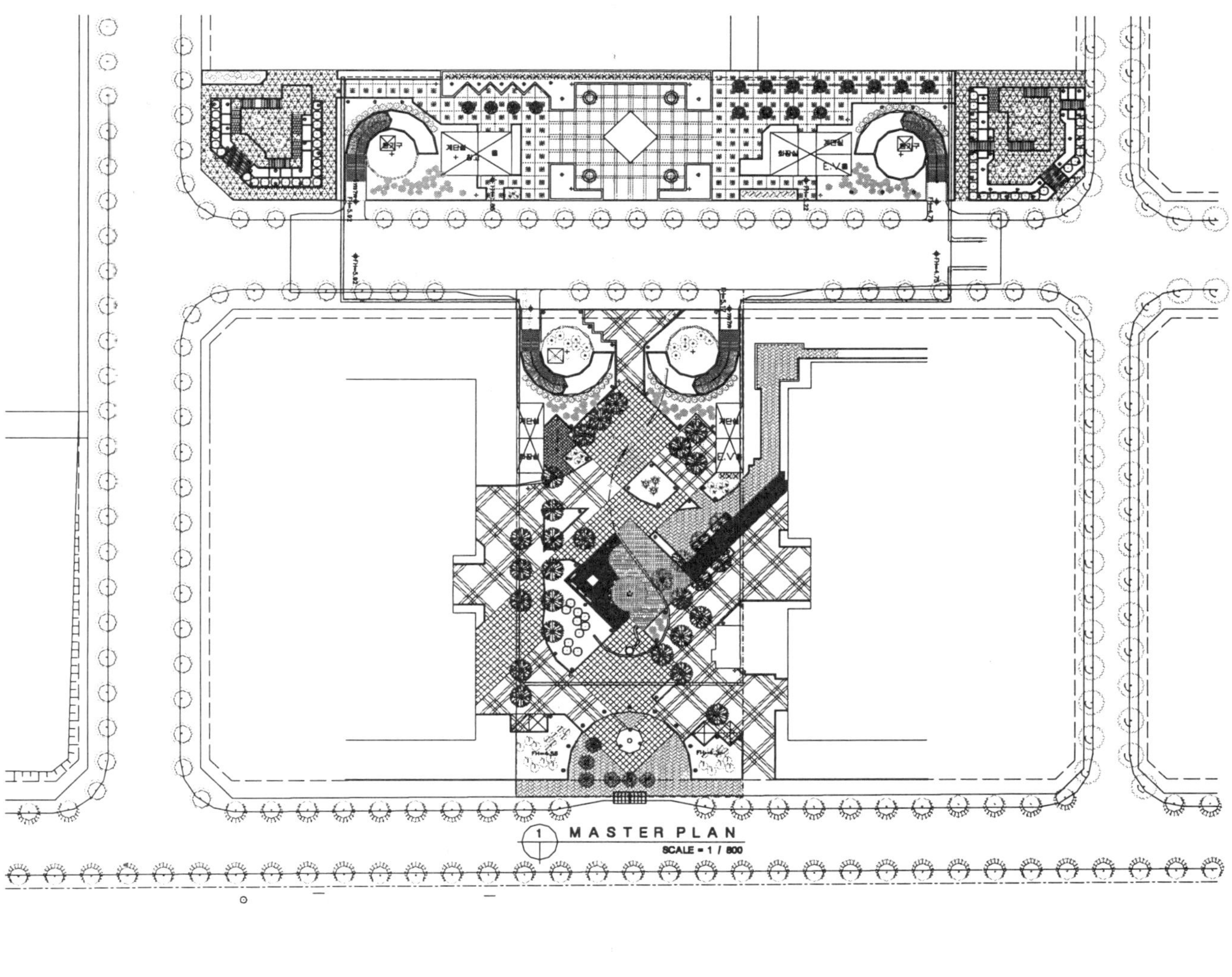

실시설계 도면 작성법 1 : 현황분석도의 작성

- 현황분석도를 작성할 때는 부지의 특성과 더불어 여러 가지 자연현상까지 모두 표현하기도 한다.
- 현황의 정확한 이해가 새로운 계획안을 작성하는데 기초가 되므로 실시설계 도면에서는 패널작성시 표현기법보다는 좀더 구체적이어야 한다.
- 현황분석도는 측량도로써 종종 대체되기도 하는데 구체적으로 표현되어야 할 사항은 LEVEL 또는 주변/부지 내의 지장물 상태, 철거해야 하는 것, 이식해야 하는 것 등이다.
- 현황분석도는 실시설계를 위한 기존 부지현황을 제대로 잘 표현하는데 중점을 두고 표현되어야 하며, 기준점(BP 혹은 CP)이 반드시 정해져야 한다.

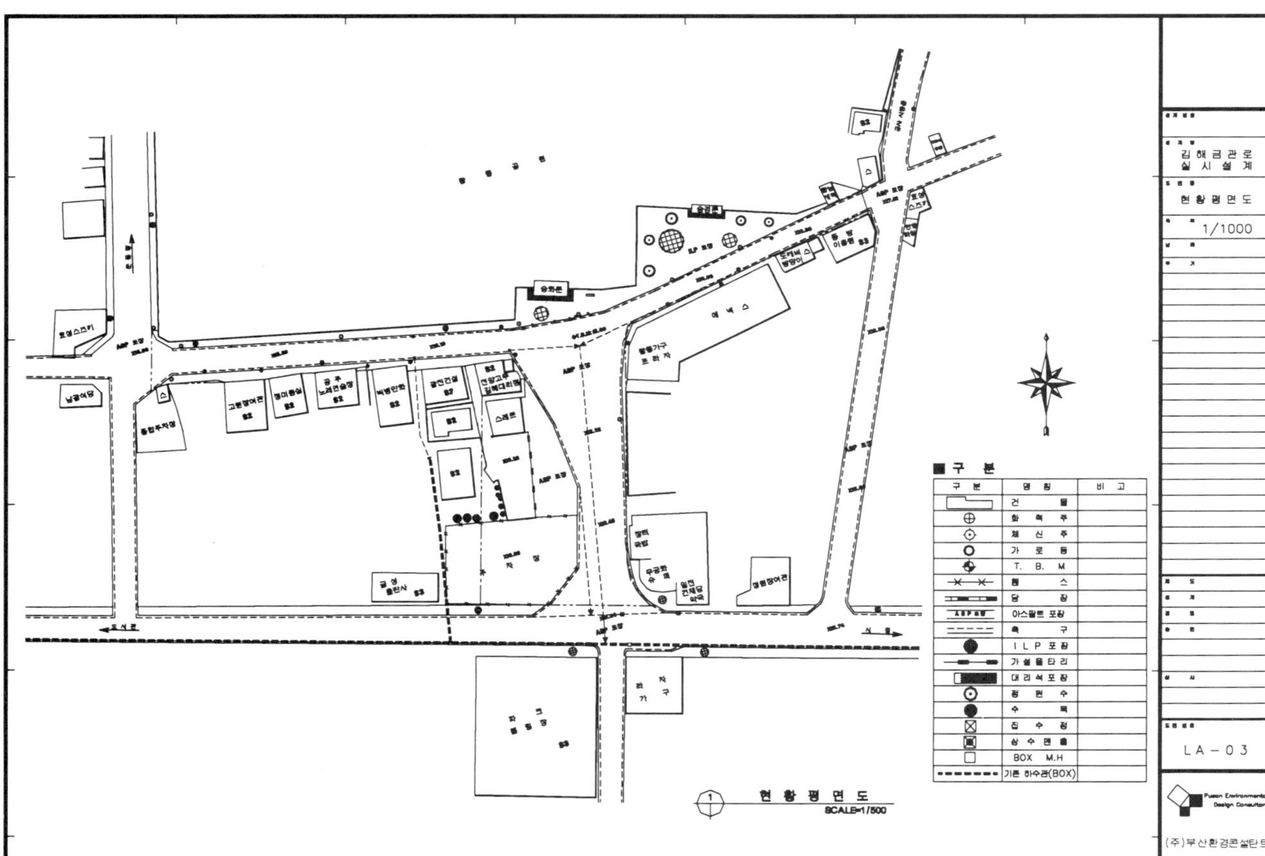

실시설계 도면 작성법 2 : BASE MAP의 작성

- 베이스 맵(base map)이란 여러 가지 공종들이 주제로 작성될 도면의 제일 바탕이 되는 기초 도면이란 뜻이다.

- 베이스 맵은 실시설계 도면작업을 위해 가장 먼저 작성하는 도면이기도 하며, 이 기본도면 위에 다른 작업들이 표시되므로 정확하게 작성해야 한다.

- 베이스 맵의 작성시 초보자가 유의해야 할 점은 치수를 mm 단위로 사용해야 한다는 것과 치수의 끝자리가 0.5M 단위로 잘라져야 한다는 것이다. 즉 계획안을 실제 공사가 가능하도록 치수작업을 할 때는 12,345라는 숫자는 「12,000」이란 치수(12M)로 작업해 주어야 한다는 뜻이다.
  물론 경우에 따라서는 「12,500」(12.5M)이나 「12,300」(12.3M)로 작성해야 하며, 555는 「500」으로 13은 「10」 등으로 조정해서 작성해야 하지만 부득이한 경우는 그 치수를 그대로 사용하는 경우도 있다.
  그러나 계획도에서는 0.5M 단위가 최소 단위로 작성되는 것이 바람직하다.(이것은 cad 도면작업을 할 때도 같다)←치수의 보정

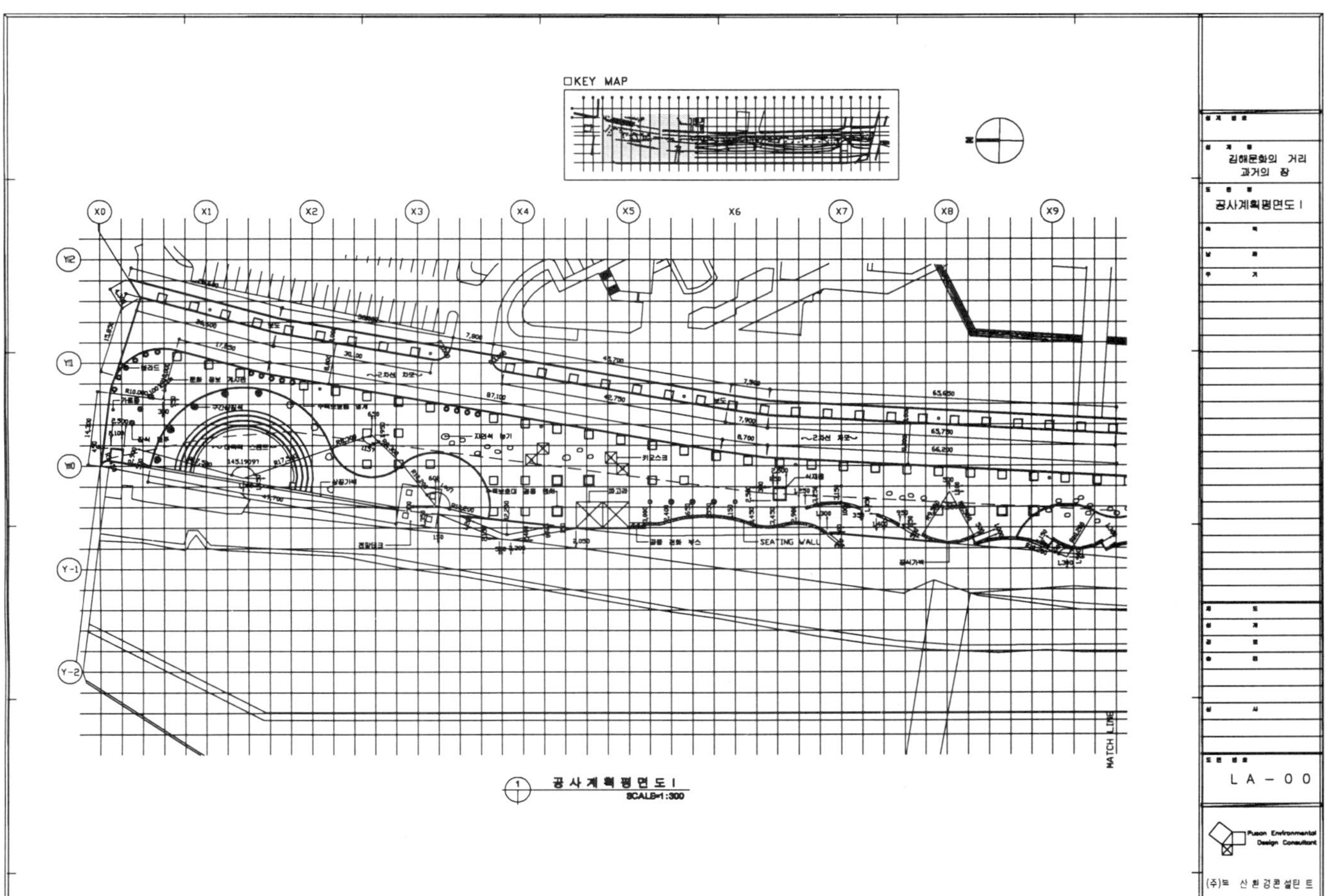

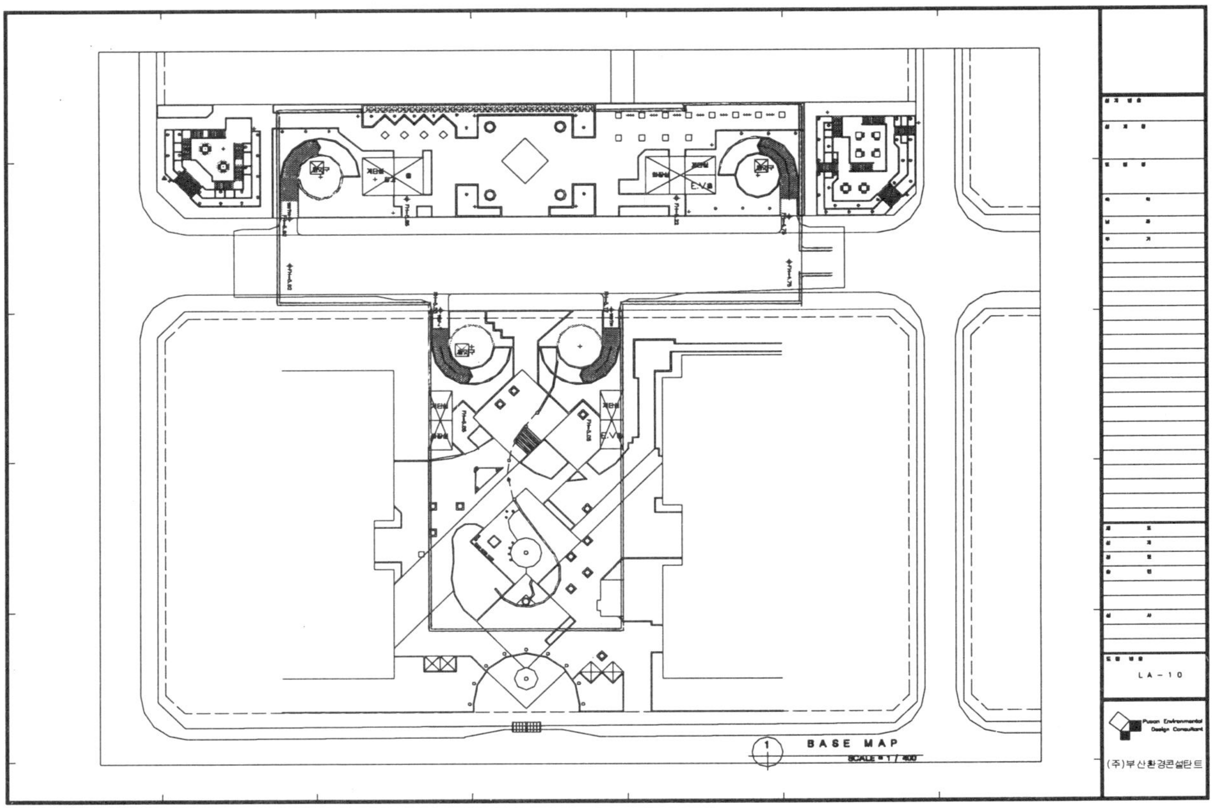
BASE MAP
SCALE = 1 / 400
LA - 10
Pusan Environmental Design Consultant
(주)부산환경콘설탄트

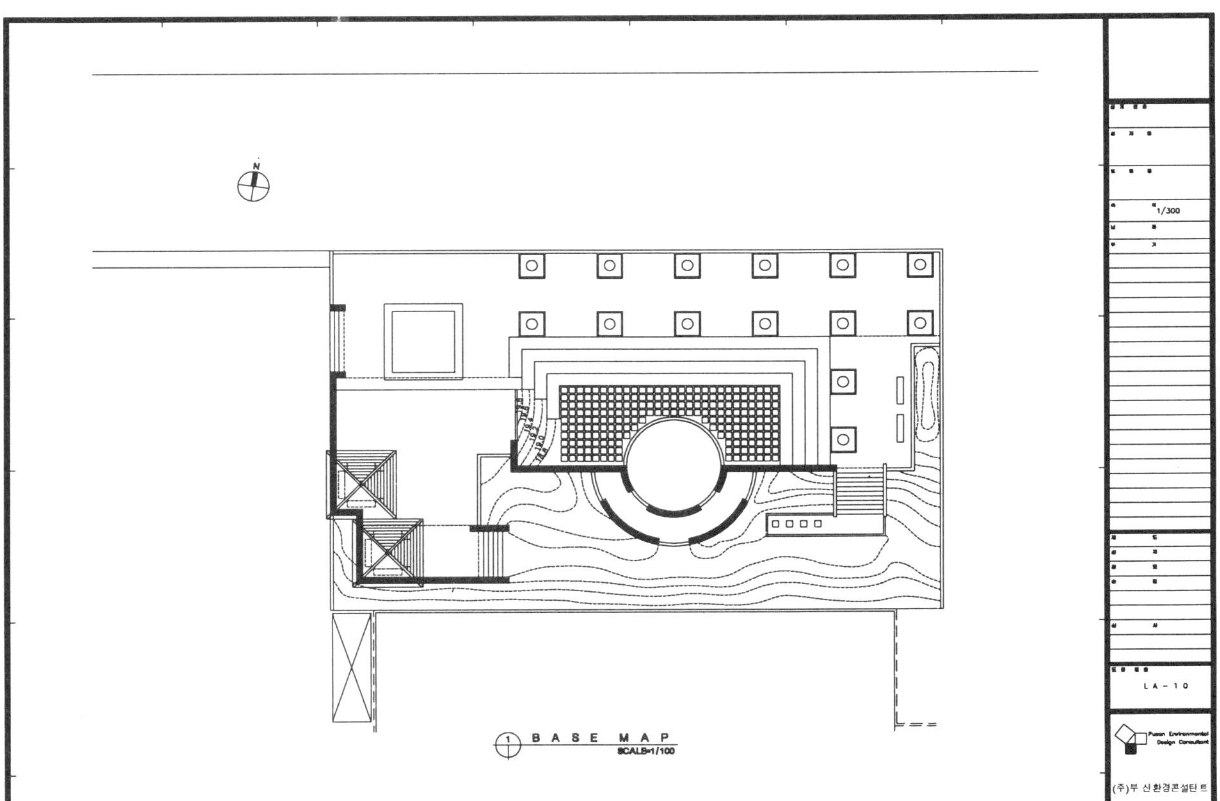
1/300
BASE MAP
SCALE=1/100
LA - 10
Pusan Environmental Design Consultant
(주)부산환경콘설탄트

- 베이스 맵에는 방위와 스케일이 반드시 표기되어야 한다.
- 또 현황분석도에서의 기준점(BP 혹은 CP)점이 동일한 위치에 표기되어야 한다.
- 이렇게 베이스 맵이 완성되면 실시설계 도면 작업을 시작하기 전에 우선 도면작업에 대한 '구상'을 해야한다.(즉 어떤 도면을 작성할 것이며, 어떻게 표현해 줄 것인가? 등에 대한 내용을 미리 결정한다)

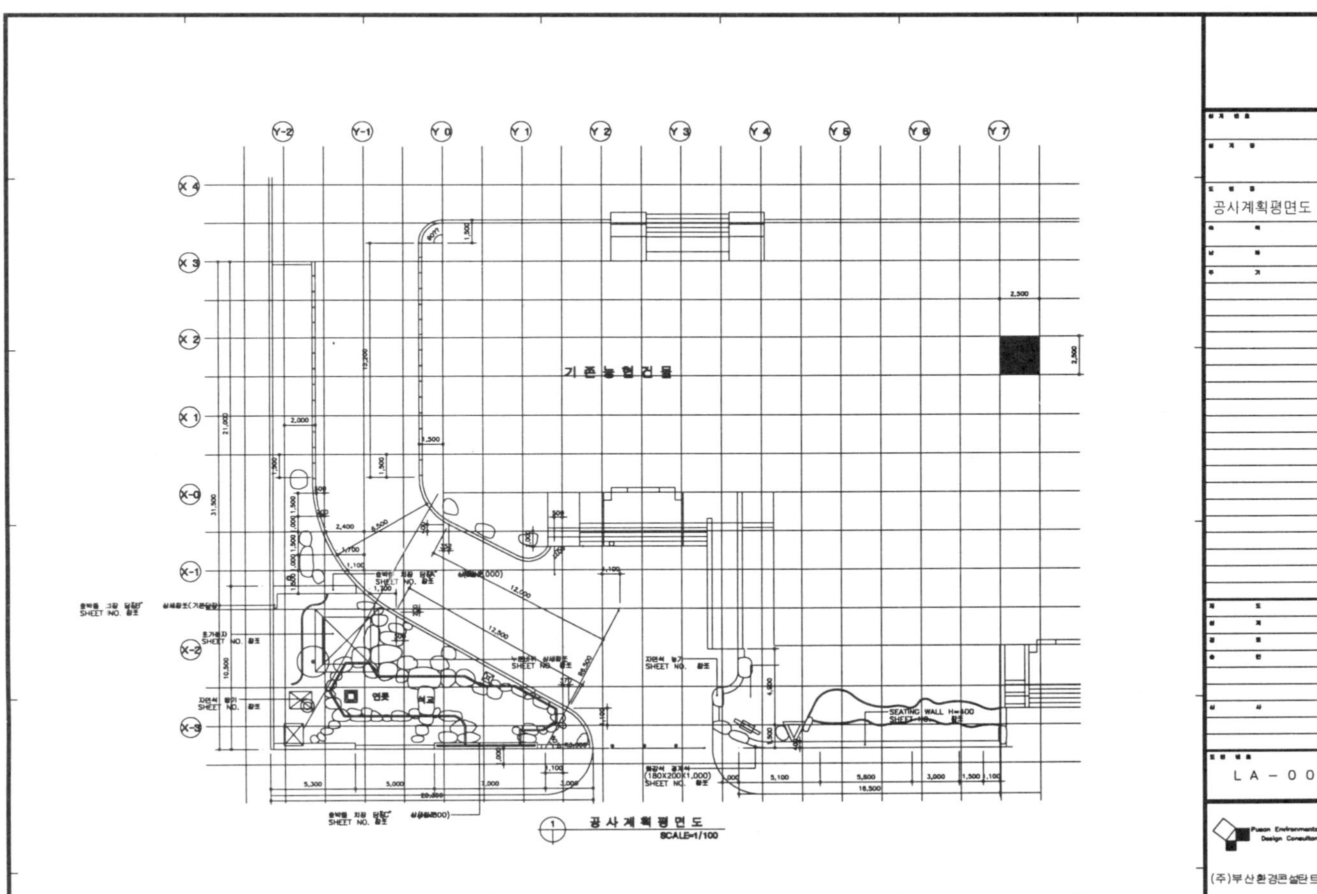

실시설계 도면 작성법 3 : MASTER PLAN의 작성 및 부지 입단면도의 작성

- 공사 전체 내용을 한눈에 알아볼 수 있도록 작성하는 것을 원칙으로 하며 전체 조감도를 첨부하는 경우도 있다.
- 마스터 플랜에는 그림자를 표시하여 입체감 있게 보이도록 작성한다.

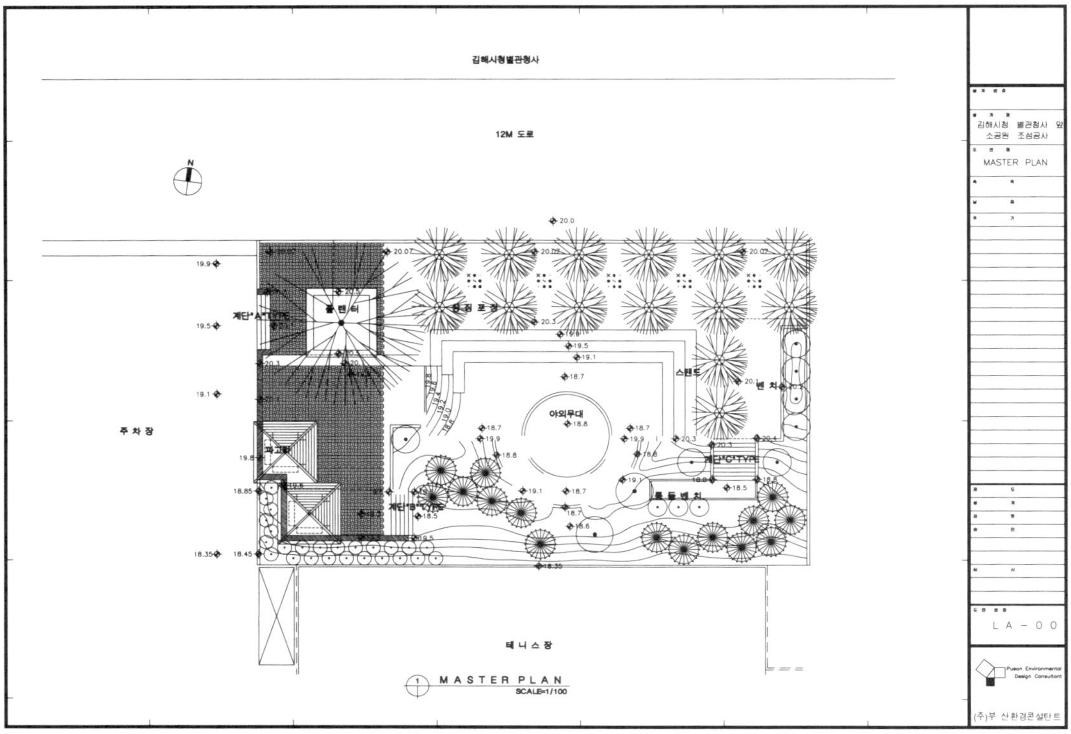

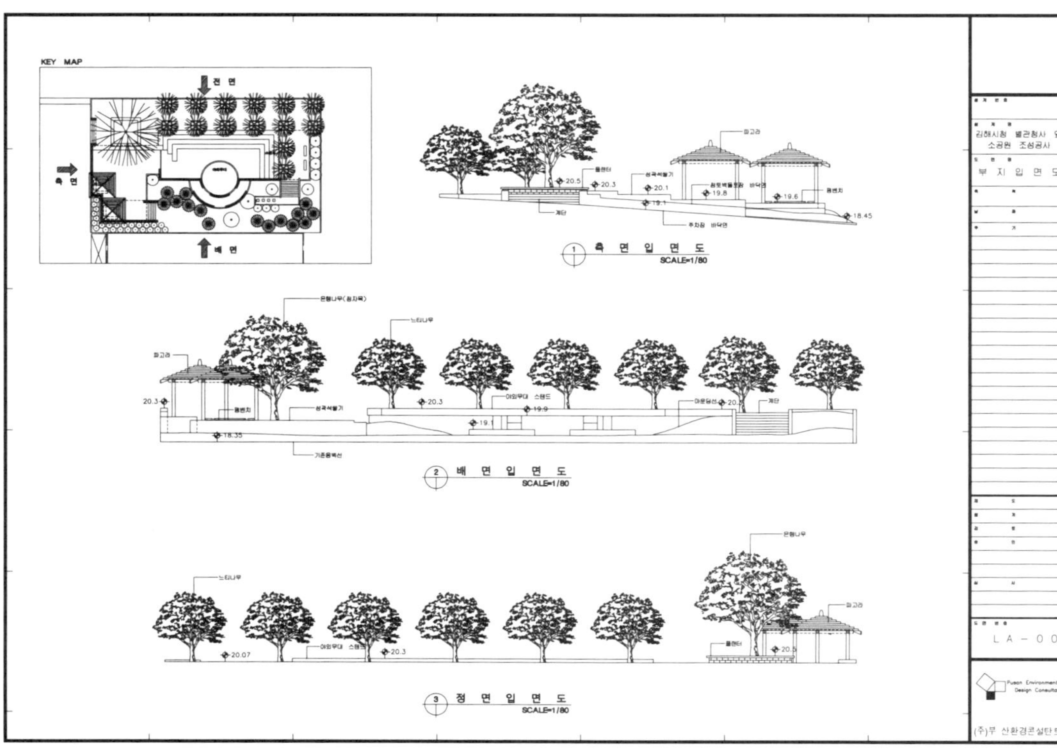

실시설계 도면 작성법 4 : 도면 목차 정리

분수 설계 및 조형물 설계는 보통 구조물공사에 포함시키거나 별도로 분수공사, 벽천공사, 조형물공사로 빼내어 순서상 구조물공사 앞에 두기로 한다.

- 실시설계 도면은 어떻게 구성되나?
- 실시설계는 결국 시공자에게 공사를 쉽게 하도록 이해를 도와주는 것이므로 그 계획에 대한 모든 공정이 도면 속에 표현되어야 한다. 따라서 도면의 순서는 도면을 넘기면서 순서대로 공종을 풀어나갈 수 있도록 도면 목차가 정해진다(공종별 도면정리).
- 도면의 장 수가 아무리 많더라도 공정은 다음에 포함된다.
  1) 이식공사 / 2) 철거공사 / 3) 토공사 / 4) 배수공사
  5) 구조물공사 / 6) 연못 및 벽천공사 / 7) 포장공사
  8) 시설물공사 / 9) 식재공사
- 공사는 위의 공종들로 각각 나누어진다.
- 위와 같은 순서로 도면이 이루어지며, 이 순서는 보통 실제공사에서의 작업공정과도 같은 순서로 진행된다. 물론 현황과 계획의 내용에 따라 제외되는 공정도 있다.

–그러므로 제시된 master plan에서 필요한 공정을 우선 나열한다.

도 면 목 차

번호	도면명	SCALE	비고
LA-00	도면목차	NONE	
LA-01	MASTER PLAN	1 : 300	
LA-02	수량총괄표	NONE	
LA-03	공사계획평면도 I	1 : 200	
LA-04	공사계획평면도 II	1 : 100	
LA-05	공사계획평면도 III	1 : 100,10	
LA-06	배수계획평면도	1 : 200	
LA-07	집수정 / 기존트랜치 / 유공관상세도	1 : 10,5	
LA-08	트랜치 / 스틸그레이팅상세도	1 : 5,1	
LA-09	구조물계획평면도	1 : 200	
LA-10	연못 I, II 공사 계획 평면도	1 : 100	
LA-11	연못 III 공사 계획 평면도	1 : 100	
LA-12	연못 I, II, III 구체평면도	1 : 100	
LA-13	연못 I, II, III 벽체전개도	1 : 60	
LA-14	연못 I 상세도	1:100,30,10,5	
LA-15	연못 II 상세도	1:80,30,10,5	
LA-16	연못 III 상세도	1:80,40,4	
LA-17	연못 I 바닥철근배근도	1 : 50	
LA-18	연못 II 바닥철근배근도	1 : 50	
LA-19	연못 III 바닥철근배근도	1 : 50	
LA-20	연못 I 철근상세도	1 : 20	
LA-21	연못 II 철근상세도	1 : 20	
LA-22	연못 III 철근상세도	1 : 20	
LA-23	연못 I 배관도	1:20,NONE	
LA-24	연못 II, III 배관평면도	1 : 100	
LA-25	연못 II 배관도	1 : 30	
LA-26	배관세부상세도	NONE	

번호	도면명	SCALE	비고
LA-27	기계실상세도	1 : 20	
LA-28	벽천상세도	1:40,10,5	
LA-29	계단 A 상세도	1 : 20	
LA-30	계단 B 상세도	1 : 20	
LA-31	계단 C 상세도	1 : 20	
LA-32	계단 D 상세도	1 : 20	
LA-33	종합안내판상세도	1 : 20,5	
LA-34	GATE 상세도	1 : 20,5	
LA-35	장식가벽 "A", "B" 상세도	1 : 20,5	
LA-36	SEATINGWALL "A","B","C" 상세도	1 : 10	
LA-37	포장구적도	1 : 300	
LA-38	포장계획평면도 I	1 : 200	
LA-39	포장계획평면도 II	1 : 100	
LA-40	포장 "A", "B" 상세도	1 : 40,10	
LA-41	포장 "B", "D", "F" 상세도	1 : 40,10	
LA-42	포장 "C" 상세도	1 : 40,10	
LA-43	포장 "D", "E" 상세도	1 : 40,10	
LA-44	포장 "G", "E", "H" 상세도	1 : 30	
LA-45	시설물계획평면도	1 : 300	
LA-46	조명등 / 수목투광등상세도	1 : 20	
LA-47	단과대상징석상세도	1:20,NONE	
LA-48	휴지통 / 디딤돌놓기상세도	1 : 5	
LA-49	수목보호겸용벤치 / 수목보호대상세도	1 : 20,10	
LA-50	플랜터상세도	1 : 40,20	
LA-51	식재계획도 I	1 : 300	
LA-52	식재계획도 II	1 : 300	
LA-53	지주목 / 수목보호홀덮개상세도	1:10,NONE	

경성대학교 캠퍼스조경 실시설계(정보관후정)

도면목차

LA-00

Pusan Environmental Design Consultant

(주)부산환경콘설탄트

실시설계 도면 작성법 5 : 전체 수량총괄표

- 각 도면상에 표현된 수량을 일괄적으로 보여주는 도면이며, 수량총괄표로써 그 공사의 규모를 알 수 있다.
- 수량총괄표에는 모든 공정의 물량이 순서대로 기록되는 데 공종, 명칭, 규격 단위, 수량 등이 빠짐없이 기입되어야 한다.

– 각 수량표의 단위에 유의하여 기입하도록 한다.
– 전체 도면작업 후 작성하며 각 공정별 물량의 집계를 나타낸다.

□ 수목수량총괄표

성상	수목명	규격	단위	총수량	식재계획도 I	식재계획도 II	비고
상록교목	해송	H4.0XW2.0XR15	주	91	91		
	아왜 나무	H2.5 X W1.5	주	8	8		
	동백 나무	H1.8 X W0.8	주	14	14		
소	계		주	103	103		
낙엽교목	느티 나무	H4.0 X R20	주	8	8		
	회화 나무	H4.5 X R15	주	17	17		
	왕벚 나무	H4.0 X B15	주	10	10		
	청 단 풍	H3.5 X R12	주	8	8		
	자귀 나무	H3.0 X R8	주	5	5		
	백 목 련	H3.5 X R15	주	3	3		
소	계		주	51	51		
관목 및 초화류	눈 주 목	H0.4 X W0.4	주	1,400		1,400	
	회 양 목	H0.3 X W0.4	주	1,050		1,050	
	영 산 홍	H0.4 X W0.5	주	2,010		2,010	
	백 철 쭉	H0.4 X W0.5	주	70		70	
	수수꽃다리	H2.0 X W1.0	주	5		5	
	맥 문 동	7 – 10분 얼	주	6,300		6,300	
	바 위 취	9 Cm 포 트	주	3,000		3,000	
	조 릿 대	H0.4 X W0.2	주	1,750		1,750	
	송 악	L = 30 Cm	주	400		400	
	대 나 무	H 3 – 6 M	주	50		50	
소	계		주	16,035		16,035	

□ 배수/구조물/포장/조경시설물 수량총괄표

구분	시설명	규격	단위	총수량	시설 계획도	구조물 계획도	배수 계획도	포장 계획도	비고
배수	집 수 정	1,000 X 1,000	EA	2			2		
	트 랜 치	W = 300	M	41			41		
	오 픈 트 랜 치	W = 120	M	28			28		
	유 공 관	ø 150	M	46			46		
	퇴 수 구		EA	3			3		
	콘크리트 흄관	ø 300	M	100			100		
구조물	장 식 가 벽	H = 1,500	M	7.5		7.5			
	SEATINGWALL "A"	H = 350	M	6.6		6.6			
	SEATINGWALL "B"	H = 350	M	26.5		26.5			
	SEATINGWALL "C"	H = 350	M	78		78			
	플 랜 터		M	22		22			
	벽 천		식	1		1			
	연 못		식	1		1			
	연 못		식	1		1			
	연 못		식	1		1			
	종 합 안 내 판	H = 2,500	EA	1		1			
	G A T E	H = 3,000	EA	1		1			
	계 단A"		EA	1		1			
	계 단B"		EA	1		1			
	계 단C"		EA	1		1			
	계 단D"		EA	1		1			
포장	포 장A"	화강석+점토벽돌	M^2	300				300	
	포 장B"	화강석+점토벽돌	M^2	260				260	
	포 장C"	화강석+점토벽돌+오석	M^2	450				450	
	포 장D"	화강석+점토벽돌	M^2	290				290	
	포 장E"	화강석+잔디	M^2	90				90	
	포 장F"	화강석+점토벽돌	M^2	400				400	
	포 장G"	화강석+점토벽돌	M^2	305				305	
	포 장H"	화강석+점토벽돌	M^2	40				40	
	점토벽돌경계석	190 x 90 x 57	M	380				380	
시설물	수목보호대겸용벤치	2,000 X 2,000	EA	6	6				
	수 목 보 호 대	1,800 X 1,800	EA	2	2				
	수목보호홀덮개	D = 1,370	EA	4	4				
	상 징 조 형 물		EA	1	1				
	휴 지 통	ø500	EA	6	6				
	디 딤 돌	W=300	M	7.5	7.5				
	조 명 등	H = 4,500	EA	14	14				
	수 목 투 광 등	H = 900	EA	25	25				
	단과대 상징석	H=1,000–1,200	EA	7	7				
	수 중 등		EA	24	24				

경성대학교 캠퍼스조경 실시설계(정보관후정)

수 량 총 괄 표

LA – 00

Pusan Environmental Design Consultant

(주)부산환경컨설탄트

실시설계 도면 작성법 6 : 계획평면도의 작성

• 계획평면도의 작성은 기초도면 위에 계획 내용을 중심으로 작성한다.

• 계획평면도의 작성은 상세도와 연결되는데 계획평면도에는 반드시 상세도면의 도면번호가 표시되어야 한다.

• 이와 같이 계획도에서 참조되는 상세도면은 서로 연결되면서 좀 더 상세하고 큰 스케일로 표시, 설명된다.

계획도의 종류
① 토공계획도
② 공사계획 평면도
③ 배수계획 평면도
④ 구조물계획 평면도
⑤ 포장계획 평면도
⑥ 시설물계획 평면도
⑦ 배식계획 평면도

• 각 계획도는 주제별로(토공, 공사계획, 배수, 구조물, 시설물, 배식) 공종이 표시되어야 하는데 기초도면 위에 주제가 되는 사항이 잘 표현되어야 한다.

• 계획도에서 반드시 표현되어야 하는 공통적인 요소는 도면명, 스케일, 방위, 그리고 물량표이다.

• 상세도로 연결되는 도면번호는 상세도의 번호와 반드시 일치되어야 한다.

• 계획도가 너무 커서 일부분씩 나누어 표현할 때는 그 나누어진 선을 MATCH LINE이라고 써주며 키맵(key map)으로써 전체 도면의 어느 구간인지가 설명되어야 한다.

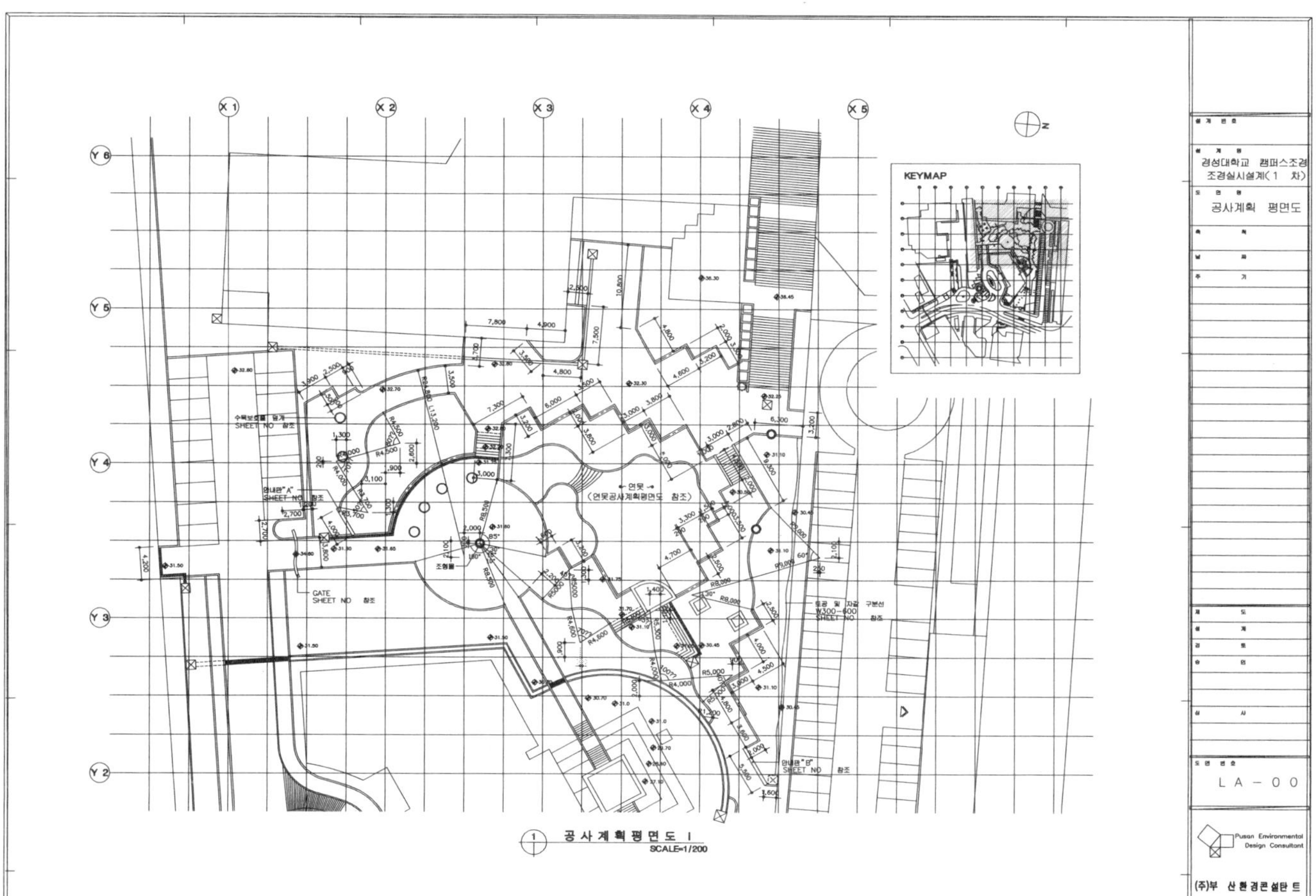

실시설계 도면 작성법 7 : 상세도(DETAIL)의 작성

- 우선 도면의 배치부터 도면을 전체 4등분으로 하여 보조선을 긋는다.
- 도면작업을 할 때는 보조선으로 전체 균형을 잡으면서 치수선이 들어갈 부분, 도면명이 들어갈 여백, 인출선이 들어갈 여백 등을 고려한 보조선을 그어놓고 도면작업을 시작한다.
- 도면의 흐름순서는 언제나 ①, ②, ③, ④의 순서이며, 내용에서는 평면도, 입면도, 상세도의 순서이다.
- 그러므로 만약 도면의 내용상 평면도와 입면도로 끝나는 도면이라면 ①, ②로 도면을 끝내는 것이 옳다.

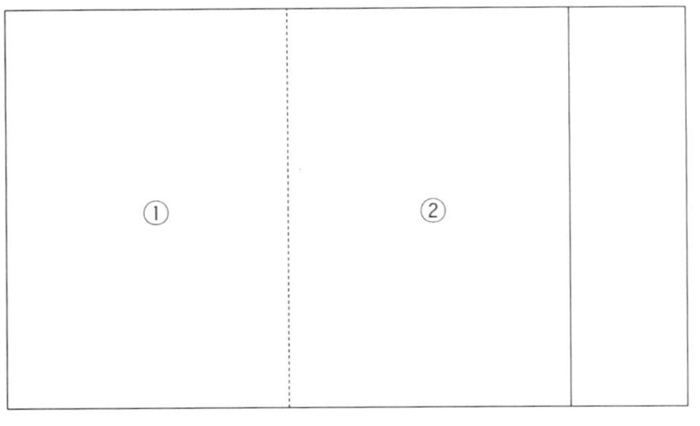

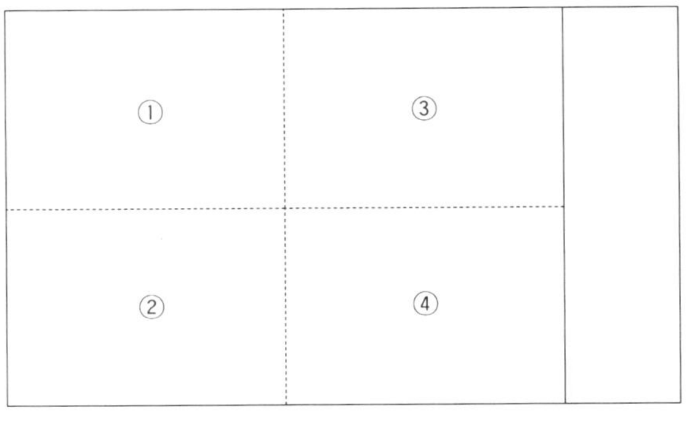

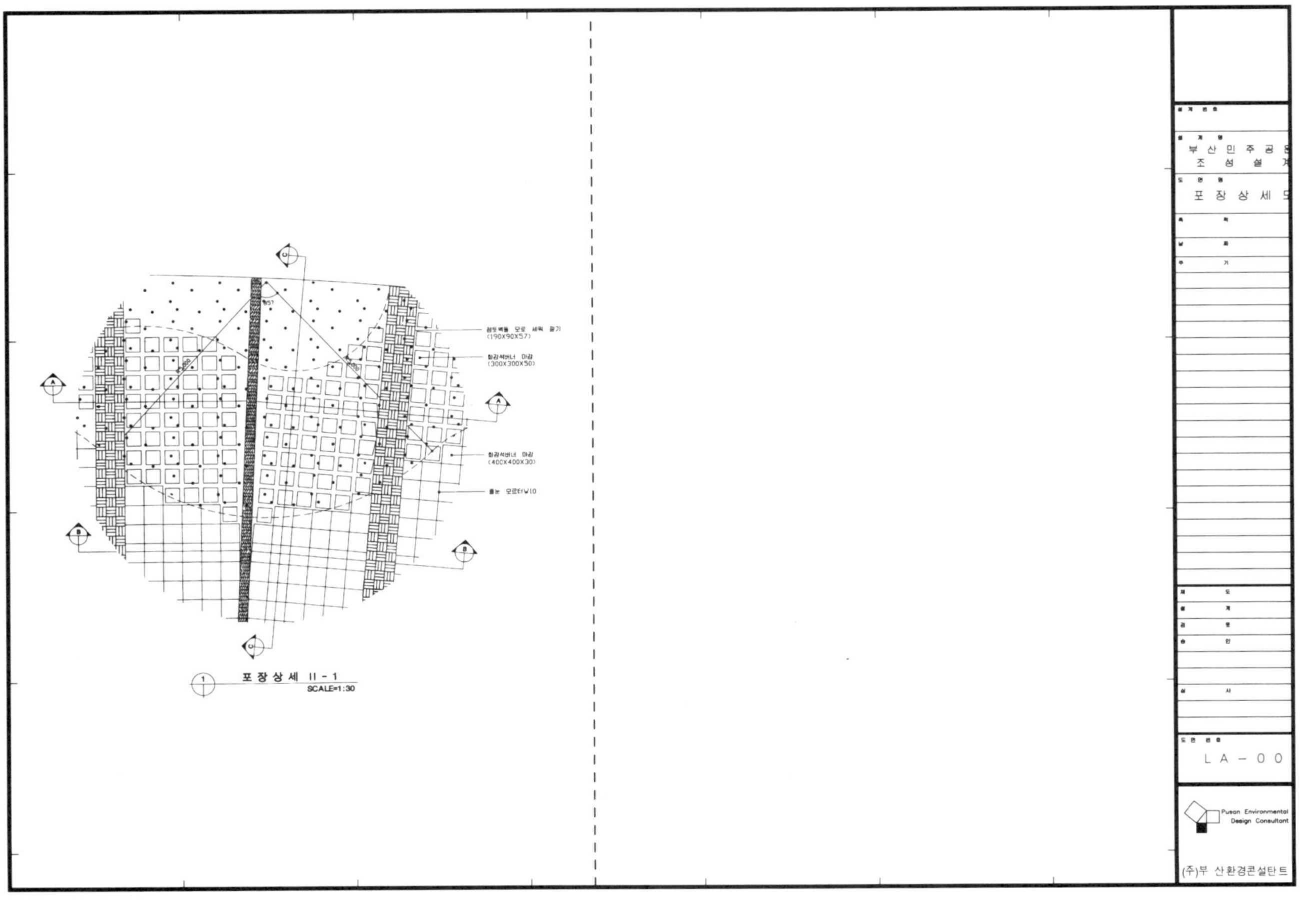

• 1개의 상세도에서 연필의 강약은 3단계 정도로 생각하자.

• 보조선, 그림(주된 내용), 치수선(주된 내용의 치수를 나타냄) 등은 모두 다르게 표현되지만 다음의 예제로 보자.

• 보조선 : 보조선은 말 그대로 원래의 내용을 그리기 위한 보조역할의 선이므로 뚜렷하게 표현되어야 하는 내용은 아니다. 그러나 이러한 보조선은 설계도면 완성시에도 지우지 않고 남겨둔다.
CAD 드로잉에서도 보조선은 그으면서 작업한다. 그러나 캐드작업은 보조선을 실 사용선으로 사용하고 나머지를 트리밍해 버리므로 주된 내용선만 남고 보조선은 없어진다.

• 치수선 : 로트링 굵기 0.2~0.3mm이고, 콘크리트선보다는 가늘게 그리고 선이 퍼지지 않도록 깊게 그리며, 그림(주된 내용)보다는 굵지 않게 표현한다.

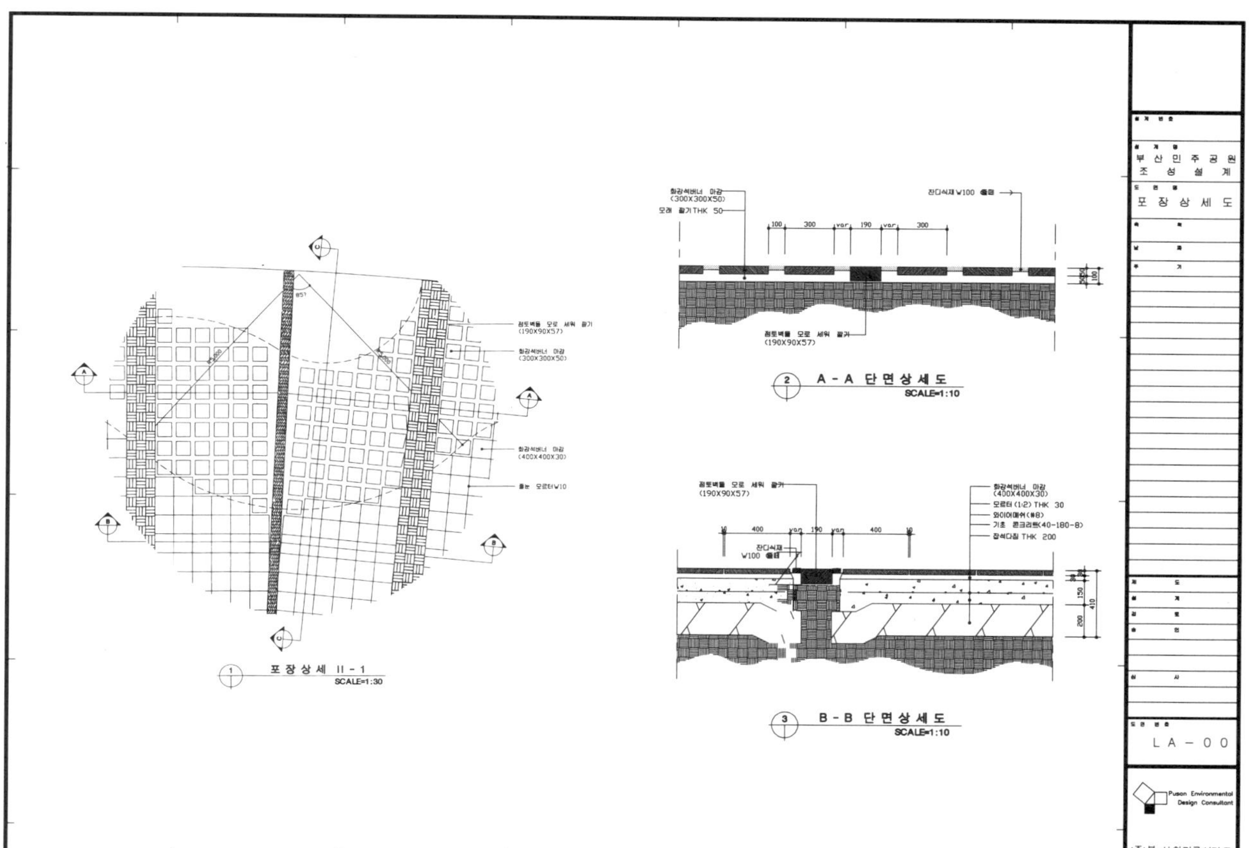

- 실　선 : 설계도면에서 실선의 굵기 차이로 여러 가지 다른 재료를 효과 있게 표기하며, 목재는 목재답게 석재는 석재답게 강재는 강재답게 그려준다.
- 상세도에서 선의 굵기를 다르게 그리는 의도는 내용전달을 명확히 하기 위함이다.
- 도면 작성에서 모든 도면의 인출선 두께, 글자의 크기, 치수선의 표현기법 등이 통일되어야 한다.
  특히 초보자들의 기분에 따라 글씨 크기나 도면기법이 달라지는 부분에 유의해야 한다.
- 평면도에서 A와 같이 설명이 더 필요한 부분은 detail'A'참조와 같이 표기하여 상세도에서 확대시켜 보여주어야 한다(이때 반드시 ○－참조라는 표기를 달아주어야 한다).
- Detail은 될 수 있는 한 상세하게 설명되는 것이 좋으며, 필요하다면 투시도로 그려서 설명하는 것이 훨씬 유리하다.
- 표현할 도면의 스케일을 정하는 문제로 상세도는 1/5~1/10 또는 1/20로 그리는 것이 좋지만 경우에 따라서 이 범위를 벗어날 수도 있다.

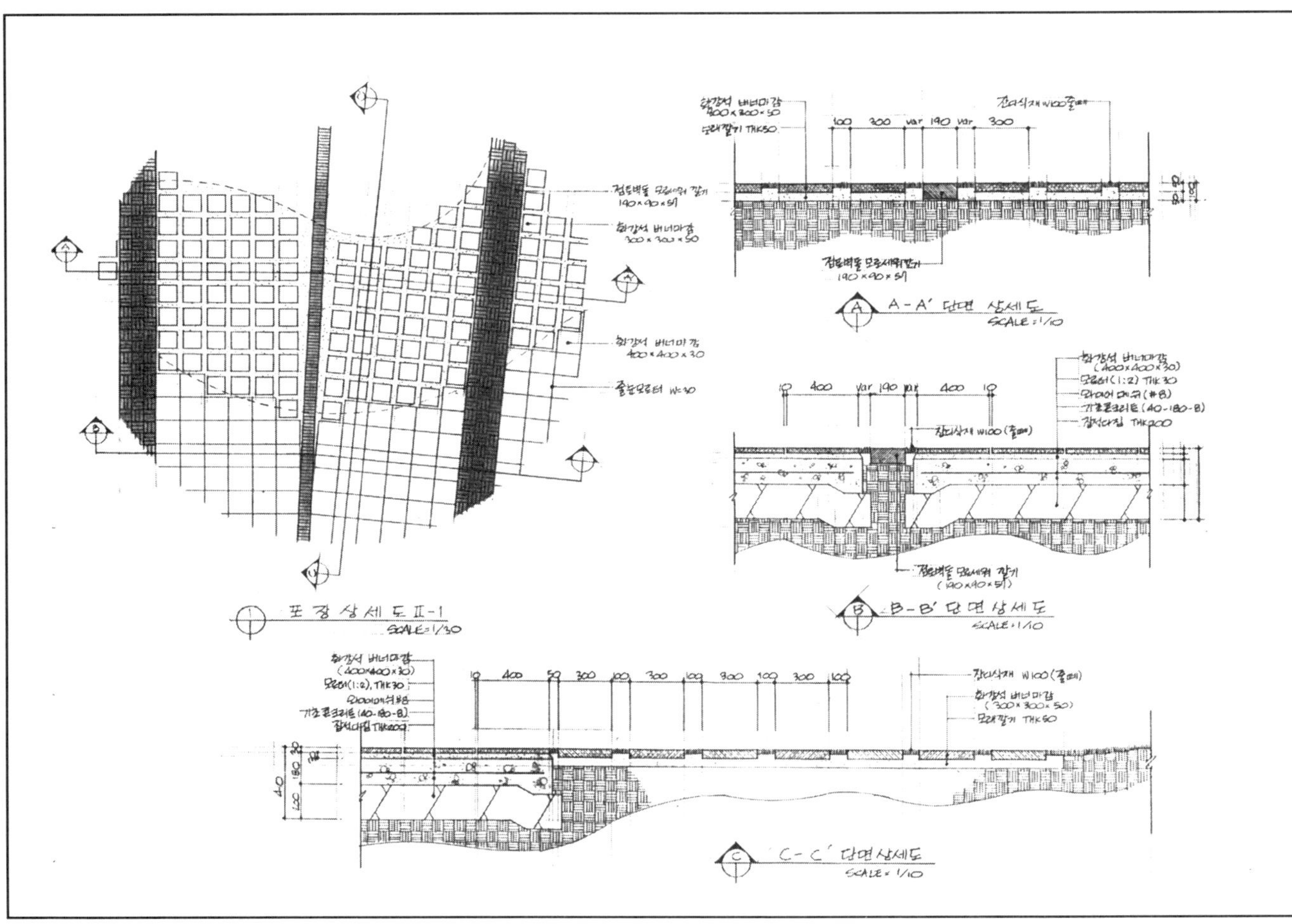

실시설계 도면 작성법 8 : 공종별 도면 작성(토공)

- 토공은 실제공사를 위한 기초인 셈인데, 말하자면 터를 닦는 것이다.
- 조경공사가 단독으로 발주될 때와 다른 분야와 업무를 분야별로 따로 작성할 때를 구분하여 생각한다.
- 조경공사 단독발주인 경우라면 우선 부지의 주변 여건을 분석한 도면과 현황측량도가 있어야 하고, F.H.(Finish Hight)에 대한 계획고의 설정과 비교하여 토공 level을 정하게 된다.
- 토공은 전체 부지정지에 대한 사항만을 언급하되,
- 부지정지 level계획은, 포장공사와 관련하여 결정되어야 하며 F.H.의 높이, 포장의 두께 등을 고려하여 정해야 한다.
- 토공도면은 부지정지 계획평면도, 종단면도, 횡단면도(보통 20m간격)이다.

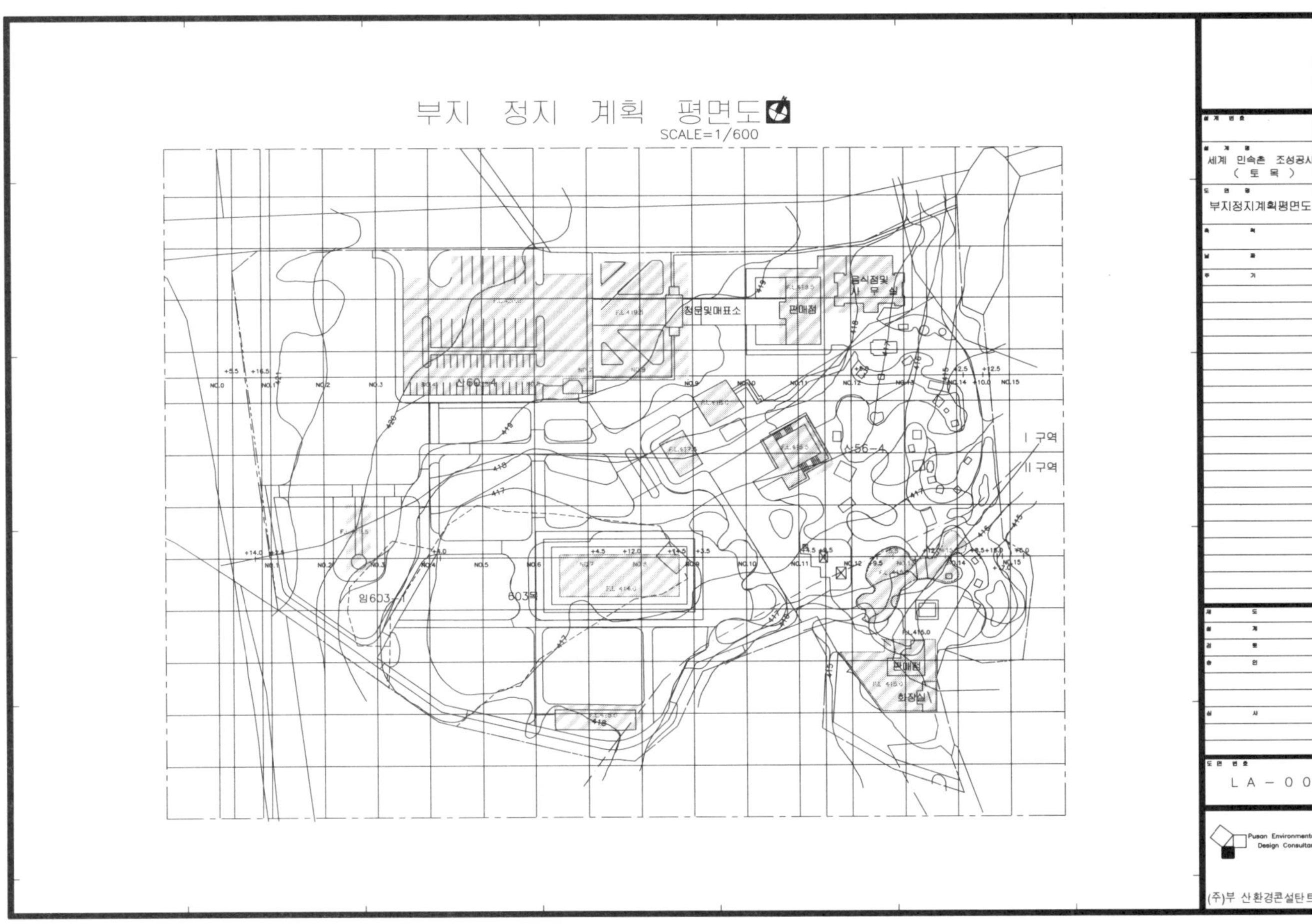

- 다른 분야(토목, 건축 등)와 공동작업일 경우 보통 포장공사는 토목분야와 업무분담이 제대로 이루어져야 하는 경우가 많은데 전체 master plan계획(안)을 제대로 진행하기 위해서는 조경분야에서 조율해 주어야 하는 경우가 많다.
- 토목과 업무분담시 반드시 조율해야 하는 사항은 배수공사에 대한 협의와 포장공사의 재료선택에 따른 기층(잡석층) 및 표층(포장재) 등의 계획 두께에 따른 부지정지 level의 협의를 제대로 해야한다.
- 마운딩계획도면은 식재의 기반조성공사 의미에서 식재공사로 공종을 분리하기도 한다.
- 마운딩을 위한 물량내기의 기초 도면이 되기도 하고, 실제 마운딩 조성을 위한 계획도면이 된다.

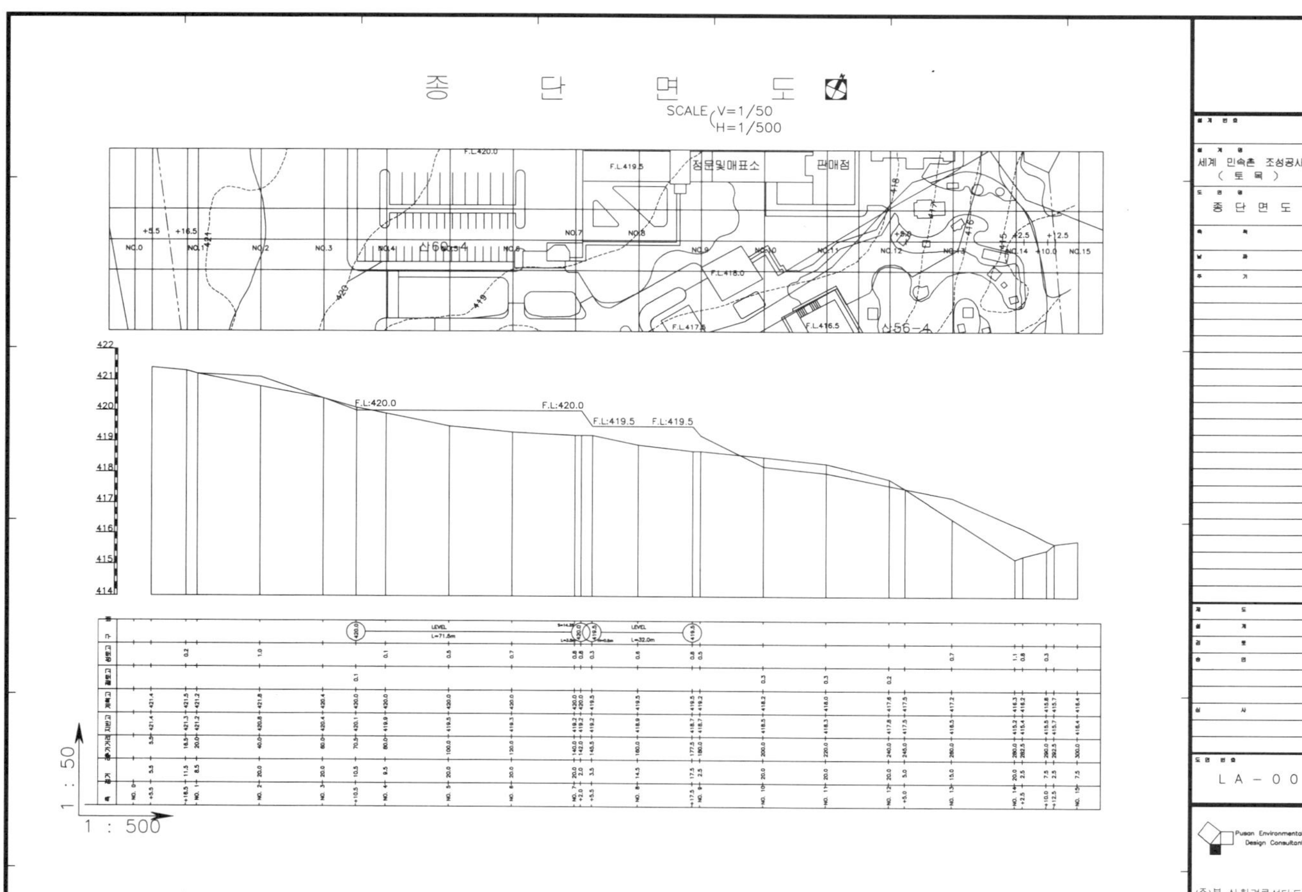

실시설계 도면 작성법 9 : 공종별 도면 작성(배수공)

- 배수는 크게 표면배수와 암거배수가 있는데, 전체 계획의 F.H.계획과 포장재의 성격(투수성, 비투수성)에 따라 어떤 배수구조물과 파이프를 쓸 것인가를 결정하고, 계획에 임해야 한다.

- 배수처리계획에 대한 평면계획 완성 후에는 배수처리시설의 계통에 대한 도면을 작성해야 하는데 이것은 단면으로 각 집수정의 레벨(level), 연결되는 흄관의 경사도(slope) 등을 나타내는 도면이다.

- 도면에 반드시 표기되어야 하는 것은 슬로프-경사도를 말하며, 물매라고도 함-에 대한 구배정도(%표기), 방향, 집수정의 크기, 재료 등을 기입해야 한다.

- 배수처리시설에는 트랜치, 유공관매설, 집수정, 빗물받이 흄관매설상세도 등이 있으며, 여기서는 트랜치 상세 및 집수정 상세의 작성방법만을 언급하고자 한다.

- 트랜치 상세도는 배수계획평면도의 ○-상세참조의 표기에서 연결된 도면이므로 평면도에서의 기호와 번호가 동일해야 한다.

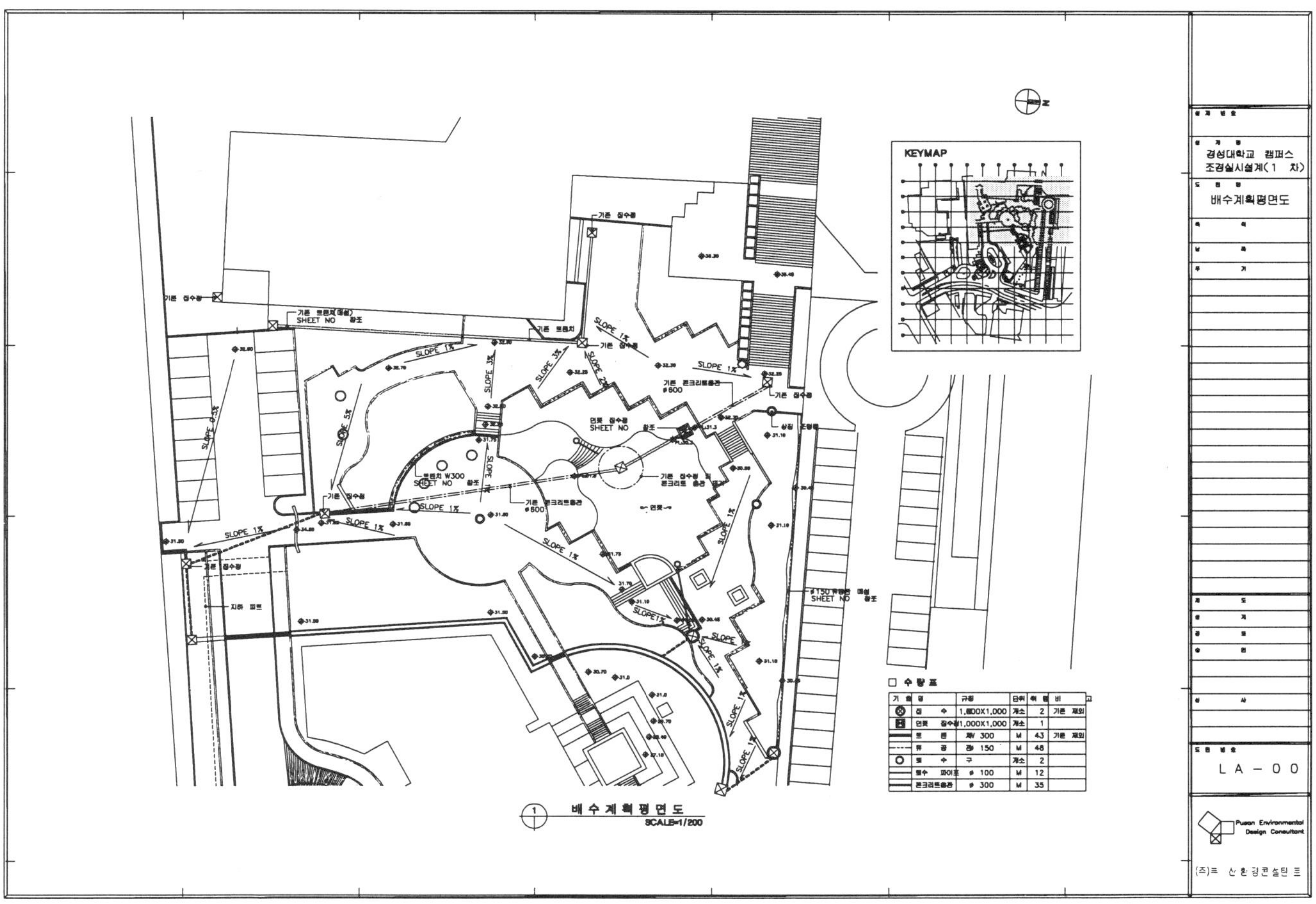

- 트랜치 뚜껑은 흔히 스틸그레이팅을 많이 사용하며, 기성품으로 나오는 제품의 규격을 시장조사하여 사용하는 것이 좋으나(디자인상 꼭 필요한 경우가 아니라면 일반적으로 사용되는 규격을 쓰는 것이 바람직하다), 포장면의 재질과 통일시켜주는 것도 좋다(별도의 디자인 필요).

- 그러므로 상세도에서는 일반적으로 윗상단에서 파이프의 위치가 어느 정도인가와 집수정 바닥에서 관저까지의 위치가 어느 정도인가가 표시된 도면으로 작성된다.

- 각 배수관의 관저(관의 제일 바닥 Level)는 배수계통도에서 표시해 주어야 한다.

- 집수정 상세도는 연결되는 배수관(보통 흄관 Ø300~1,000)이 집수정으로 들어오는 관(In-Let) 다른 집수정으로 나가는 관(Out-Let)이 한 개의 집수정에 연결되는데 In-Let과 Out-Let이 되는 위치의 관저(관의 제일 바닥 level)가 표기되어야 하고, 그 관저의 레벨고가 전체 흐름도에서 무리없어야 한다.

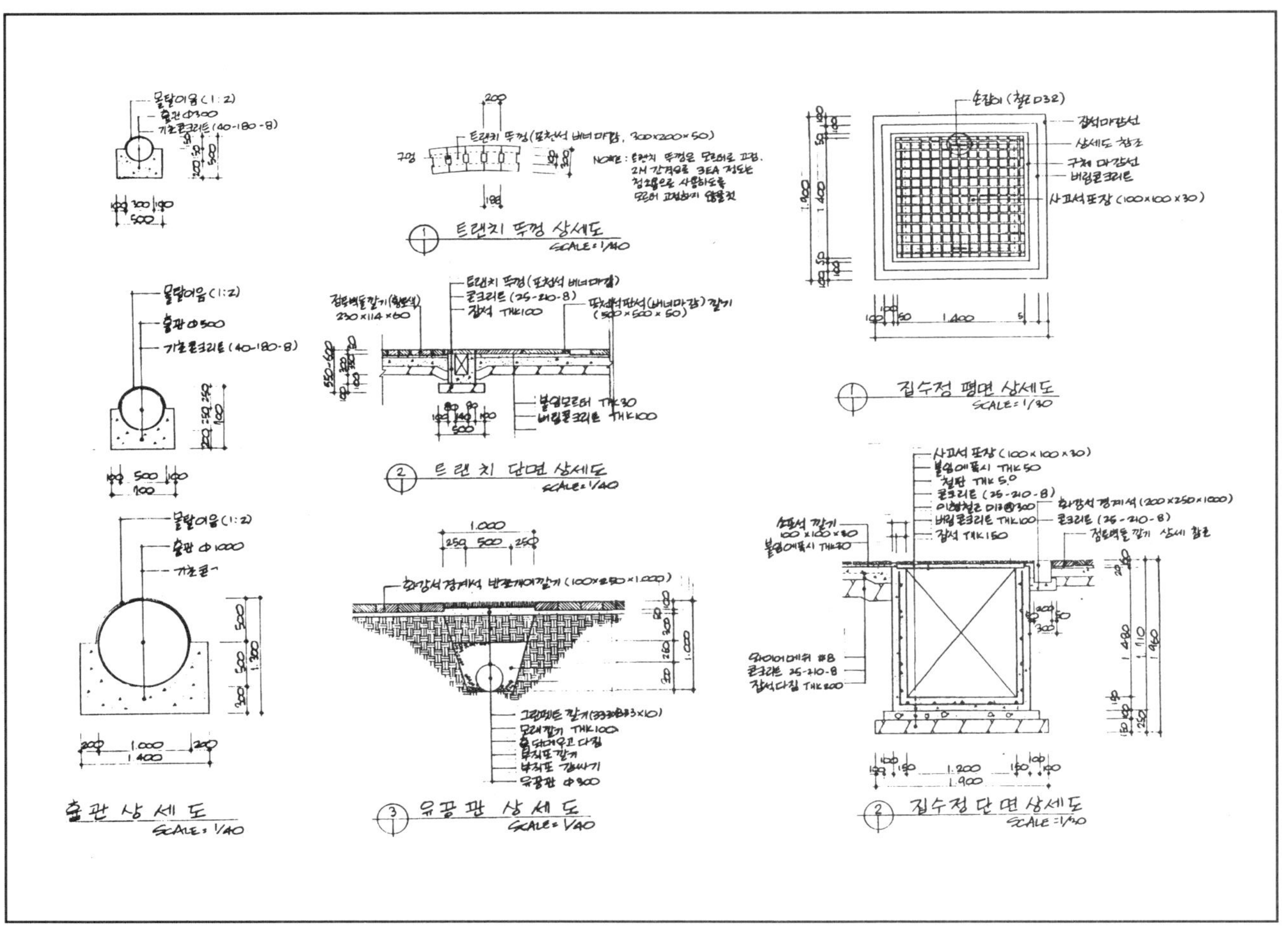

실시설계 도면 작성법 10 : 공종별 도면 작성(구조물공)

- 조경구조물은 옹벽, 석축계획, 장식가벽, 계단 등이 있으며, 때로는 연못공사, 벽천공사가 구조물공사에 같이 포함되기도 한다.

- 구조물계획평면도에 나타나는 내용은 각 구조물의 높이, 치장마감의 표기이다.

  카핑 스톤(copying stone)이란 표기를 때로는 볼 수 있는데 이것은 갓돌을 의미하며, 갓돌이란 벽체 상단을 장식하는 돌로서 THK100 정도를 사용한다. 월 피니시(wall finish)란 표기는 벽체마감을 의미하며, 치장마감재의 종류, 크기 등을 기입한다.

- 구조물상세도는 주로 벽체의 전개도가 도면의 많은 부분을 차지하게 되며, 단면의 높이가 달라지는 타입별로 표현한다.

- 또한 조경구조물 계획시 미관상 설치되는 구조물과 지형의 단차를 해결하기 위한 목적으로 설치되는 구조물 등에 따라 각 부문별로 여러 가지 단면을 많이 그려주어야 한다.

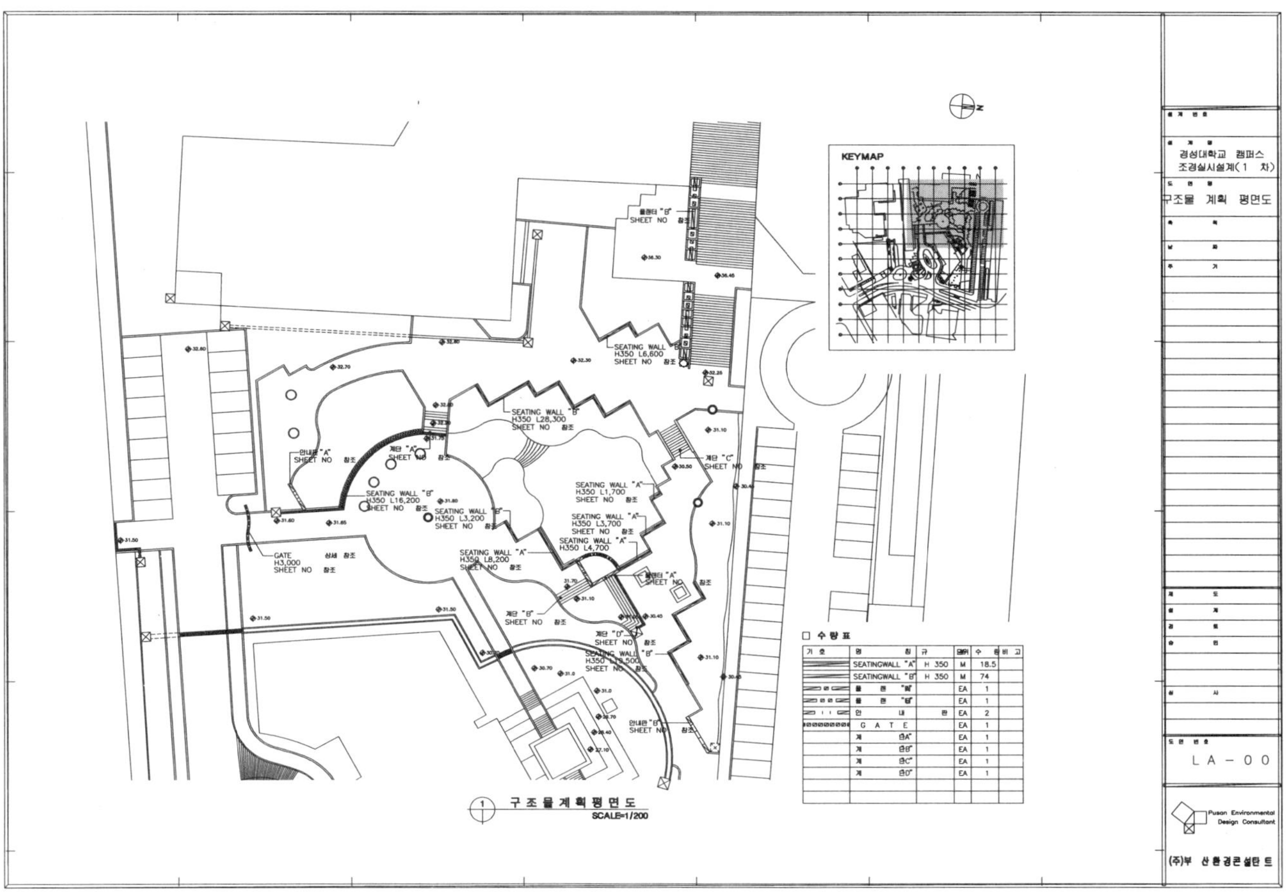

■ 계단

• 옹벽도면을 그릴 때는 잡석, 무근콘크리트, 기초콘크리트, 구체, 철근 등의 재료를 사용하므로 위 재료에 대한 공통기호에 대한 습득을 해 두자.

• 기초잡석으로 사용되는 잡석의 규격은 #57 25mm를 많이 사용한다(규격을 반드시 표기해 주도록 한다).

• 콘크리트는 그림과 같이 표현한다. 그리고 반드시 콘크리트 강도를 기입해야 한다.

• 철근은 로트링 펜 0.7~0.8mm 두께로 그려주어야 하고, 결속선은 도면에서 나타내지 않는다.

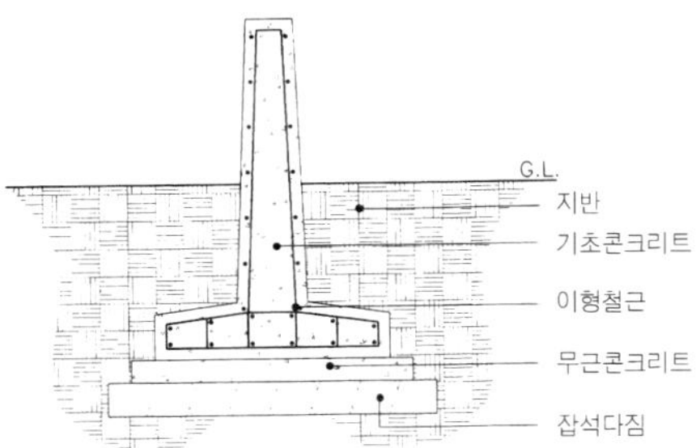

• 장식 가벽치장 도면을 그리기 위한 세부상세도에서는 콘크리트의 표기를 위의 도면과 같이 작성하지 않고 세 개의 줄(철근콘크리트표시 규약)로 표시한다. 따라서 치장도면에서는 치장내용이 치장마감재료, 모르타르의 두께, 모르타르의 종류 등을 상세히 기술한다.

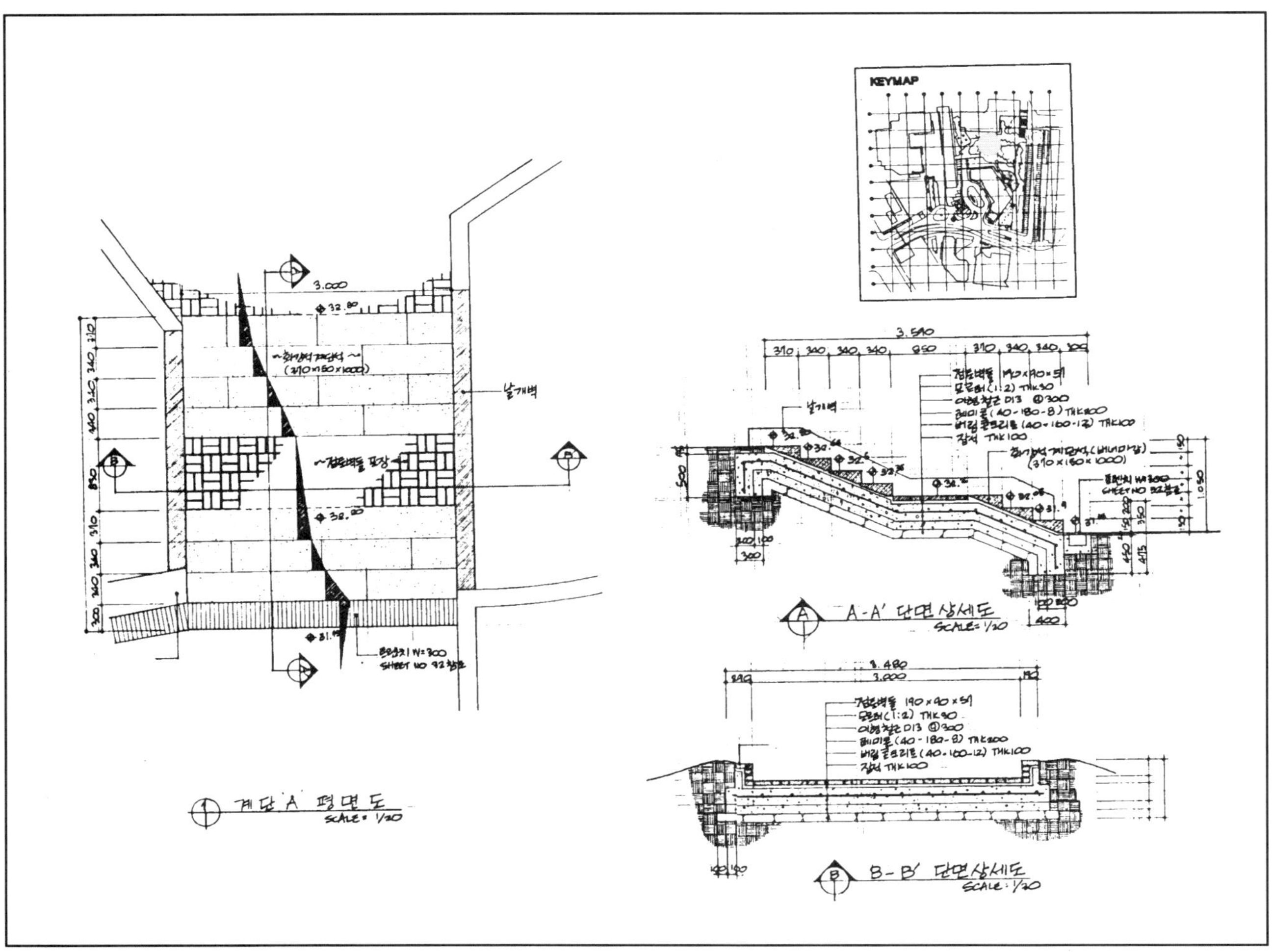

실시설계 도면 작성법 11 : 공종별 도면 작성(포장공)

- 포장계획은 공간의 분위기를 결정하는 아주 중요한 소재이다. 그러므로 공간의 성격에 따라 재료의 선정, 패턴 선정이 신중하게 다루어져야 한다.
- 포장계획평면도에는 전체 평면도상에 포장재의 종류에 따른 계획내용이 담기도록 해야 한다(전체 포장계획의 흐름이 읽혀지도록 표현). 물론 계획평면도이므로 도면명, 방위, 스케일, 그리고 물량표가 들어가야 하며, 각 포장 타입별 면적 산출표도 함께 첨부해야 한다(요즘은 컴퓨터에 의한 면적산출이 대부분이다).
- 포장상세도에서는 각 포장재료의 놓는 방법 등이 상세히 기술되어야 한다.
- 각 포장재에 따라 규격화된 재료의 크기를 알아야 하고, 현장에서 제작해야 하는 재료에 대해서는 그 규격을 도면에 명기해야 한다.
- 벽돌포장은 벽돌의 조립방법, 색깔의 조합에 따라 아주 다양한 패턴(pattern)을 만들어 낼 수 있다.

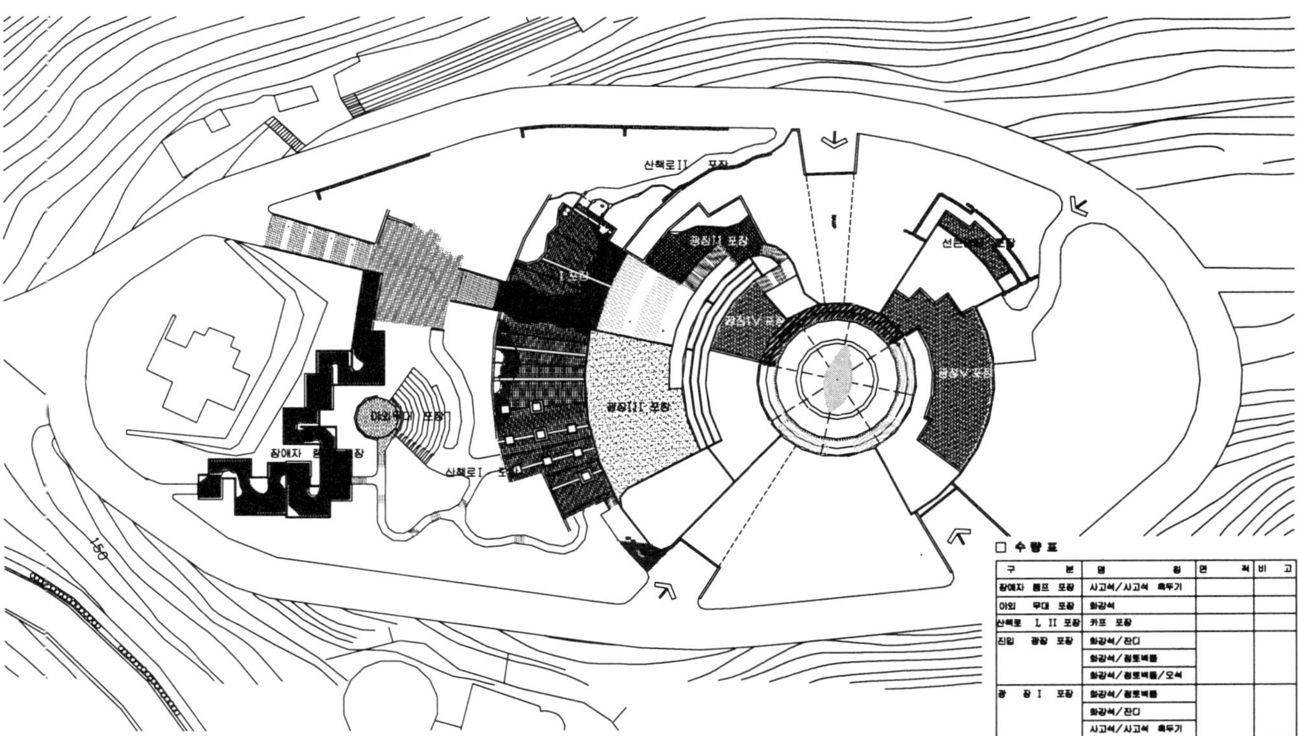

□ 수량표

구분	명칭	면적	비고
장애자 램프 포장	사고석/사고석 측두기		
야외 무대 포장	화강석		
산책로 I, II 포장	카프 포장		
진입 광장 포장	화강석/잔디		
	화강석/점토벽돌		
	화강석/점토벽돌/오석		
광장 I 포장	화강석/점토벽돌		
	화강석/잔디		
	사고석/사고석 측두기		
광장 II,III,IV,V 포장	석재 타일 'A' TYPE		
	석재 타일 'B' TYPE		
	석재 타일 'C' TYPE		
선큰 광장 포장	석재 타일 'A' TYPE		

① 포장계획평면도
SCALE=1:400

- 포장상세도의 작성이 상세할수록 실제로 시공할 때는 설계된 모양대로 정확하게 만들어낼 수 있으며, 벽돌포장상세도의 경우라면 Edge에서 조각나는 벽돌을 설계에서부터 치밀하게 계산에 포함시켜 상세도를 작성해야 하며, 무늬를 만들 때도 원재료의 형태 변형(쪼개거나)이 없는 자연스러운 무늬를 만들 수 있도록 설계함이 바람직하다.
- 조경계획에서 화강석은 아주 다양하게 이용되는데 화강석은 그 돌이 생산되는 지방에 따라 여러 가지 색상/성질 등을 다르게 가진다.
  그러므로 설계에 있어서는 여러 가지 재료들의 성질/생산지/무게 등을 기본적 지식으로 알아두는 것이 중요하며, 화강석의 경우는 여러 가지 크기를 자유자재로 사용하는데 화강석이 가공되어지는 여러 가지 방법들에 대한 것, 원석에서 판석이나 조각품으로 가공되어지는 과정 등을 미리 숙지해 둔다면 쓸데 없는 공사비의 낭비를 줄이는 효율적인 설계를 할 수 있다.
- 각 타입별 포장패턴을 구분하는데 도면에서의 명칭들은 수량산출시 일치시켜 주어 도면 내용이 물량산출 때 잘 인식될 수 있어야 한다.
- 또한 포장은 타입별로 m^2당 물량을 산정하게 되며, 기본적 단위를 m^2로 계산하는 것이 적절하다.

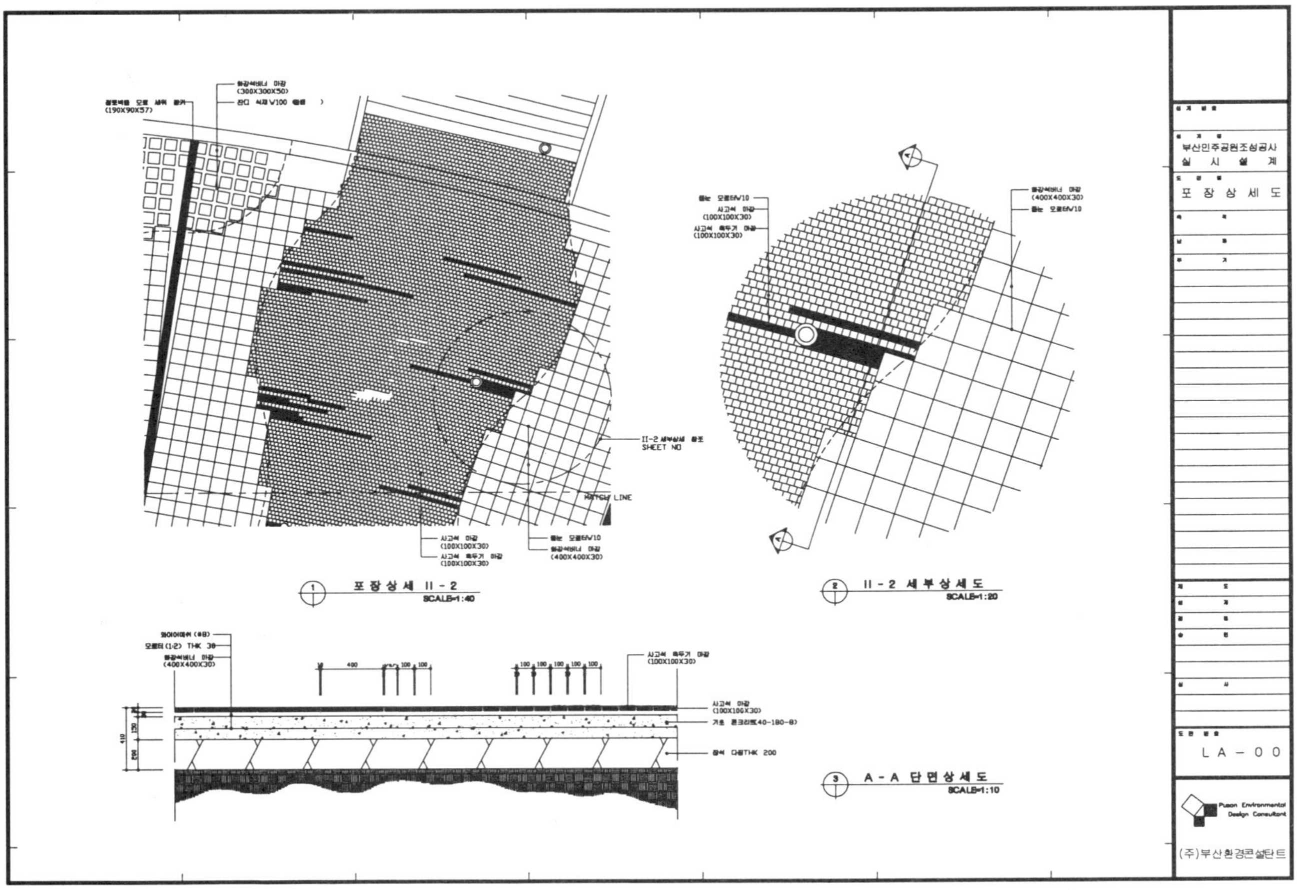

실시설계 도면 작성법 12 : 공종별 도면 작성(시설물공)

- CAD 도면이 보편화되기 이전 우리 선배들은 여러 가지 편의시설을 직접 수작업으로 그리면서 공사하지 않아도 공사함과 똑같이 설계도면에서 나무에다 못을 박고 볼트를 조였다. 요즘은 CAD 도면으로 미리 작업된 도면을 사용하는 경우가 대부분이라 학생들이 시설물을 그리는 기술 정도는 불필요하지 않은가 생각할 수도 있으나, 직접 그려보지 않은 detail은 이해할 수 없고, 시설물을 새롭게 디자인하는 기회를 잃게 된다. 그러므로 공간의 분위기를 살려주면서, 아주 기능적인 시설물을 직접 만들어보자.

- 시설물계획도에서는 시설물이 배치되는 위치가 정확히 표시되어야 한다.

- 또한 도면에는 시설물 설치의 기준이 되는 기준점이 설정되어 있어야 한다.

- 각 시설물은 나름대로의 필요공간 요구도를 가진다.

- 또한 설치시 방향도 고려해 주어야 한다.

(설치목적과 어울리는 곳에 기능에 맞도록 배치할 것)

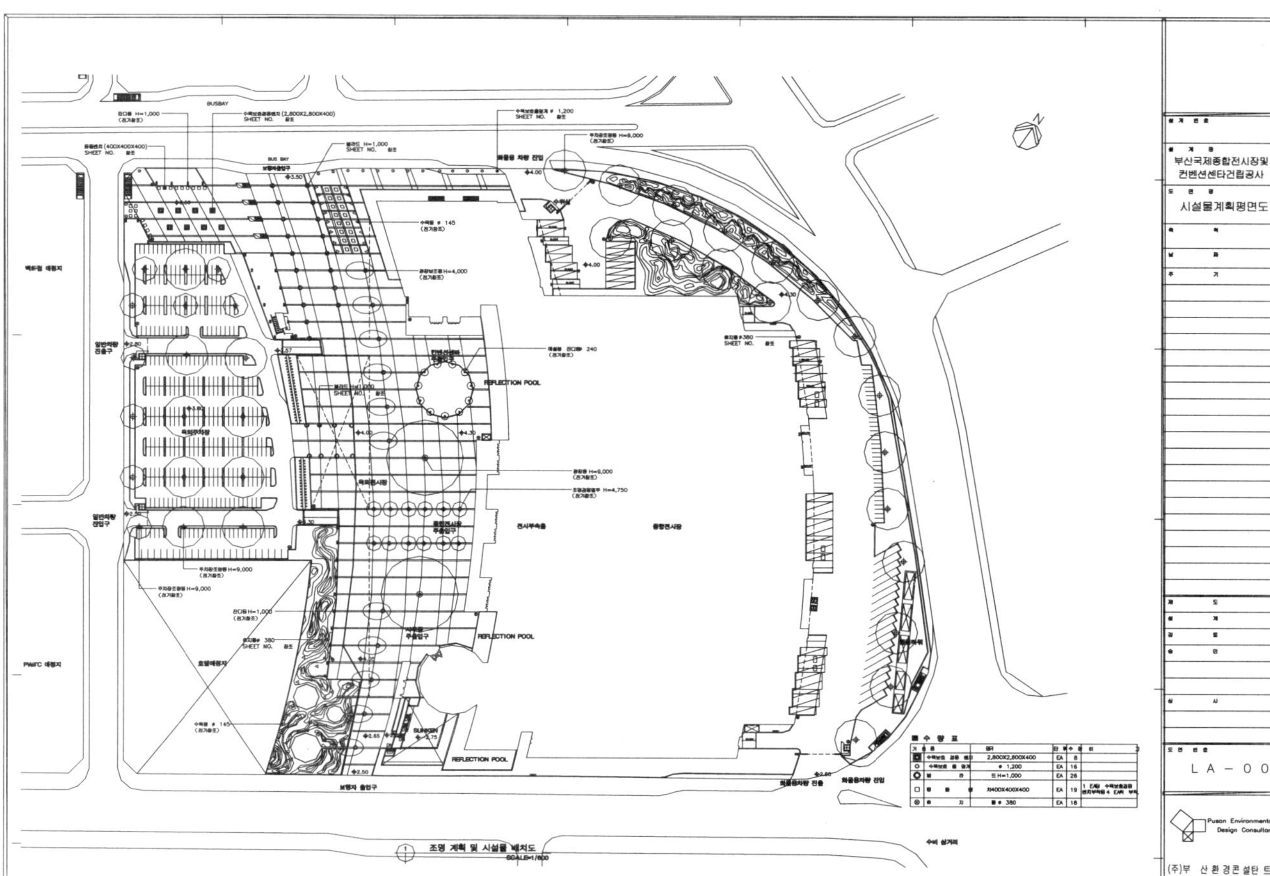

- 파고라, 벤치 등은 빛의 방향도 고려해 주어야 하고, 운동시설의 설치는 주로 남북방향이 바람직하다.
- 시설물상세는 사용되는 재료가 잘 표현되도록 연필터치를 익혀야 하며(CAD사용자라면 hatch표현을 많이 사용한다), 목재는 목재답게, 석재는 석재답게 강재는 강재의 느낌이 나도록 표현되어야 잘 작성된 도면이라 할 수 있다.
- 세부적인 못의 위치, 볼트위치, 그리고 그것들의 규격까지 표기되어야 한다.
- 데크상세는 목재가 주재료이므로 각진 목재의 표현기법에 유의해야 하고, 목재의 경우 목재조립상태를 보여주는 상세가 필요하다. 또한 기둥, 서까래, 마루판재 등이 놓여지는 공종이 드러나야 한다.
- 시설물 도면은 1개의 시설물이 보통 1장의 도면에 평면도, 입면도(혹은 입단면도), 세부detail이 모두 표현되며 이해를 돕기 위한 입체 표현(투시도 표현) 또는 스케치를 첨부하기도 한다.

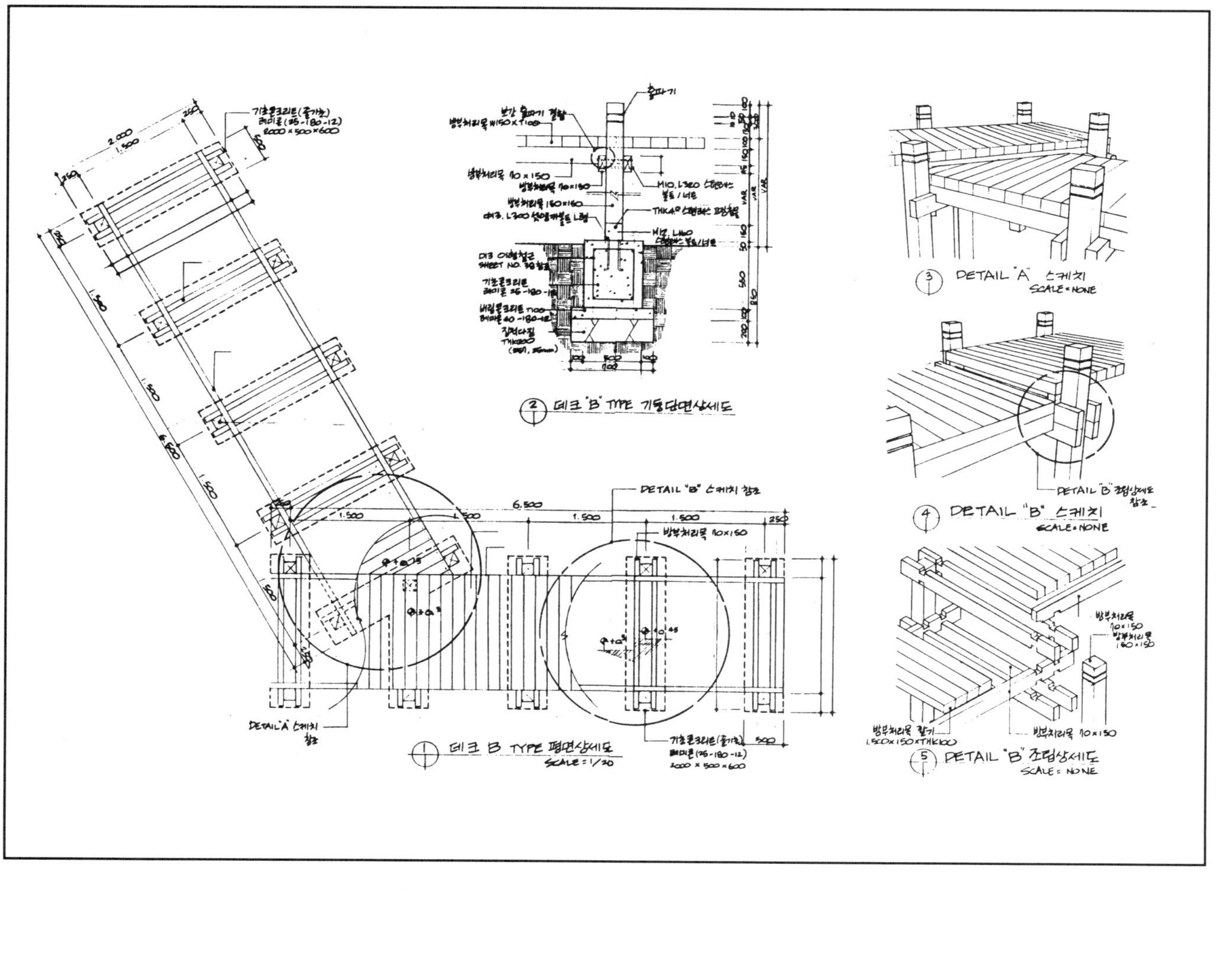

실시설계 도면 작성법 13 : 공종별 도면 작성(식재공)

- 식재공사를 위한 배식계획도는 다른 공종과 달리 생명체를 배치하는 일이므로 수목이 식재될 기반이 어떠한지에 대한 검토가 선행되어야 하고, 앞으로 수목이 자라서 이룰 경관에 대한 시뮬레이션이 필요하며, 봄・여름・가을・겨울의 계절적 변화에 대한 배려, 양수・음수의 배치, 지방에 알맞는 수종의 선택, 지피류의 도입 등 재료에 대한 해박한 지식과 그 변화상에 대한 미적 판단, 클라이언트의 요구사항 등을 적절히 수용해야 하는 조경디자이너의 세련된 감각이 아주 많이 요구되는 공정이다.

- 배식 도면의 작성에 있어서 건물 외부공간의 배식은 주로 법정기준에 맞추어 작업함으로써 형식적인 조경계획이 되기 쉬우므로 유의해야 하고, 교목 배식 도면과 관목 및 초화류 배식 도면은 따로 구분하여 작성하는 것이 바람직하다.

- 도심 내에 새롭게 신축되는 건물과 더불어 생겨나는 녹지공간을 위한 배식계획은 대체로 장식적이고 미적인 고려가 대부분이다(물론 내공해성도 중요).

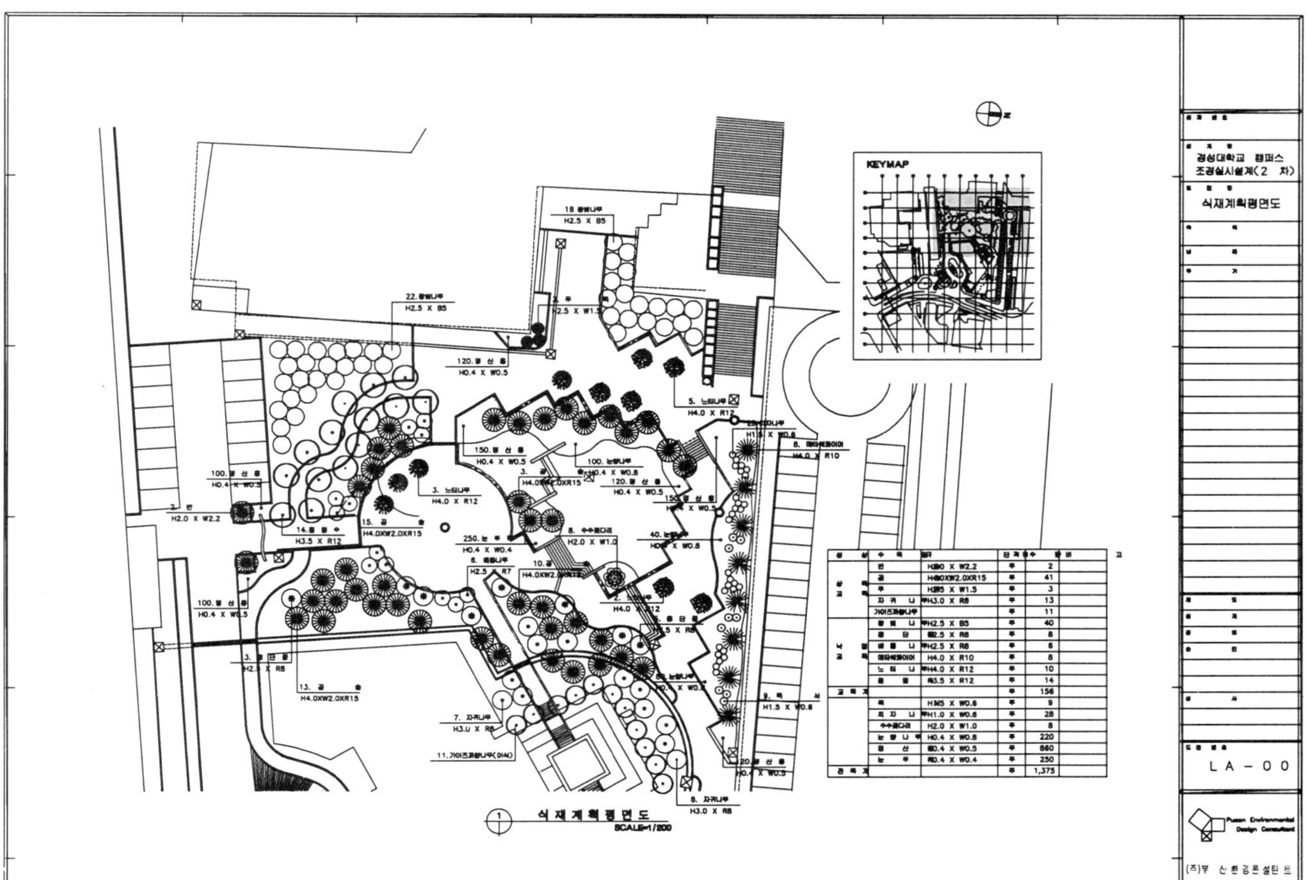

• 교목 배식 평면도에서는 수목의 형상 및 유형에 따라 배식 표현기법을 정하여, 하나의 설계 내에서는 일관된 표현기법을 사용해야 하고, 동그라미의 크기(수목으로 표현되는 수관폭)는 원래 심고자 하는 규격의 1.5배 정도의 표현이 적당하다. 왜냐하면 수목은 다른 재료와 다르게 생명체이므로 5~10년 후의 수목생장을 고려한 경관 형성이라는데 의미가 있다.
경우에 따라서는 이 원칙을 고려하지 않고 원래 규격대로 도면을 작성해야 하는 경우도 있다.

• 관목배식평면도에서는 개별 수목으로 그려지지 않고, 군식 형태로 수목표현을 하므로 군식으로 그려진 바운다리 면적을 산정하여 면적당/주로 결정하여 수목의 수량을 결정한다.

• 배식평면도의 작성시에는 평면에서 나무를 심어주면서 수목의 성상, 특성을 고려한 입면적 구상이 총체적으로 같이 이루어져야 한다.

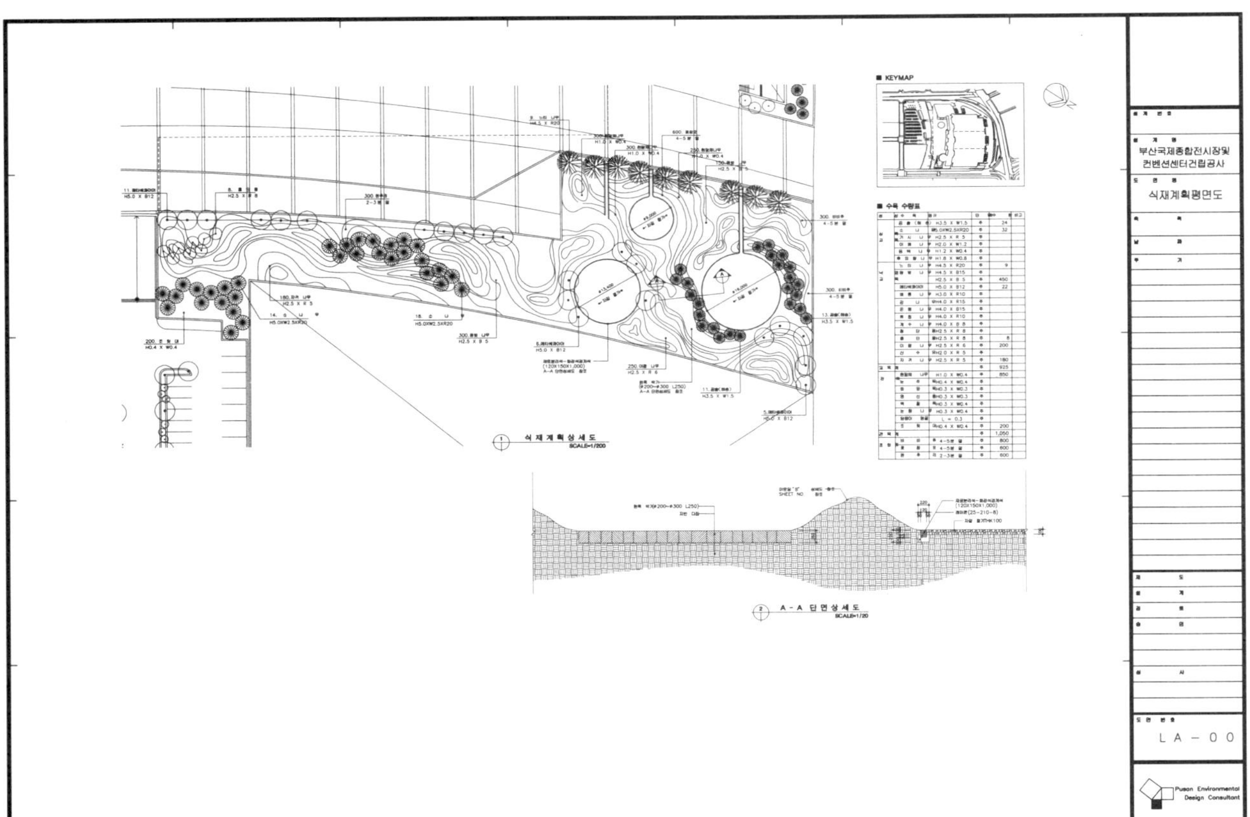

부록

실시설계의 사례

조경은 모든 공사의 최종마무리공사이므로 그 공사의 규모에 따라 개별적이기도 하고, 복합적이기도 하다.
다음에 보여주는 세 가지 도면의 예시는 각 프로젝트의 성격에 따라 조경도면이 작성되었으므로 전체 공정 모두를 다루지 못한 내용도 있다.

- *(주)부산환경컨설탄트 : 김해금관로 광장화계획실시설계*
  공종별 도면집 – 배수공, 연못(분수)공, 포장공, 시설물공, 식재공 도면의 순서는 공정별로 이루어짐은 앞에서 설명하였으며 토공에 대한 내용은 빠져 있으나 조경 부분에 대한 전반적인 공정이 모두 수용된 프로젝트이다.
- *(주)서안조경 : 새 국립중앙박물관 신축 조경실시설계*
  건축외부공간 조경 – 구조물공, 시설물공, 식재공 등이 주된 공종임.
  설계 내용의 이해를 위해 도면 귀퉁이에 개념도를 다이어그램으로 표현하였다.
- *(주)우대기술단 : 마상근린공원조성공사(조경실시설계)*
  근린공원조성공사실시설계 – 토목과 업무협의사항이 많으며, 공종 중에서 토목에서 이루어지는 부분에 대한 내용은 반드시 「토목공사분」이든지 「토목도면참조」 등의 용어기입
  주된 공정은 구조물공, 포장공, 시설물공, 배식공으로 이루어져 있으며, 여기서는 편의상 시설물공의 개별 시설 상세도는 추가하지 않았다.

김해금관로 광장화계획실시설계

도 면 목 차

번 호	도 면 명	SCALE	비 고
LA-00	도면목차	NONE	
LA-01	MASTER PLAN	1 / 300	
LA-02	수량총괄표	NONE	
LA-03	공사계획평면도	1 / 300	
LA-04	배수계획평면도	1 / 300	
LA-05	배수구조물상세도	1/10,20	
LA-06	연못(분수)공사계획/구체평면/단면도	1/20,30,60	
LA-07	연못(분수)상세도	1/5,10,NONE	
LA-08	워터커튼상세도	1/2,3,10	
LA-09	연못설비도면 I	1/20,NONE	
LA-10	연못설비도면 II	1/2,10,50	
LA-11	연못설비도면 III	1/20,NONE	
LA-12	연못설비도면 IV	NONE	
LA-13	연못설비도면 V	NONE	
LA-14	연못설비도면 VI	NONE	
LA-15	연못(분수)철근배근도	1 / 30	
LA-16	기계실 상세도	1/10,30	
LA-17	포장계획 및 구적도	1 / 300	
LA-18	포장계획상세도1	1/20,50	
LA-19	포장계획상세도2	1/10,20	
LA-20	포장계획상세도3	1/10,30	

번 호	도 면 명	SCALE	비 고
LA-21	포장계획상세도4	1/5,10	
LA-22	상징포장상세도	1/10,20	
LA-23	시설물배치계획도	1 / 300	
LA-24	가로등/수목투광등/플랜터겸용벤치장식등상세도	NONE	
LA-25	플랜터겸용벤치상세도	1/5,10,20	
LA-26	버스쉘타상세도 I	1/30,NONE	
LA-27	버스쉘타상세도 II	1/5,10,20,NONE	
LA-28	수목보호겸용벤치상세도/장대석스케치	1/5,10,NONE	
LA-29	장식열주상세도	1/3,5,10,20	
LA-30	조명등 겸용 장식열주 "A" 상세도	1/2,10,20	
LA-31	조명등 겸용 장식 열주 "B" 상세도	1/10,20,NONE	
LA-32	평벤치/통돌벤치/볼라드 "A" 상세도	1/5,10	
LA-33	볼라드"B"/장식열주 베네플 상세도	1/2,5,10	
LA-34	식재계획평면도	1 / 300	
LA-35	지주목 / 수목 보호홀 덮개 상세도	1/10,NONE	

설계번호

설계명: 금관로(왕릉앞)도로 정비공사 실시설계

도면명: 도 면 목 차

축척

날짜

주기

제도

설계

검토

승인

심사

도면번호: LA－00

Pusan Environmental Design Consultant

(주)부산환경콘설탄트

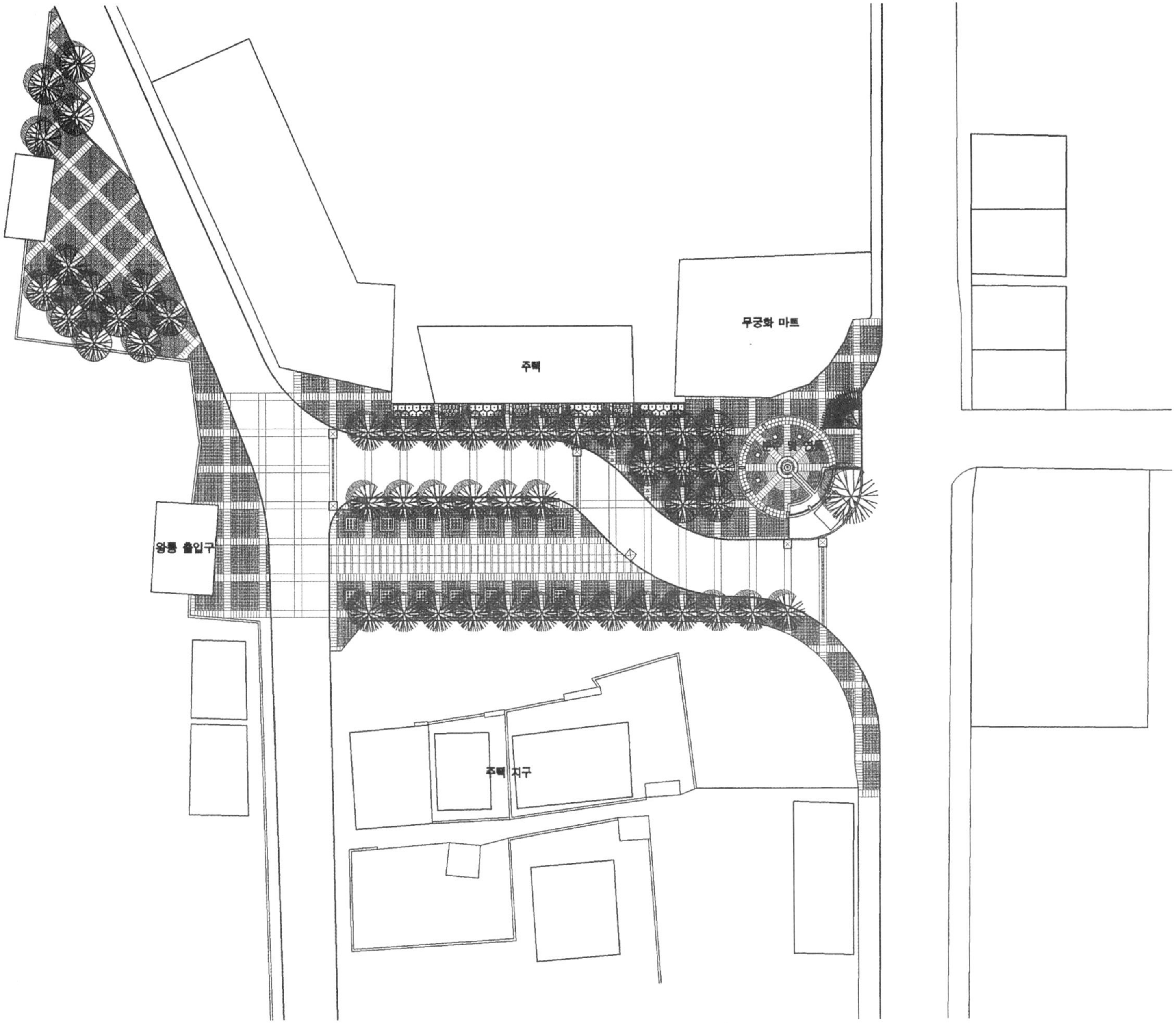

1 MASTER PLAN
SCALE=1/600

설계번호	
설 계 명	금관로(왕릉앞)도로 정비공사 실시설계
도 면 명	MASTER PLAN
축 척	1/600
날 짜	
주 기	
제 도	
설 계	
검 토	
승 인	
심 사	
도면번호	LA－01

Pusan Environmental Design Consultant
(주)부산환경콘설탄트

■ 수목 수량 총괄표

성 상	수 목 명	규 격	단 위	1차 수량	2차 수량	비 고
상록교목	아왜나무	H2.0 X W1.2	주	40		
	산다화	H1.5 X W0.6	주	56		
	소계		주	96		
낙엽교목	느티나무	H5.0 X R 30	주	8	13	
	팽나무	H5.0 X R 30	주	27		
	팽나무	H5.0 X R 45	주	1		
	은행나무	H4.5 X R 20	주		32	
	소계		주	36	45	
교목계			주	132	45	
상록관목	회양목	H0.3 X W0.3	주		1,300	
	조릿대	H0.4 X W0.2	주	220		
	꽝꽝나무	H0.3 X W0.4	주	200		
	다정큼나무	H0.8 X W0.6	주	40	200	
관목계			주	460	1,500	
기타	사사	4 POT	본		1,400	
	아이비	L=15CM	본	900	200	
	잔디(평떼)	0.3X0.3X0.03	M²	60		

■ 배수/연못공/포장/조경시설물수량총괄표

구 분	시 설 명	규 격	단 위	총 수 량	배수 계획	구조물 계 획	포장 (1차)	포장 (2차)	시설 계획	비 고
배수	트랜치 "A"	W 300	M	28.0	28.0					
	트랜치 "B"	W 140	M	37.0	37.0					
	트랜치 "C"	W 150	M	6.0	6.0					
	콘크리트 흄관	φ 300	M	42.0	42.0					
		φ 500	M	50.0	50.0					
		φ 1,000	M	47.0	47.0					
	유공관	φ 300	M	43.0	43.0					
	집수정	1,200X1,200X1,500	EA	6	6					
연못공	분수 및 연못	3,000X4,000X2,580	식	1		1				
포장	점토벽돌 깔기	230 X 114 X 60	M²	1,189			764	425		"A" TYPE
		230 X 114 X 60	M²	62			62			"B" TYPE
	포천석(버너마감)	980 X 390 X 50	M²	718			576	142		
		500 X 500 X 50	M²	31			31			
	상주석(버너마감)	980 X 980 X 50	M²	57			45	12		
	상징포장		M²	64			64			
	잔디포장		M²	60			60			
	화강석경계석	200 X 125 X 1,000	M²	9			9			
	깔기	250 X 100 X 800	M²	102			102			
	트랜치뚜껑(문경석)	300 X 200 X 50	M²	10			10			"A"
	트랜치뚜껑(포천석)	300 X 200 X 50	M²	12			12			"B"
	소폭석(포천석)깔기	100 X 100 X 30	M²	1,798			738	1,060		
	소포석(문경석)깔기	100 X 100 X 30	M²	236			236			
	재료분리석	200 X 250 X 1,000	M	153			145	8		
	보도경계석	200 X 250 X 1,000	M	367			47	320		
	녹지경계석	200 X 250 X 1,000	M	198			136	62		
시설물	가로등	H = 4.0M	EA	4					4	
	볼라드 "A"	250 X 300 X 700	EA	16					16	
	볼라드 "B"	250 X 300 X 500	EA	16					16	
	수목 보호 겸용 벤치	2,000 X 2,000	EA	4					4	
	화강석 평벤치	1,500 X 400 X 400	EA	8					8	
	플랜터 겸용 벤치	3,200 X 2,000	EA	4					4	
	통돌벤치	H = 0.4M	EA	4					4	
	조명등겸용장식열주"A"	H = 3.0M	EA	5					5	
	조명등겸용장식열주"B"	H = 3.7M	EA	4					4	
	장식열주	H=3.0M ø300	EA	16					16	
	버스쉘터	5,000X5,000X2,700	EA	1					1	
	플랜터겸용벤치장식등	H=3.0M W=330	EA	8					8	
	수목투광등	ø145	EA	6					6	
	수목보호홀덮개	1,500X1,500	조	32					32	
	장대석	400X400X3300~6000	EA	6					6	

설계번호

설계명: 금관로(왕릉앞)도로 정비공사 실시설계

도면명: 수량총괄표

축척: NONE

날짜

주기

제도

설계

검토

승인

심사

도면번호: LA－02

Pusan Environmental Design Consultant

(주)부산환경콘설탄트

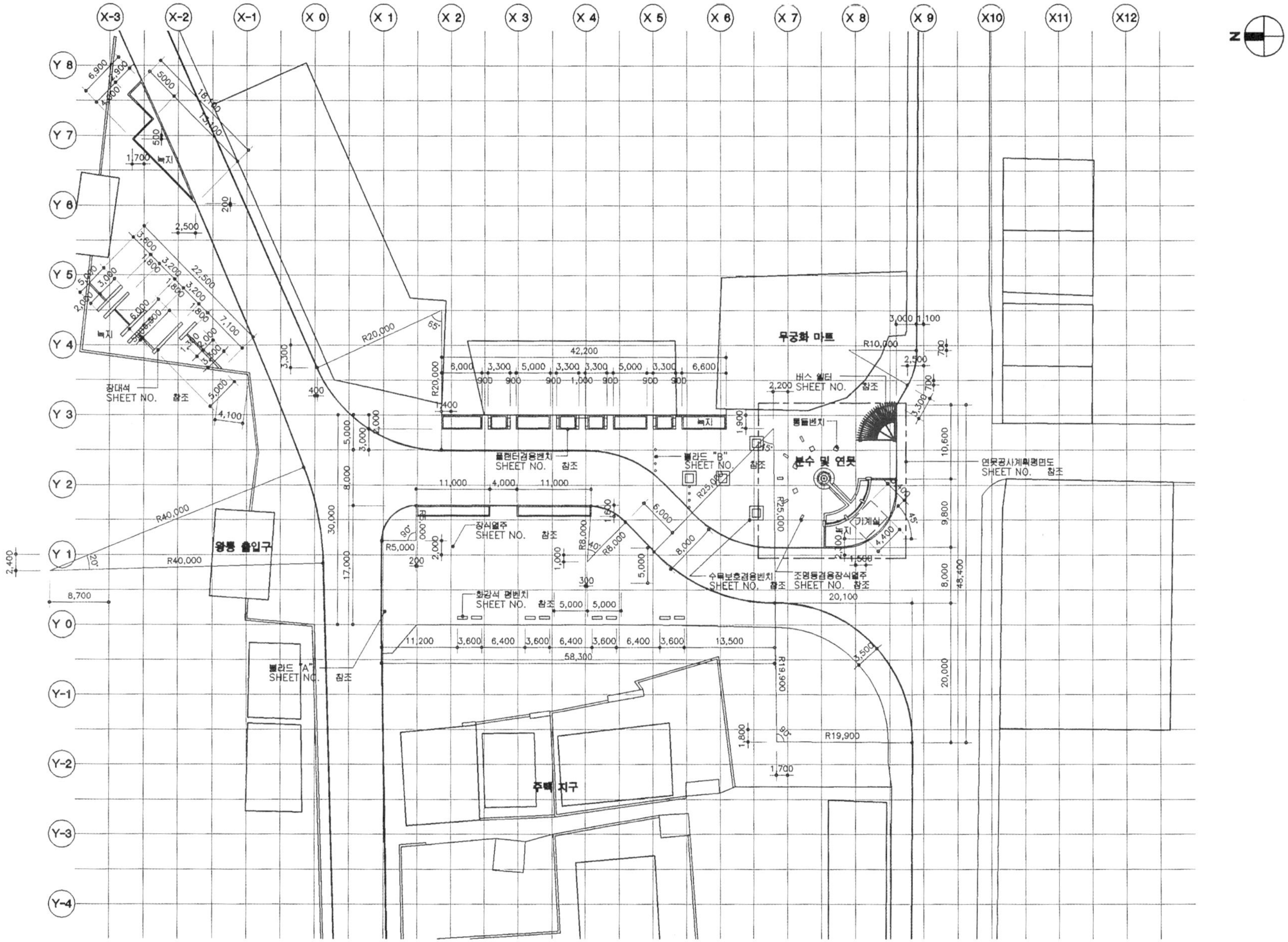

1 공 사 계 획 평 면 도
SCALE=1/600

설계번호	
설계명	금관로(왕릉앞)도로 정비공사 실시설계
도면명	공사계획평면도
축척	1/600
날짜	
주기	
제도	
설계	
검토	
승인	
심사	
도면번호	LA－03

Pusan Environmental Design Consultant

(주)부산환경콘설탄트

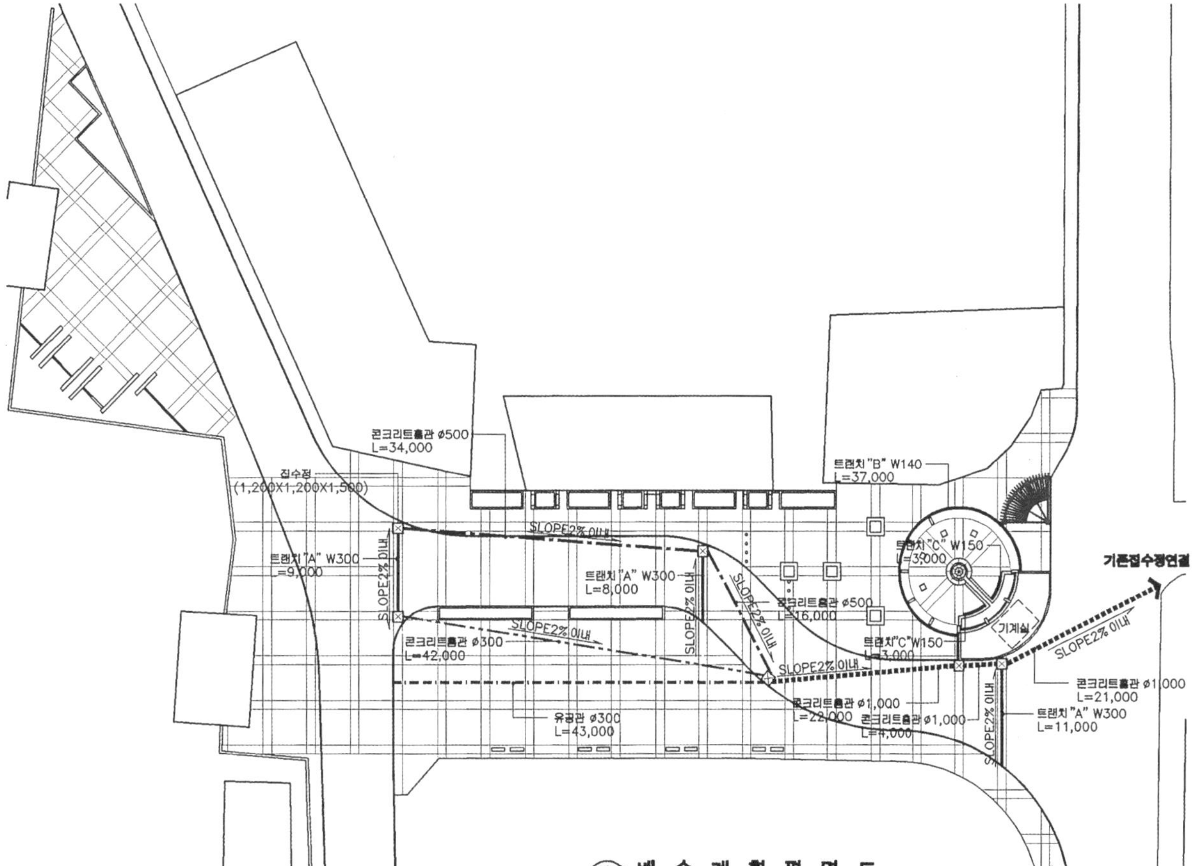

1 배 수 계 획 평 면 도
SCALE=1/600

■ 수 량 표

명 칭	규 격	단 위	수 량	비 고
트 랜 치 "A"	W200	M	28.0	
트 랜 치 "B"	W140	M	37.0	
트 랜 치 "C"	W150	M	6.0	
콘크리트흄관	ø300	M	42.0	
	ø500	M	50.0	
	ø1,000	M	47.0	
유 공 관	ø300	M	43.0	
집 수 정	1,200X1,200X1,500	EA	6	

설계번호	
설계명	금관로(왕릉앞)도로 정비공사 실시설계
도면명	배수계획평면도
축척	1/600
날짜	
주기	
제도	
설계	
검토	
승인	
심사	
도면번호	LA－04

Pusan Environmental Design Consultant
(주)부산환경콘설탄트

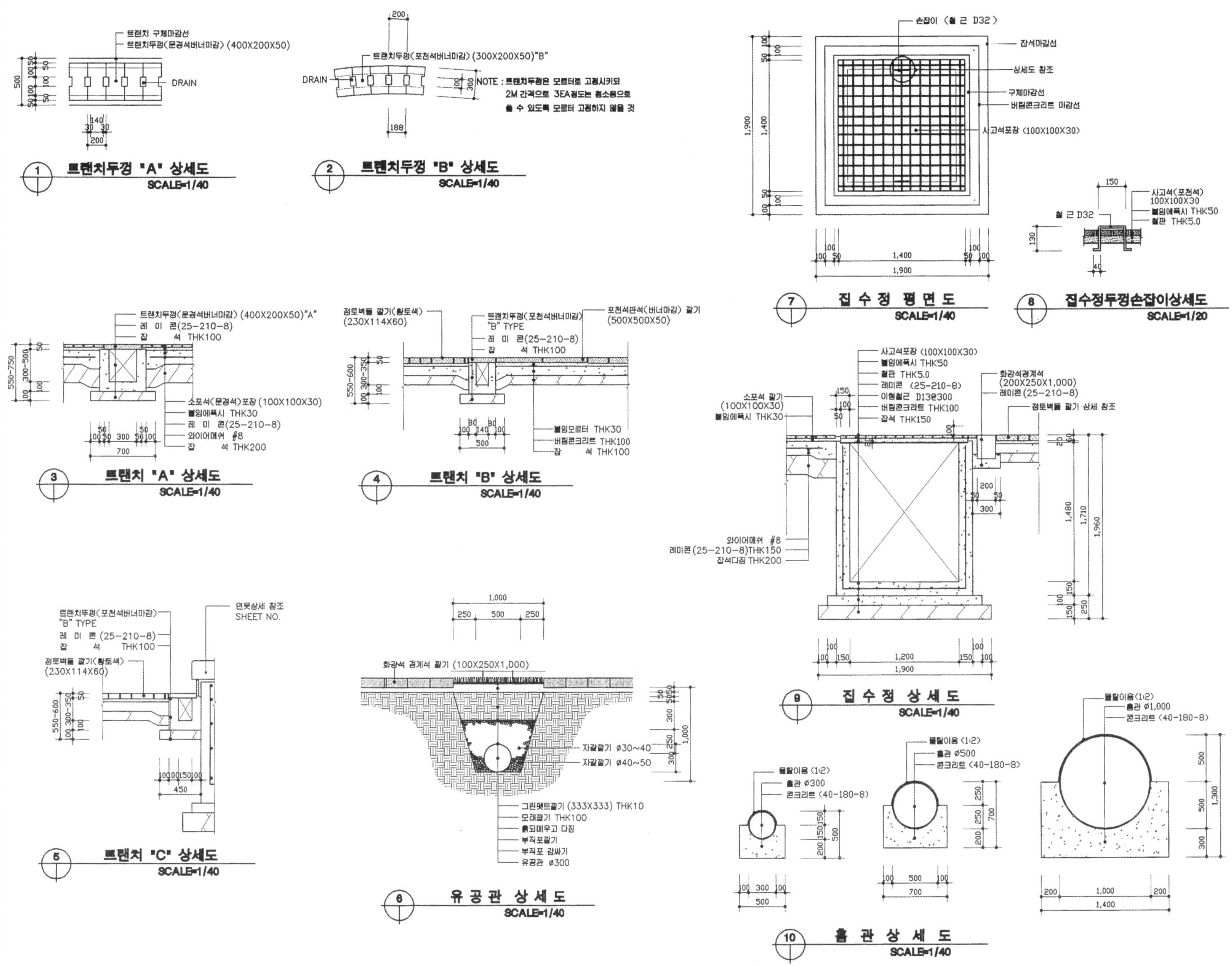

설계번호	
설 계 명	금관로(왕릉앞)도로 정비공사 실시설계
도 면 명	배수구조물상세도
축 척	1/40,20
날 짜	
주 기	
제 도	
설 계	
검 토	
승 인	
심 사	
도면번호	LA－05

Pusan Environmental Design Consultant

(주)부산환경콘설탄트

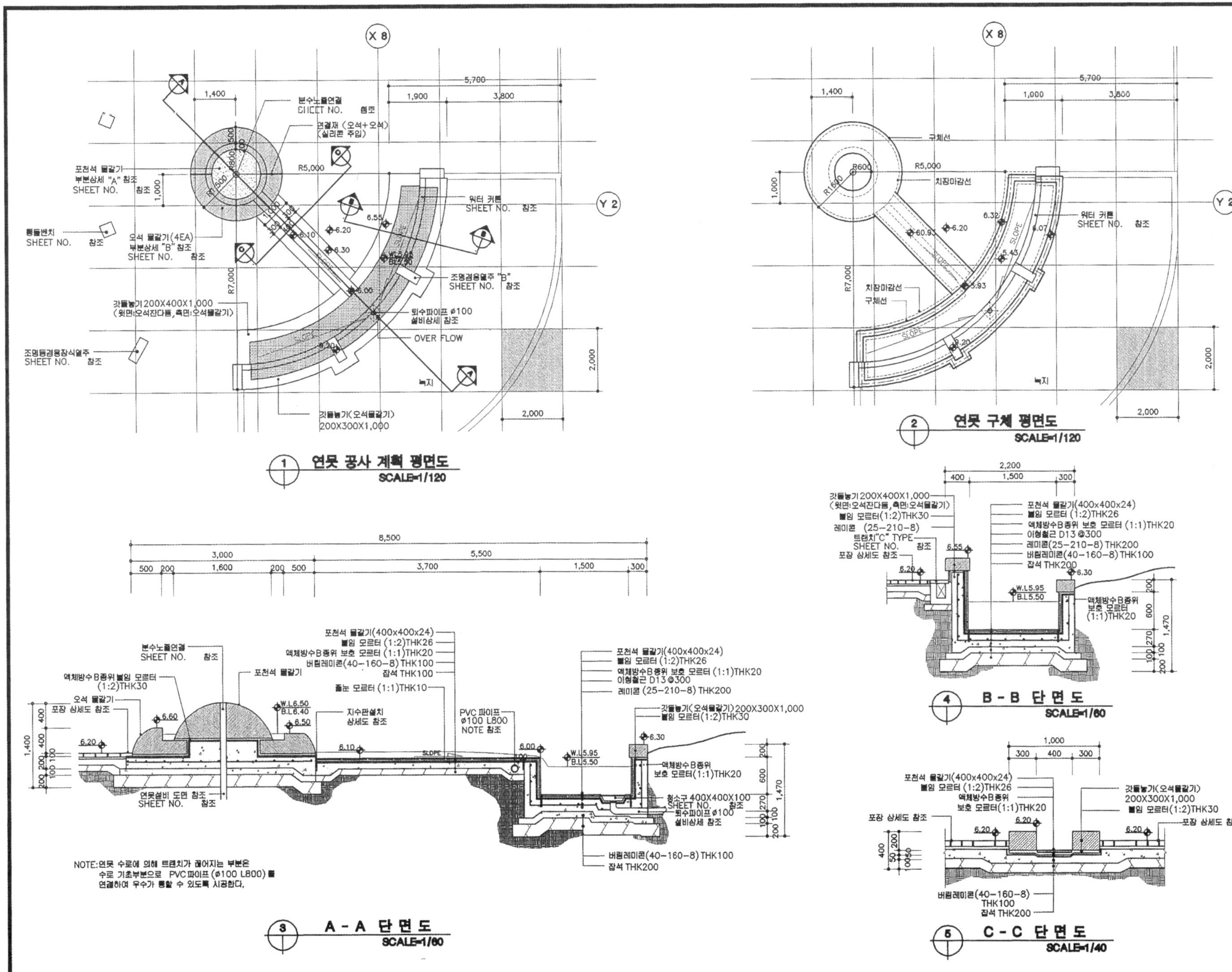

설계번호

설계명
금관로(왕릉앞)도로
정비공사 실시설계

도면명
연못(분수)공사계획/
구체평면/단면도

축척
1/120,60,40

날짜

주기

제도

설계

검토

승인

심사

도면번호
LA－06

Pusan Environmental Design Consultant

(주)부산환경콘설탄트

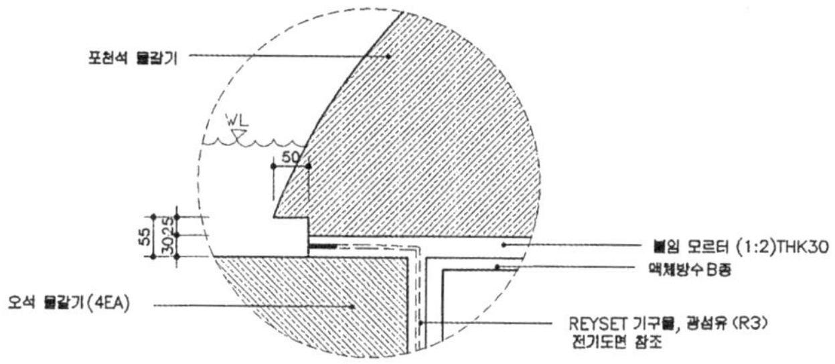

① 부분상세도 "A"
SCALE=1/10

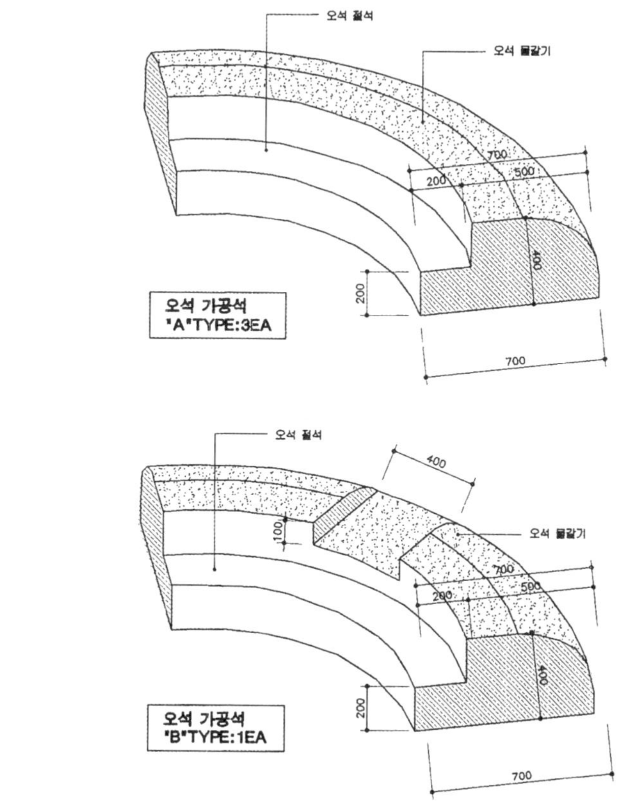

② 부분상세도 "B"
SCALE=1/20

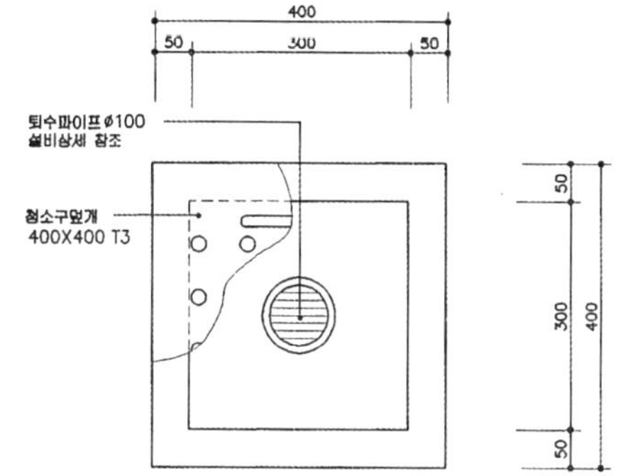

③ 청소구 평면 상세도
SCALE=1/10

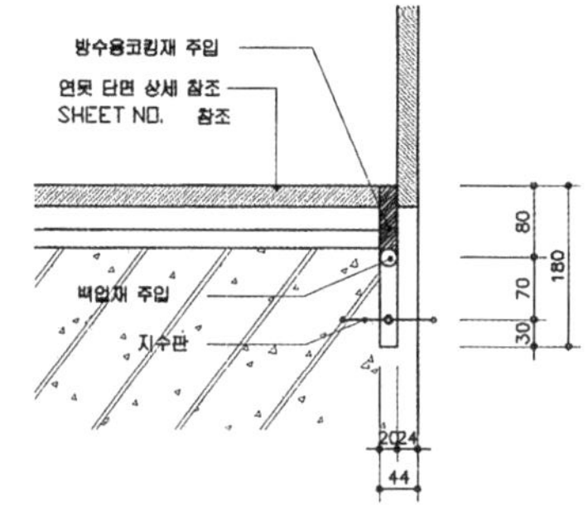

⑤ 지수판 설치 상세도
SCALE=1/10

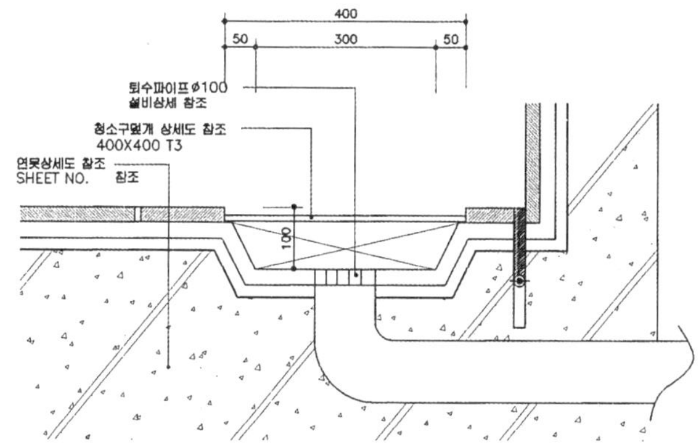

④ 청소구 단면상세도
SCALE=1/10

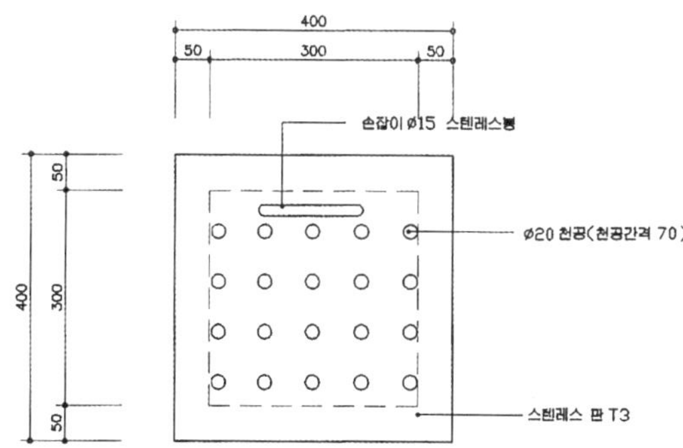

⑥ 청소구 덮개 평면도
SCALE=1/10

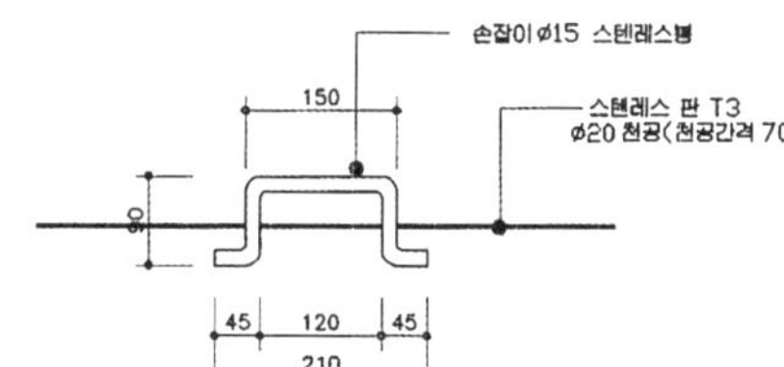

⑦ 청소구덮개 손잡이 상세도
SCALE=NONE

설계번호	
설계명	금관로(왕릉앞)도로 정비공사 실시설계
도면명	연못(분수)상세도
축척	1/20,10,NONE
날짜	
주기	
제도	
설계	
검토	
승인	
심사	
도면번호	LA－07

Pusan Environmental Design Consultant
(주)부산환경콘설탄트

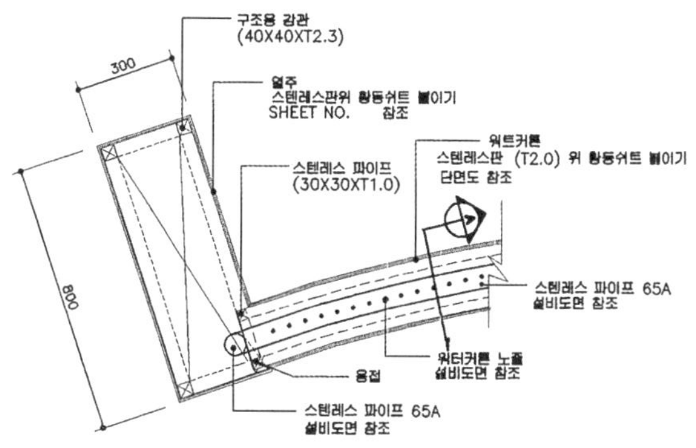

① 워터커튼 + 열주 연결평면도
SCALE=1/20

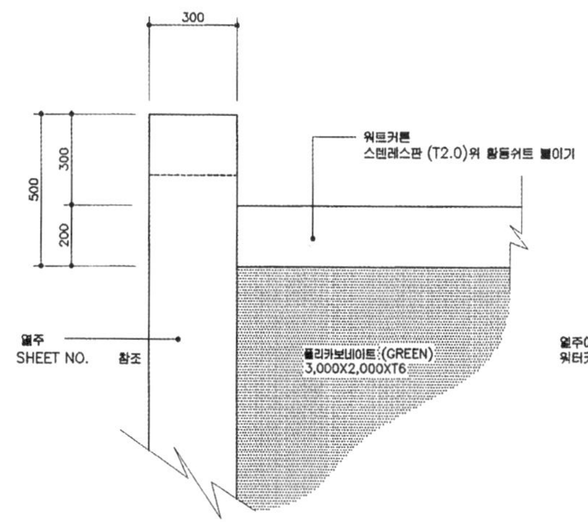

② 워 터 커 튼 측 면 도
SCALE=1/20

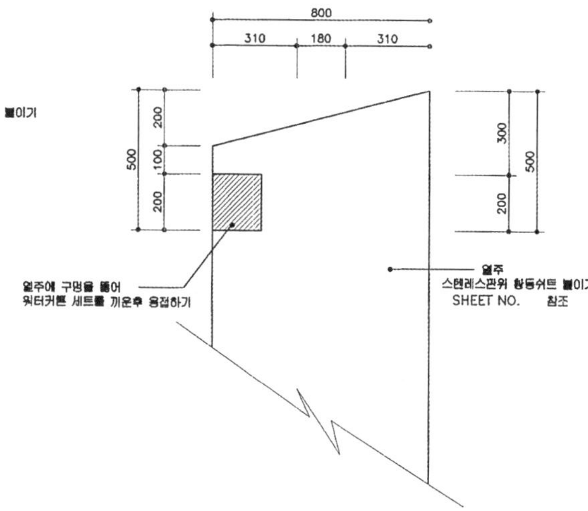

③ 워 터 커 튼 정 면 도
SCALE=1/20

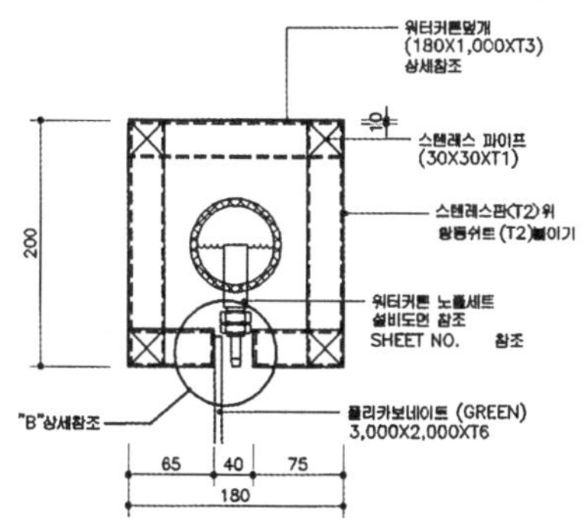

④ "A" 단 면 상 세 도
SCALE=1/6

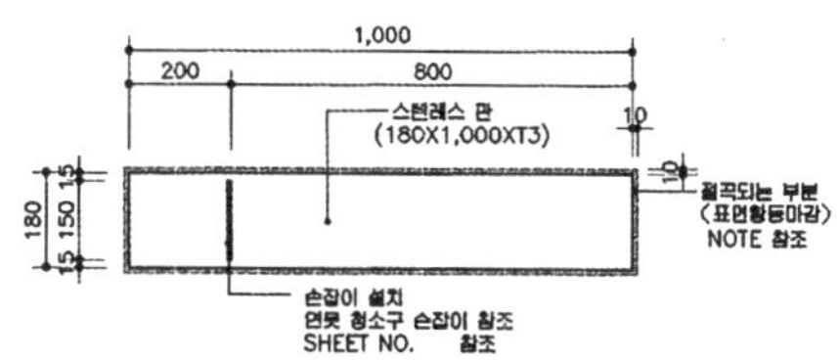

NOTE: 빗물이 들어가지 않도록 절곡하여 워터커튼상부를 덮는 식으로 시공하도록 한다.

⑤ 워터커튼 덮개 상세도
SCALE=1/20

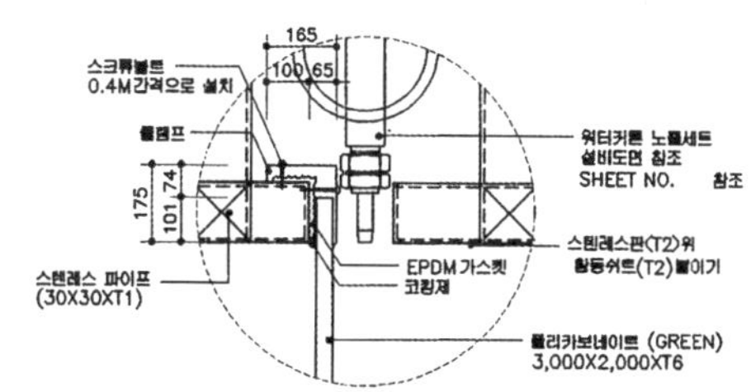

⑥ "B" 상 세 도
SCALE=1/4

설계번호	
설계명	금관로(왕릉앞)도로 정비공사 실시설계
도면명	워터커튼상세도
축척	1/20,6,4
날짜	
주기	
제도	
설계	
검토	
승인	
실사	
도면번호	LA－08

Pusan Environmental Design Consultant

(주)부산환경컨설탄트

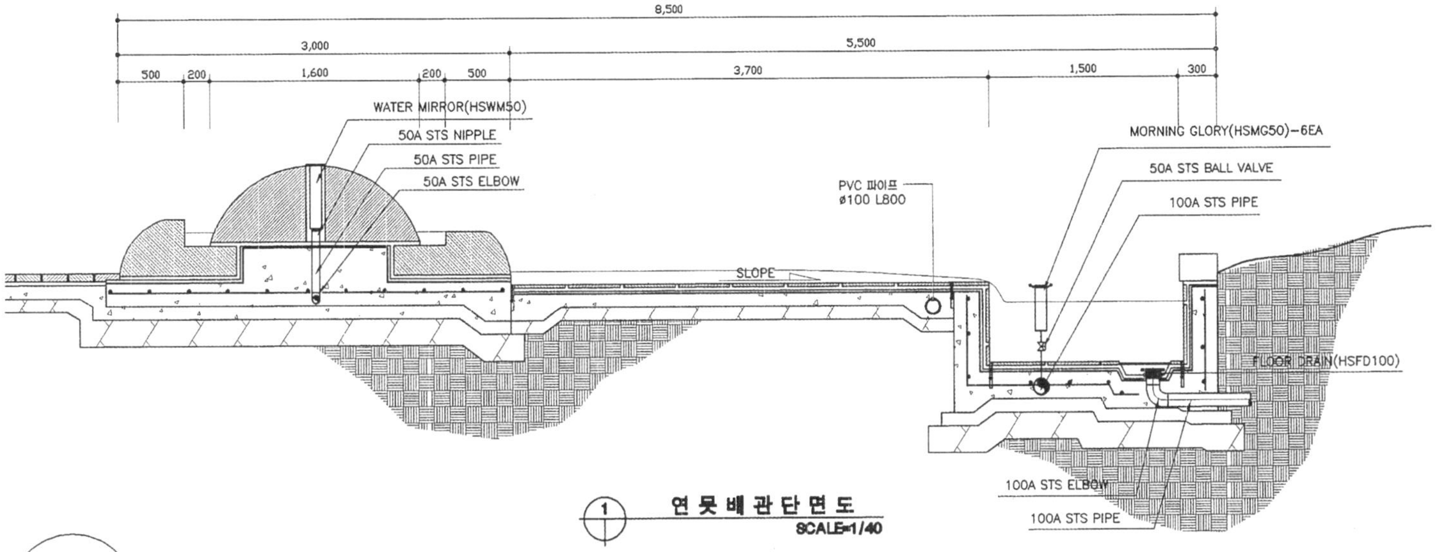

① **연 못 배 관 단 면 도**
SCALE=1/40

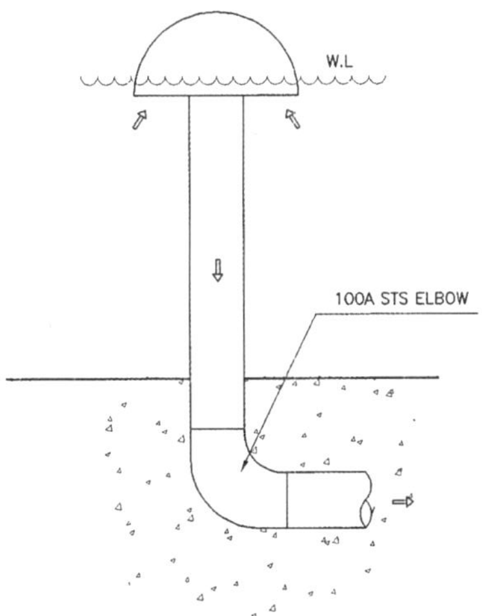

② **OVER FLOW(100A)**
SCALE=NONE

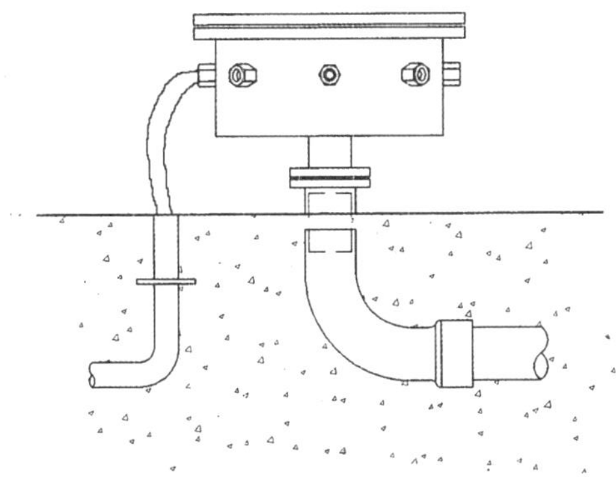

③ **MAIN JOINT BOX**
SCALE=NONE

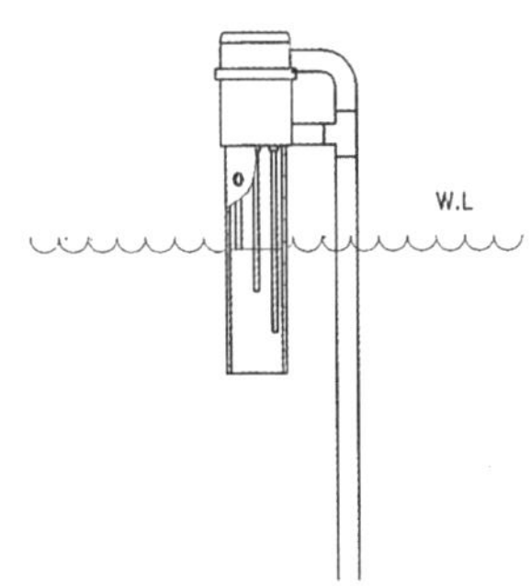

④ **WATER DETECTOR(3P)**
SCALE=NONE

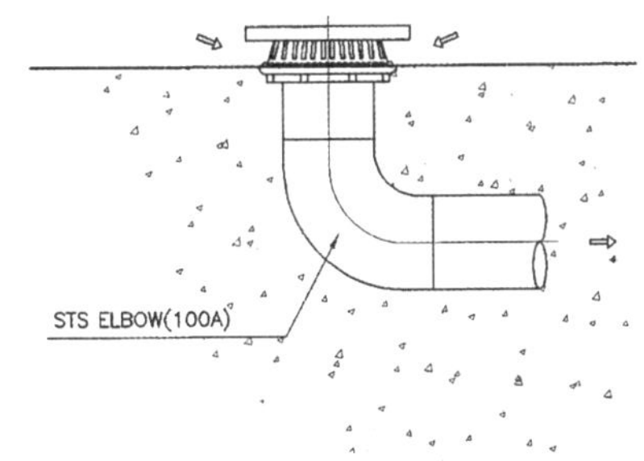

⑤ **FLOOR DRAIN(100A)**
SCALE=NONE

설계번호	
설계명	금관로(왕릉앞)도로 정비공사 실시설계
도면명	연못설비도면 Ⅰ
축척	1/40,NONE
날짜	
주기	
제도	
설계	
검토	
승인	
심사	
도면번호	LA－09

Pusan Environmental Design Consultant
(주)부산환경콘설탄트

□ KEYMAP

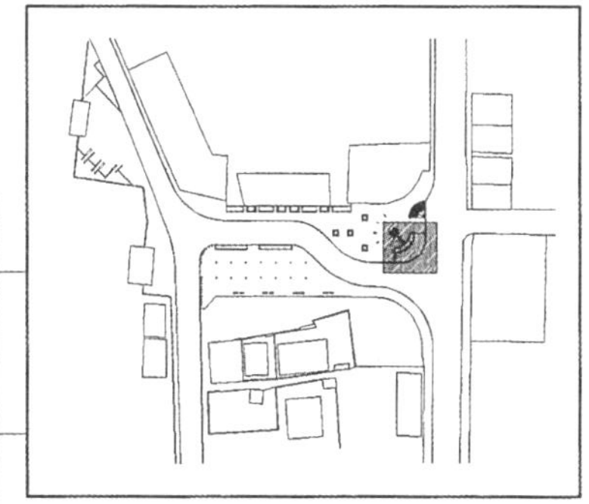

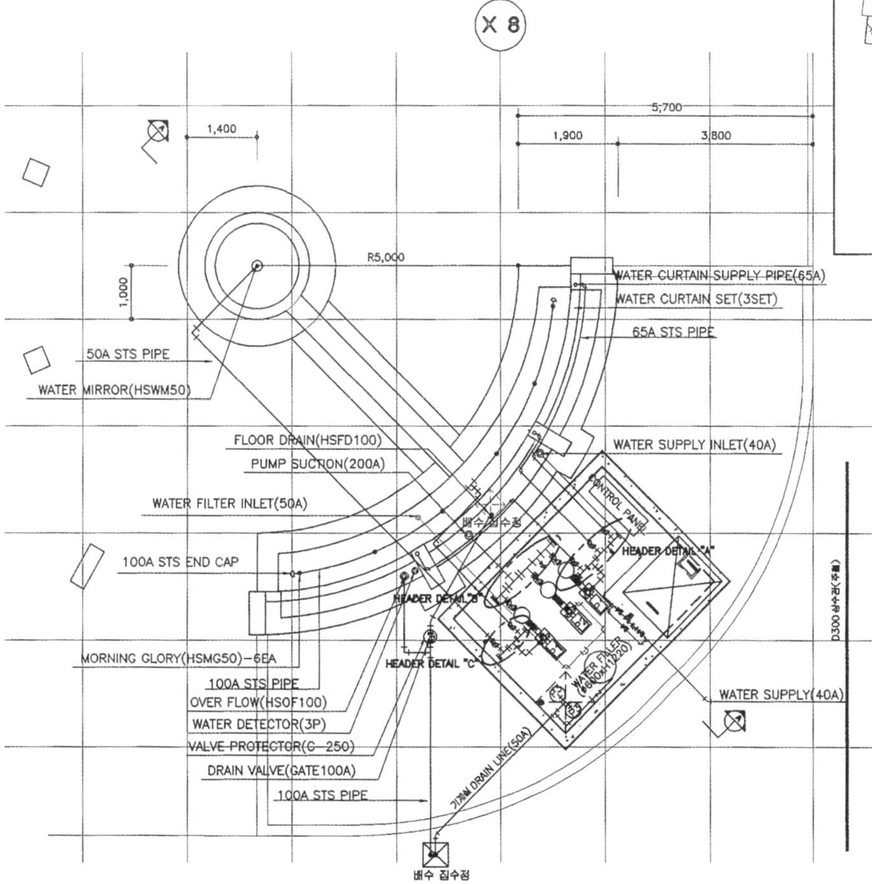

① 연 못 배 관 평 면 도
SCALE=1/100

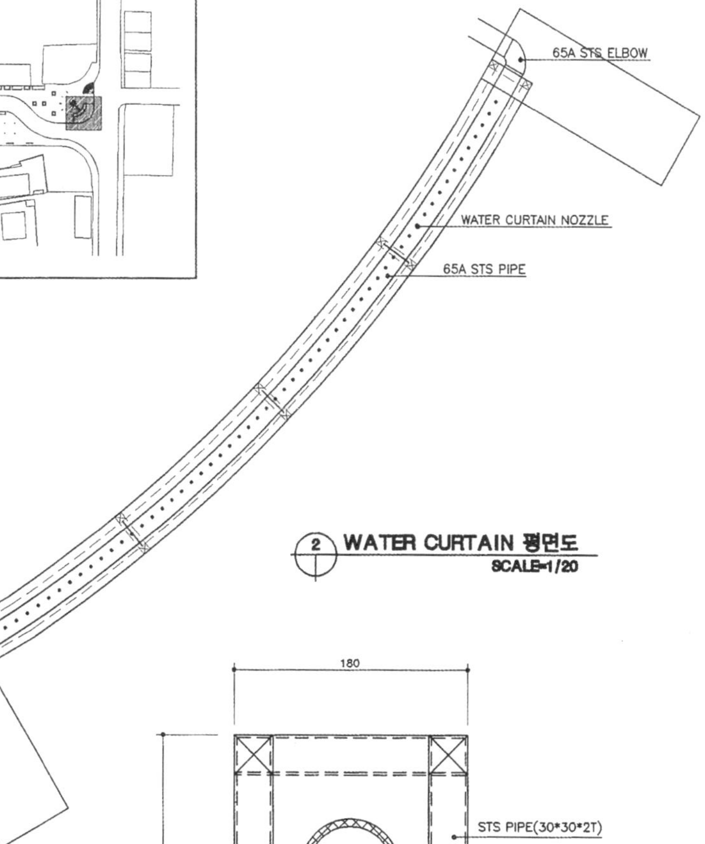

② WATER CURTAIN 평면도
SCALE=1/20

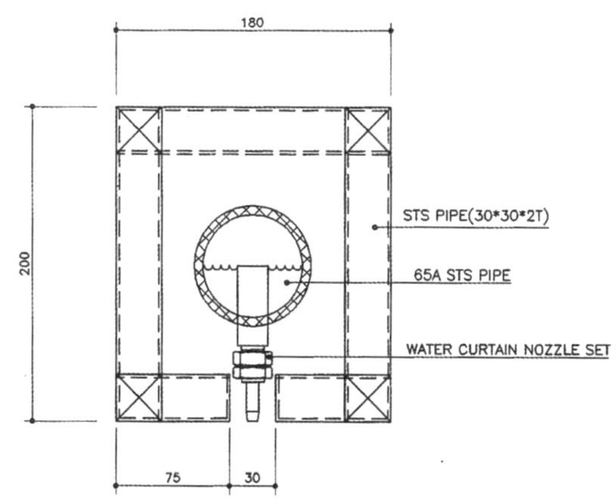

③ WATER CURTAIN 단면 상세도
SCALE=1/4

설계번호	
설계명	금관로(왕릉앞)도로 정비공사 실시설계
도면명	연못설비도면II
축척	1/100,20,4
날짜	
주기	
제도	
설계	
검토	
승인	
심사	
도면번호	LA－10

Pusan Environmental Design Consultant

(주)부산환경콘설탄트

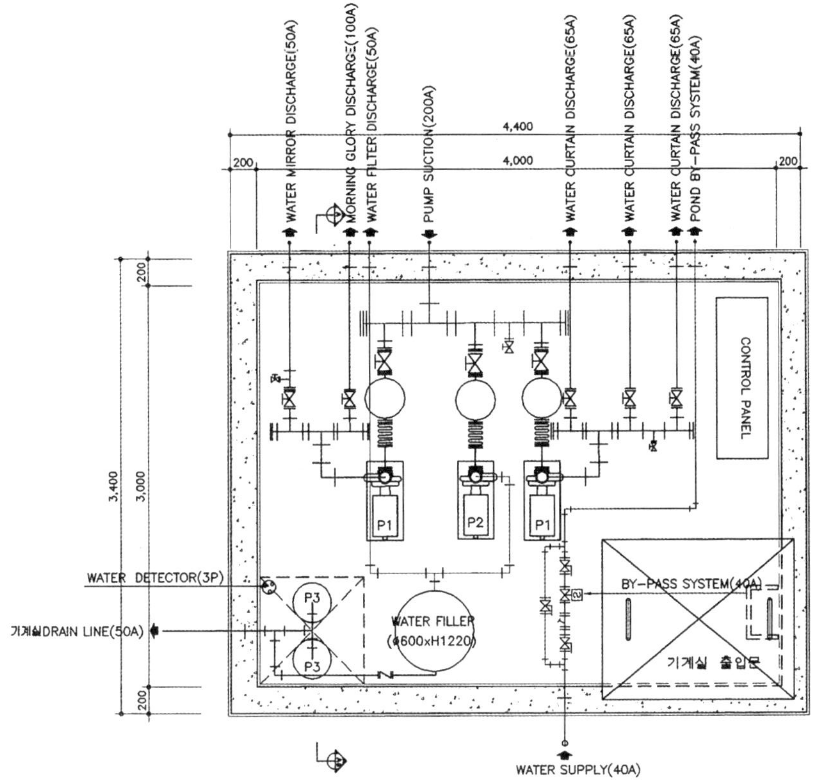

① 기 계 실 배 관 평 면 도

SCALE=1/40

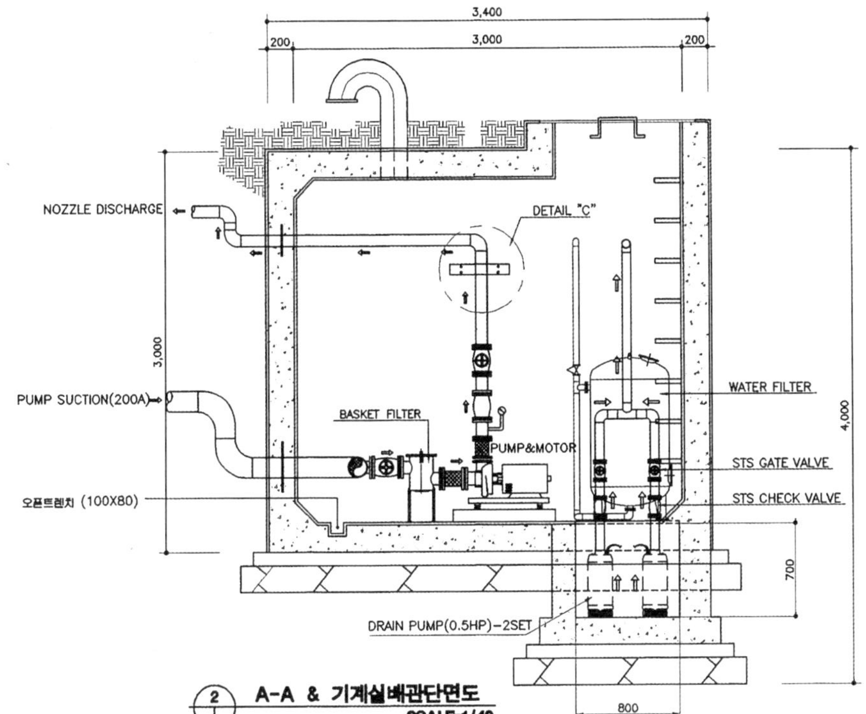

② A-A & 기계실배관단면도

SCALE=1/40

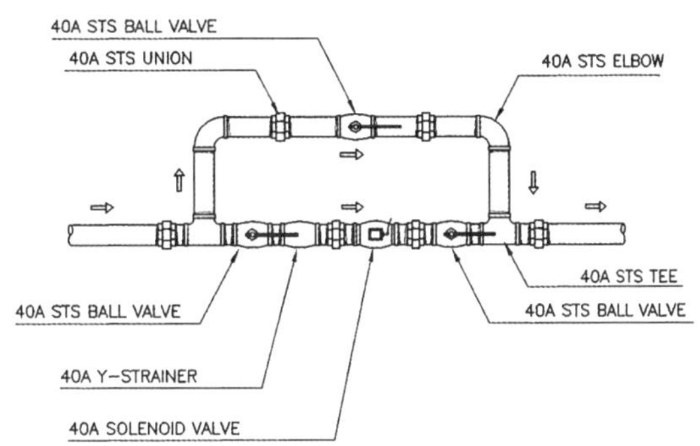

③ BY-PASS SYSTEM DETAIL

SCALE=NONE

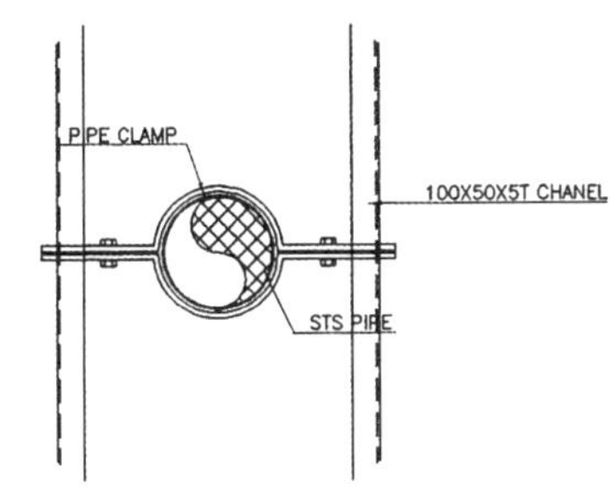

④ DETAIL "C"

SCALE=NONE

설계번호	
설계명	금관로(왕릉앞)도로 정비공사 실시설계
도면명	연못설비도면III
축척	1/40,NONE
날짜	
주기	
제도	
설계	
검토	
승인	
심사	
도면번호	LA-11

Pusan Environmental Design Consultant

(주)부산환경콘설탄트

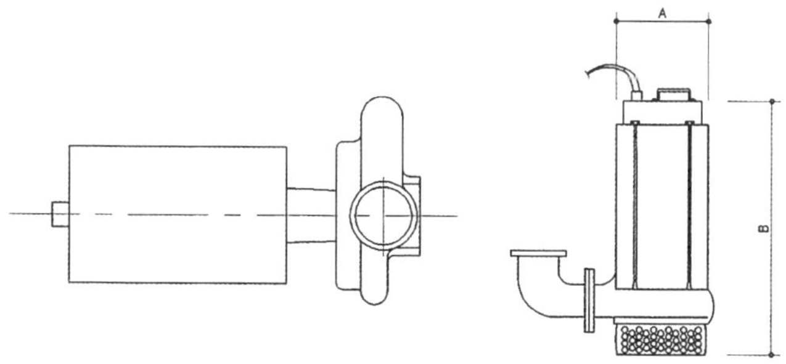

① DRAIN PUMP
SCALE=NONE

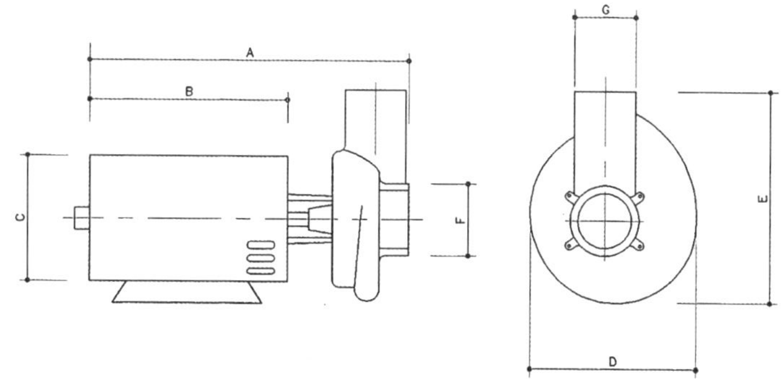

② PUMP & MOTOR
SCALE=NONE

DIMENSIONS IN mm

MARK	MODEL NO.	HP	A	B	C	D	E	F	G
P1	CSPHK3	7.5HP	540	310	ø210	320	420	150A	100A
P2	CCHH3	3HP	420	260	ø130	210	270	65A	50A
P3	SS-05	0.5HP	ø150	340					

MODEL NO.	HP	Q (l/MIN)	H (m)	PHASE	VOLTAGE
CSPHK3	7.5HP	1703	39	3	380
CCHH3	3HP	644	30	3	380
SS-05	0.5HP	120	8	1	220

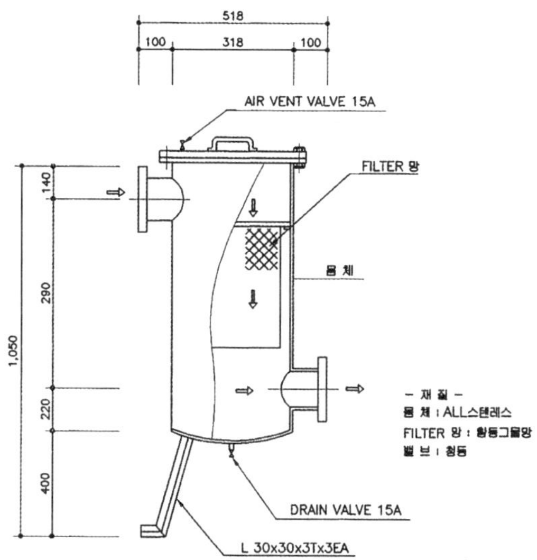

- 재 질 -
몸 체 : ALL스텐레스
FILTER 망 : 황동그물망
밸 브 : 청동

③ BASKET FILTER 상세도
SCALE=NONE

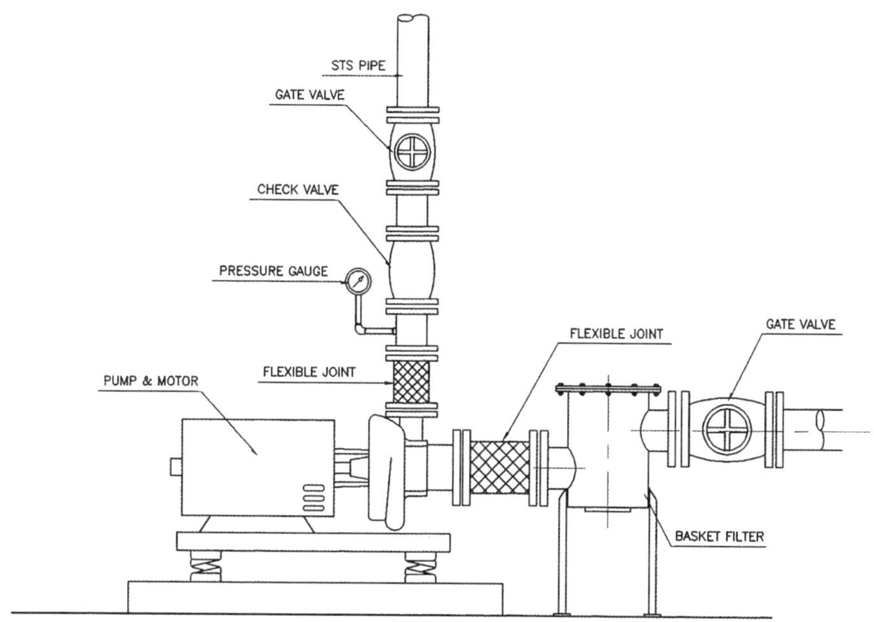

④ 기계실 PUMP 상세도
SCALE=NONE

설계번호	
설계명	금관로(왕릉앞)도로 정비공사 실시설계
도면명	연못설비도면Ⅳ
축척	NONE
날짜	
주기	
제도	
설계	
검토	
승인	
심사	
도면번호	LA－12

Pusan Environmental Design Consultant
(주)부산환경컨설탄트

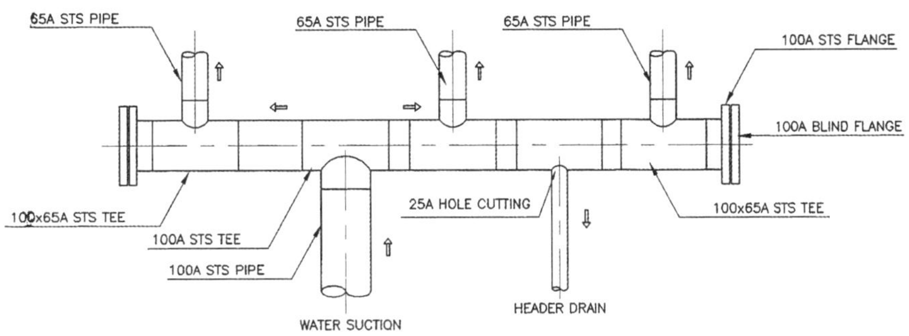

① PIPE HEADER DETAIL "A"
SCALE=NONE

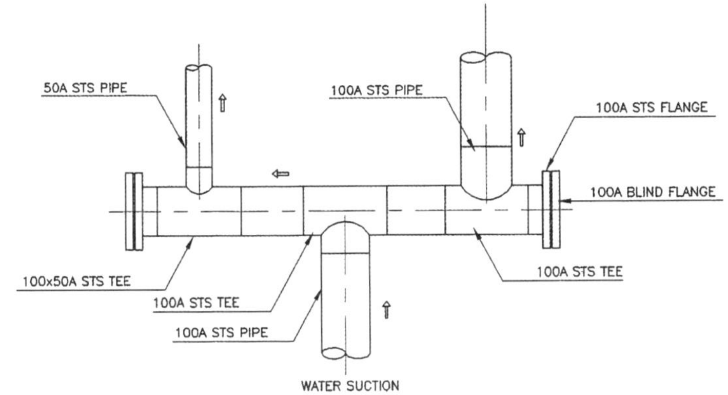

③ PIPE HEADER DETAIL "C"
SCALE=NONE

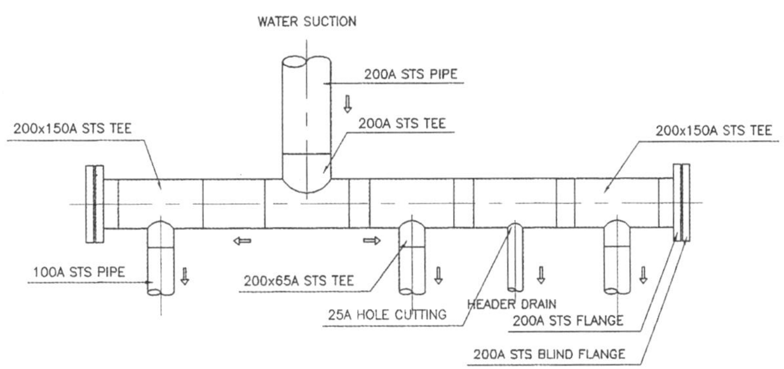

② PIPE HEADER DETAIL "B"
SCALE=NONE

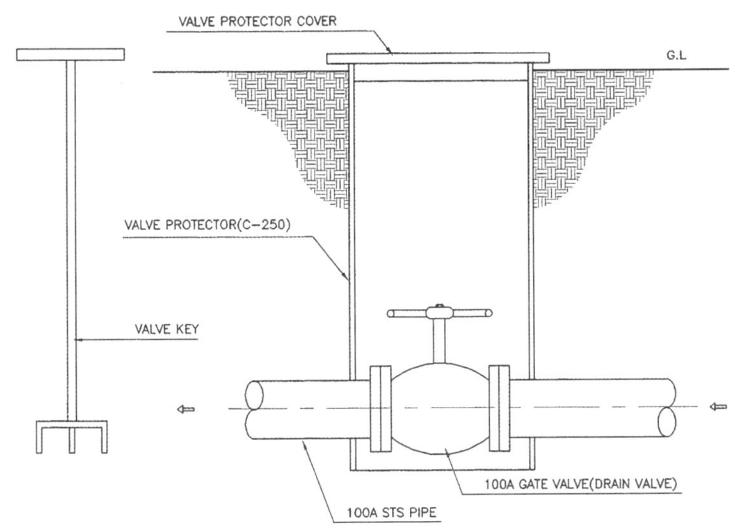

④ DRAIN VALVE(100A) & VALVE PROTECTOR
SCALE=NONE

설계번호

설계명
금관로(왕릉앞)도로 정비공사 실시설계

도면명
연못설비도면 V

축척
NONE

날짜

주기

제도
설계
검토
승인
실시

도면번호
LA - 13

Pusan Environmental Design Consultant
(주)부산환경콘설탄트

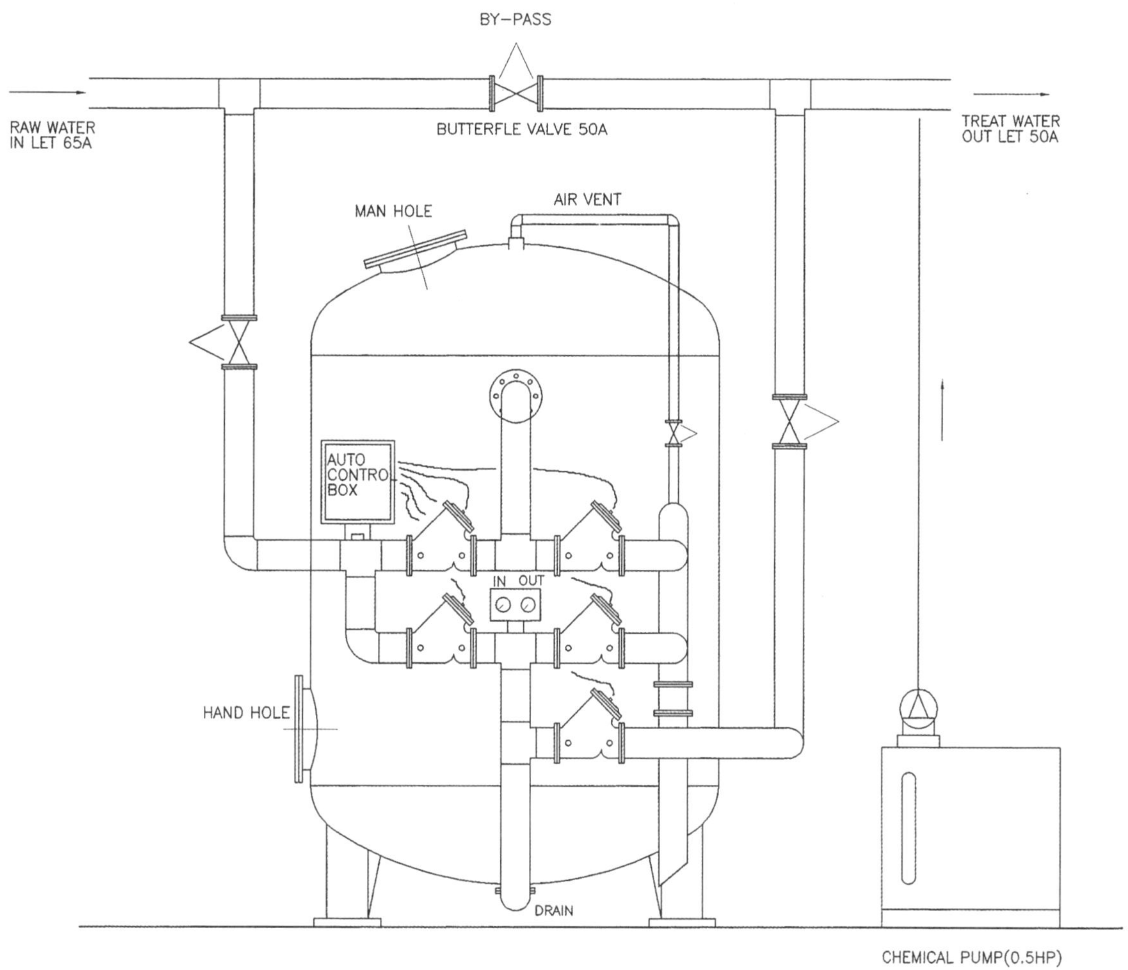

① AUTO SAND FILTER
SCALE=NONE

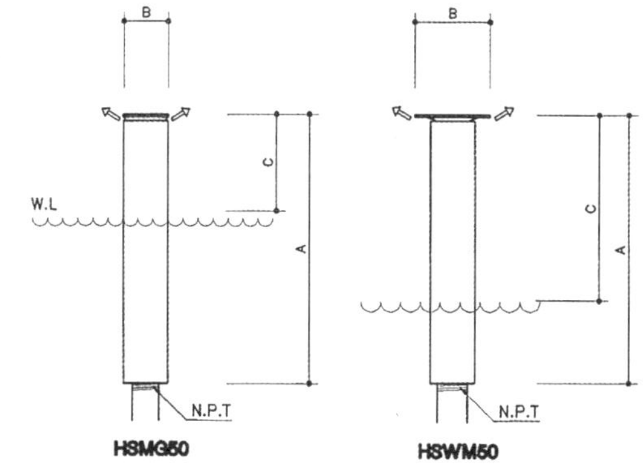

DIVISION / NOZZLE NO	A(mm)	B(mm)	C(mm)	N.P.T(mm)
HSMG50	210	90	120	50
HSWM50	500	100	90	50

② N O Z Z L E 상세도
SCALE=NONE

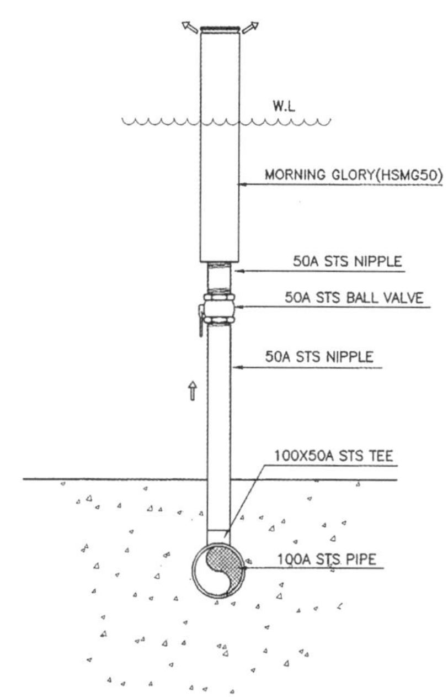

③ MORNING GLORY 상세도
SCALE=NONE

설계번호	
설계명	금관로(왕릉앞)도로 정비공사 실시설계
도면명	연못설비도면Ⅵ
축척	NONE
날짜	
주기	
제도	
설계	
검토	
승인	
심사	
도면번호	LA－14

Pusan Environmental Design Consultant

(주)부산환경콘설탄트

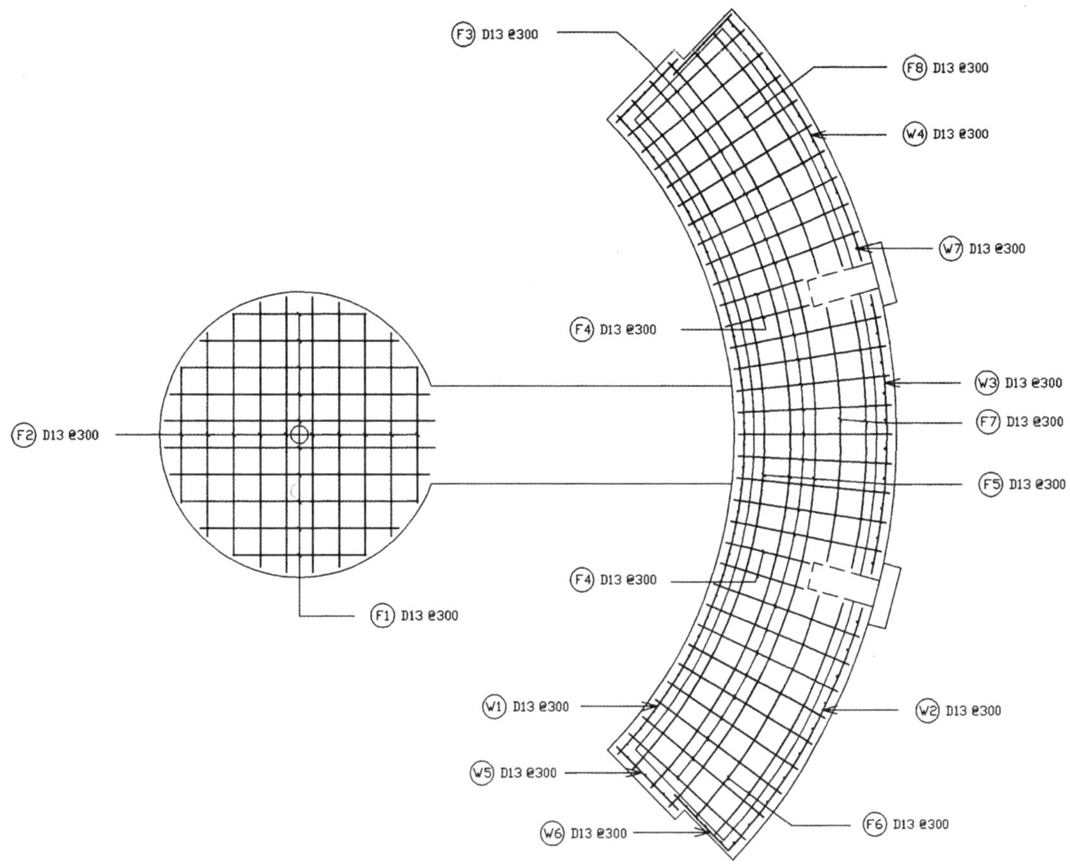

1 연못철근배근평면도
SCALE=1/30

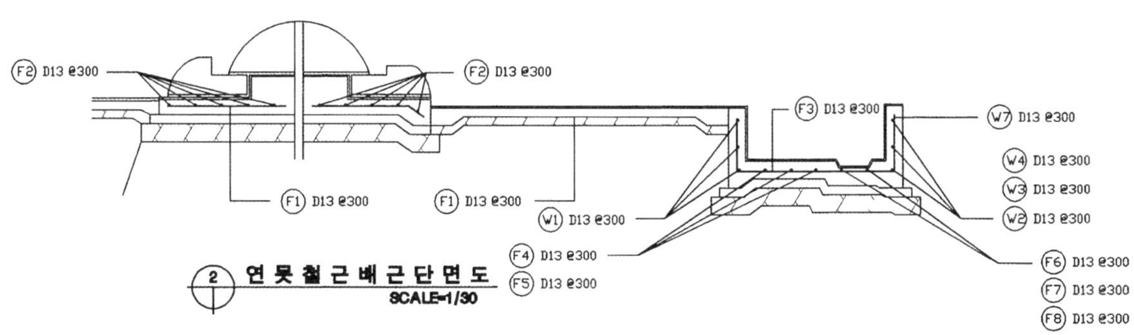

2 연못철근배근단면도
SCALE=1/30

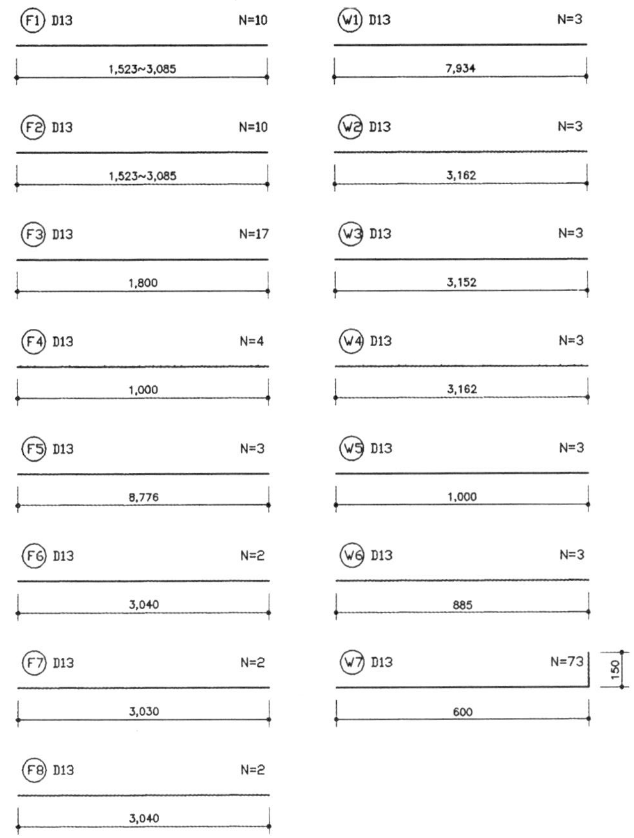

□ 철근표

부호	직경	본수	길이 (m/m)	총길이 (m)	단위중량(kg/m)	총중량 (kg)	비 고
F1	D13	10		24.9	0.995	24.8	
F2	D13	10		24.9	0.995	24.8	
F3	D13	17	1,800	30.6	0.995	30.4	
F4	D13	4	1,000	4.0	0.995	3.9	
F5	D13	3	8,776	26.3	0.995	26.1	
F6	D13	2	3,040	6.1	0.995	6.0	
F7	D13	2	3,030	6.1	0.995	6.0	
F8	D13	2	3,040	6.1	0.995	6.0	
W1	D13	3	7,934	23.8	0.995	23.6	
W2	D13	3	3,162	9.5	0.995	9.4	
W3	D13	3	3,152	9.5	0.995	9.4	
W4	D13	3	3,162	9.5	0.995	9.4	
W5	D13	3	1,000	3.0	0.995	2.9	
W6	D13	3	885	2.7	0.995	2.6	
W7	D13	73	750	54.8	0.995	54.5	
합계						239.8	0.2398TON

설계번호	
설계명	금관로(왕릉앞)도로 정비공사 실시설계
도면명	연못(분수)철근배근도
축척	1/60
날짜	
주기	
제도	
설계	
검토	
승인	
심사	
도면번호	LA－15

Pusan Environmental Design Consultant
(주)부산환경콘설탄트

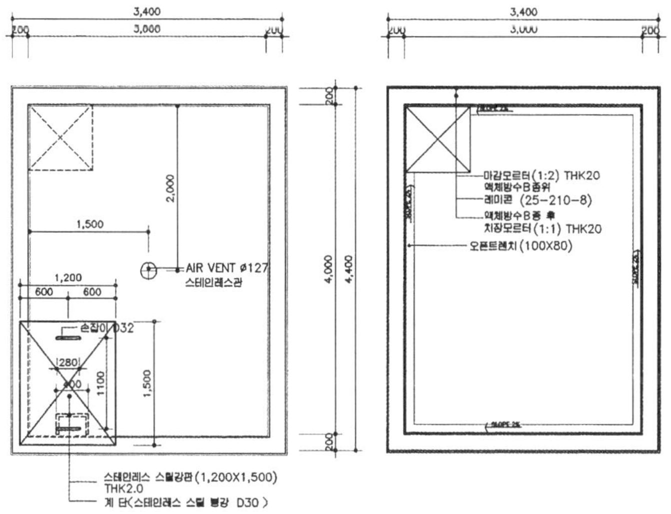

① 평 면 도 SCALE=1/60

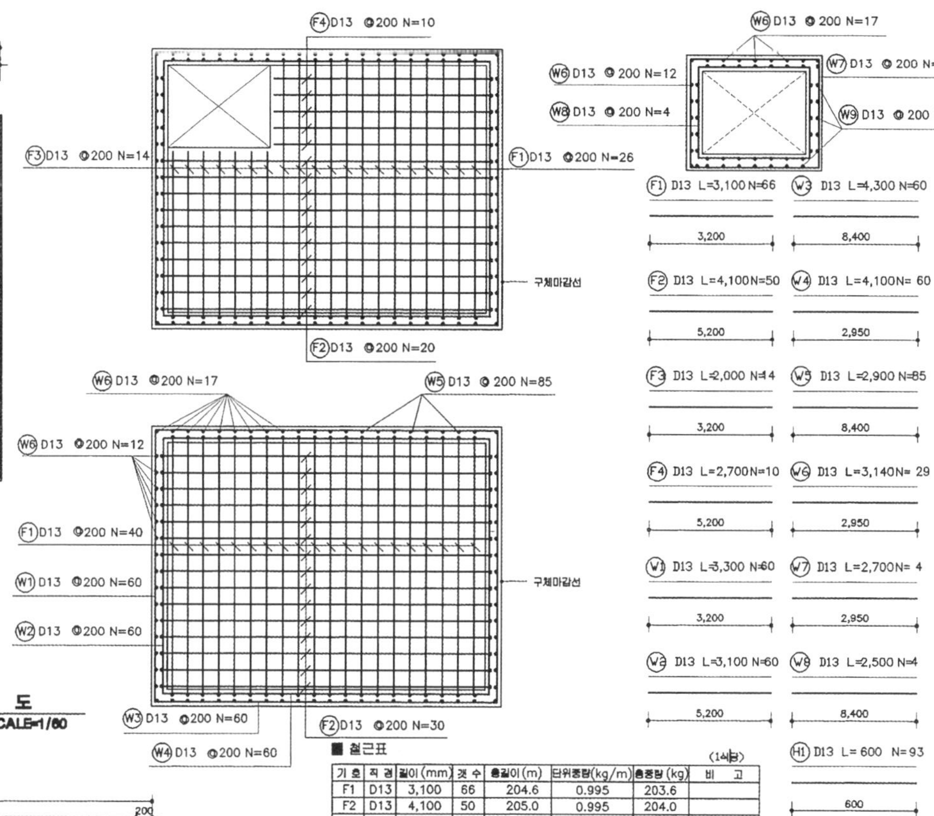

③ 배 근 도 SCALE=1/60

■ 철근표 (14kg)

기 호	직 경	길이(mm)	갯 수	총길이(m)	단위중량(kg/m)	총중량(kg)	비 고
F1	D13	3,100	66	204.6	0.995	203.6	
F2	D13	4,100	50	205.0	0.995	204.0	
F3	D13	2,000	14	28.0	0.995	27.9	
F4	D13	2,700	10	27.0	0.995	26.9	
W1	D13	3,300	60	198.0	0.995	197.0	
W2	D13	3,100	60	186.0	0.995	185.1	
W3	D13	4,300	60	258.0	0.995	256.7	
W4	D13	4,100	60	246.0	0.995	244.8	
W5	D13	2,900	85	246.5	0.995	245.3	
W6	D13	3,140	29	91.1	0.995	90.6	
W7	D13	2,700	4	10.8	0.995	10.7	
W8	D13	2,500	4	10.0	0.995	9.9	
W9	D13	300	24	7.2	0.995	7.1	
H1	D13	600	93	55.8	0.995	55.5	
합 계						1,765.1	1.765TON

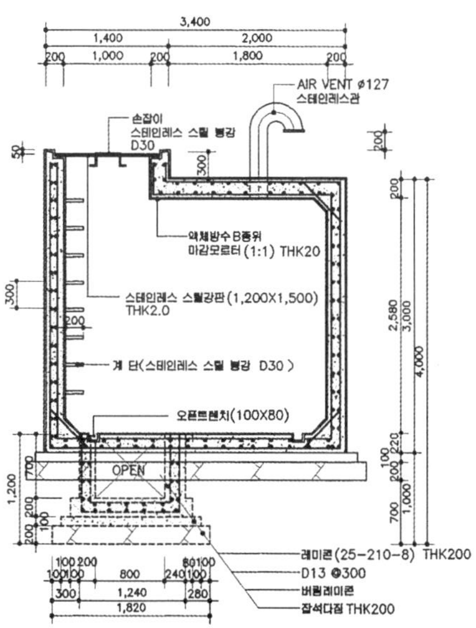

② 단 면 도 A SCALE=1/60

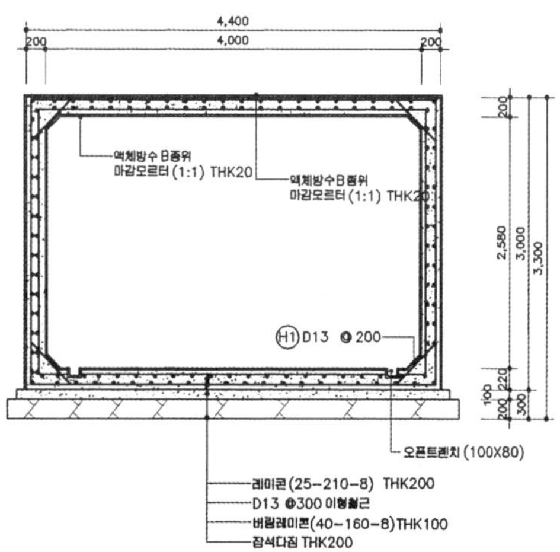

④ 단 면 도 B SCALE=1/60

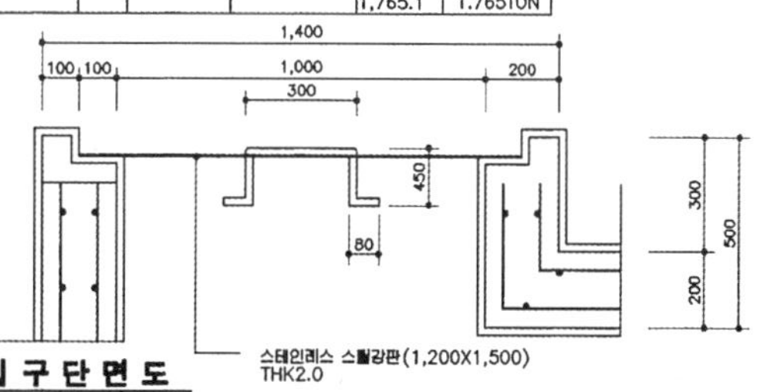

⑤ 기 계 실 입 구 단 면 도 SCALE=1/20

설계번호	
설계명	금관로(왕릉앞)도로 정비공사 실시설계
도면명	기 계 실 상 세 도
축척	1/60,20
날짜	
주기	
제도	
설계	
검토	
승인	
심사	
도면번호	LA－16

Pusan Environmental Design Consultant

(주)부산환경콘설탄트

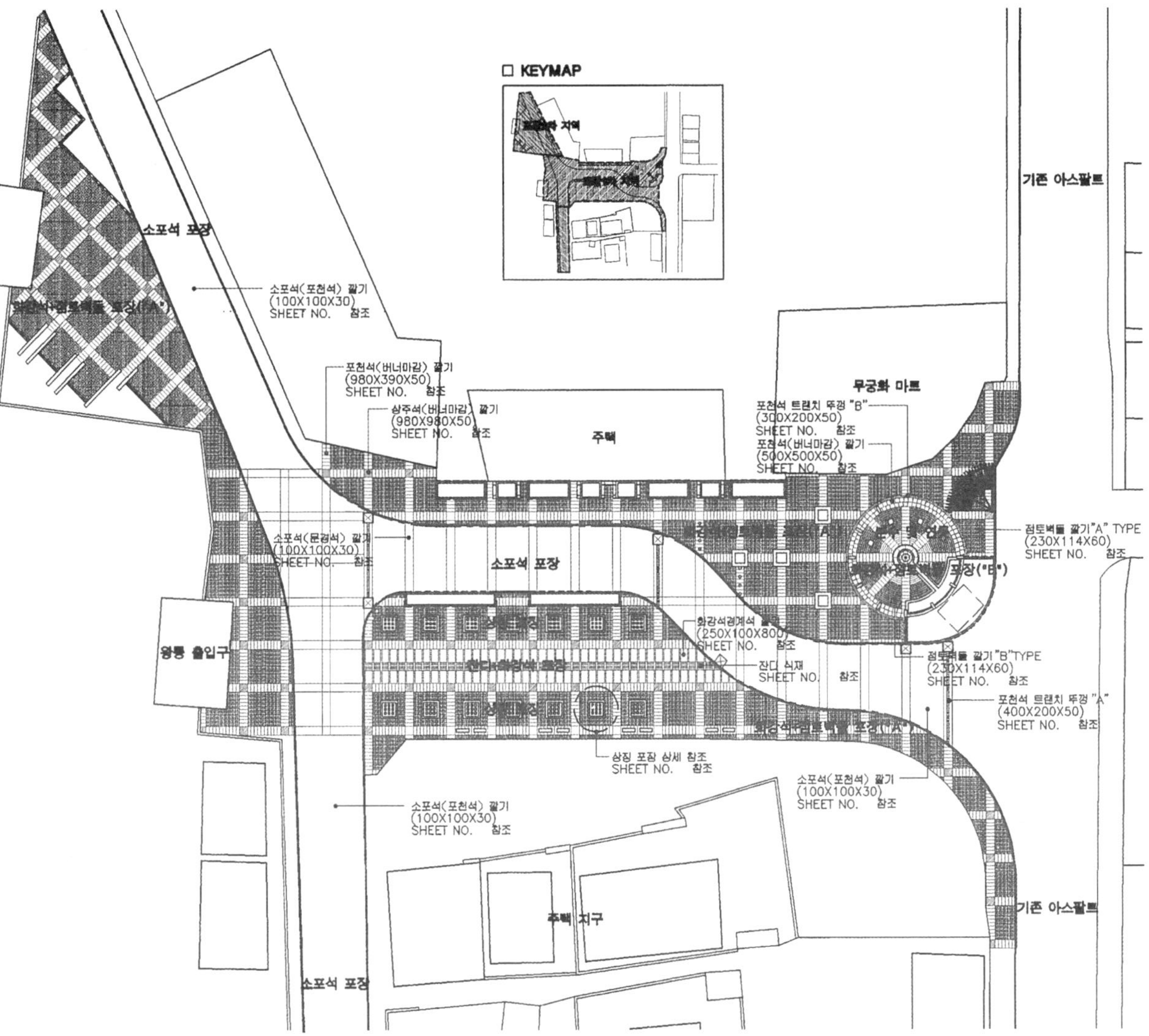

① 포 장 계 획 및 구 적 도

SCALE=1/600

□ 포장 1차 지역 수량표

구 분	규 격	단위	수 량	비 고
점토벽돌깔기	230X114X60	M²	764	"A" TYPE
	230X114X60	M²	62	"B" TYPE
포천석(버너 마감)	980X390X50	M²	576	
	500X500X50	M²	31	
상주석(버너 마감)	980X980X50	M²	45	
상징포장		개소	14	
잔디포장		M²	60	
화강석경계석 깔기	200X125X1,000	M²	9	
	250X100X800	M²	102	
트렌치뚜껑(문경석)	400X200X50	M²	10	"A"
트렌치뚜껑(포천석)	300X200X50	M²	12	"B"
소포석(포천석)깔기	100X100X30	M²	738	
소포석(문경석)깔기	100X100X30	M²	236	
재료분리석	200X250X1,000	M	145	
보도경계석	200X250X1,000	M	47	
녹지경계석	200X250X1,000	M	136	

• 상징 포장 1개소에 대한 단위 면적 수량은 SHEET NO. 참조
• 재료분리석, 보도경계석 및 녹지경계석은 화강석경계석으로 시공한다.

□ 포장 2차 지역 수량표

구 분	규 격	단위	수 량	비 고
점토벽돌깔기	230X114X60	M²	1,107	"A" TYPE
	230X114X60	M²		"B" TYPE
포천석(버너 마감)	980X390X50	M²	142	
	500X500X50	M²		
상주석(버너 마감)	980X980X50	M²	12	
상징포장		개소		
잔디포장		M²		
화강석경계석 깔기	200X125X1,000	M²		
	250X100X800	M²		
트렌치뚜껑(문경석)	400X200X50			"A"
트렌치뚜껑(포천석)	300X200X50	M²		"B"
소포석(포천석)깔기	100X100X30	M²	1,180	
소포석(문경석)깔기	100X100X30	M²		
재료분리석	200X250X1,000	M	8	
보도경계석	200X250X1,000	M	320	
녹지경계석	200X250X1,000	M	62	

• 재료분리석, 보도경계석 및 녹지경계석은 화강석경계석으로 시공한다.

설계번호

설계명: 금관로(왕릉앞)도로 정비공사 실시설계

도면명: 포장계획및구적도

축척: 1/600

날짜

주기

제도

설계

검토

승인

심사

도면번호: LA－17

Pusan Environmental Design Consultant

(주)부산환경콘설탄트

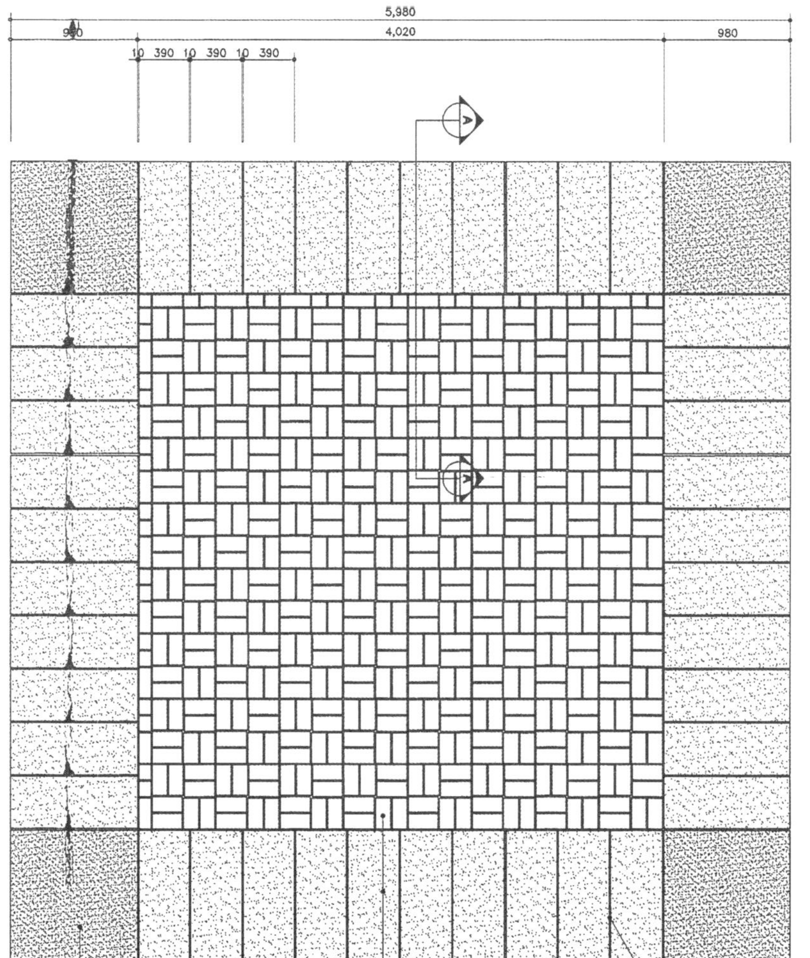

① 화강석+점토벽돌포장("A") 평면상세도
SCALE=1/40

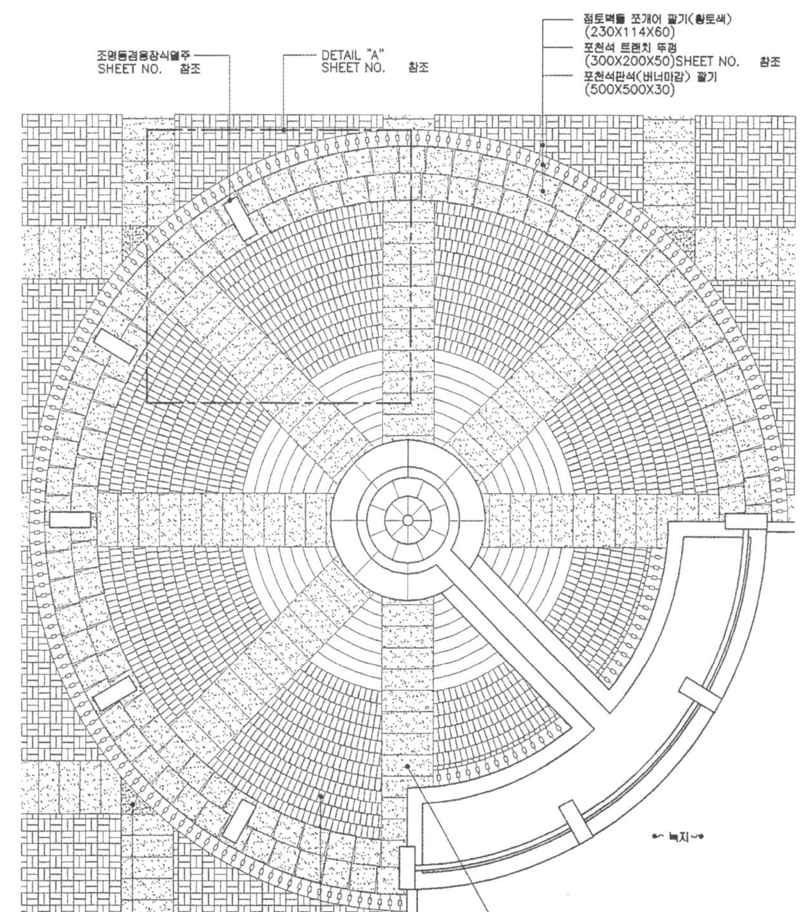

② 화강석+점토벽돌포장("B") 평면상세도
SCALE=1/100

설계번호	
설계명	금관로(왕릉앞)도로 정비공사 실시설계
도면명	포장계획상세도1
축척	1/100,40
날짜	
주기	
제도	
설계	
검토	
승인	
심사	
도면번호	LA－18

Pusan Environmental Design Consultant

(주)부산환경컨설탄트

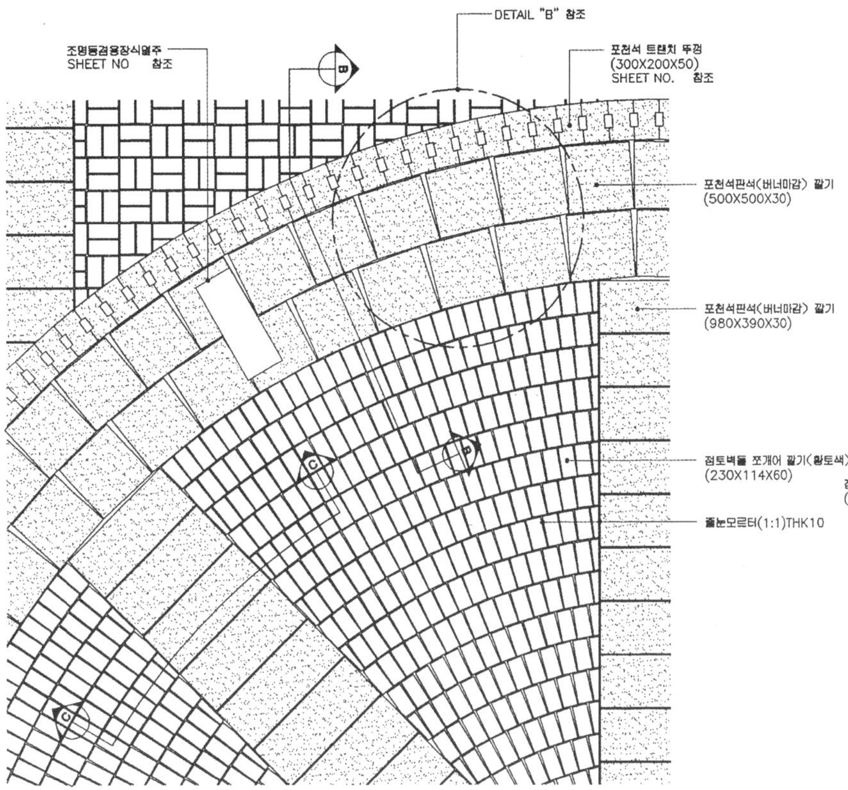

① DETAIL "A"
SCALE=1/40

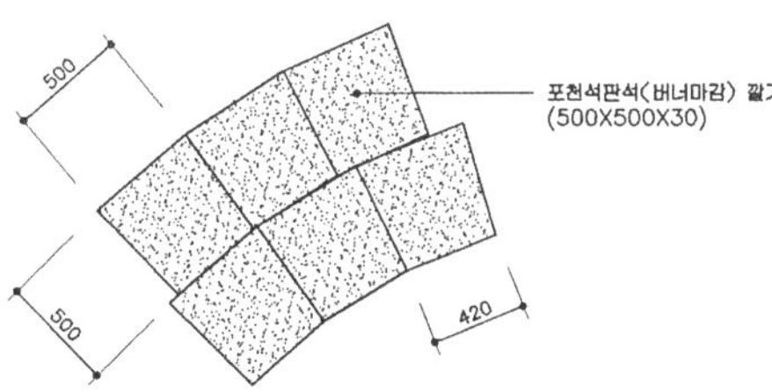

② DETAIL "B"
SCALE=1/40

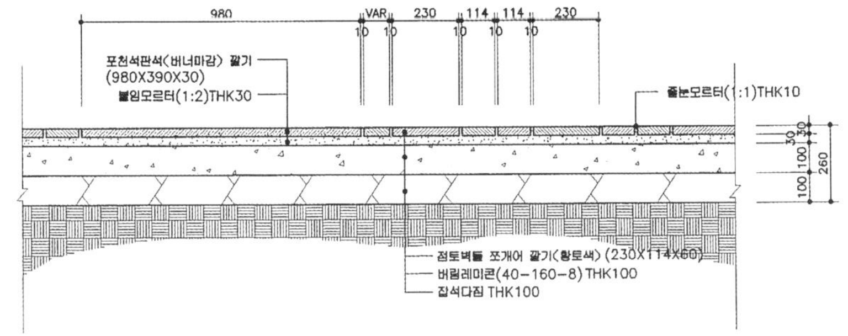

② A-A 단면상세도
SCALE=1/20

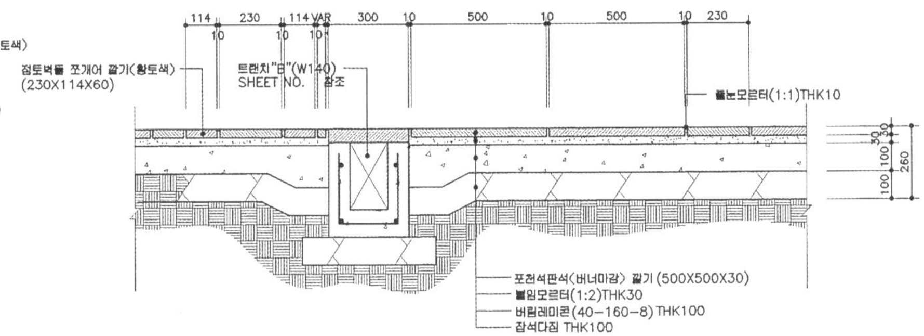

③ B-B 단면상세도
SCALE=1/20

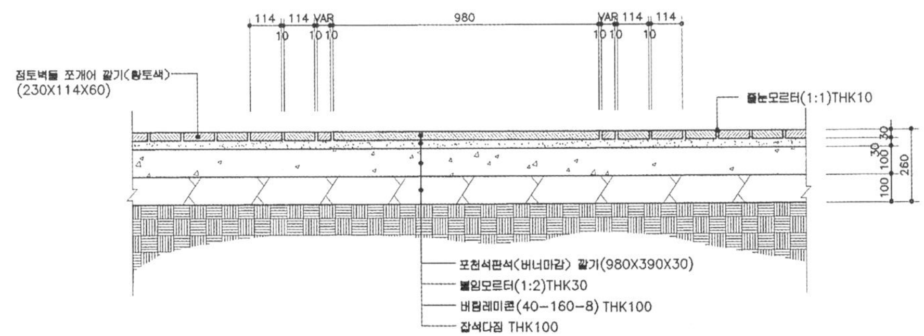

④ C-C 단면상세도
SCALE=1/20

설계번호	
설계명	금관로(왕릉앞)도로 정비공사 실시설계
도면명	포장계획상세도2
축척	1/40,20
날짜	
주기	
제도	
설계	
검토	
승인	
심사	
도면번호	LA-19

Pusan Environmental Design Consultant

(주)부산환경콘설탄트

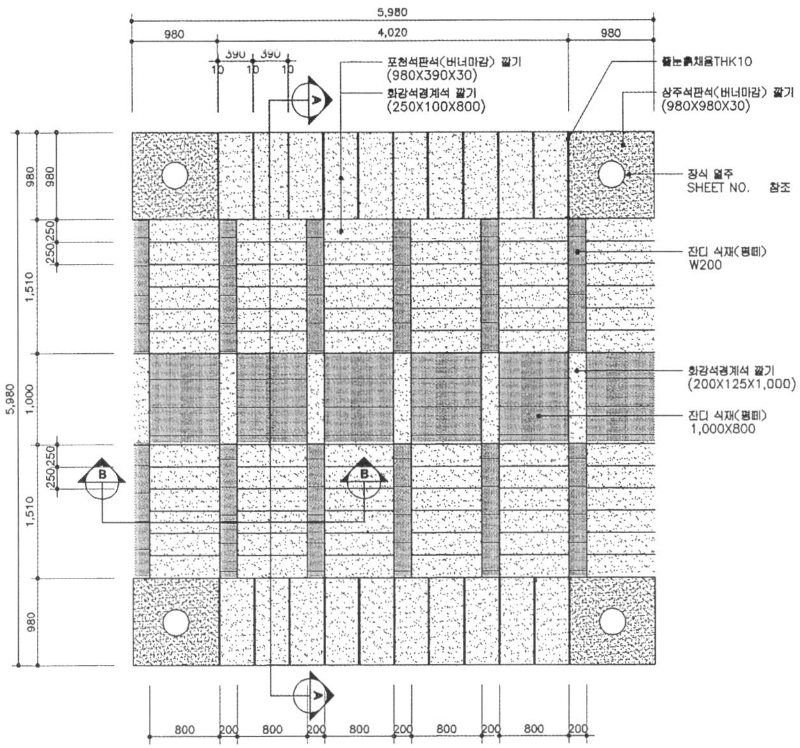

① 잔디+화강석 포장 평면상세도

SCALE=1/60

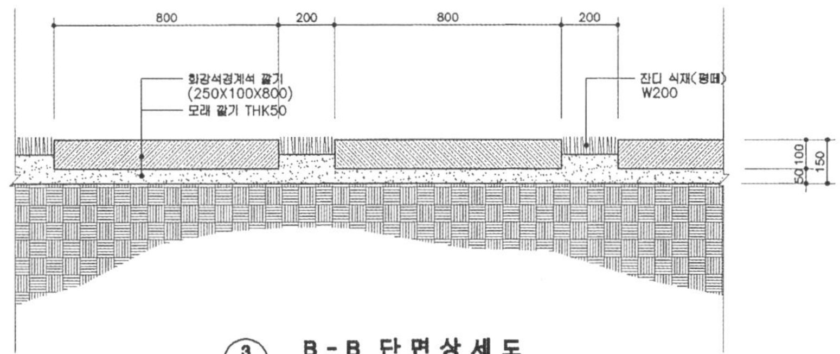

③ B - B 단면상세도

SCALE=1/20

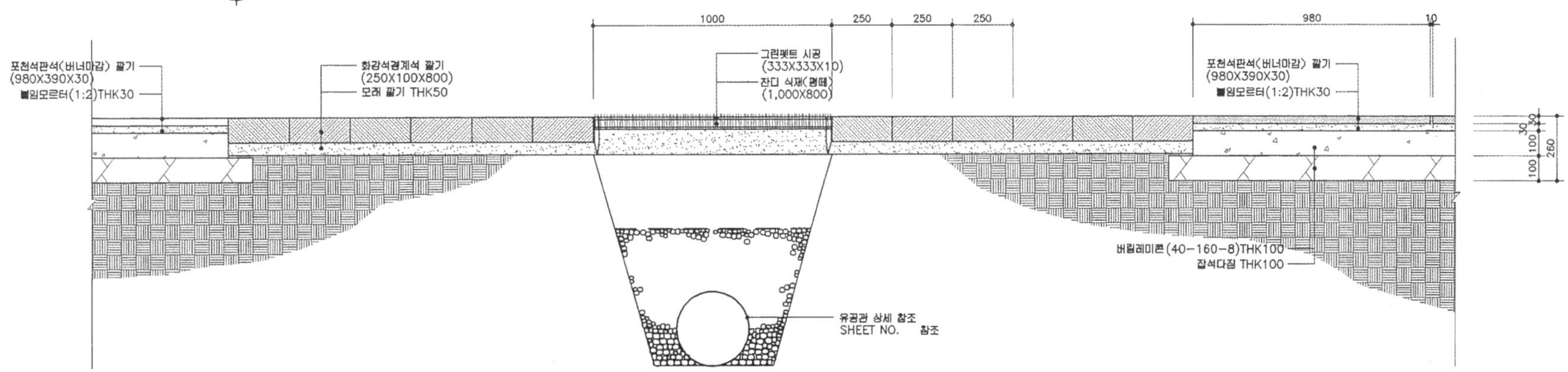

② A - A 단면상세도

SCALE=1/20

설계번호	
설계명	금관로(왕릉앞)도로 정비공사 실시설계
도면명	포장계획상세도3
축척	1/60,20
날짜	
주기	
제도	
설계	
검토	
승인	
심사	
도면번호	LA－20

Pusan Environmental Design Consultant

(주)부산환경컨설탄트

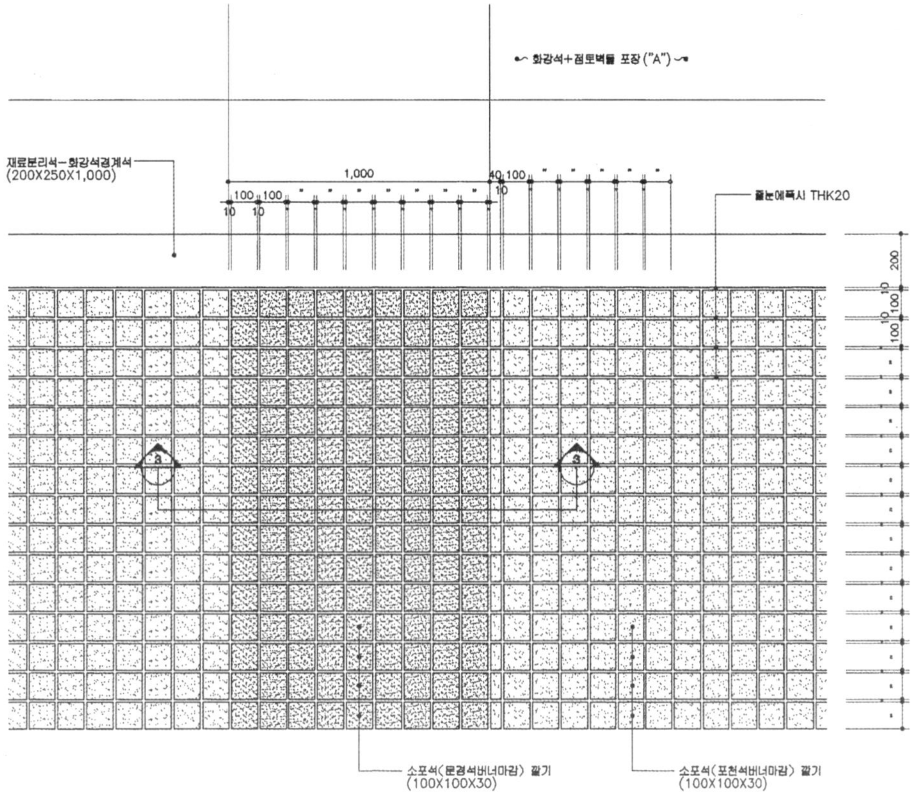

1 차도 포장 평면 상세도
SCALE=1/20

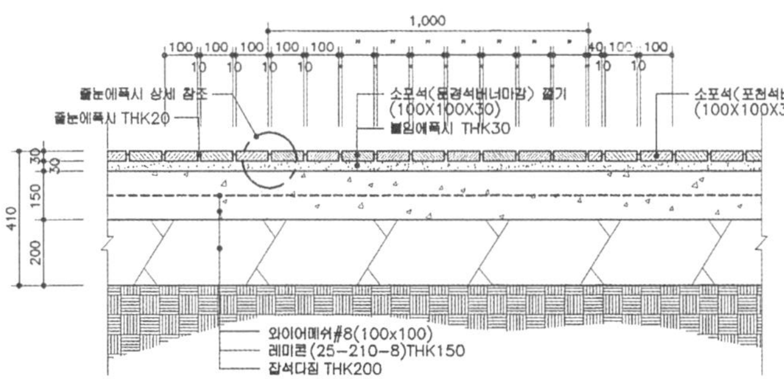

2 A-A 단면상세도
SCALE=1/20

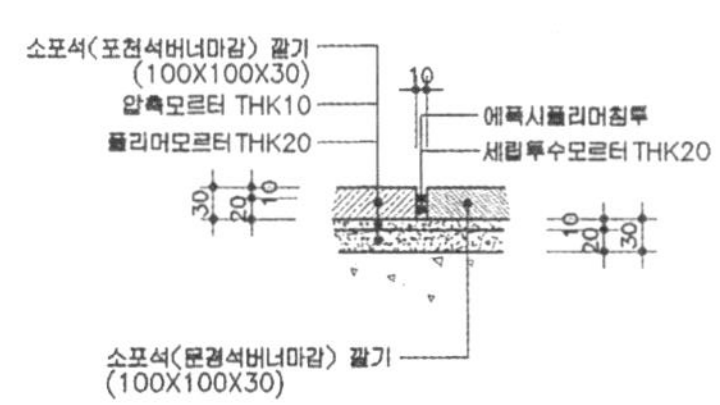

3 줄눈에폭시상세도
SCALE=1/10

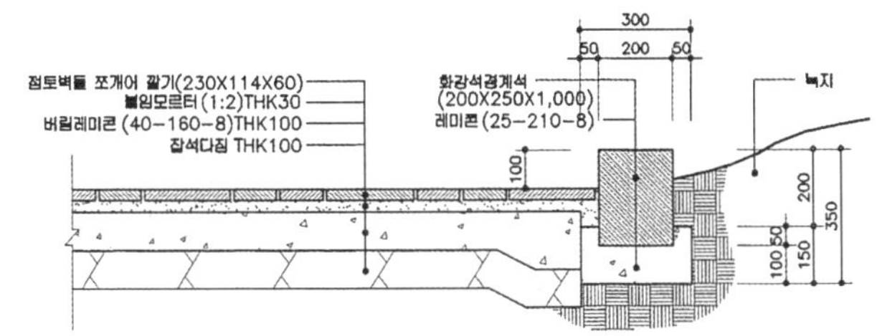

4 녹지경계석상세도
SCALE=1/20

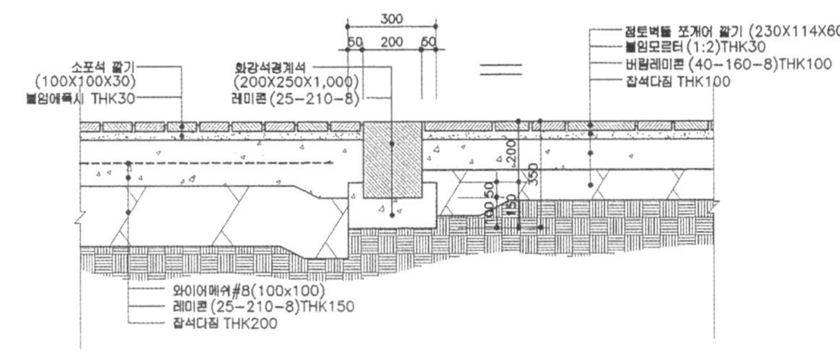

5 재료분리석상세도
SCALE=1/20

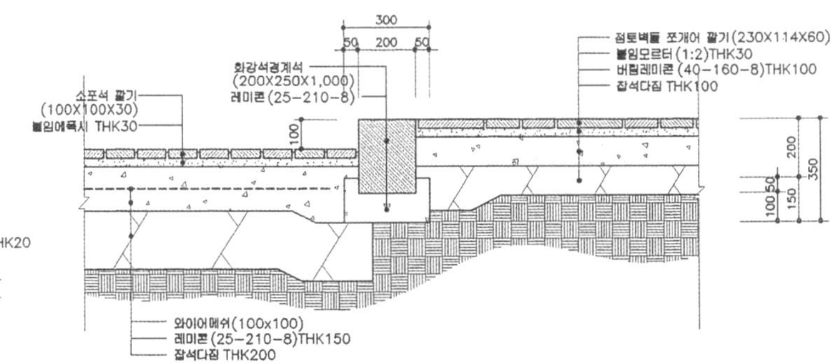

6 보도경계석상세도
SCALE=1/20

설계번호

설계명: 금관로(왕릉앞)도로 정비공사 실시설계

도면명: 포장계획상세도4

축척: 1/20,10

날짜

주기

제도
설계
검토
승인
심사

도면번호: LA-21

Pusan Environmental Design Consultant

(주)부산환경컨설탄트

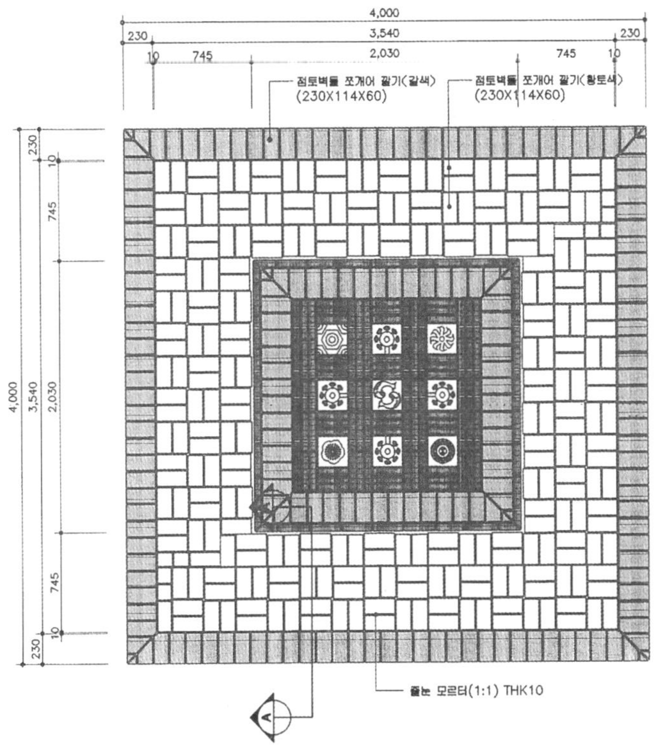

① 상징 포장 평면 상세도
SCALE=1/40

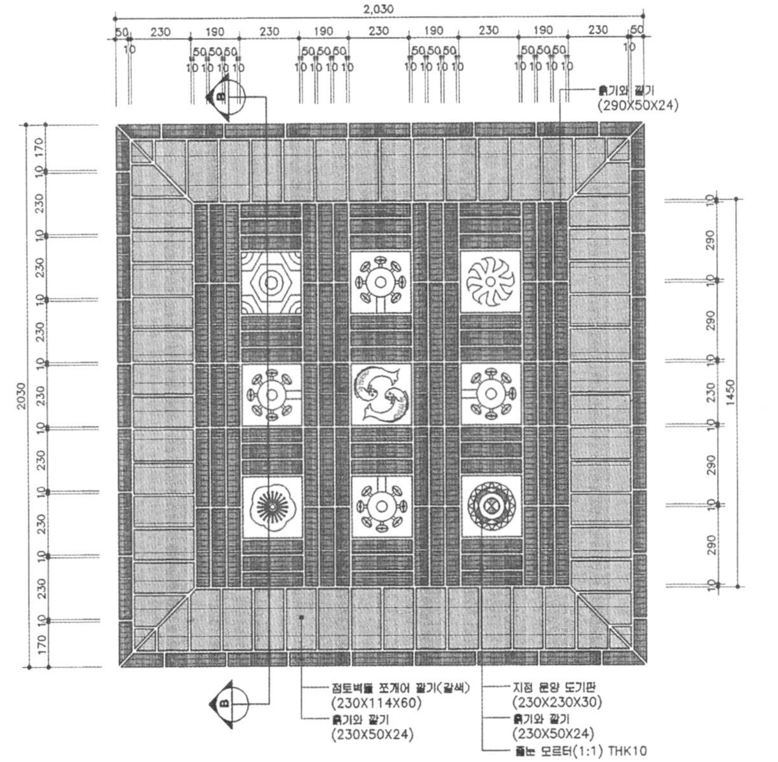

③ 상징 포장 부분 상세도
SCALE=1/20

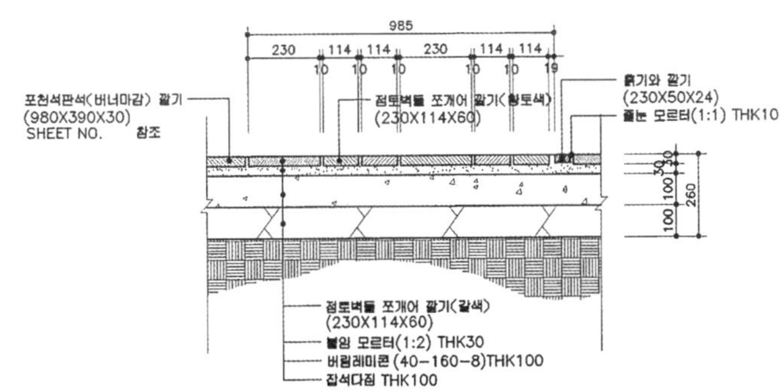

② A - A 단면상세도
SCALE=1/20

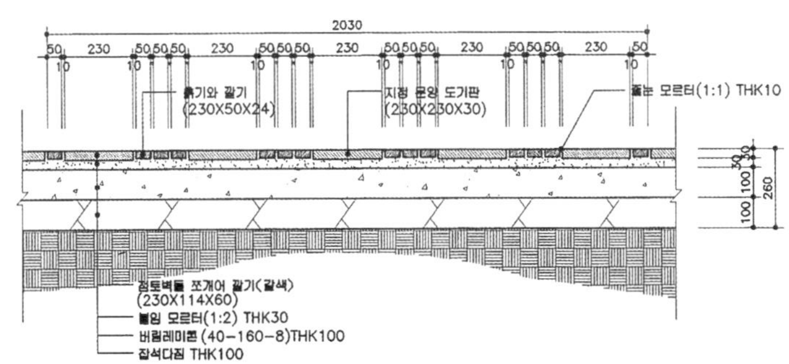

④ B - B 단면상세도
SCALE=1/20

설계번호	
설계명	금관로(왕릉앞)도로 정비공사 실시설계
도면명	상징포장상세도
축척	1/40,20
날짜	
주기	
제도	
설계	
검토	
승인	
심사	
도면번호	LA－22

Pusan Environmental Design Consultant
(주)부산환경콘설탄트

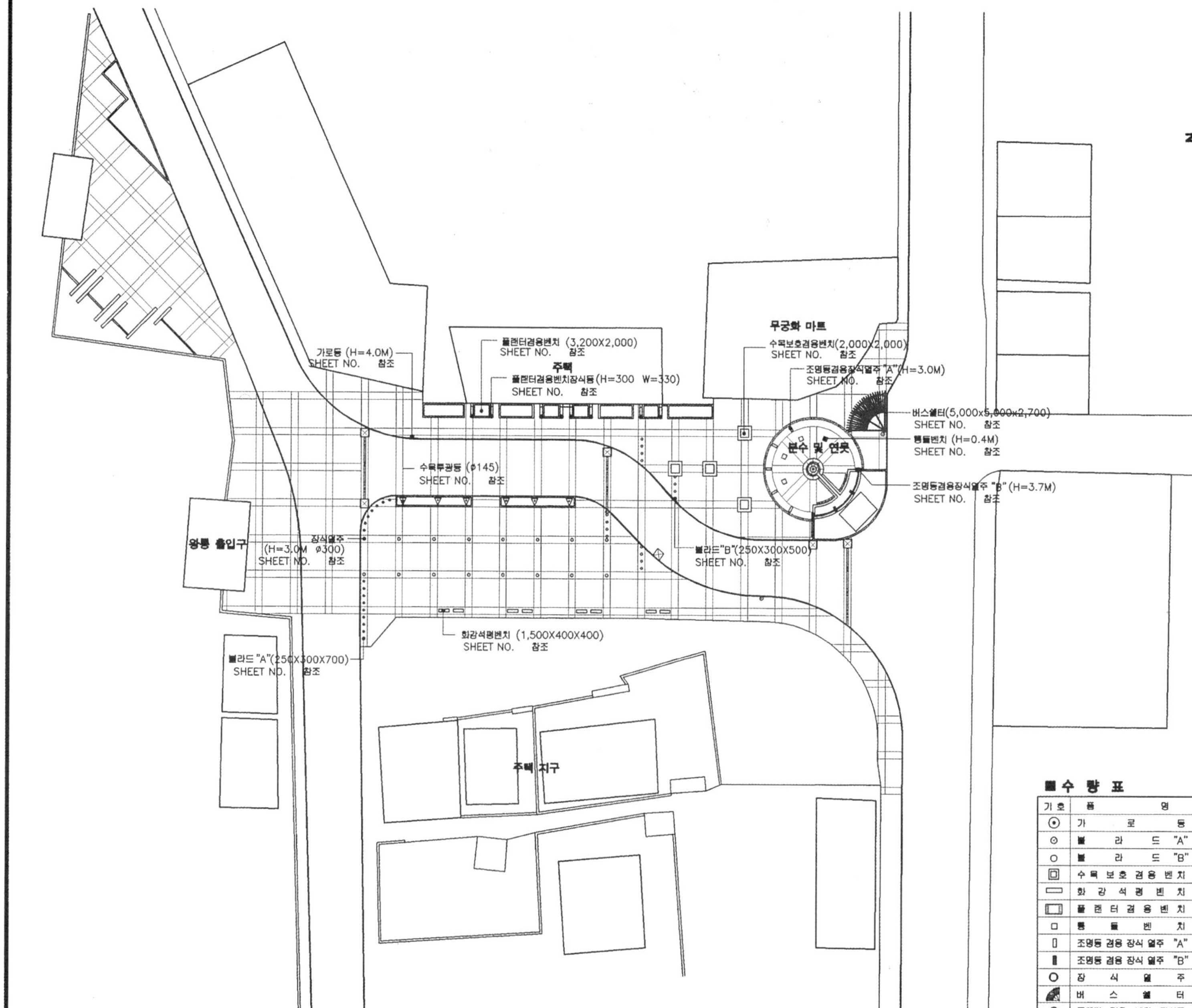

1 시설물배치계획도
SCALE=1/600

■ 수 량 표

기호	품명	규격	단위	수량	비고
⊙	가로등	H=4.0M	EA	4	
⊙	볼라드 "A"	250X300X700	EA	16	
○	볼라드 "B"	250X300X500	EA	16	
▣	수목보호겸용벤치	2,000X2,000	EA	4	
▭	화강석평벤치	1,500X400X400	EA	8	
▭	플렌터겸용벤치	3,200X2,000	EA	4	
□	통돌벤치	H=0.4M	EA	4	
▯	조명등 겸용 장식 열주 "A"	H=3.0M	EA	5	
▮	조명등 겸용 장식 열주 "B"	H=3.7M	EA	4	
O	장식열주	H=3.0M ø300	EA	16	
	버스쉘터	5,000x5,000x2,700	EA	1	
Ⓐ	플렌터 겸용 벤치 장식등	H=300 W=330	EA	8	
▽	수목투광등	ø145	EA	6	

설계번호

설계명
금관로(왕릉앞)도로 정비공사 실시설계

도면명
시설물배치계획도

축척 1/600

날짜

주기

제도

설계

검토

승인

심사

도면번호
LA－23

Pusan Environmental Design Consultant

(주)부산환경콘설탄트

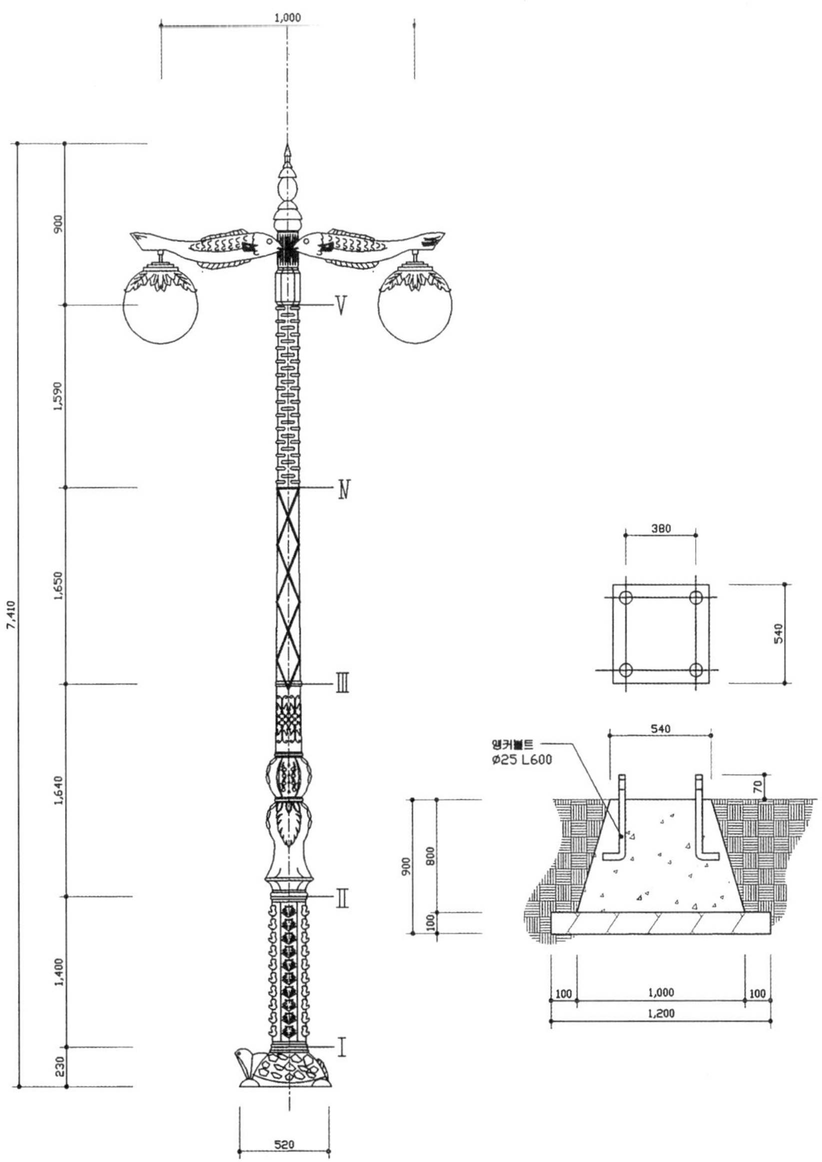

① 가 로 등 상 세 도
SCALE=NONE

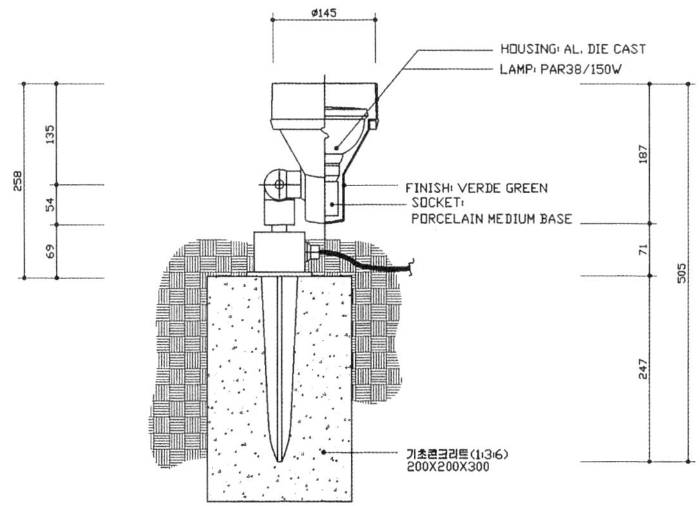

② 수목투광등(SPOT LIGHT)상세도
SCALE=NONE

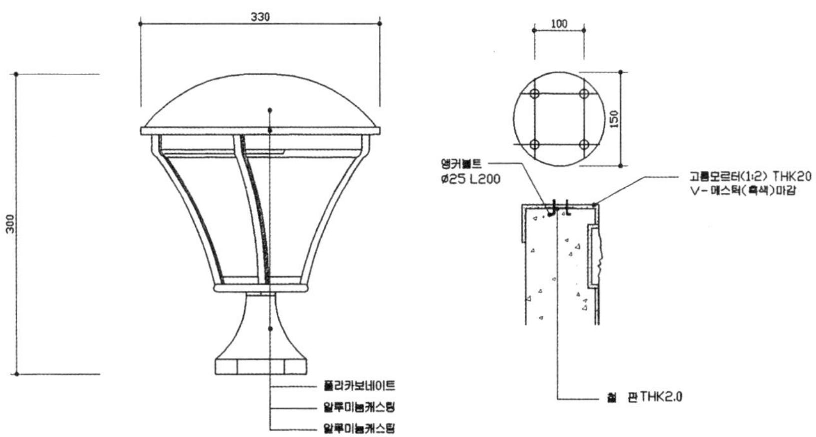

Ⓢ 플랜터겸용벤치 장식등
SCALE=NONE

설계번호	
설계명	금관로(왕릉앞)도로 정비공사 실시설계
도면명	조 명 등 상 세 도
축척	NONE
날짜	
주기	
제도	
설계	
검토	
승인	
심사	
도면번호	LA - 24

Pusan Environmental Design Consultant
(주)부산환경콘설탄트

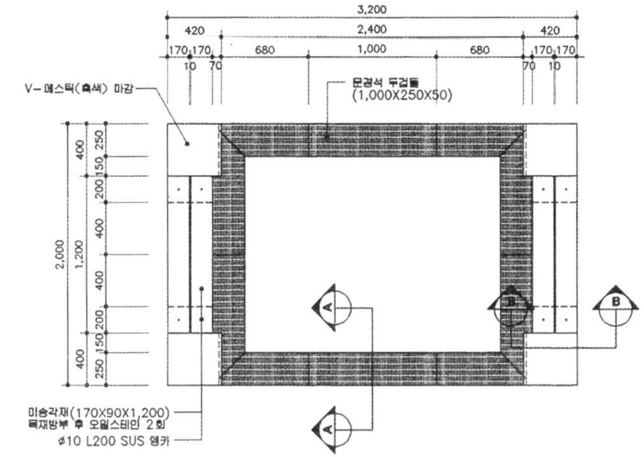

① 플랜터겸용벤치 평면도 SCALE=1/40

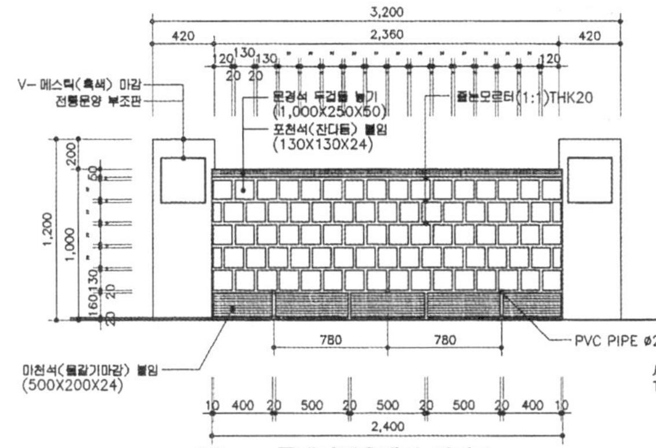

③ 플랜터겸용벤치 정면도 SCALE=1/40

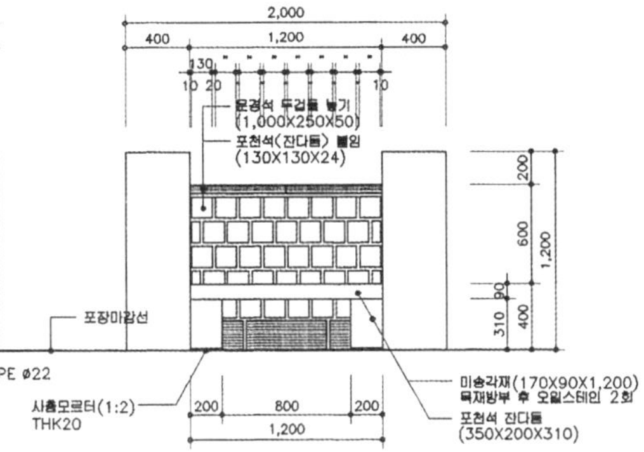

⑤ 플랜터겸용벤치 측면도 SCALE=1/40

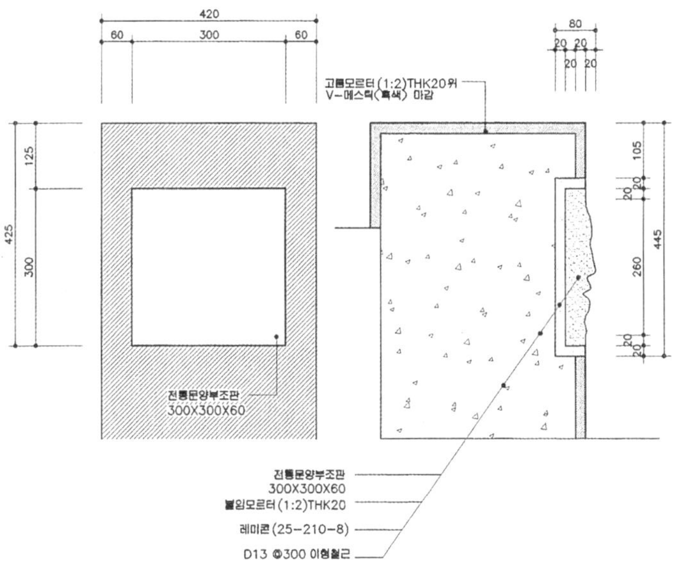

② 전통문양부조설치예시도 SCALE=1/10

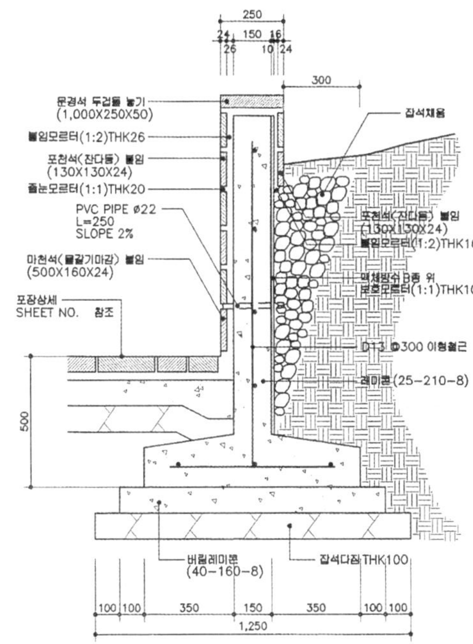

④ A-A 단면상세도 SCALE=1/20

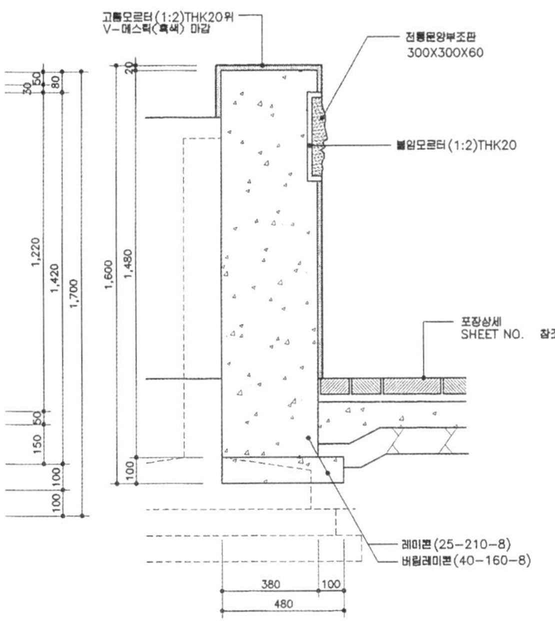

⑥ B-B 단면상세도 SCALE=1/20

설계번호	
설계명	금관로(왕릉앞)도로 정비공사 실시설계
도면명	수목보호겸용벤치상세도
축척	1/40,20,10
날짜	
주기	
제도	
설계	
검토	
승인	
심사	
도면번호	LA-25

Pusan Environmental Design Consultant

(주)부산환경콘설탄트

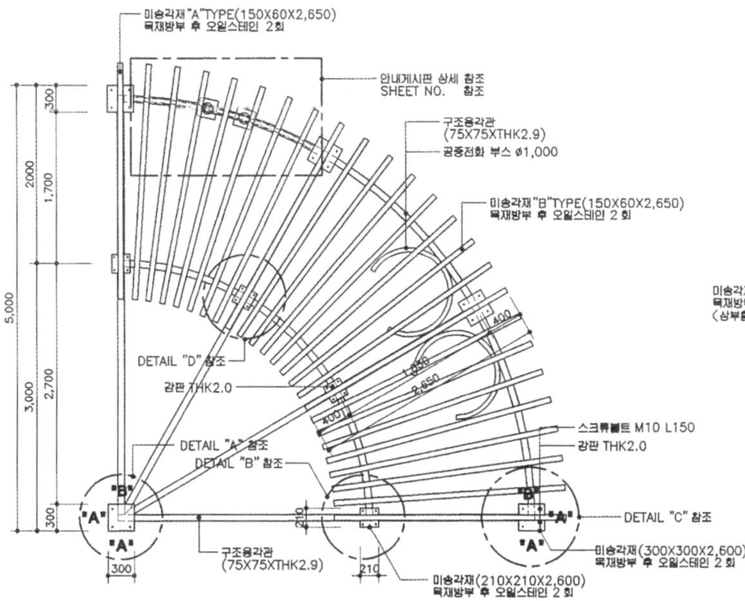

① 버스쉘타평면도
SCALE=1/60

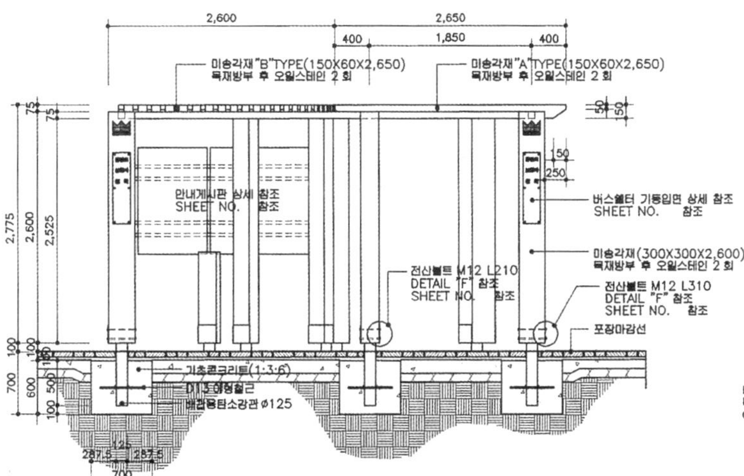

② 버스쉘타정면도
SCALE=1/60

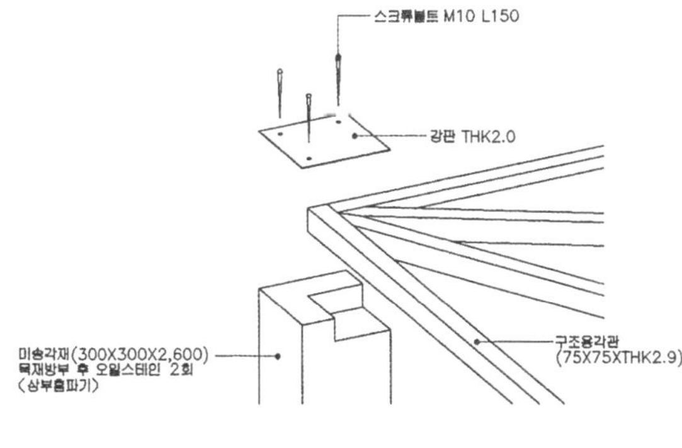

③ DETAIL "A"
SCALE=NONE

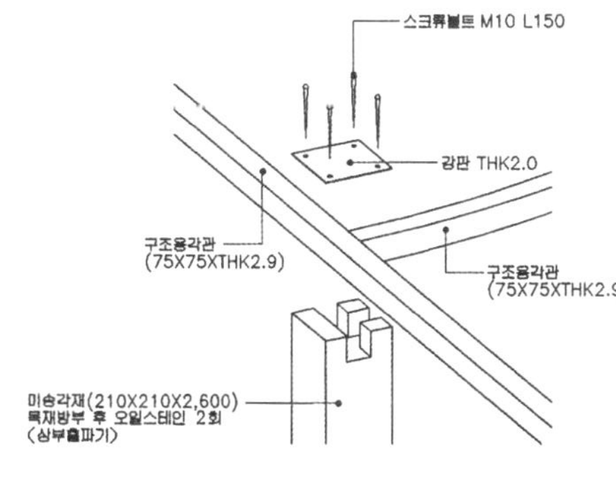

④ DETAIL "B"
SCALE=NONE

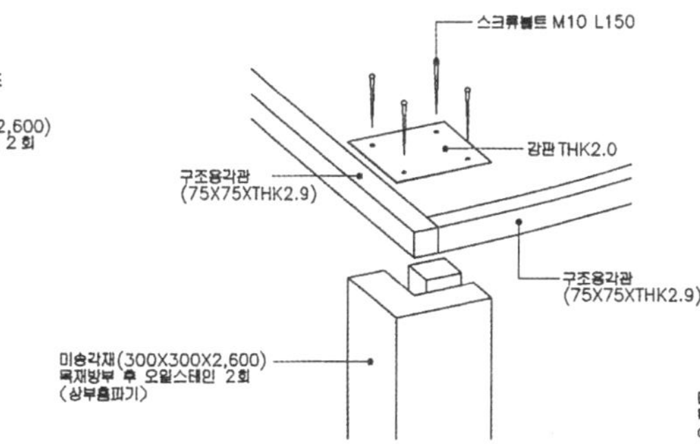

⑤ DETAIL "C"
SCALE=NONE

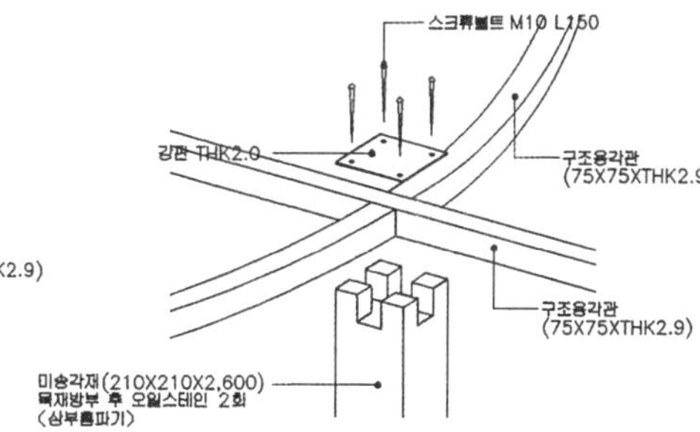

⑥ DETAIL "D"
SCALE=NONE

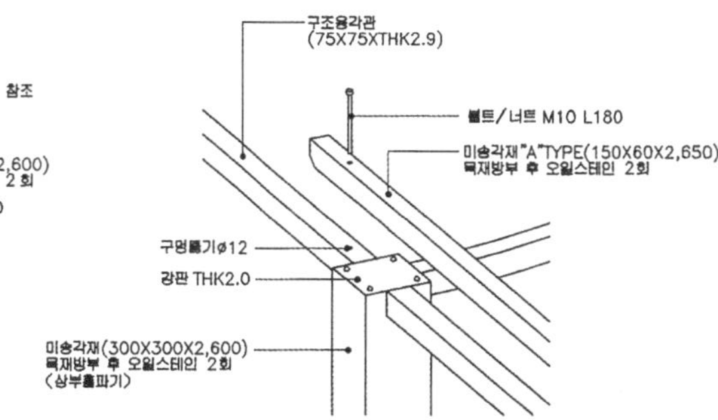

⑦ 미송각재"A"TYPE 조립상세도
SCALE=NONE

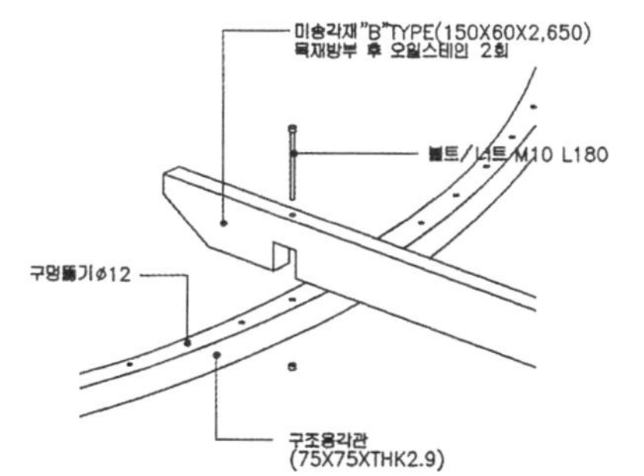

⑧ 미송각재"B"TYPE 조립상세도
SCALE=NONE

● NOTE ; 구조용각관끼리의 모든 접합은 용접으로 마무리한다.

설계번호	
설계명	금관로(왕릉앞)도로 정비공사 실시설계
도면명	버스쉘타상세도I
축척	1/60,NONE
날짜	
주기	
제도	
설계	
검토	
승인	
심사	
도면번호	LA－26

Pusan Environmental Design Consultant

(주)부산환경콘설탄트

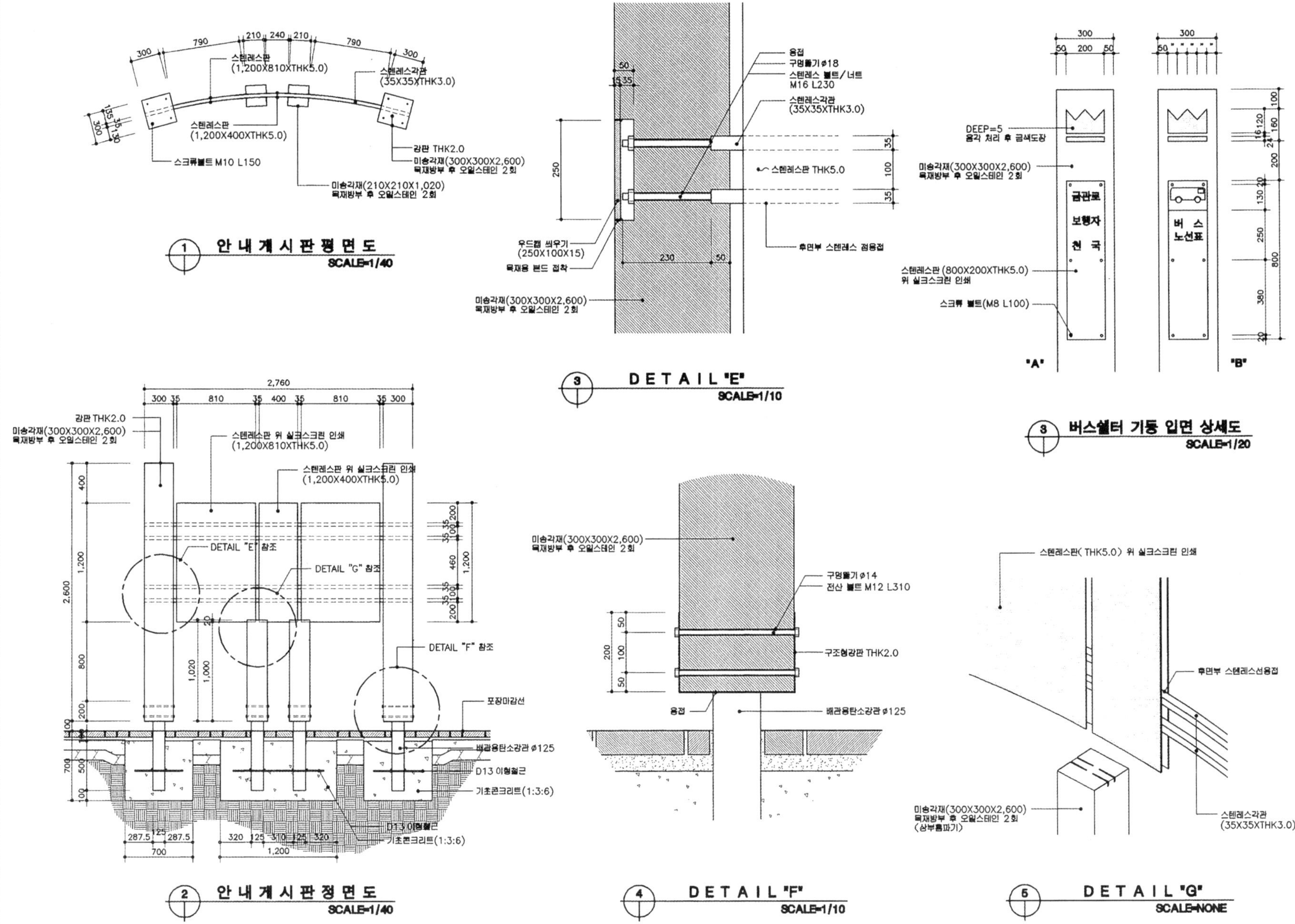

설계번호	
설계명	금관로(왕릉앞)도로 정비공사 실시설계
도면명	버스쉘타상세도II
축척	1/40,20,10,NONE
날짜	
주기	
제도	
설계	
검토	
승인	
심사	
도면번호	LA－27

Pusan Environmental Design Consultant

(주)부산환경콘설탄트

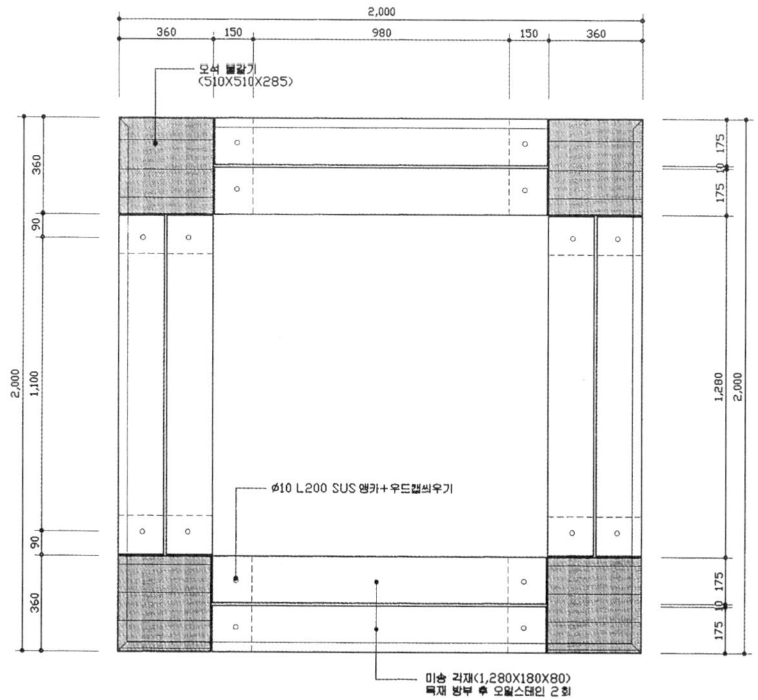

① 수목보호겸용벤치 평면도
SCALE=1/20

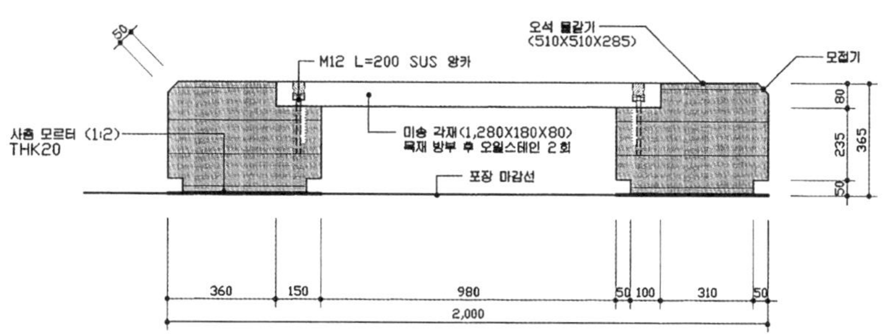

② 수목보호겸용벤치 입면도
SCALE=1/20

③ 장 대 석 상 세 도
SCALE=1/NONE

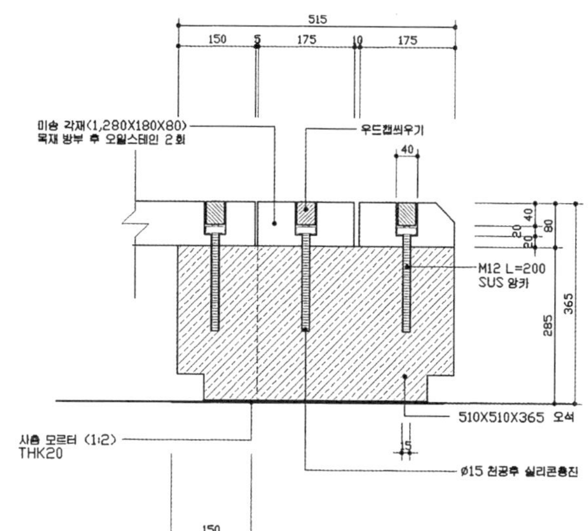

④ 수목보호겸용벤치 단면상세도
SCALE=1/10

설계번호	
설계명	금관로(왕룡앞)도로 정비공사 실시설계
도면명	수목보호겸용벤치상세도 /장 대 석 스 케 치
축척	1/20,10,NONE
날짜	
주기	
제도	
설계	
검토	
승인	
심사	
도면번호	LA－28

Pusan Environmental Design Consultant

(주)부산환경컨설탄트

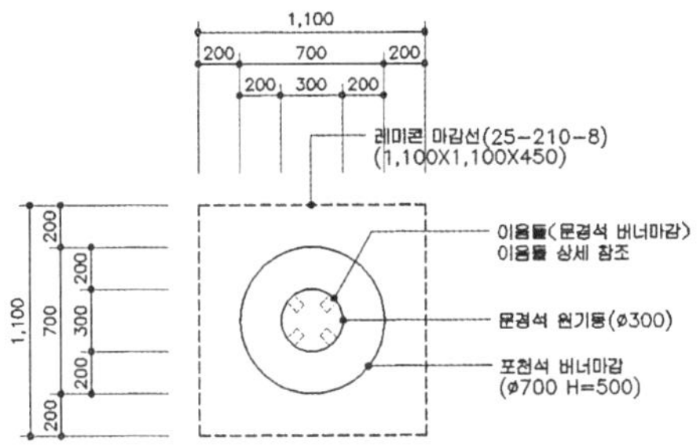

① 장식열주평면도 SCALE=1/40

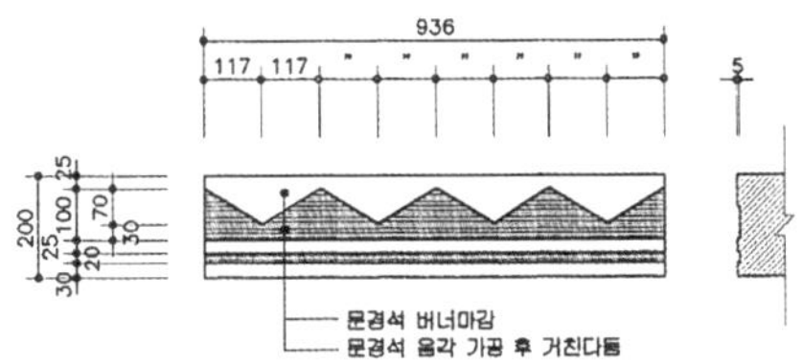

③ 장식열주 상부덮개 전개도 SCALE=1/20

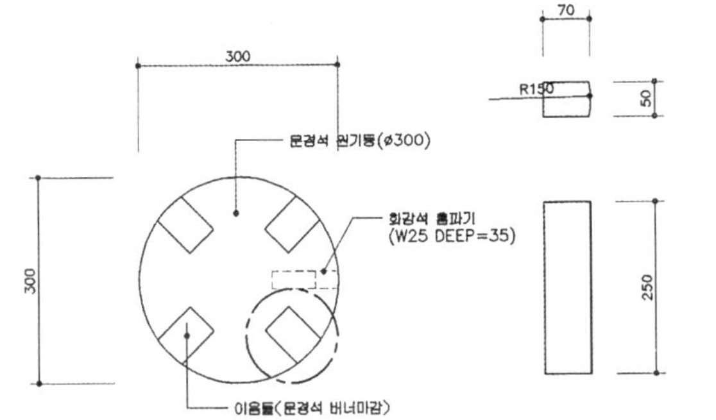

NOTE : 장식열주 원기둥, 이음돌 및 상부 덮개의 연결은 에폭시 접착으로 마감한다.

⑤ 이음돌 상세도 SCALE=1/10

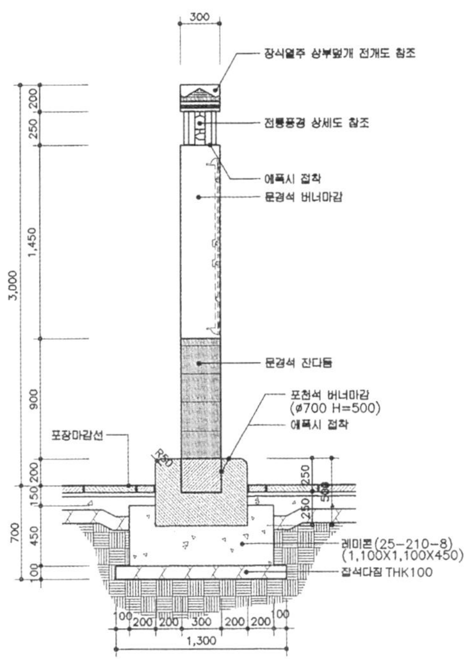

② 장식열주정면도 SCALE=1/40

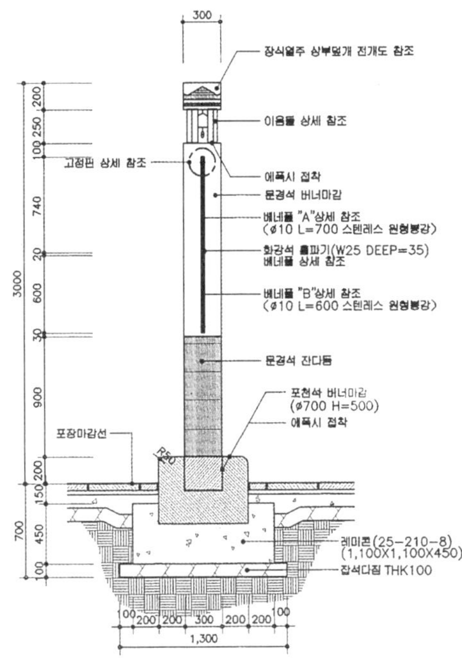

④ 장식열주측면도 SCALE=1/40

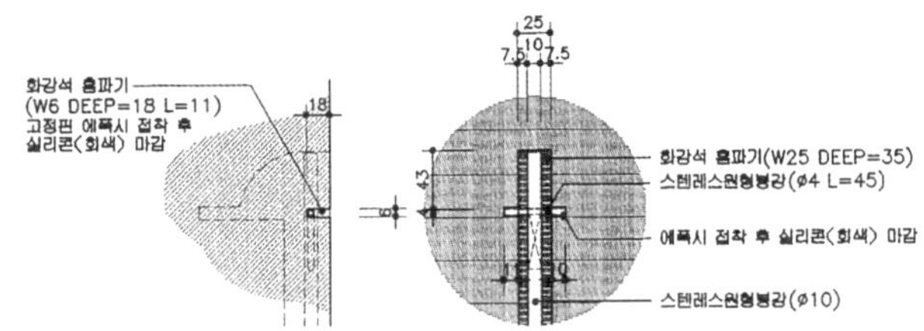

⑥ 고정핀 상세도 SCALE=1/6

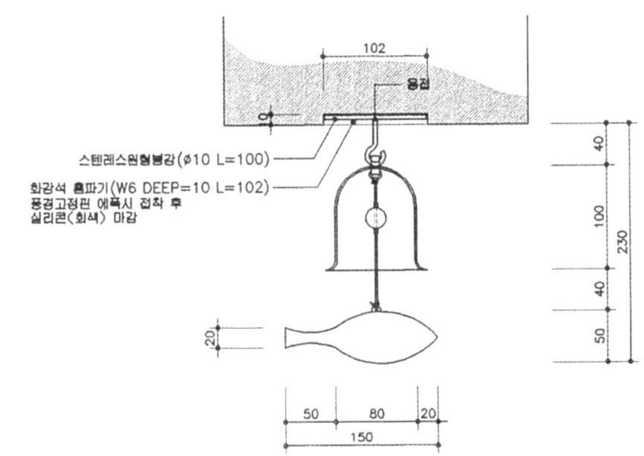

⑦ 전통풍경상세도 SCALE=1/6

설계번호	
설계명	금관로(왕릉앞)도로 정비공사 실시설계
도면명	장식열주상세도
축척	1/40,20,10,6
날짜	
주기	
제도	
설계	
검토	
승인	
심사	
도면번호	LA－29

Pusan Environmental Design Consultant

(주)부산환경콘설탄트

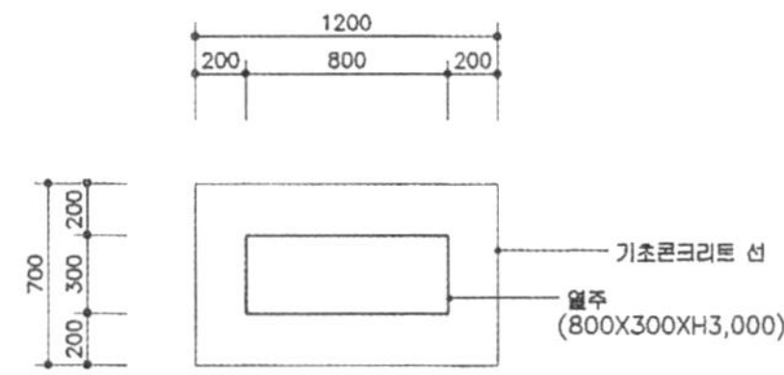

① 조명등겸용장식열주"A" 평면도
SCALE=1/40

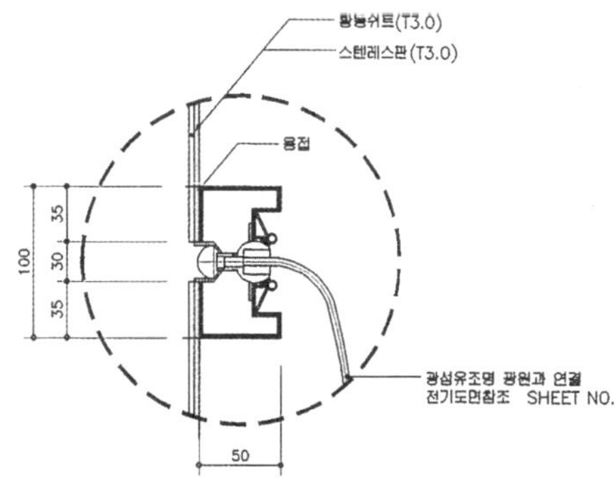

③ "A" 부분상세도
SCALE = 1/4

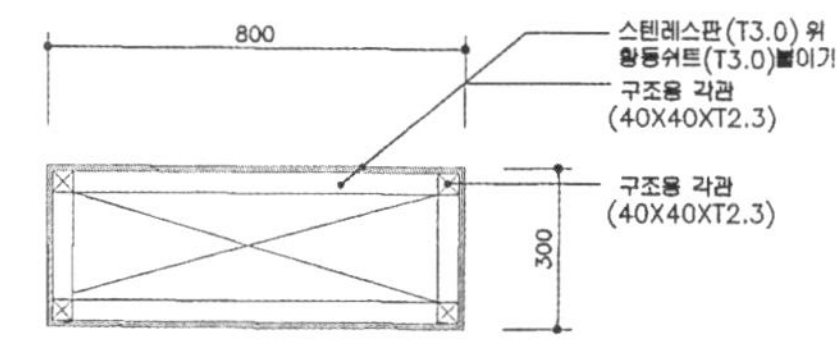

④ 골 조 평 면 도
SCALE=1/20

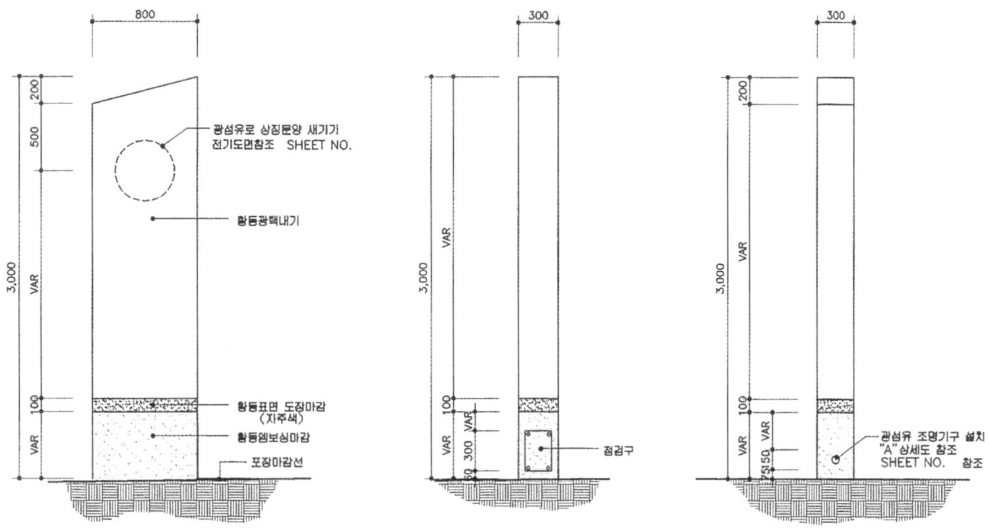

NOTE: 열주의 기초부분는 조명등겸용열주"B"를 참조할 것.

② 조명등겸용장식열주"A" 정면도/측면도
SCALE = 1/40

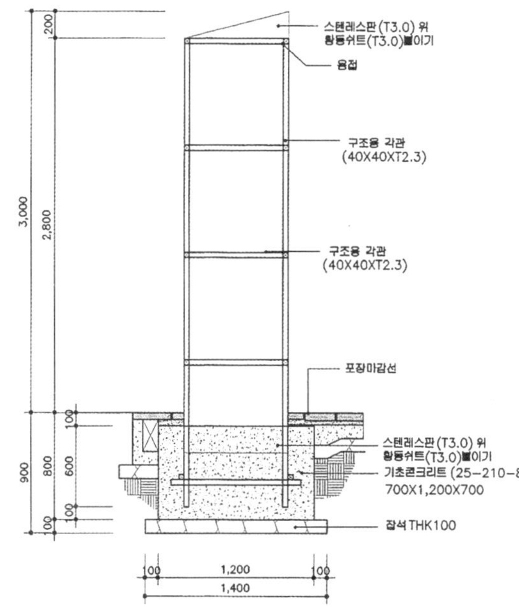

NOTE: 측면의 골조단면은 조명겸용열주"B"를 참조할 것.

⑤ 골 조 정 단 면 도
SCALE=1/40

설계번호	
설계명	금관로(왕릉앞)도로 정비공사 실시설계
도면명	조명등겸용장식열주 "A" 상세도
축척	1/40,20,4
날짜	
주기	
제도	
설계	
검토	
승인	
심사	
도면번호	LA－30

Pusan Environmental Design Consultant

(주)부산환경콘설탄트

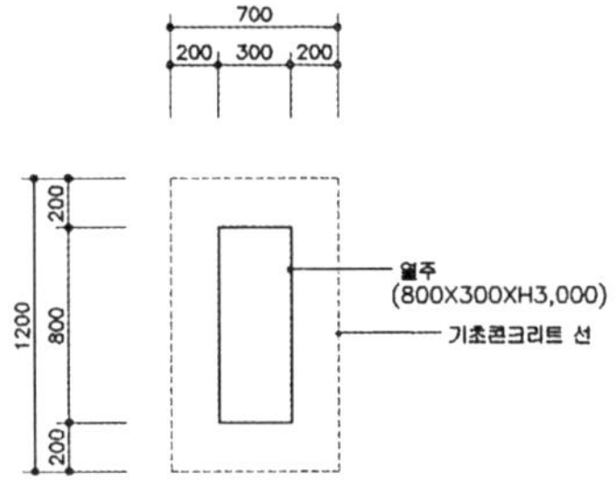

① 조명등겸용장식열주"B" 평면도
SCALE=1/40

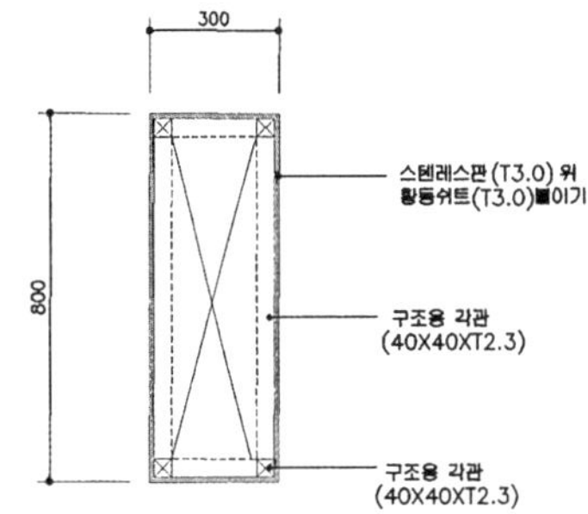

② 골 조 평 면 도
SCALE=1/20

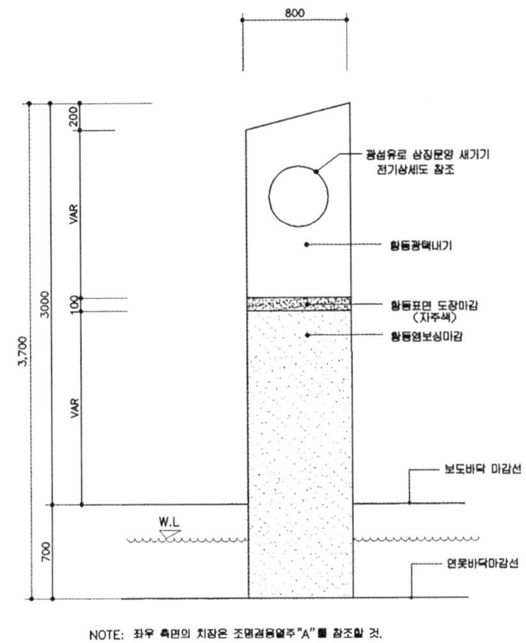

NOTE: 좌우 측면의 치장은 조명겸용열주"A"를 참조할 것.

⑤ 정 면 치 장 도
SCALE=1/40

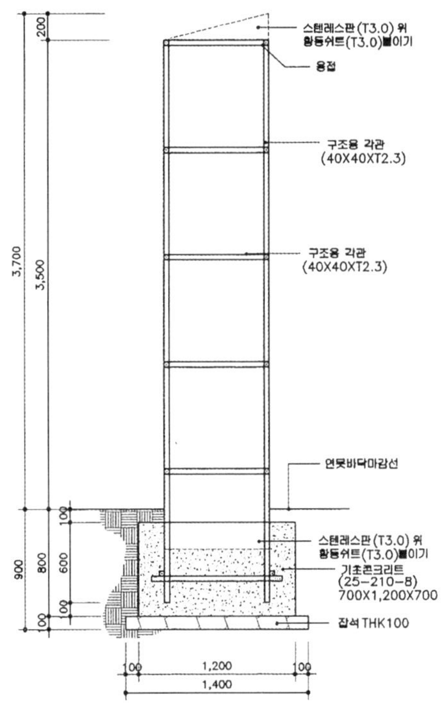

③ 골 조 정 단 면 도
SCALE=1/40

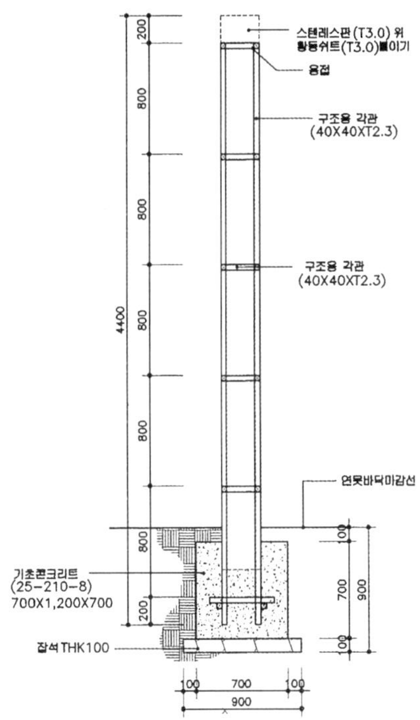

④ 골 조 측 단 면 도
SCALE=1/40

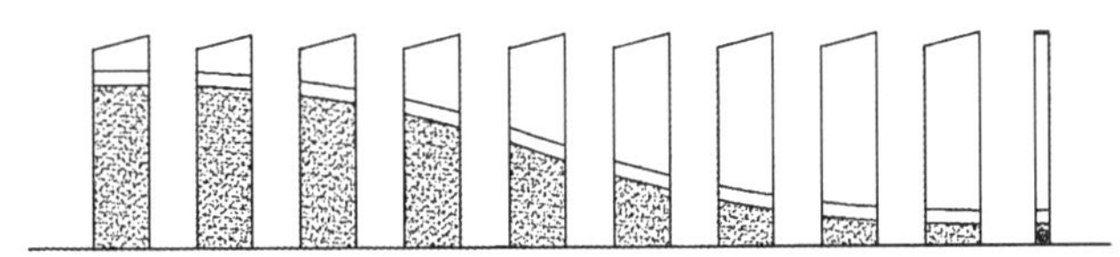

⑥ 열주(9EA) 이미지 스케치
SCALE = NONE

설계번호	
설계명	금관로(왕릉앞)도로 정비공사 실시설계
도면명	조명등겸용장식열주 "B" 상세도
축척	1/40,20,NONE
날짜	
주기	
제도	
설계	
검토	
승인	
심사	
도면번호	LA-31

Pusan Environmental Design Consultant

(주)부산환경콘설탄트

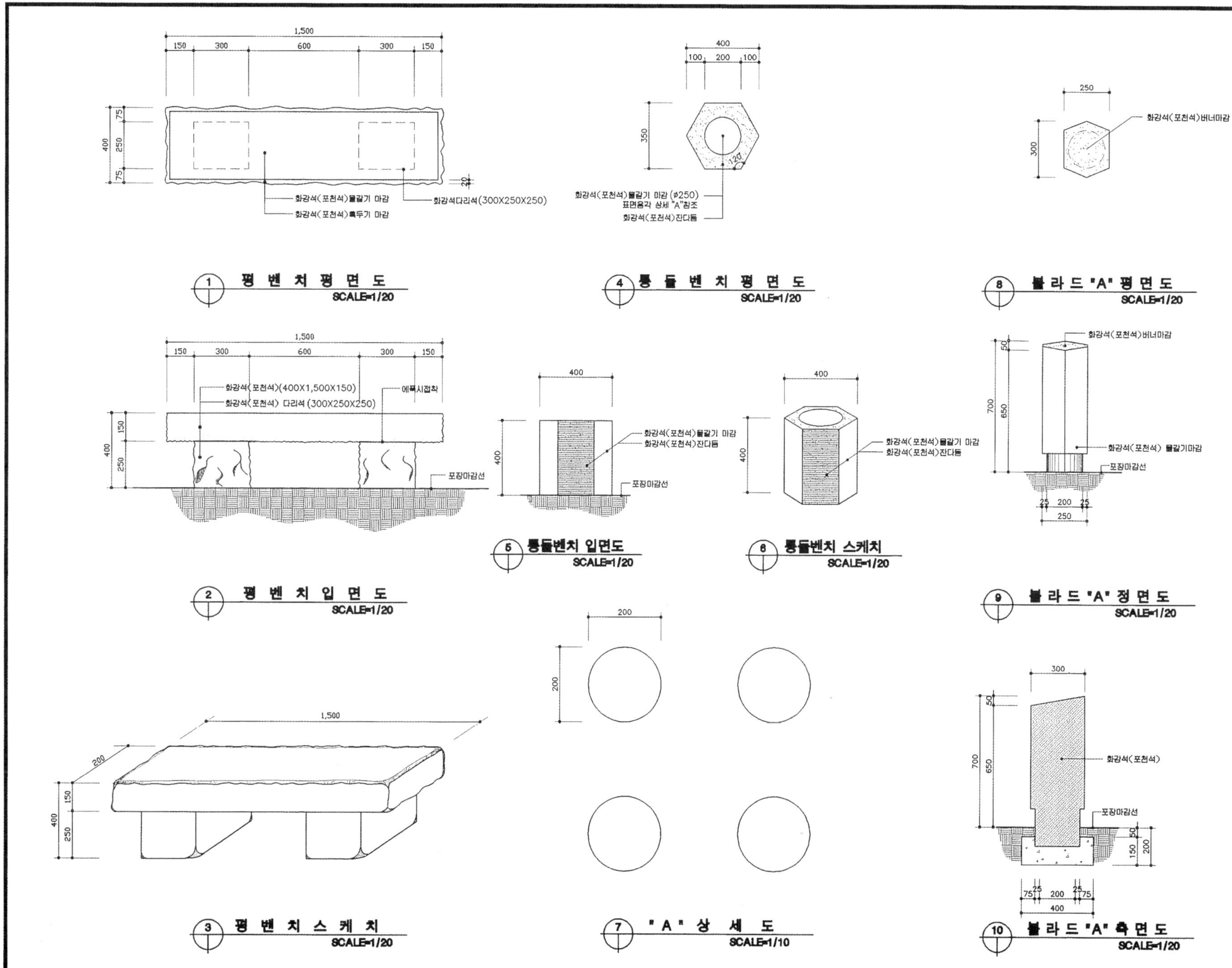

설계번호	
설계명	금관로(왕릉앞)도로 정비공사 실시설계
도면명	평벤치/통돌벤치/볼라드 "A" 상세도
축척	1/20,10
날짜	
주기	
제도	
설계	
검토	
승인	
심사	
도면번호	LA－32

Pusan Environmental Design Consultant

(주)부산환경콘설탄트

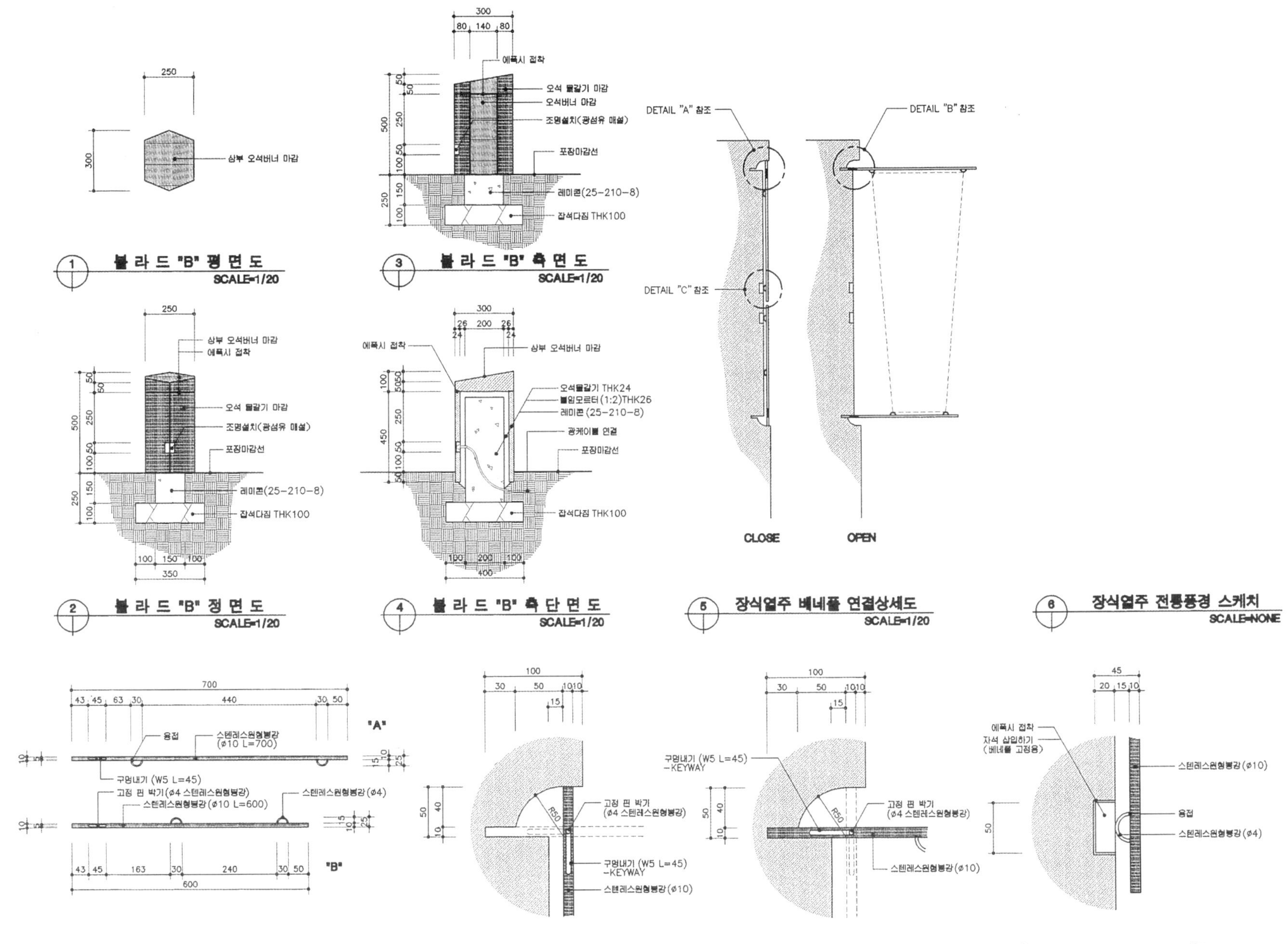

1 블라드 "B" 평면도 SCALE=1/20

2 블라드 "B" 정면도 SCALE=1/20

3 블라드 "B" 측면도 SCALE=1/20

4 블라드 "B" 측단면도 SCALE=1/20

5 장식열주 베네폴 연결상세도 SCALE=1/20

6 장식열주 전통풍경 스케치 SCALE=NONE

7 장식열주 베네폴 상세도 SCALE=1/10

8 DETAIL "A" SCALE=1/4

9 DETAIL "B" SCALE=1/4

10 DETAIL "C" SCALE=1/4

설계번호	
설계명	금관로(왕릉앞)도로 정비공사 실시설계
도면명	블라드"B"/장식열주 베네폴 상세도
축척	1/20,10,4,NONE
날짜	
주기	
제도	
설계	
검토	
승인	
심사	
도면번호	LA－33

Pusan Environmental Design Consultant

(주)부산환경콘설탄트

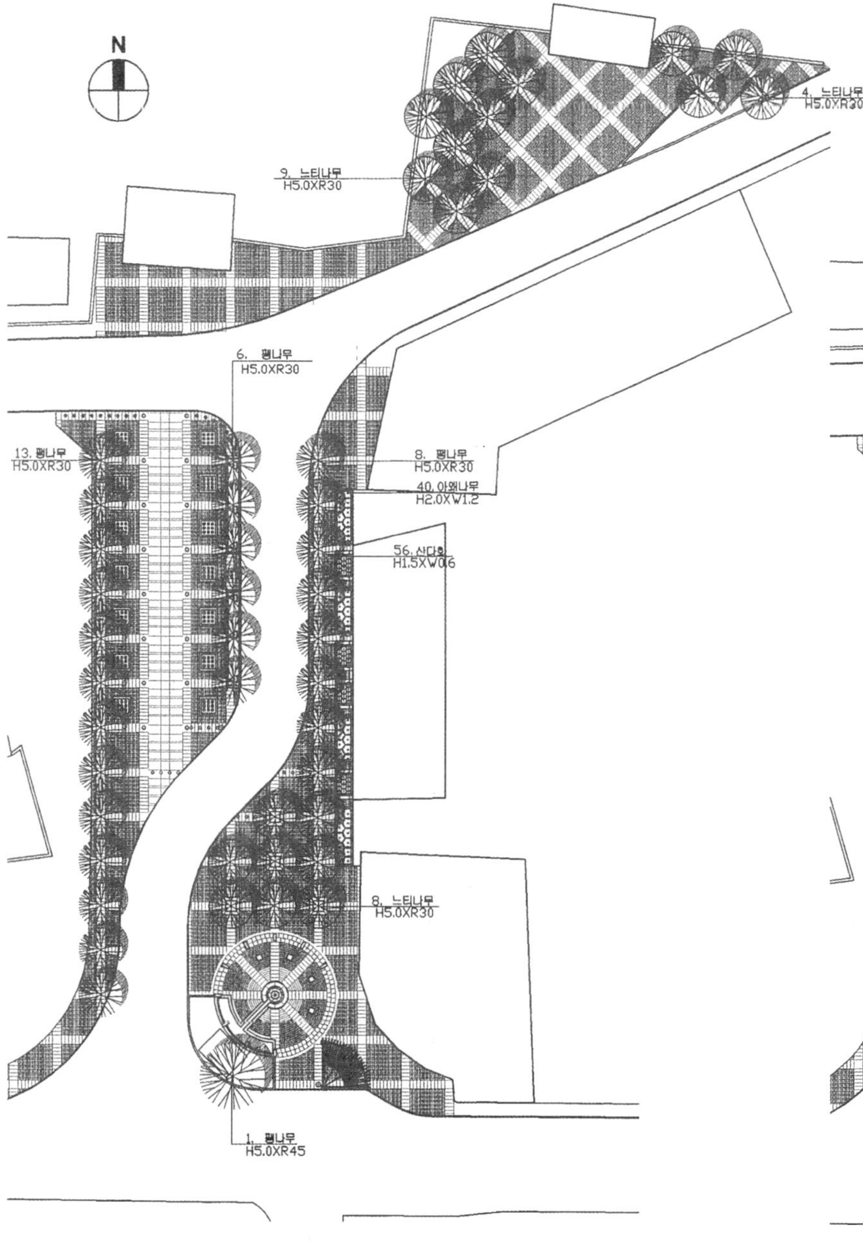

① 식재 계획 평면도 (교목식재)
SCALE=1/600

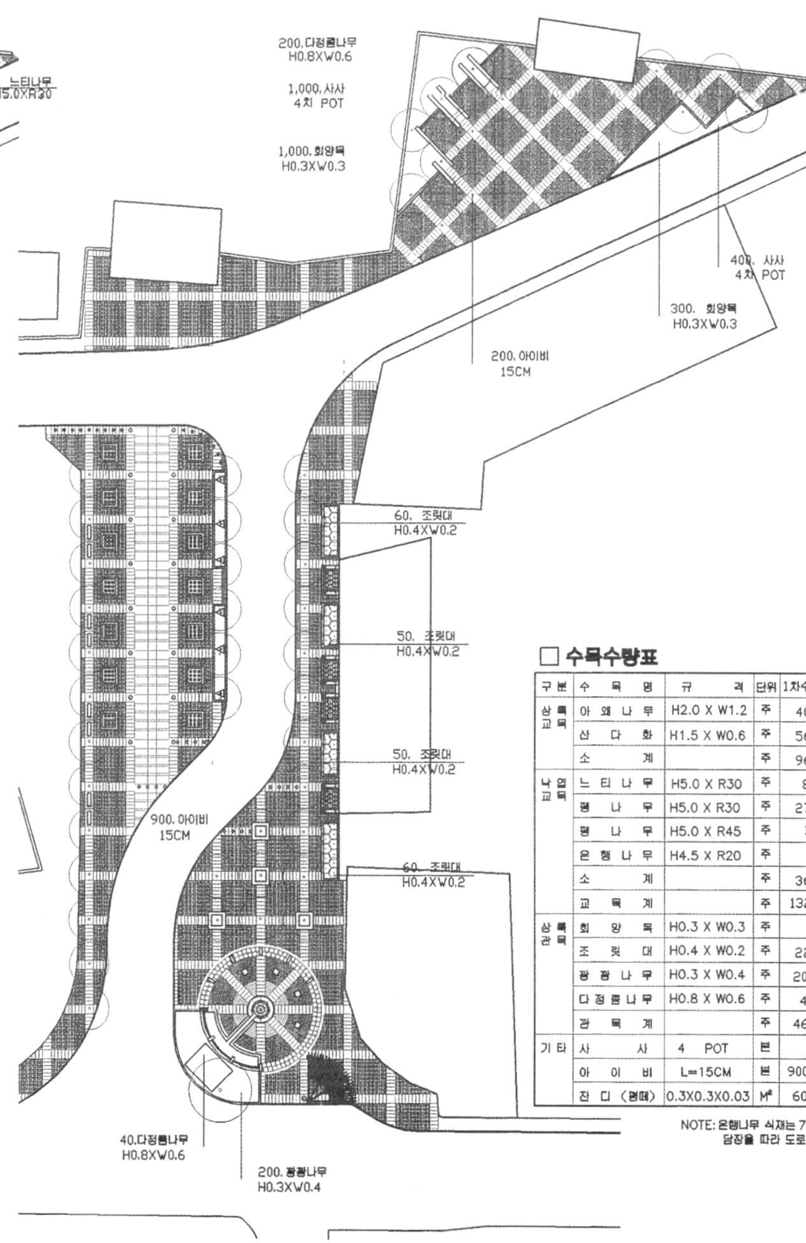

② 식재 계획 평면도 (관목식재)
SCALE=1/600

□ 수목수량표

구분	수목명	규격	단위	1차수량	2차수량	비고
상록교목	아왜나무	H2.0 X W1.2	주	40		
	산다화	H1.5 X W0.6	주	56		
	소계		주	96		
낙엽교목	느티나무	H5.0 X R30	주	8	13	
	펭나무	H5.0 X R30	주	27		
	펭나무	H5.0 X R45	주	1		
	은행나무	H4.5 X R20	주		32	NOTE
	소계		주	36	45	
	교목계		주	132	45	
상록관목	회양목	H0.3 X W0.3	주		1,300	
	조릿대	H0.4 X W0.2	주	220		
	꽝꽝나무	H0.3 X W0.4	주	200		
	다정큼나무	H0.8 X W0.6	주	40	200	
	관목계		주	460	1,500	
기타	사사	4 POT	본		1,400	
	아이비	L=15CM	본	900	200	
	잔디(평떼)	0.3X0.3X0.03	M²	60		

NOTE: 은행나무 식재는 7M간격으로 왕릉공원 담장을 따라 도로변에 식재한다.

설계번호	
설계명	금관로(왕릉앞)도로 정비공사 실시설계
도면명	식재계획평면도
축척	1/600
날짜	
주기	
제도	
설계	
검토	
승인	
심사	
도면번호	LA－34

Pusan Environmental Design Consultant

(주)부산환경콘설탄트

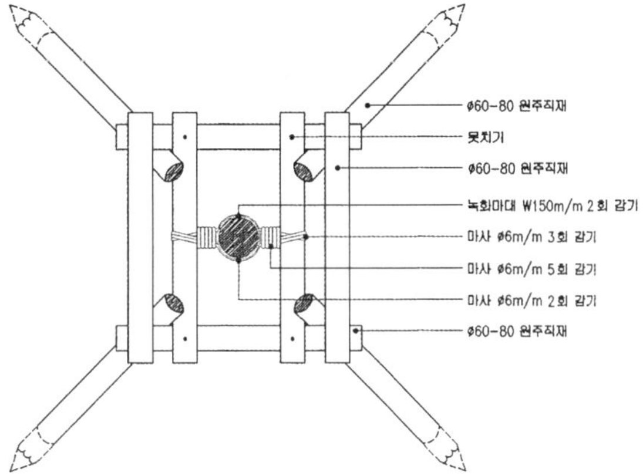

① 지 주 목 평 면 도
SCALE=NONE

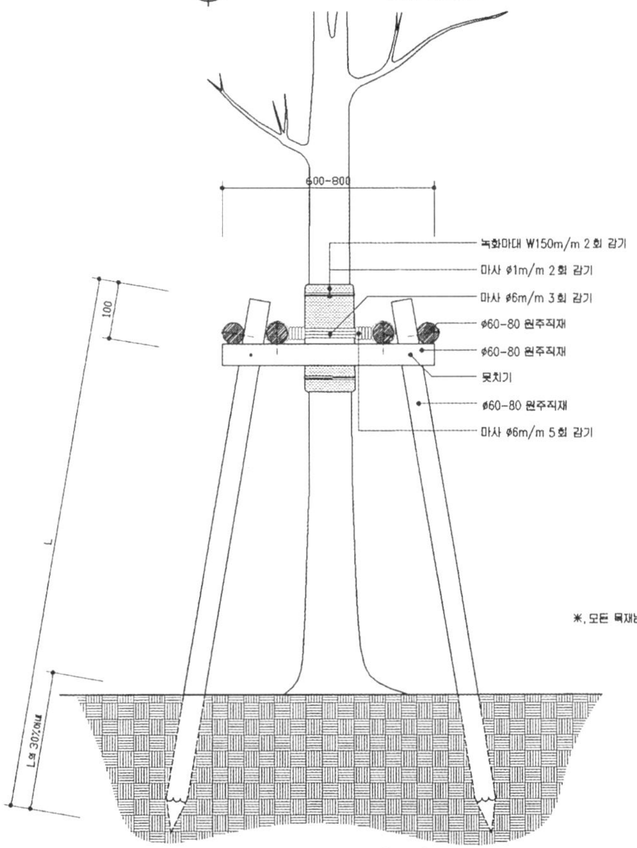

② 지 주 목 입 면 도
SCALE=NONE

※. 모든 목재는 Z.K.F. 방부처리, SANDING 마감.

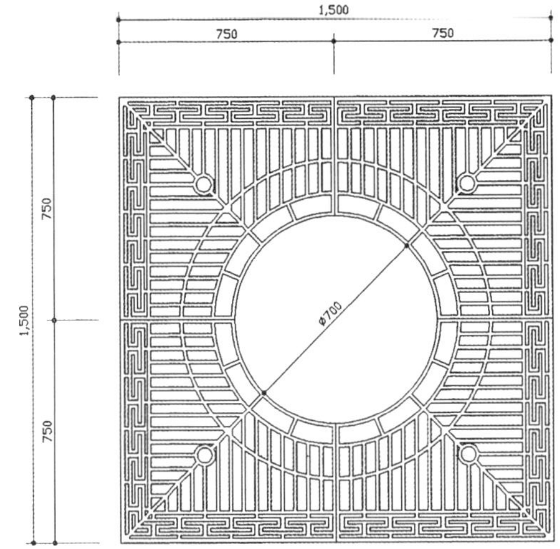

③ 수목보호홀덮개 상세도
SCALE=1/20

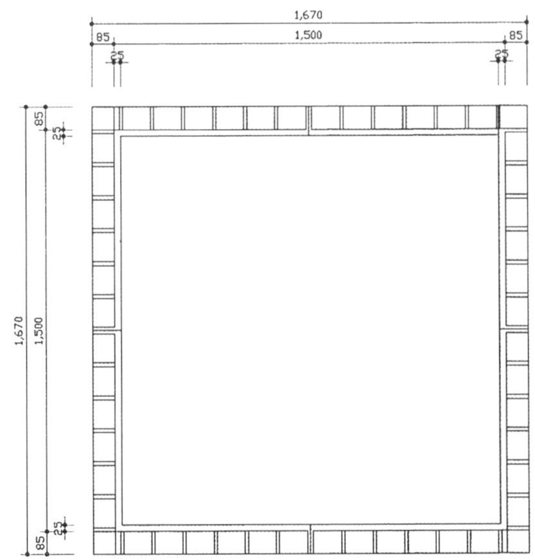

④ 수목보호홀덮개틀 상세도
SCALE=1/20

설계번호	
설계명	금관로(왕릉앞)도로 정비공사 실시설계
도면명	지 주 목 / 수목보호홀덮개상세도
축척	1/20,NONE
날짜	
주기	
제도	
설계	
검토	
승인	
심사	
도면번호	LA－35

Pusan Environmental Design Consultant
(주)부산환경컨설탄트

■ 옥외전시 공간구성 계획

- 기본개념 • 개개의 유물을 시대별, 유형별로 구분
  • 각각의 유물특성에 맞는 공간 구성
  • 유물의 증가분을 감안한 공간 확보

- 특　징 • 기존의 지형 및 자연환경에 맞게 조성된 공간구성
  • 단과 석담 및 식재 등을 이용한 유물별 공간 구획
  • 유물이 놓이는 공간에는 가능한 식재를 제한
  • 공간과 공간사이에 휴식공간 조성

■ 옥외전시 공간계획 개념

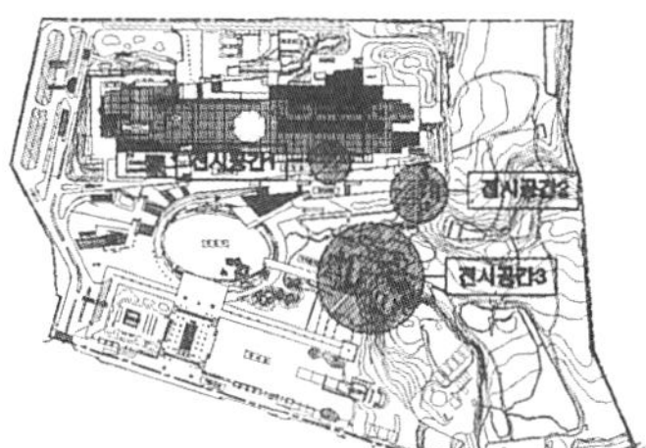

- 전시공간 1 : 박물관 실내전시와의 연계
  열린마당과 큰마당의 넓고 긴 마당에 박물관으로서의 상징적 외부공간 형성
- 전시공간 2 : 보신각종 및 기타유물 (문인석,장명등,태실,등,.) 전시공간
  (왕가의 능묘 주변에 놓이는 유물)
  진입데크의 축선의 끝에 결절점으로서의 공간 조성
- 전시공간 3 : 사찰유물 (석탑,석등,석불,부도,탑비,등,.) 전시공간
  거울못의 축선에 따라 점진적 공간 형성

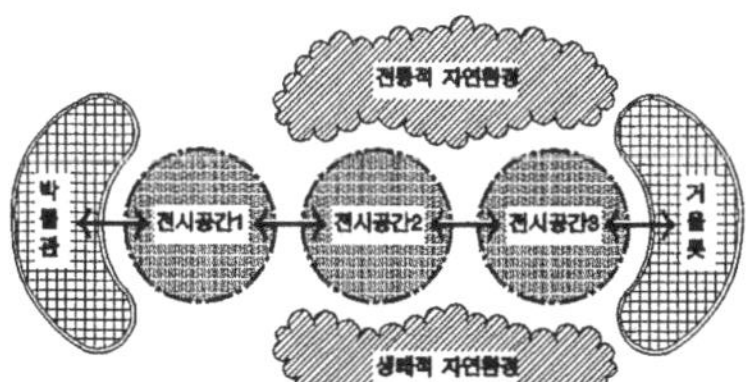

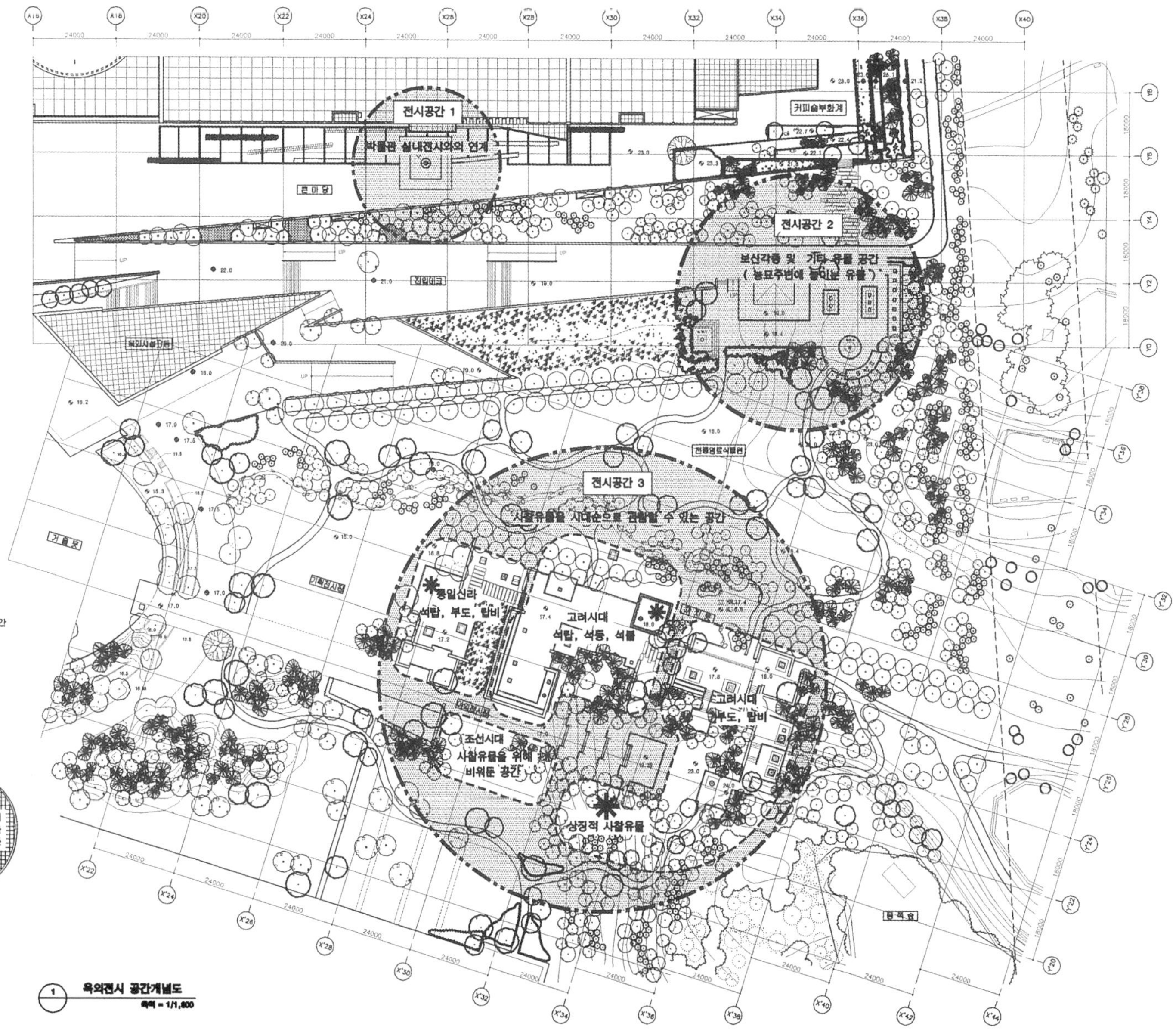

① 옥외전시 공간개념도
축척 = 1/1,800

설계번호	
설계명	새국립중앙박물관 신축설계
도면명	옥외전시공간개념도
축척	1/1,300
날짜	
주기	
제도	
설계	
검토	
승인	
심사	
도면번호	LA－01

■ 옥외전시 동선계획 개념

- 전시공간별 동선의 유기적 연계성 고려
- 기본 관람동선 및 부 진출입 동선의 구분
  - 기본 관람 동선 : 박물관 실내에서 나온 이용객들을 전시공간별로 유도 (전시공간3은 거울못을 축으로 점진적으로 시대별, 유형별로 관람할 수 있도록 동선 계획)
  - 부 진출입 동선 : 다른 공간으로의 이동이 용이하도록 각 공간에 이동 동선 확보
- 일반 이용객들을 위한 산책로 및 회유 동선 확보

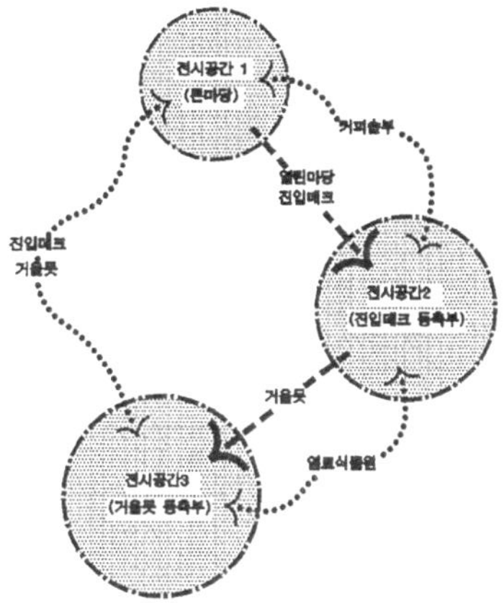

• 기본 관람 동선 :
• 부 진출입 동선 :

① 옥외전시 동선계획도
축척 = 1/1,300

설계번호	
설계명	새국립중앙박물관 신축설계
도면명	옥외전시동선계획도
축척	1/1,300
날짜	
주기	
제도	
설계	
검토	
승인	
심사	
도면번호	LA－02

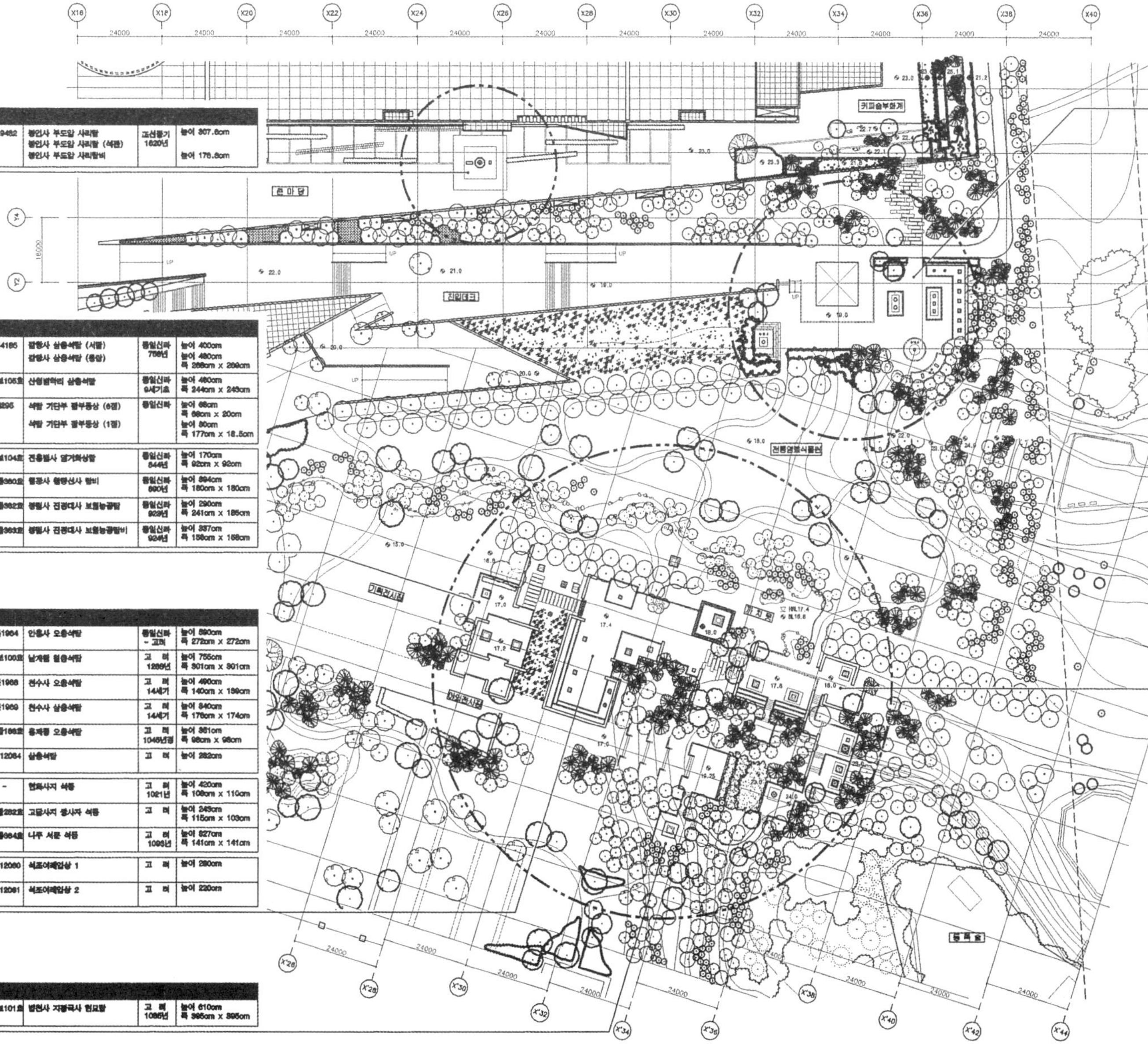

신9462	봉인사 부도암 사리탑 봉인사 부도암 사리탑 (석관) 봉인사 부도암 사리탑비	조선광기 1620년	높이 307.6cm 높이 176.8cm

본4165	감은사 삼층석탑 (서탑) 감은사 삼층석탑 (동탑)	통일신라 756년	높이 400cm 높이 480cm 폭 266cm x 269cm
국보105호	산청범학리 삼층석탑	통일신라 9세기초	높이 460cm 폭 244cm x 243cm
덕4295	석탑 기단부 팔부중상 (6점) 석탑 기단부 팔부중상 (1점)	통일신라	높이 66cm 폭 66cm x 20cm 높이 80cm 폭 177cm x 18.5cm

국보104호	전흥법사 염거화상탑	통일신라 844년	높이 170cm 폭 92cm x 92cm
보물360호	월광사 원랑선사 탑비	통일신라 890년	높이 894cm 폭 180cm x 180cm
보물362호	봉림사 진경대사 보월능공탑	통일신라 923년	높이 290cm 폭 241cm x 185cm
보물363호	봉림사 진경대사 보월능공탑비	통일신라 924년	높이 337cm 폭 158cm x 158cm

본1964	안흥사 오층석탑	통일신라 - 고려	높이 590cm 폭 272cm x 272cm
국보100호	남계원 칠층석탑	고려 1266년	높이 755cm 폭 301cm x 301cm
본1968	천수사 오층석탑	고려 14세기	높이 490cm 폭 140cm x 139cm
본1969	천수사 삼층석탑	고려 14세기	높이 340cm 폭 176cm x 174cm
보물166호	홍제동 오층석탑	고려 1045년경	높이 361cm 폭 98cm x 98cm
신12064	삼층석탑	고려	높이 282cm

-	현화사지 석등	고려 1021년	높이 420cm 폭 108cm x 110cm
보물282호	고달사지 쌍사자 석등	고려	높이 243cm 폭 115cm x 103cm
보물364호	나주 서문 석등	고려 1093년	높이 327cm 폭 141cm x 141cm

신12060	석조여래입상 1	고려	높이 280cm
신12061	석조여래입상 2	고려	높이 220cm

국보101호	법천사 지광국사 현묘탑	고려 1085년	높이 610cm 폭 395cm x 395cm

보물2호	서울 보신각종	조선 1468년	높이 318cm 구경 228cm
신1574	문인석 (4점)	조선	높이 175cm 폭 59cm x 48cm 높이 199cm 폭 62cm x 47cm 높이 169cm 폭 50cm x 40cm 높이 193cm 폭 65cm x 48cm
신6186	문인석 (2점)	조선	높이 182cm 폭 66cm x 54cm 높이 116cm 폭 59cm x 80cm
신6252	문인석 (1점)	조선	높이 184cm 폭 64cm x 55cm
신6251	팔명등	조선	높이 211cm 폭 47cm x 47cm
신9426	사각장명등	조선	높이 170cm 폭 cm x cm
신10267	석제배실	조선	높이 101cm 폭 96cm
-	석조신상괴각부재	조선	높이 30cm 폭 55cm x 57cm
신12065	석 양 1	조선	높이 78cm 길이 111cm
신12066	석 양 2	조선	높이 80cm 길이 113cm
신12067	석 대 1	조선	높이 40cm 98 x 60cm
신12068	석 대 2	조선	높이 40cm 69 x 60cm
신12069	석 대 3	조선	높이 40cm 90 x 65cm
보물647호	통가대	조선	높이 260cm

보물361호	보리사 대경대사 탑비	고려 930년	높이 360cm. 폭 157cm x 176cm
보물365호	흥법사 진공대사 탑 흥법사 진공대사 탑 (석관)	고려 940년	높이 291cm 폭 212cm x 212cm
국보102호	정토사 홍법국사 실상탑	고려 1017년	높이 255cm 폭 175cm x 175cm
보물359호	정토사 홍법국사 실상탑비	고려 1017년	높이 376cm 폭 194cm x 170cm
보물190호	거돈사 원공국사 승묘탑	고려 1025년	높이 268cm 폭 142cm x 142cm
보물356호	영전사지 보제존자 사리탑 (동탑)	고려 1388년	높이 412cm 폭 236cm x 236cm
보물358호	영전사지 보제존자 사리탑 (서탑)	고려 1388년	높이 392cm 폭 191cm x 191cm

① 옥외 전시 유물 LIST
축척 = 1/1,300

설계번호	
설계명	새국립중앙박물관 신축설계
도면명	옥외전시유물LIST
축척	1/1,300
날짜	
주기	
제도	
설계	
검토	
승인	
심사	
도면번호	LA-03

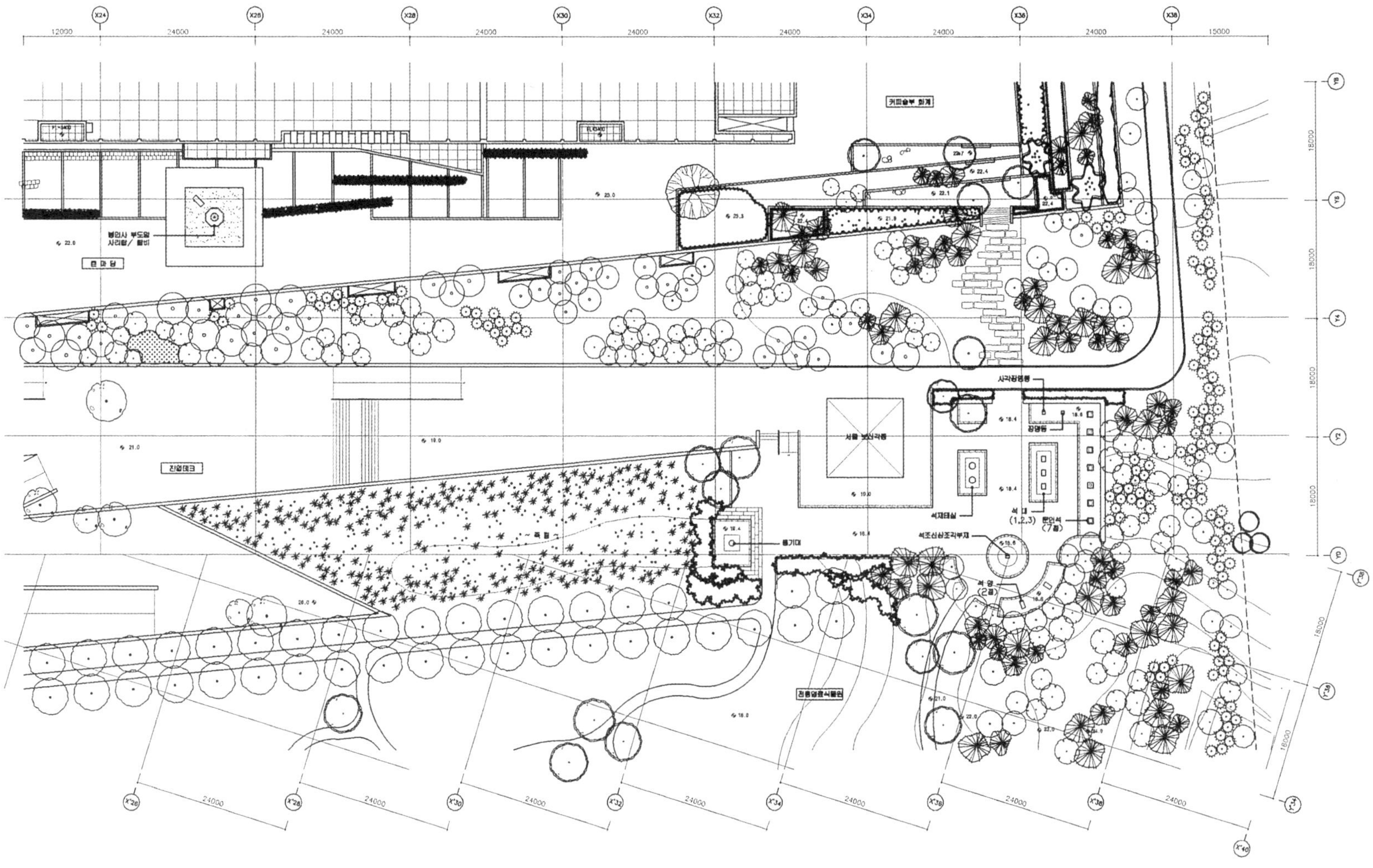

1 옥외 전시 유물 배치도 1
축척 = 1/700

설계번호	
설계명	새국립중앙박물관 신축설계
도면명	옥외전시유물배치도1
축척	1/700
날짜	
주기	
제도	
설계	
검토	
승인	
심사	
도면번호	LA－04

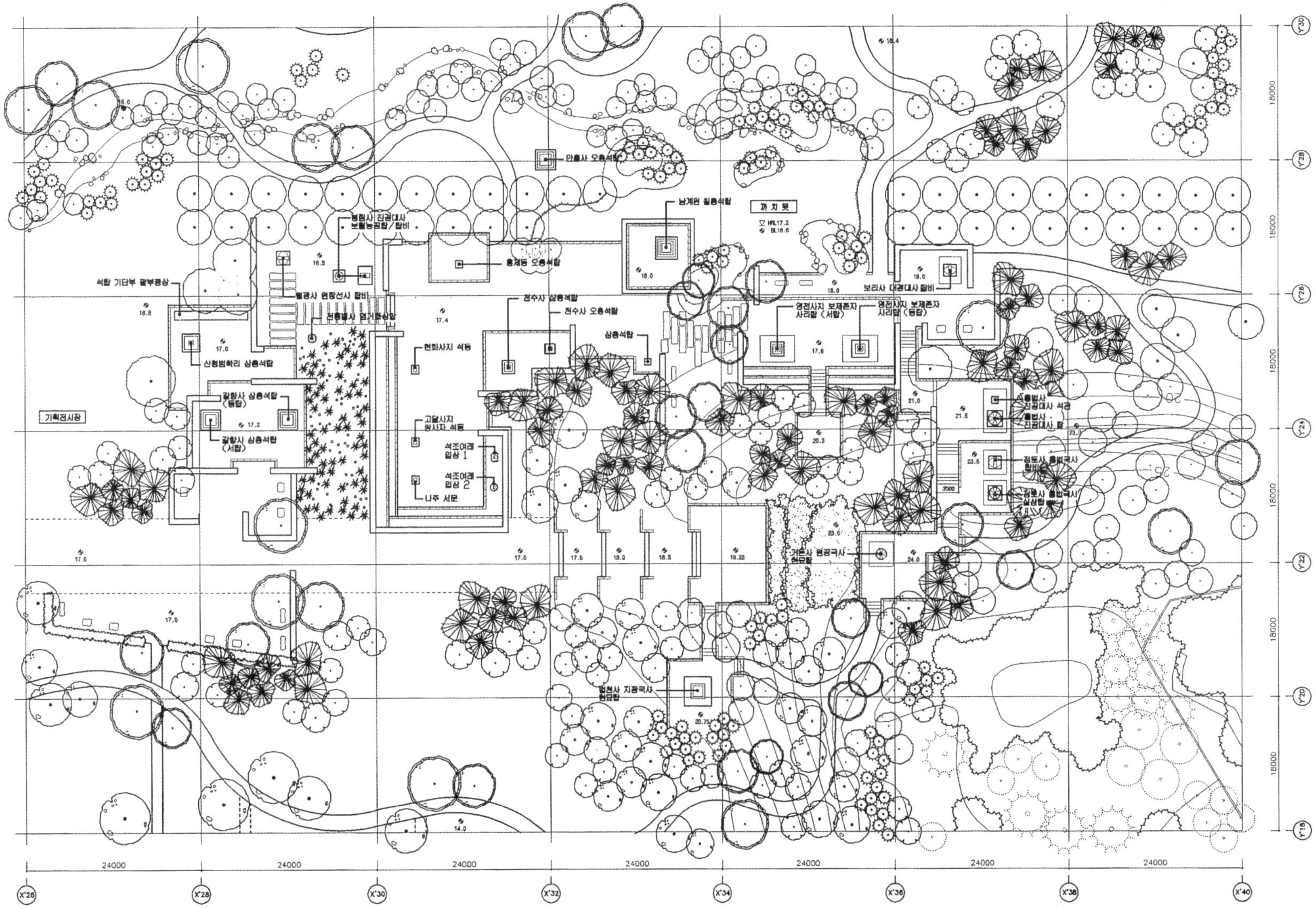

① 옥외 전시 유물 배치도 2

축척 = 1/600

설계번호	
설계명	새국립중앙박물관 신축설계
도면명	옥외전시유물배치도2
축척	1/600
날짜	
주기	
제도	
설계	
검토	
승인	
심사	
도면번호	LA－05

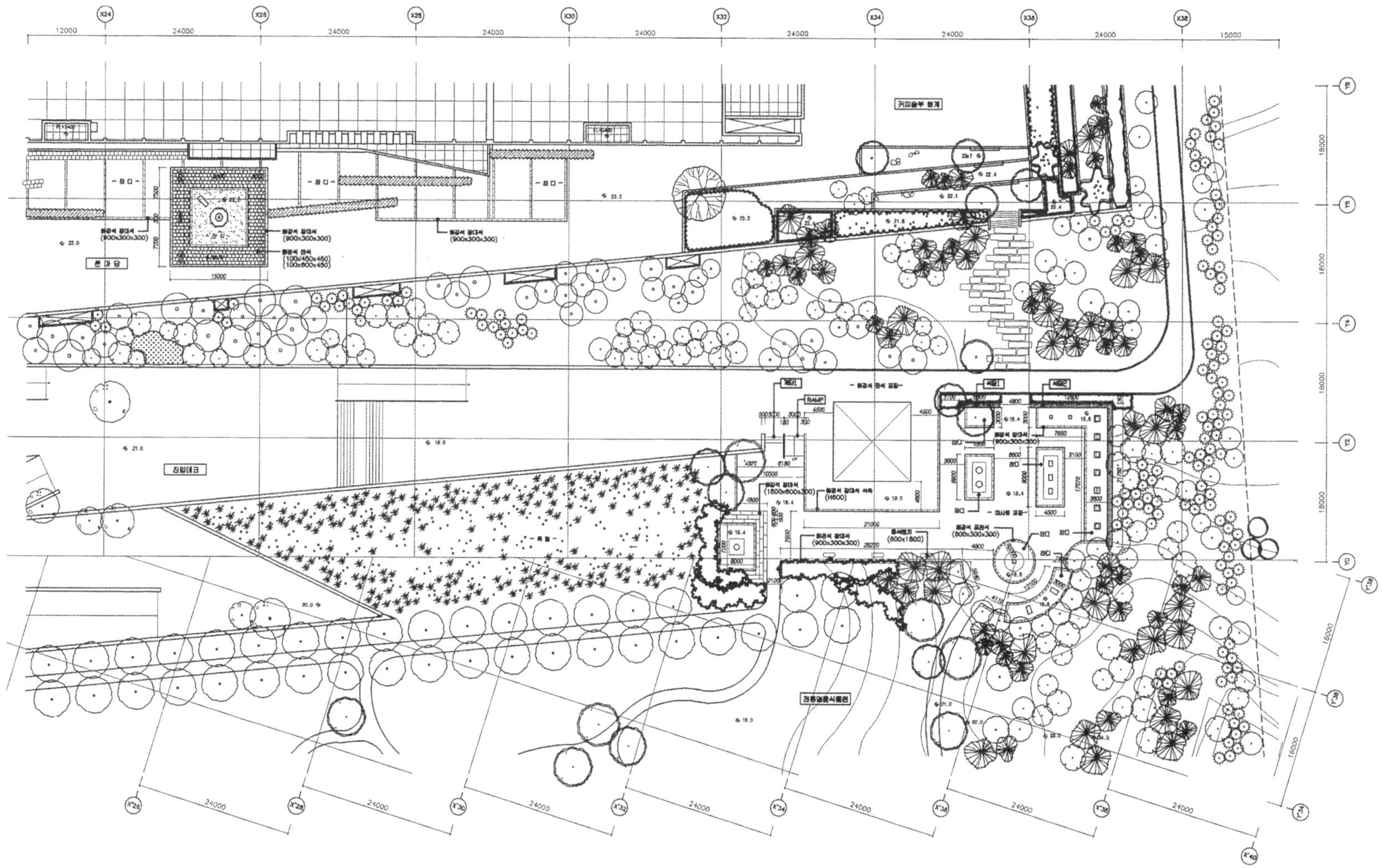

① 옥외 전시 평면도 1

축척 = 1/700

설계번호	
설계명	새국립중앙박물관 신축설계
도면명	옥외전시평면도 1
축척	1/700
날짜	
주기	
제도	
설계	
검토	
승인	
심사	
도면번호	LA-06

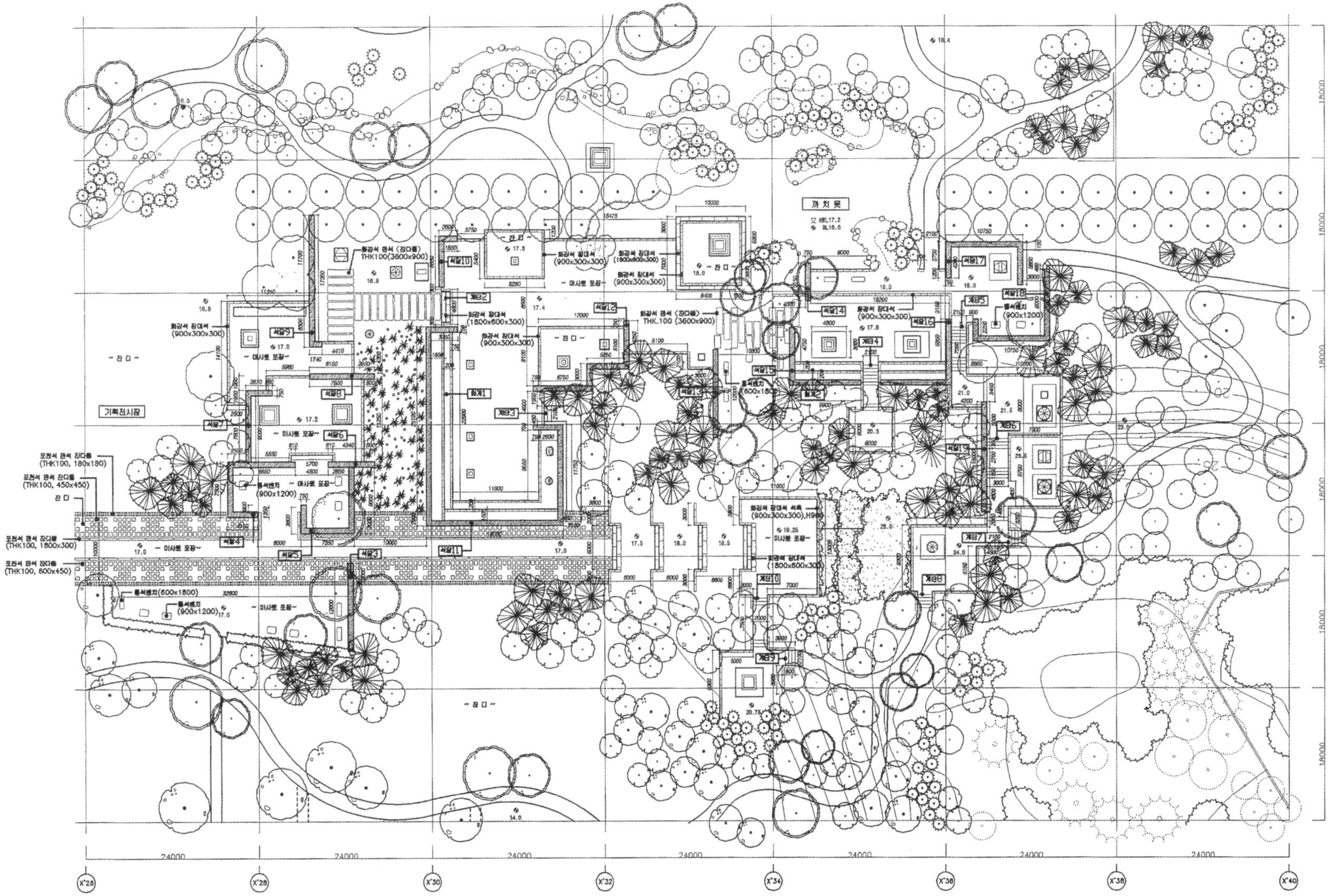

① 옥외 전시 평면도 2
축척 = 1/600

설계번호	
설계명	새국립중앙박물관 신 축 설 계
도면명	옥외전시평면도 2
축척	1/600
날짜	
주기	
제도	
설계	
검토	
승인	
심사	
도면번호	LA－07

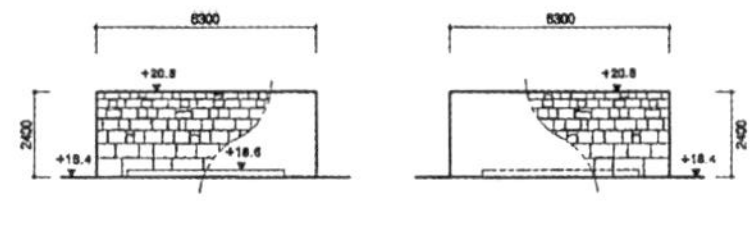

석담 1 전개도
축척 = 1/800

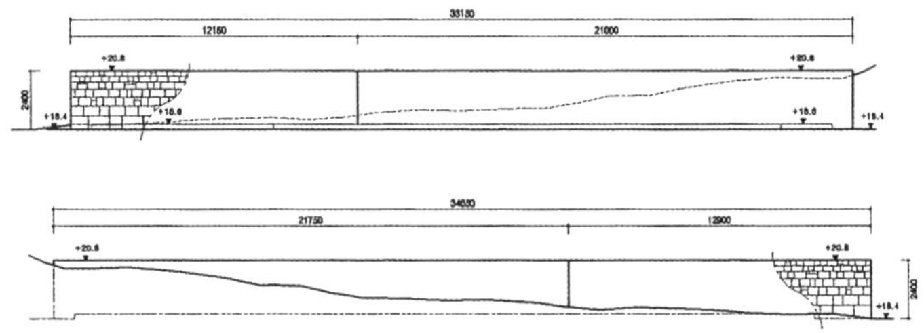

석담 2 전개도
축척 = 1/800

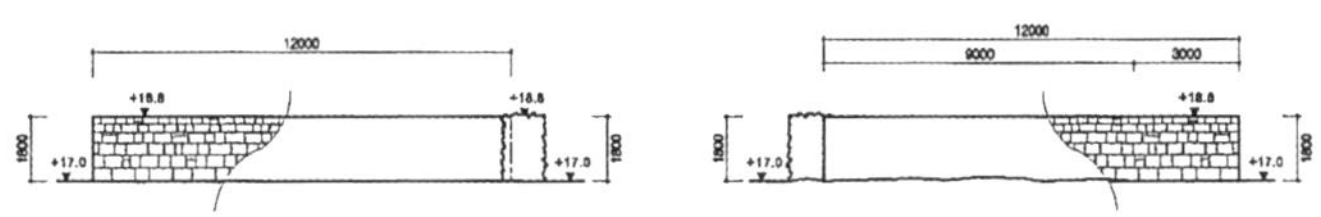

석담 3 전개도
축척 = 1/800

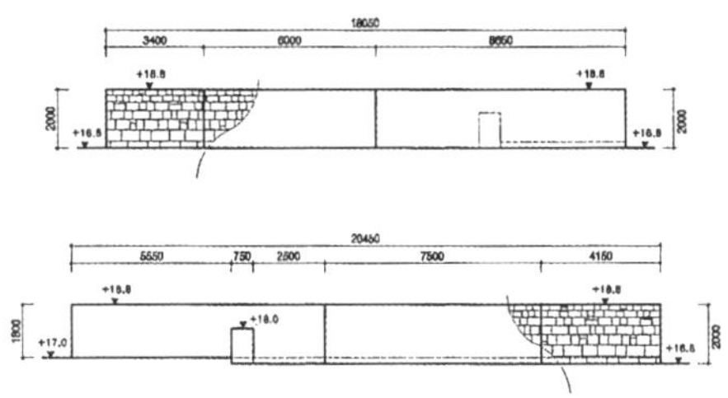

석담 4 전개도
축척 = 1/800

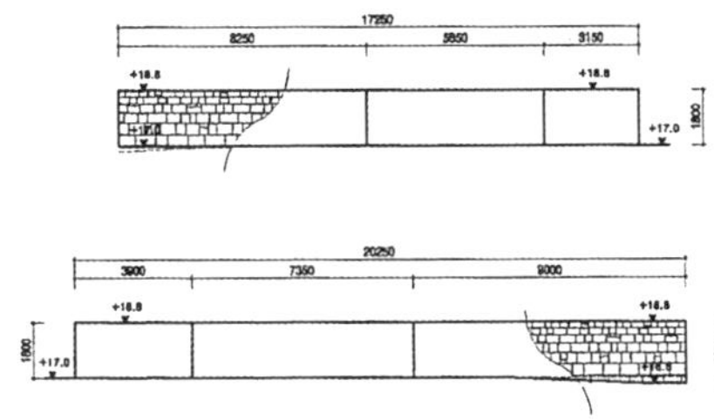

석담 5 전개도
축척 = 1/800

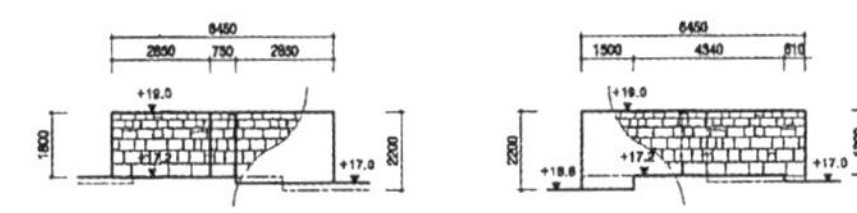

석담 6 전개도
축척 = 1/800

석담 7 전개도
축척 = 1/800

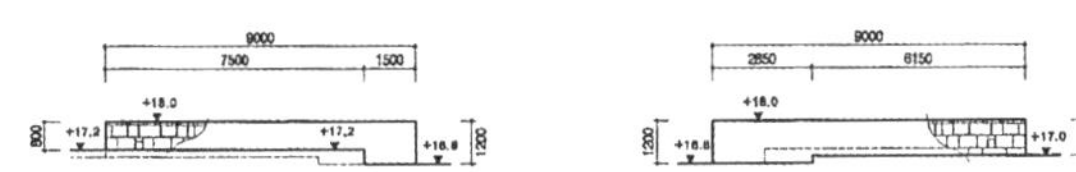

석담 8 전개도
축척 = 1/800

설계번호	
설계명	새국립중앙박물관 신축설계
도면명	석담 1~8 전개도
축척	1/300
날짜	
주기	
제도	
설계	
검토	
승인	
심사	
도면번호	LA-18

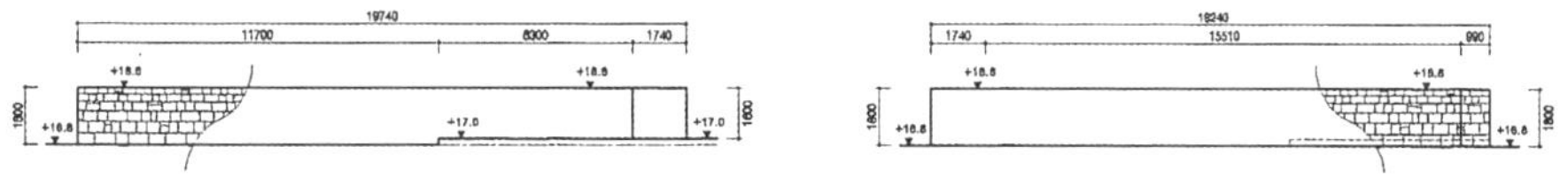

① 석담 9 전개도
축척 = 1/600

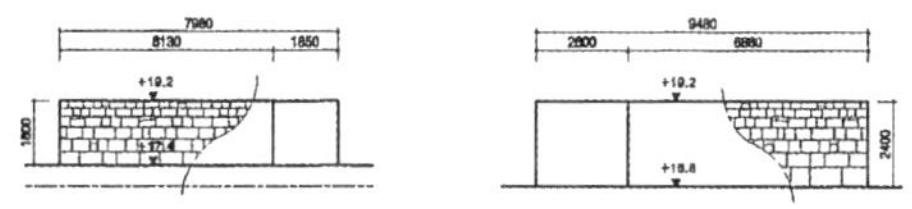

① 석담 10 전개도
축척 = 1/600

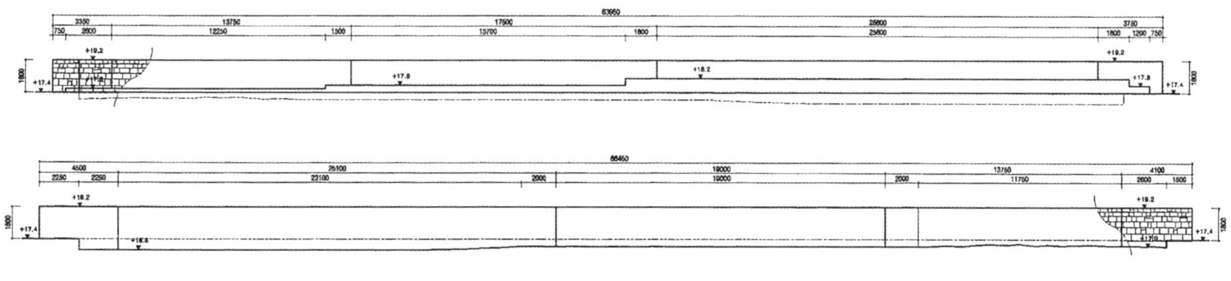

① 석담 11 전개도
축척 = 1/600

① 석담 12 전개도
축척 = 1/600

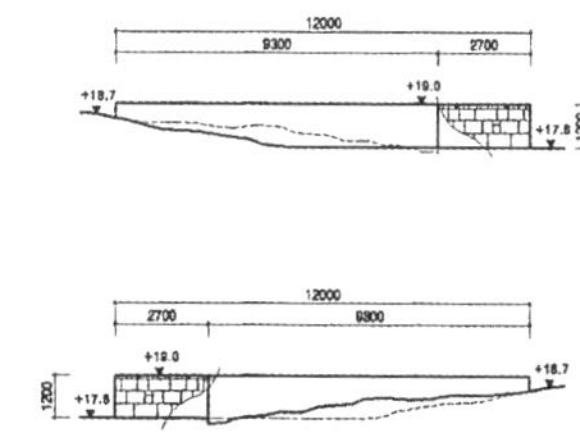

① 석담 13 전개도
축척 = 1/600

① 석담 14 전개도
축척 = 1/600

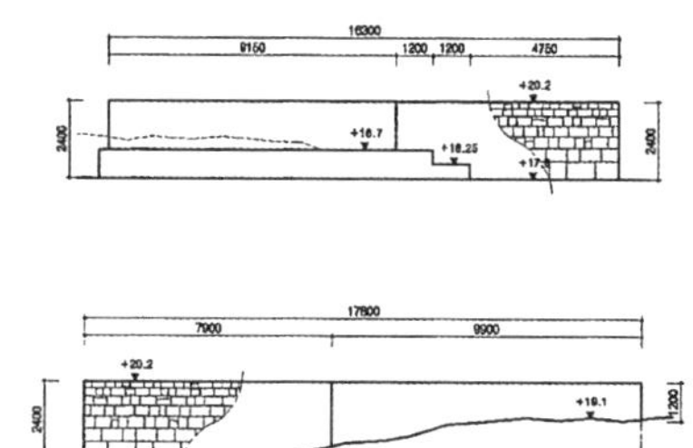

① 석담 15 전개도
축척 = 1/600

설계번호	
설계명	새국립중앙박물관 신축설계
도면명	석담 9~15 전개도
축척	1/300
날짜	
주기	
제도	
설계	
검토	
승인	
심사	
도면번호	LA-19

설계번호	
설계명	새국립중앙박물관 신축설계
도면명	석담16~19전개도 / 상세도
축척	1/300,90
날짜	
주기	
제도	
설계	
검토	
승인	
심사	
도면번호	LA－20

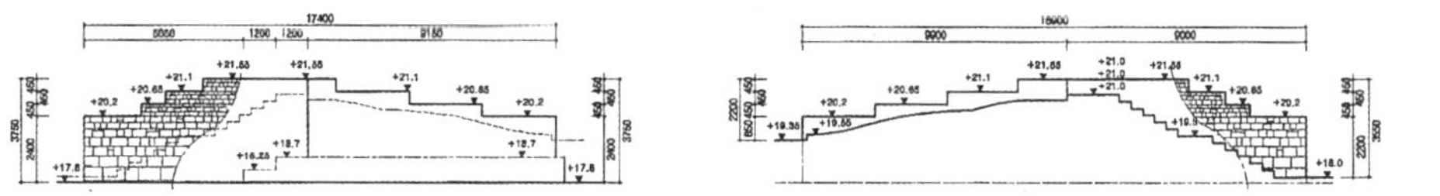

1 석 담 16 전 개 도
축척 = 1/300

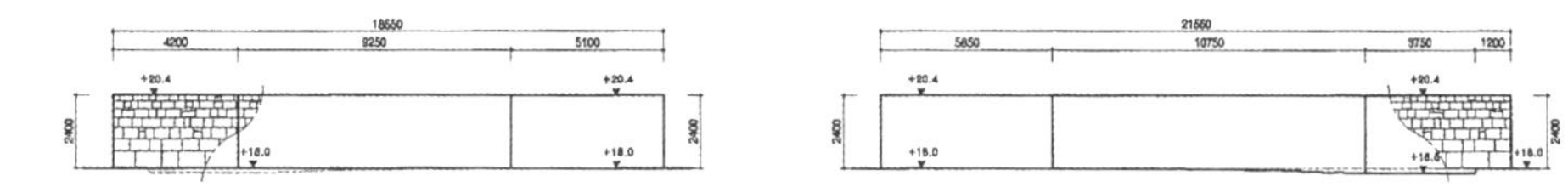

1 석 담 17 전 개 도
축척 = 1/300

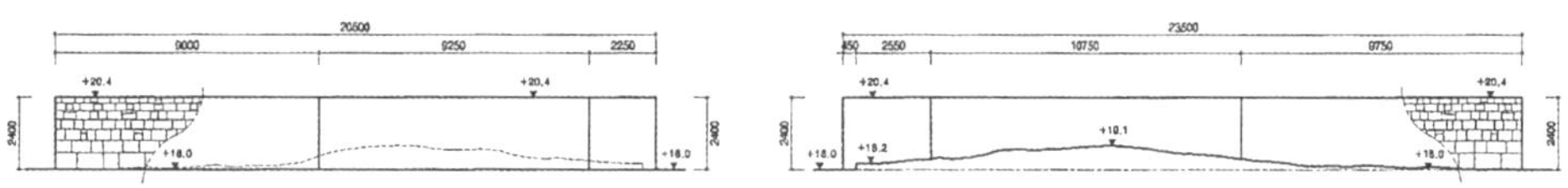

1 석 담 18 전 개 도
축척 = 1/300

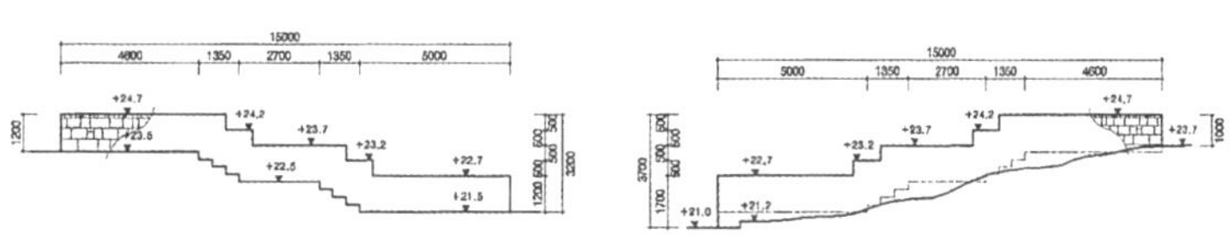

1 석 담 19 전 개 도
축척 = 1/300

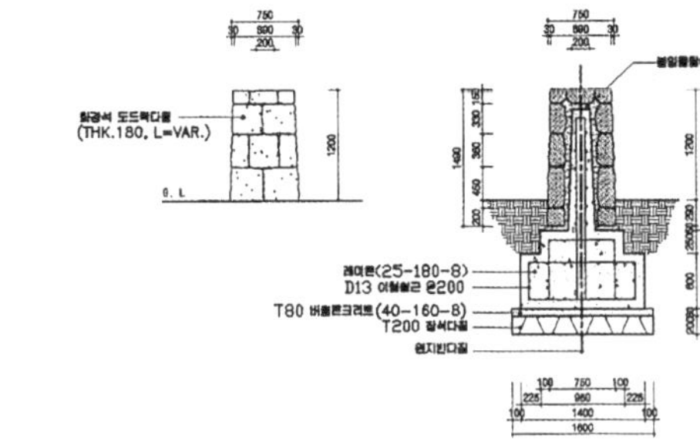

1 석 담 H1200 입단면도
축척 = 1/90

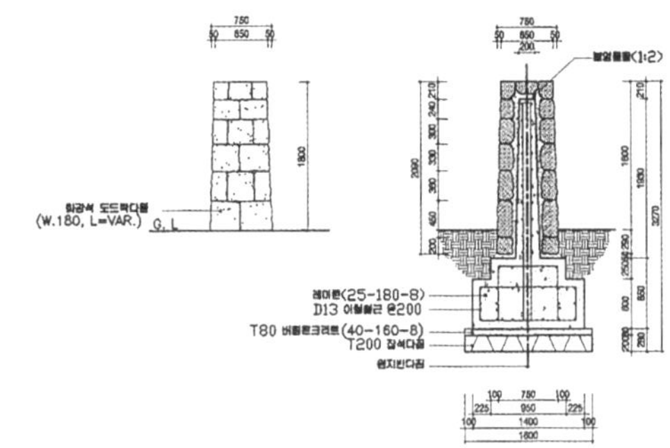

1 석 담 H1800 입단면도
축척 = 1/90

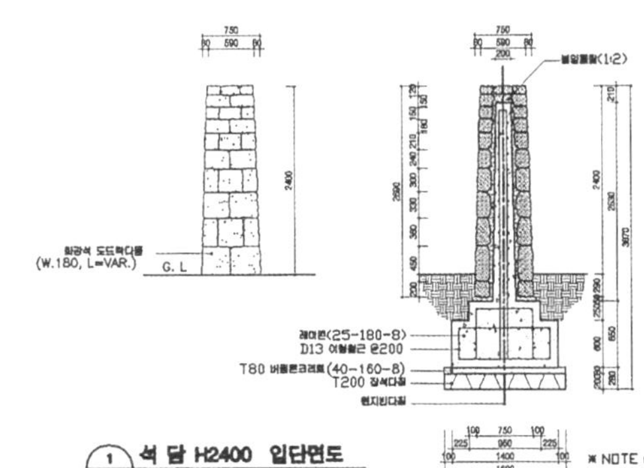

1 석 담 H2400 입단면도
축척 = 1/90

※ NOTE : 전면과 후면의 Level이 다를 경우 각 높이에 해당하는 석담의 입단면을 참조하고, 깊이는 더 낮은 Level 맞춰 레미콘을 조절한다.

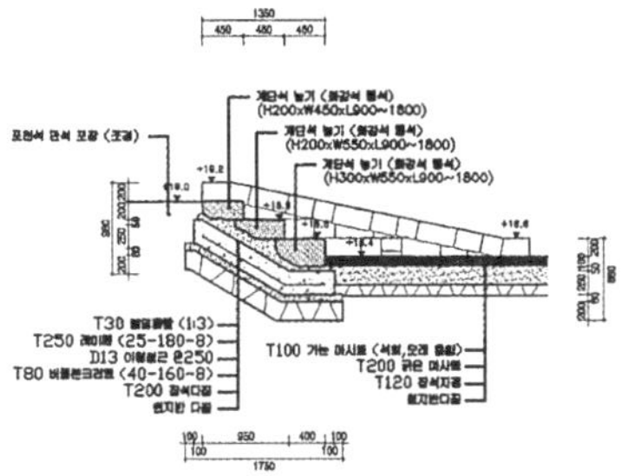

계단 1 상세도
축척 = 1/100

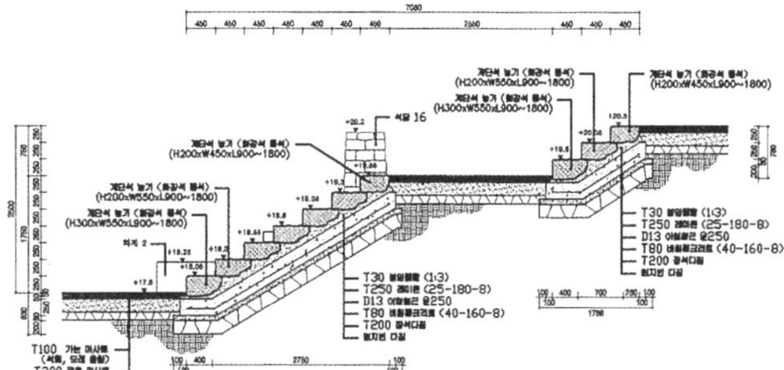

계단 4 상세도
축척 = 1/100

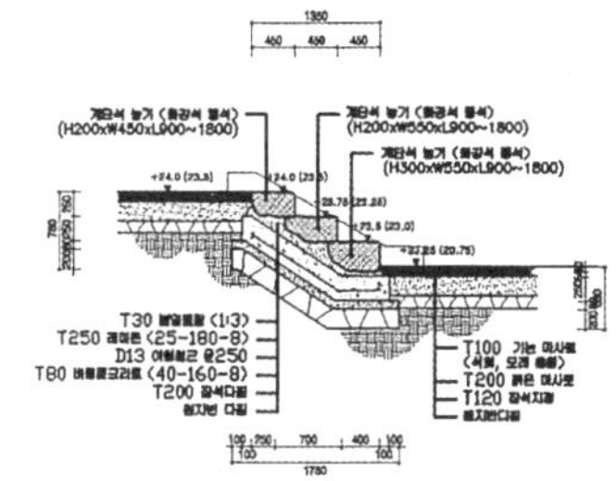

계단 7,9,10 상세도
축척 = 1/100

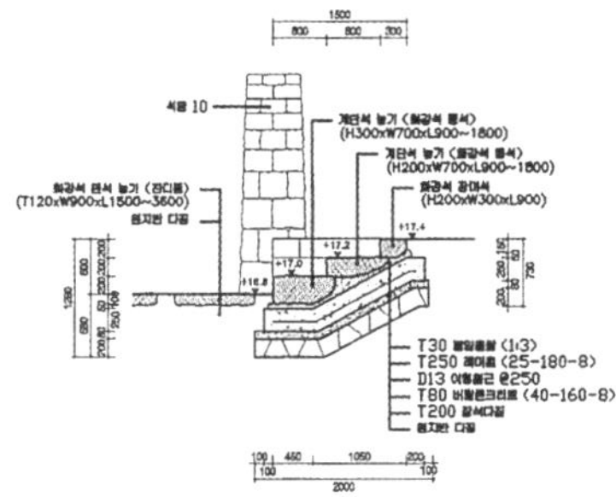

계단 2 상세도
축척 = 1/100

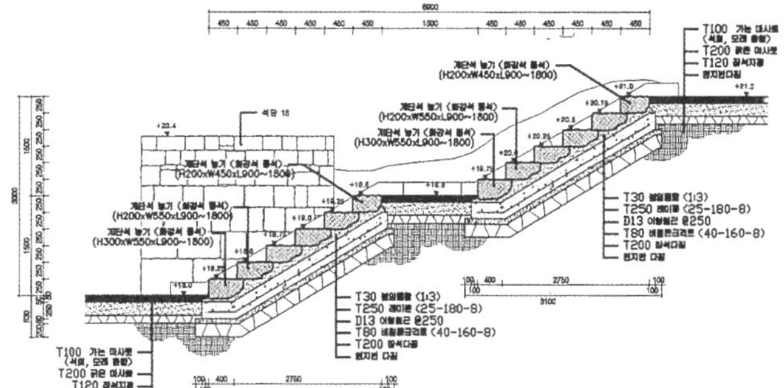

계단 5 상세도
축척 = 1/100

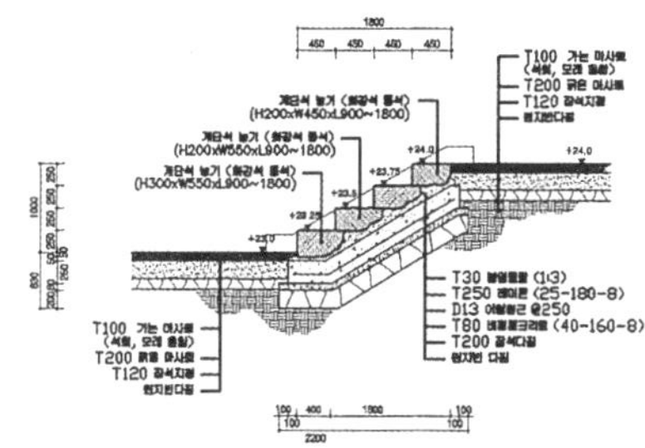

계단 9 상세도
축척 = 1/100

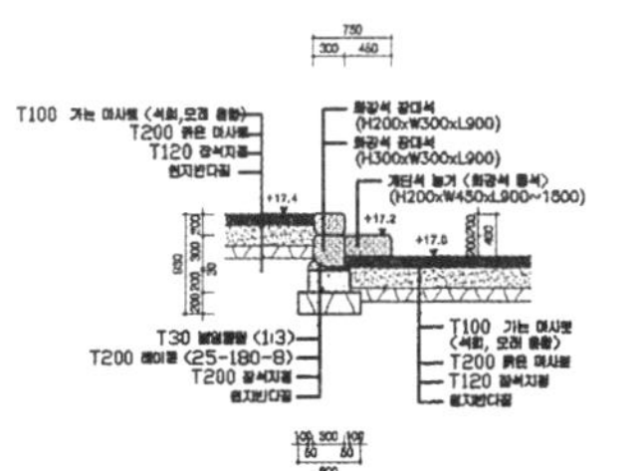

계단 3 상세도
축척 = 1/100

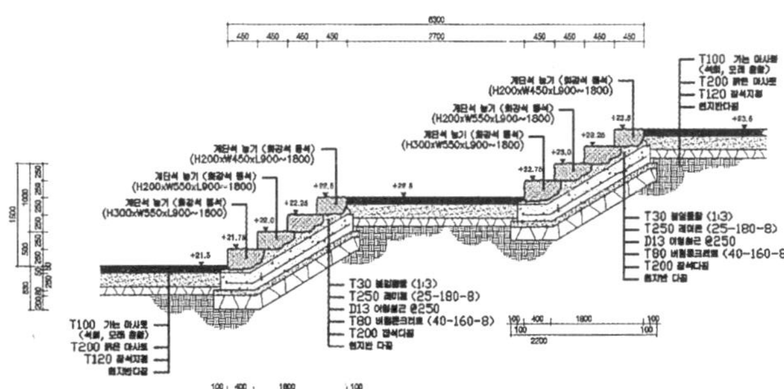

계단 6 상세도
축척 = 1/100

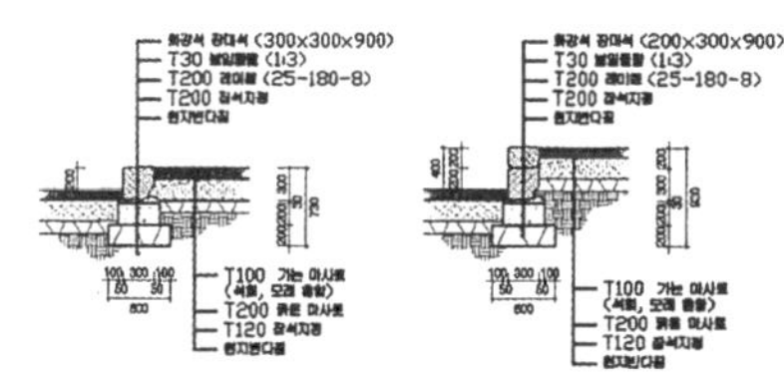

H200, H400 기단 상세도
축척 = 1/100

설계번호	
설계명	새국립중앙박물관 신축설계
도면명	계단/기단 상세도
축척	1/100
날짜	
주기	
제도	
설계	
검토	
승인	
심사	
도면번호	LA－21

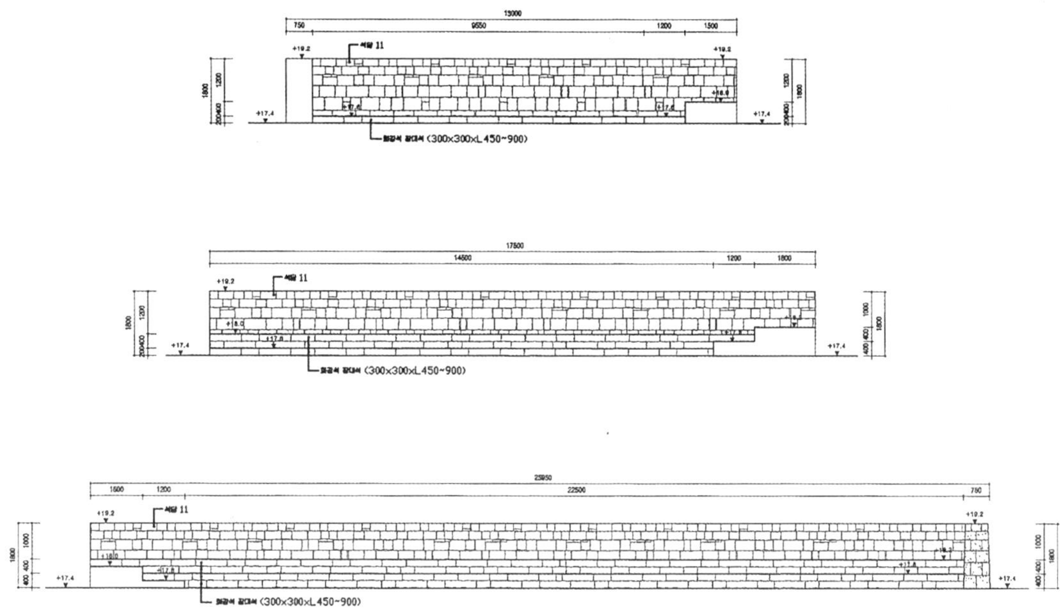

① 화계1 전개도
축척 = 1/180

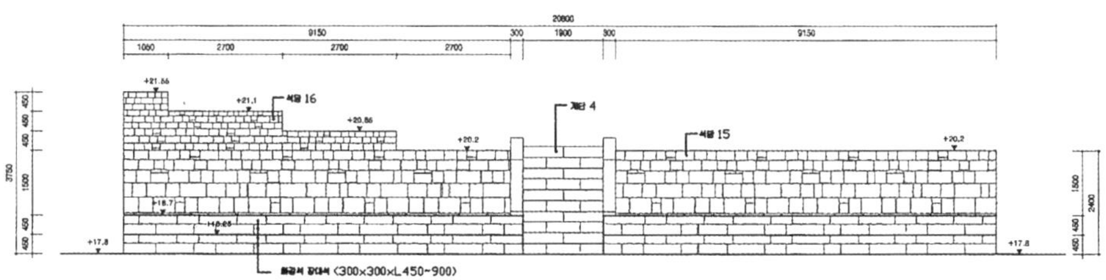

② 화계2 전개도
축척 = 1/180

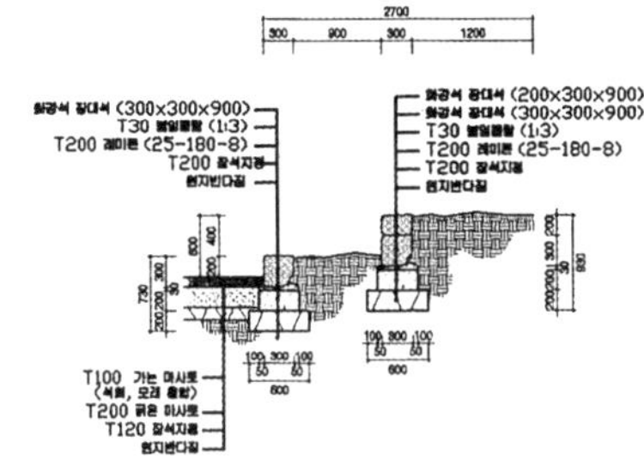

③ 화계1 단면도 1
축척 = 1/90

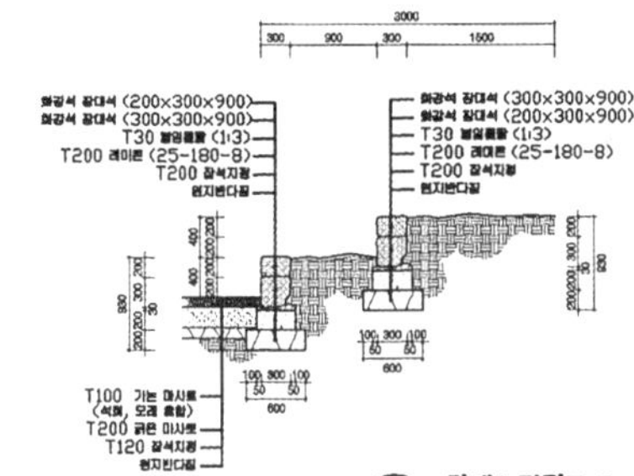

④ 화계1 단면도 2
축척 = 1/90

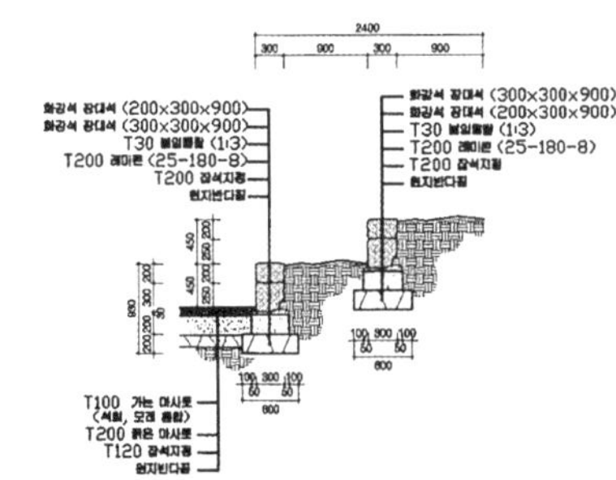

⑤ 화계2 단면도
축척 = 1/90

설계번호	
설계명	새국립중앙박물관 신축설계
도면명	화계상세도
축척	1/150,90
날짜	
주기	
제도	
설계	
검토	
승인	
심사	
도면번호	LA-22

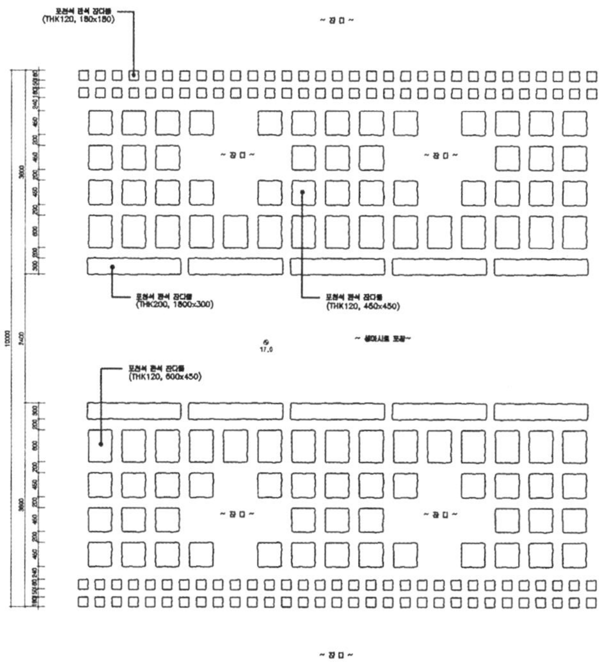

① 주진입로 포장 평면도
축척 = 1/100

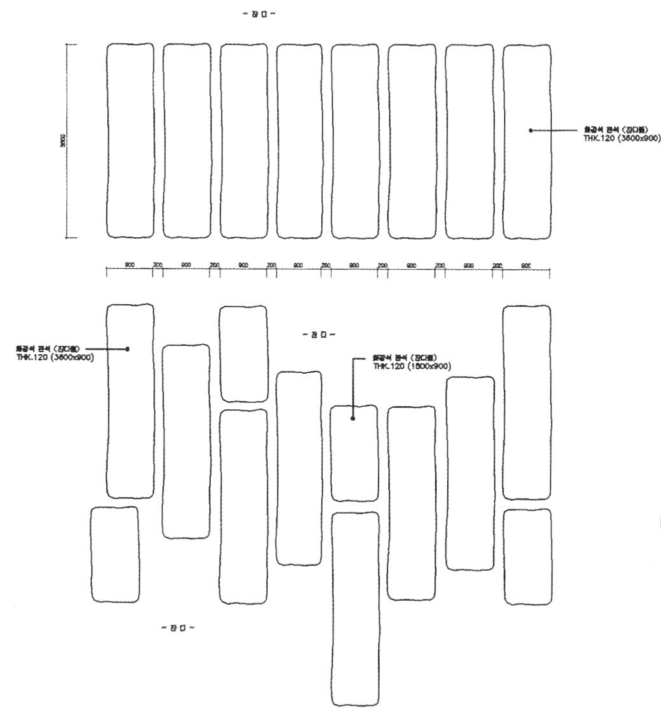

④ 화강석 판석(W900) 포장 평면도
축척 = 1/100

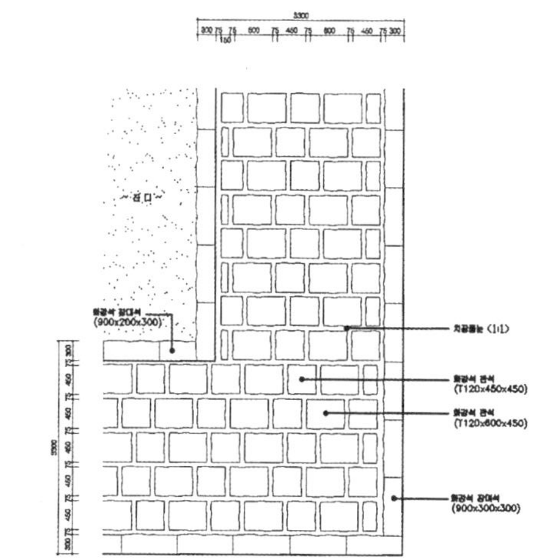

⑥ 돈마당 유물전시공간1 포장 평면도
축척 = 1/100

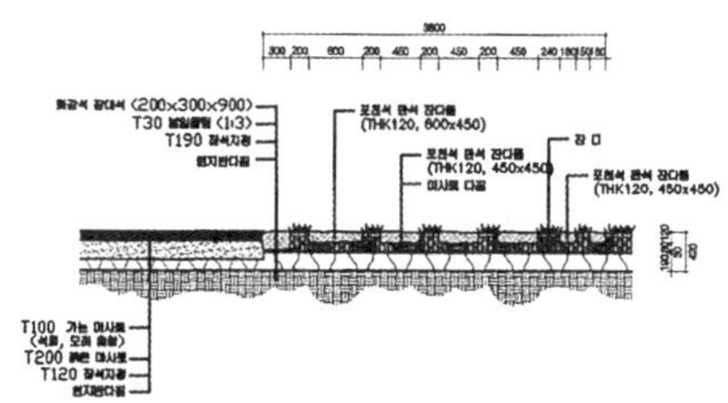

① 주진입로 포장 단면도
축척 = 1/100

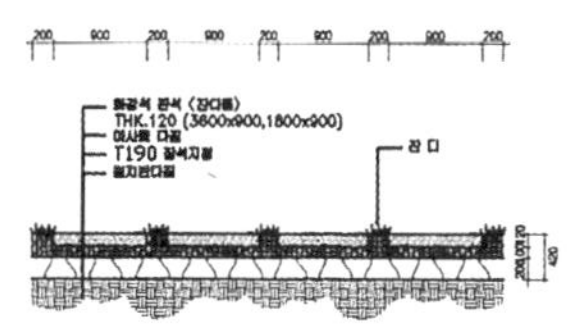

④ 화강석 판석(W900) 포장 단면도
축척 = 1/100

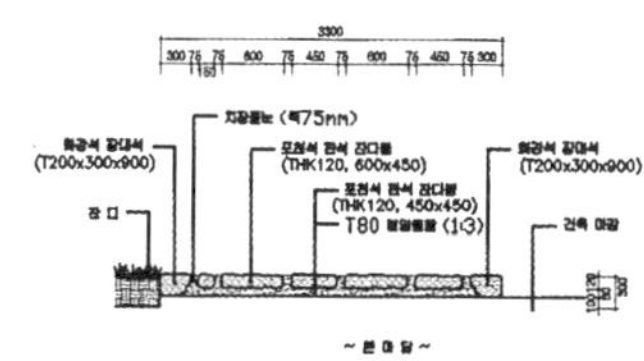

⑥ 돈마당 유물전시공간1 포장 단면도
축척 = 1/100

설계번호

설계명: 새국립중앙박물관 신축설계

도면명: 포장상세도

축척: 1/100

날짜

주기

제도

설계

검토

승인

심사

도면번호: LA－23

마상근린공원조성공사(조경실시설계)

■ 도 면 목 차

공 종	일 련 번 호	도 면 번 호	도 면 명	축 척	비 고
	050	L - 001	도 면 목 차	NONE	
	051	L - 002	수목수량집계표	NONE	
	052	L - 003	시설물/포장수량집계표	NONE	
	053	L - 004 ✓	전체계획평면 및 녹지구적도	1/1,000	
	054	L - 005 ✓	공사계획평면도(A부분)	1/300	
	055	L - 006 ✓	시설배치계획도(A부분)	1/300	
	056	L - 007 ✓	배식계획평면도(A부분)	1/300	
	057	L - 008 ✓	공사계획평면도(B부분)	1/300	
	058	L - 009 ✓	시설배치계획도(B부분)	1/300	
	059	L - 010 ✓	배식계획평면도(B부분)	1/300	
	060	L - 011 ✓	공사계획평면도(C부분)	1/300	
	061	L - 012 ✓	시설배치계획도(C부분)	1/300	
	062	L - 013 ✓	배식계획평면도(C부분)	1/300	
	063	L - 014	지주목/수목보호홀덮개 상세도	NONE	
	064	L - 015	팔각정자 상세도(I)	1/40	
	065	L - 016	팔각정자 상세도(II)	1/5,1/20	
	066	L - 017 ✓	누에고치파고라상세도	1/10,1/20,1/40	
	067	L - 018	원두막 상세도	1/20	
	068	L - 019 ✓	쉘터 상세도	1/5,1/10,1/50	
	069	L - 020	파고라A형 상세도	1/10,1/20,1/30	
	070	L - 021 ✓	파고라B형 상세도	1/3,1/10,1/40	
	071	L - 022	원형의자 상세도	1/10,1/20	
	072	L - 023	등의자 상세도	1/2,1/10	
	073	L - 024	평의자 상세도	1/2,1/10	
	074	L - 025	원목계단/SEATINGWALL 상세도	1/10	
	075	L - 026	전시벽 상세도	1/20	
	076	L - 027 ✓	장식벽 상세도	1/10,1/20,NONE	
	077	L - 028 ✓	놀이벽 상세도	1/30	
	078	L - 029	플랜터 BOX 상세도	1/10,1/50,1/100,NONE	
	079	L - 030 ✓	야외무대 상세도	1/20,1/60	
	080	L - 031 ✓	도섭지 상세도(I)	1/40,1/100	
	081	L - 032 ✓	도섭지 상세도(II)	1/10,1/50	
	082	L - 033 ✓	계단 상세도	1/10,1/40	
	083	L - 034 ✓	안내판 상세도	1/10,1/30	
	084	L - 035	배드민턴POST/볼라드상세도	1/10	
	085	L - 036 ✓	속담석 상세도	1/10,NONE	
	086	L - 037	조합놀이대 상세도	1/30	
	087	L - 038	회전무대 상세도	1/5,1/20	
	088	L - 039	허리돌리기/팔굽혀펴기 상세도	1/10,1/20	
	089	L - 040	몸통균형잡기/런닝로라 상세도	1/10	
	090	L - 041	평균대/배근력대 상세도	1/5,1/20	
	091	L - 042 ✓	포장단면/경계석 상세도	1/5,1/10	
	092	L - 043	전체배관 평면도	1/100	도섭지관련설비도
	093	L - 044	배관단면 상세도	1/10,1/20,1/30	〃
	094	L - 045	기기류 상세도 및 수자도	1/30,NONE	〃
	095	L - 046	전기회로도	NONE	〃

(株)又大技術團 建築士事務所 WOODAI ARCHITECTS, ENGINEERS CONSULTANTS OFFICE CO., LTD.	제도자:	축척: NONE	책임기술자:	공사명: 마상근린공원 조성공사	도면명: 도면목차	도면번호	L -
	검토자:	날짜: 1997. 8		시행청: 고 양 시		일련번호	

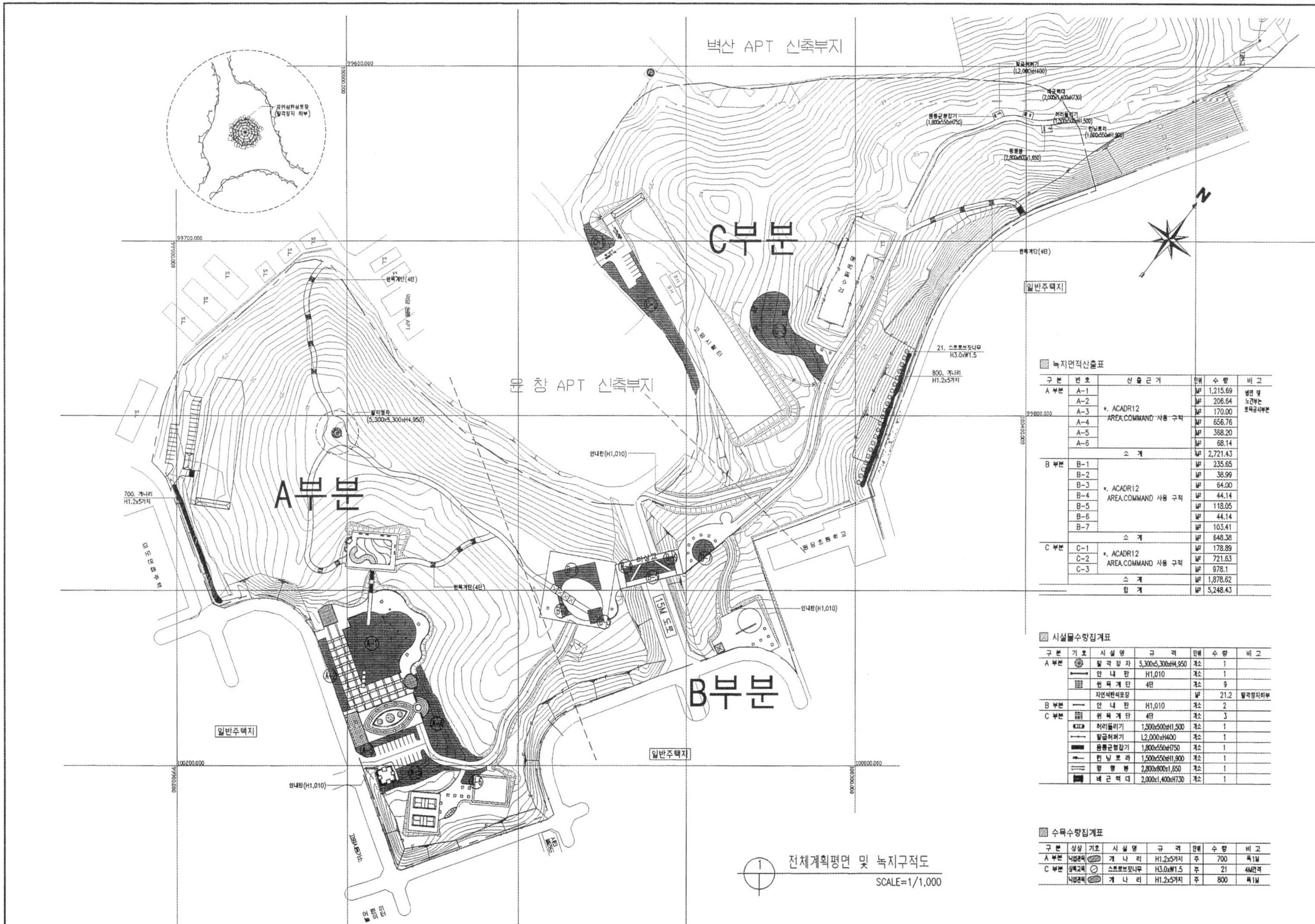

1 전체계획평면 및 녹지구적도

SCALE=1/1,000

녹지면적산출표

구 분	번 호	산 출 근 거	단위	수 량	비 고
A 부분	A-1	*. ACADR12 AREA.COMMAND 사용 구적	㎡	1,215.69	법면 및 노견부는 토목공사부분
	A-2		㎡	206.64	
	A-3		㎡	170.00	
	A-4		㎡	656.76	
	A-5		㎡	368.20	
	A-6		㎡	68.14	
	소 계		㎡	2,721.43	
B 부분	B-1	*. ACADR12 AREA.COMMAND 사용 구적	㎡	235.65	
	B-2		㎡	38.99	
	B-3		㎡	64.00	
	B-4		㎡	44.14	
	B-5		㎡	118.05	
	B-6		㎡	44.14	
	B-7		㎡	103.41	
	소 계		㎡	648.38	
C 부분	C-1	*. ACADR12 AREA.COMMAND 사용 구적	㎡	178.89	
	C-2		㎡	721.63	
	C-3		㎡	978.1	
	소 계		㎡	1,878.62	
합 계			㎡	5,248.43	

시설물수량집계표

구 분	기 호	시 설 명	규 격	단위	수 량	비 고
A 부분		팔 각 정 자	5,300x5,300xH4,950	개소	1	
		안 내 판	H1,010	개소	1	
		원 목 계 단	4단	개소	9	
		자연석판석포장		㎡	21.2	팔각정자하부
B 부분		안 내 판	H1,010	개소	2	
C 부분		원 목 계 단	4단	개소	3	
		허리돌리기	1,500x500xH1,500	개소	1	
		팔굽혀펴기	L2,000xH400	개소	1	
		용통균형잡기	1,800x550xH750	개소	1	
		런 닝 로 라	1,500x550xH1,900	개소	1	
		평 행 봉	2,800x800x1,650	개소	1	
		배 근 력 대	2,000x1,400xH730	개소	1	

수목수량집계표

구 분	성상	기호	시 설 명	규 격	단위	수 량	비 고
A 부분	낙엽관목		개 나 리	H1.2x5가지	주	700	폭1M
C 부분	상록교목		스트로브잣나무	H3.0xW1.5	주	21	4M간격
	낙엽관목		개 나 리	H1.2x5가지	주	800	폭1M

(株)又大技術團 建築士事務所 WOODAI ARCHITECTS, ENGINEERS CONSULTANTS OFFICE CO., LTD.	제도자:	축척: 1/1,000	책임기술자:	공사명: 마상근린공원 조성공사	도면명: 전체계획평면 및 녹지구적도	도면번호	L - 005
	검토자:	날짜: 1997. 8		시행청: 고 양 시		일련번호	

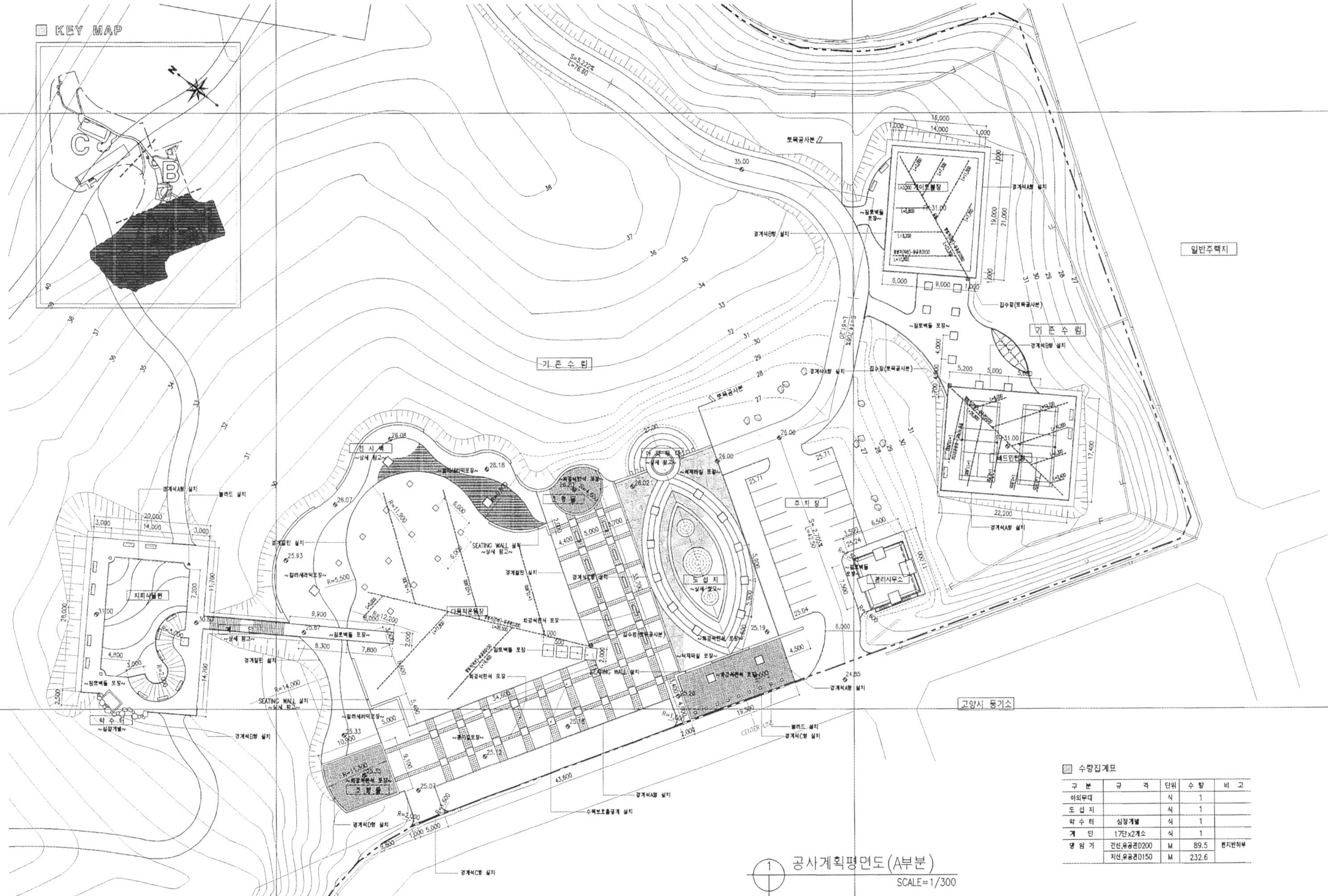

■ 수량집계표

구 분	규 격	단위	수 량	비 고
야외무대		식	1	
도 섭 지		식	1	
약 수 터	심정개발	식	1	
계 단	17단x2개소	식	1	
맹 암 거	간선,유공관D200	M	89.5	현지반영부
	지선,유공관D150	M	232.6	

① 공사계획평면도(A부분)
SCALE=1/300

(株)又大技術團 建築士事務所 WOODAI ARCHITECTS, ENGINEERS CONSULTANTS OFFICE CO., LTD.	제도자:	축척: 1/300	책임기술자:	공사명: 마상근린공원 조성공사	도면명: 공사계획평면도(A부분)	도면번호	L - 006
	검토자:	날짜: 1997. 8		시행청: 고 양 시		일련번호	

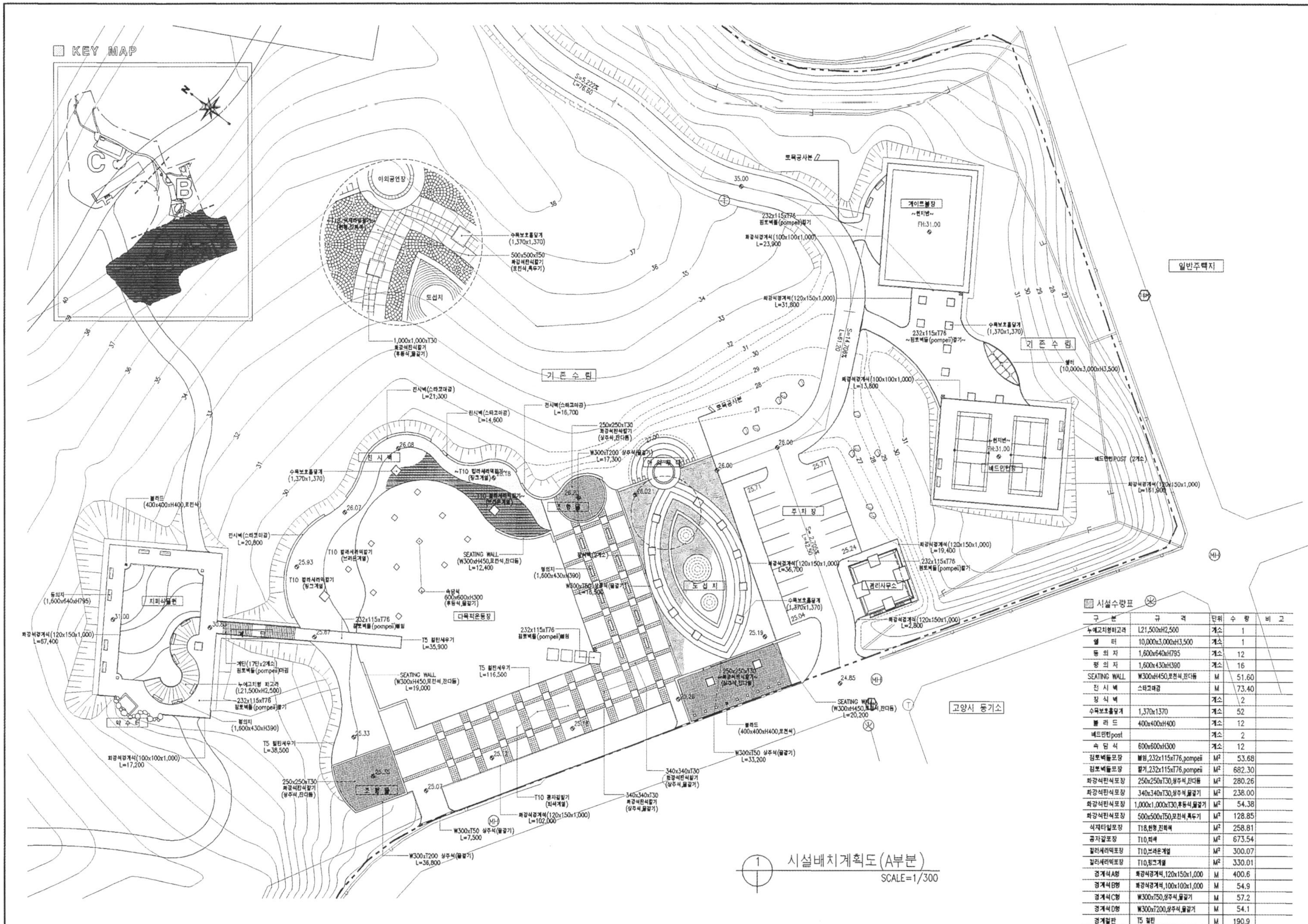

시설수량표

구 분	규 격	단위	수 량	비 고
누예고치형마고라	L21,500xH2,500	개소	1	
쉘 터	10,000x3,000xH3,500	개소	1	
등 의 자	1,600x640xH795	개소	12	
평 의 자	1,600x430xH390	개소	16	
SEATING WALL	W300xH450,포천석,잔다듬	M	51.60	
전 시 벽	스타코마감	M	73.40	
장 식 벽		개소	2	
수목보호홀덮개	1,370x1370	개소	52	
볼 라 드	400x400xH400	개소	12	
배드민턴post		개소	2	
속 담 석	600x600xH300	개소	12	
점토벽돌포장	볼임,232x115xT76,pompeii	M^2	53.68	
점토벽돌포장	깔기,232x115xT76,pompeii	M^2	682.30	
화강석판석포장	250x250xT30,상주석,잔다듬	M^2	280.26	
화강석판석포장	340x340xT30,상주석,물갈기	M^2	238.00	
화강석판석포장	1,000x1,000xT30,후동석,물갈기	M^2	54.38	
화강석판석포장	500x500xT50,포천석,혹두기	M^2	128.85	
석재타일포장	T18,원형,진회색	M^2	258.81	
공자갈포장	T10,회색	M^2	673.54	
칼라세라믹포장	T10,브라운계열	M^2	300.07	
칼라세라믹포장	T10,핑크계열	M^2	330.01	
경계석A형	화강석경계석,120x150x1,000	M	400.6	
경계석B형	화강석경계석,100x100x1,000	M	54.9	
경계석C형	W300xT50,상주석,물갈기	M	57.2	
경계석D형	W300xT200,상주석,물갈기	M	54.1	
경계철판	T5 철판	M	190.9	

(株)又大技術團 建築士事務所 WOODAI ARCHITECTS, ENGINEERS CONSULTANTS OFFICE CO., LTD.	제도자:	축척: 1/300	책임기술자:	공사명: 마상근린공원 조성공사	도면명: 시설배치계획도(A부분)	도면번호	L – 007
	검토자:	날짜: 1997. 8		시행청: 고 양 시		일련번호	

① 배식계획평면도(A부분)
SCALE=1/300

■ 수목수량표

성 상	기호	수 목 명	규 격	단위	수 량	비 고
상록교목		소 나 무	H5.0xW2.5xR20	주	10	
			H4.0xW2.0xR15	주	15	
			H3.0xW1.5xR10	주	17	
		서 양 측 백	H3.0xW1.0	주	72	
낙엽교목		느 티 나 무	H5.0xR30	주	7	
			H4.0xR20	주	11	
		회 화 나 무	H4.5xR10	주	49	
		왕 벚 나 무	H4.0xB15	주	10	
		감 나 무	H4.0xR15	주	3	
		모 과 나 무	H4.0xR15	주	3	
		자 귀 나 무	H3.5xR10	주	5	
		배 롱 나 무	H3.0xR10	주	6	
		때 죽 나 무	H3.0xR10	주	18	
		목 련	H3.0xR10	주	23	
		청 단 풍	H2.5xR8	주	22	
관 목		병 꽃 나 무	H1.0xW0.4x3가지	주	780	9주/㎡
		쥐 똥 나 무	H1.0xW0.3	주	530	16주/㎡
		옥 매 화	H1.0xW0.6	주	240	4주/㎡
		산 철 쭉	H0.5xW0.4	주	600	9주/㎡
		백 철 쭉	H0.4xW0.5	주	150	6주/㎡
		회 양 목	H0.3xW0.3	주	2,260	16주/㎡
		장 미	5년생x4가지	주	220	6주/㎡
		조 릿 대	H0.4xW0.2	주	1,500	30주/㎡
지피류		잔 디	0.3x0.3x0.03	㎡	2,195.15	평떼
기 타		경 관 석	1,000x900x600	EA	11	1TON/EA

■ 지피식물수량표

성 상	식 물 명	규 격	단위	수 량	비 고
지피류	바 위 취	4치 pot	POT	920	30POT/㎡
	개 미 취	3~4본얼	POT	780	25POT/㎡
	수 호 초	4치 pot	POT	1,200	30POT/㎡
	옥 잠 화	2~3본얼	POT	350	20POT/㎡
	꿩의 꼬리	4치 pot	POT	1,900	30POT/㎡
	동 의 나 물	4치 pot	POT	1,180	30POT/㎡

(株)又大技術團 建築士事務所 WOODAI ARCHITECTS, ENGINEERS CONSULTANTS OFFICE CO., LTD.	제도자:	축척: 1/300	책임기술자:	공사명: 마상근린공원 조성공사	도면명: 배식계획평면도(A부분)	도면번호	L - 008
	검토자:	날짜: 1997. 8		시행청: 고 양 시		일련번호	

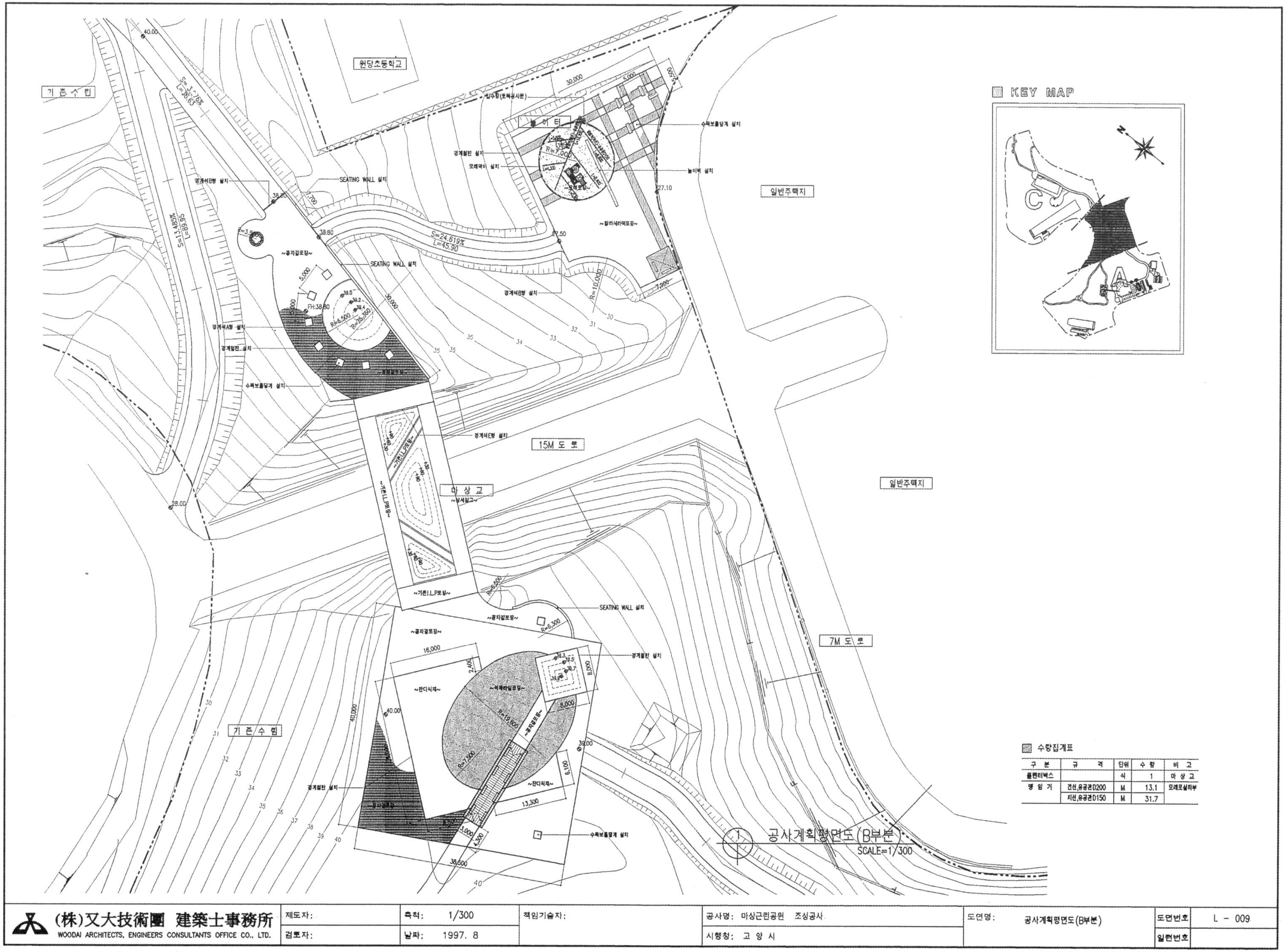

수량집계표

구 분	규 격	단위	수 량	비 고
플랜터박스		식	1	마 상 고
맹 암 거	간선,유공관D200	M	13.1	모래포설하부
	지선,유공관D150	M	31.7	

(株)又大技術團 建築士事務所 WOODAI ARCHITECTS, ENGINEERS CONSULTANTS OFFICE CO., LTD.	제도자:	축척: 1/300	책임기술자:	공사명: 마상근린공원 조성공사	도면명: 공사계획평면도(B부분)	도면번호	L - 009
	검토자:	날짜: 1997. 8		시행청: 고 양 시		일련번호	

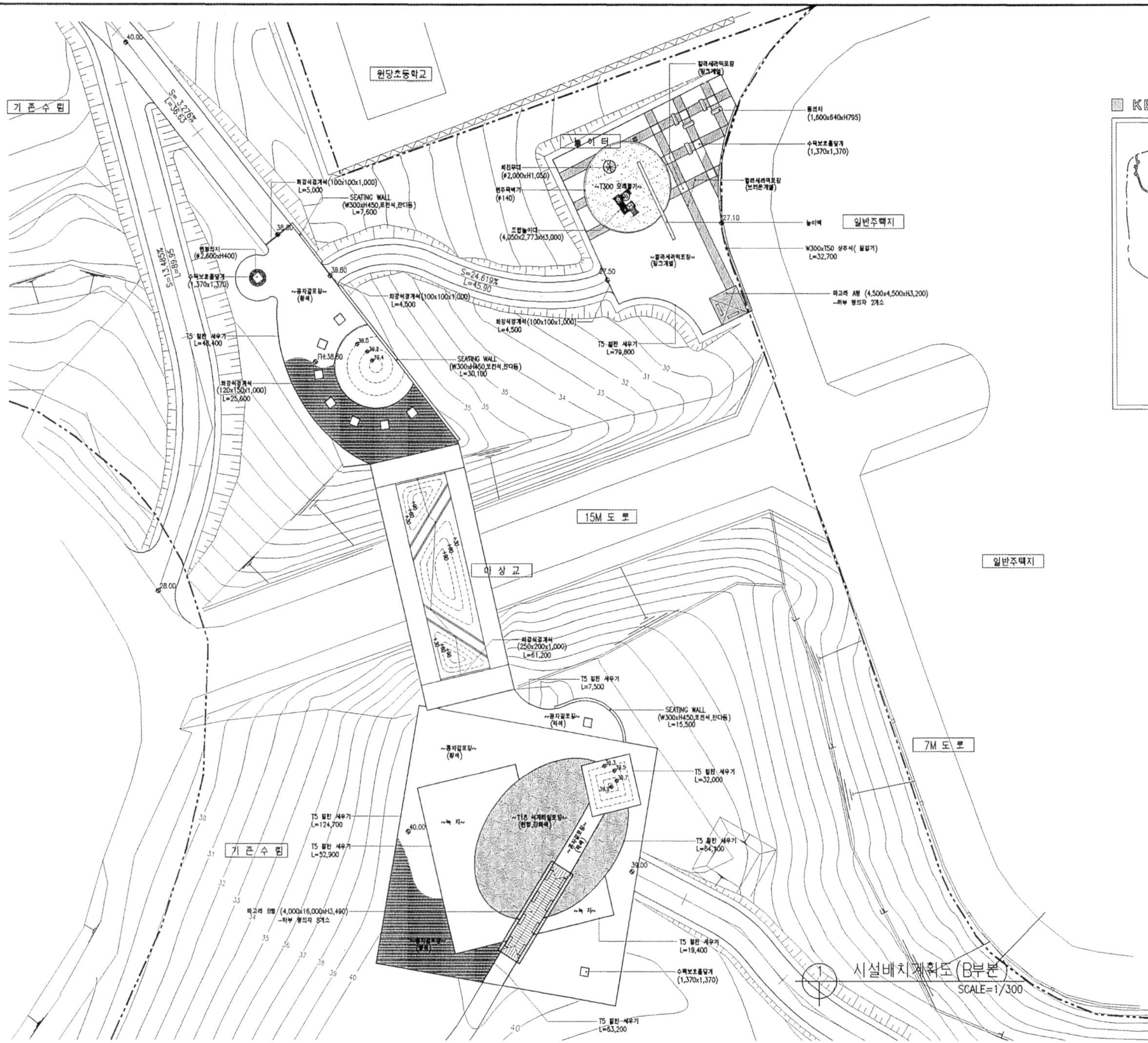

시설수량표

구 분	규 격	단위	수 량	비 고
파 고 라 A형	4,500x4,500xH3,200	개소	1	
파 고 라 B형	4,000x16,000xH3,490	개소	1	
원 형 의 자	ø2,600xH400	개소	1	
등 의 자	1,600x640xH795	개소	5	
평 의 자	1,600x430xH390	개소	10	
SEATING WALL	W300xH450,포천석,잔다듬	M	53.2	
놀 이 벽	H2,000xL13,000	개소	1	
수목보호홀덮개	1,370x1370	개소	15	
조합놀이대	4,050x2,773xH3,000	개소	1	
회전무대	ø2,000xH1,050	개소	1	
모래포장	T300	M^2	145.26	
석재타일포장	T18,원형,진회색	M^2	354.32	
콩자갈포장	T10,적색	M^2	194.12	
콩자갈포장	T10,황색	M^2	1,280.18	
칼라세라믹포장	T10,브라운계열	M^2	121.87	
칼라세라믹포장	T10,핑크계열	M^2	430.49	
경계석A형	화강석경계석,120x150x1,000	M	25.6	
경계석B형	화강석경계석,100x100x1,000	M	14.0	
경계석C형	W300xT50,상주석,물갈기	M	32.7	
경계석E형	화강석경계석,250x200x1,000	M	61.2	
경계철판	T5 철판	M	492.0	
모래막이	ø140 원주목박기	M	43.4	

(株)又大技術團 建築士事務所 WOODAI ARCHITECTS, ENGINEERS CONSULTANTS OFFICE CO., LTD.	제도자:	축척: 1/300	책임기술자:	공사명: 마상근린공원 조성공사	도면명: 시설배치계획도(B부분)	도면번호 L - 010
	검토자:	날짜: 1997. 8		시행청: 고 양 시		일련번호

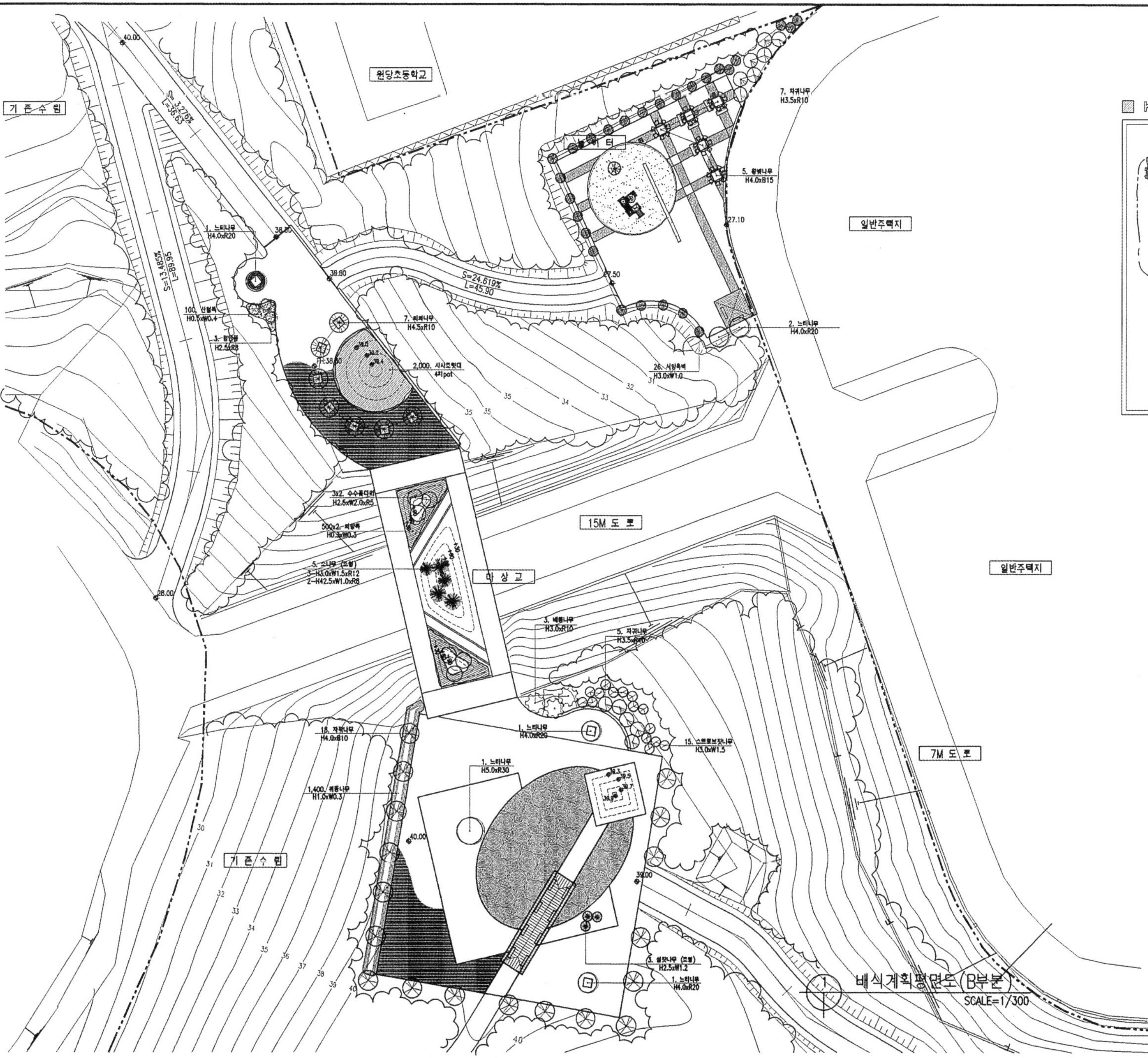

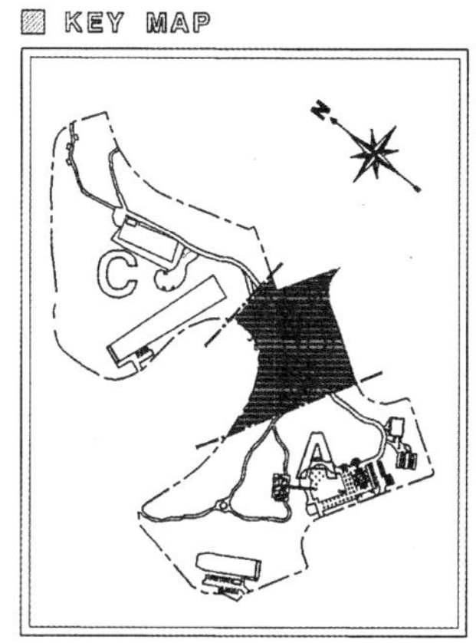

수목수량표

성 상	기호	수 목 명	규 격	단위	수 량	비 고
상 록 교 목		소나무(조형)	H5.0xW2.5xR20	주	3	
			H4.0xW2.0xR15	주	2	
		섬잣나무(조형)	H2.5xW1.2	주	3	
		서 양 측 백	H3.0xW1.0	주	26	
		스트로브잣나무	H3.0xW1.5	주	15	
낙 엽 교 목		느 티 나 무	H5.0xR30	주	1	
			H4.0xR20	주	5	
		회 화 나 무	H4.5xR10	주	7	
		왕 벚 나 무	H4.0xB15	주	5	
		자 작 나 무	H4.0xB10	주	18	
		자 귀 나 무	H3.5xR10	주	12	
		배 롱 나 무	H3.0xR10	주	3	
		청 단 풍	H2.5xR8	주	3	
		수수꽃다리	H2.5xW2.0xR5	주	6	
관 목		쥐 똥 나 무	H1.0xW0.3	주	1,400	16주/M²
		산 철 쭉	H0.5xW0.4	주	100	9주/M²
		회 양 목	H0.3xW0.3	주	1,000	16주/M²
지피류		사사조릿대	4치pot	pot	2,000	25pot/M²
		잔 디	0.3x0.3x0.03	M²	476.37	평떼

(株)又大技術團 建築士事務所 WOODAI ARCHITECTS, ENGINEERS CONSULTANTS OFFICE CO., LTD.	제도자:	축척: 1/300	책임기술자:	공사명: 마상근린공원 조성공사	도면명: 배식계획평면도(B부분)	도면번호 L - 011
	검토자:	날짜: 1997. 8		시행청: 고 양 시		일련번호

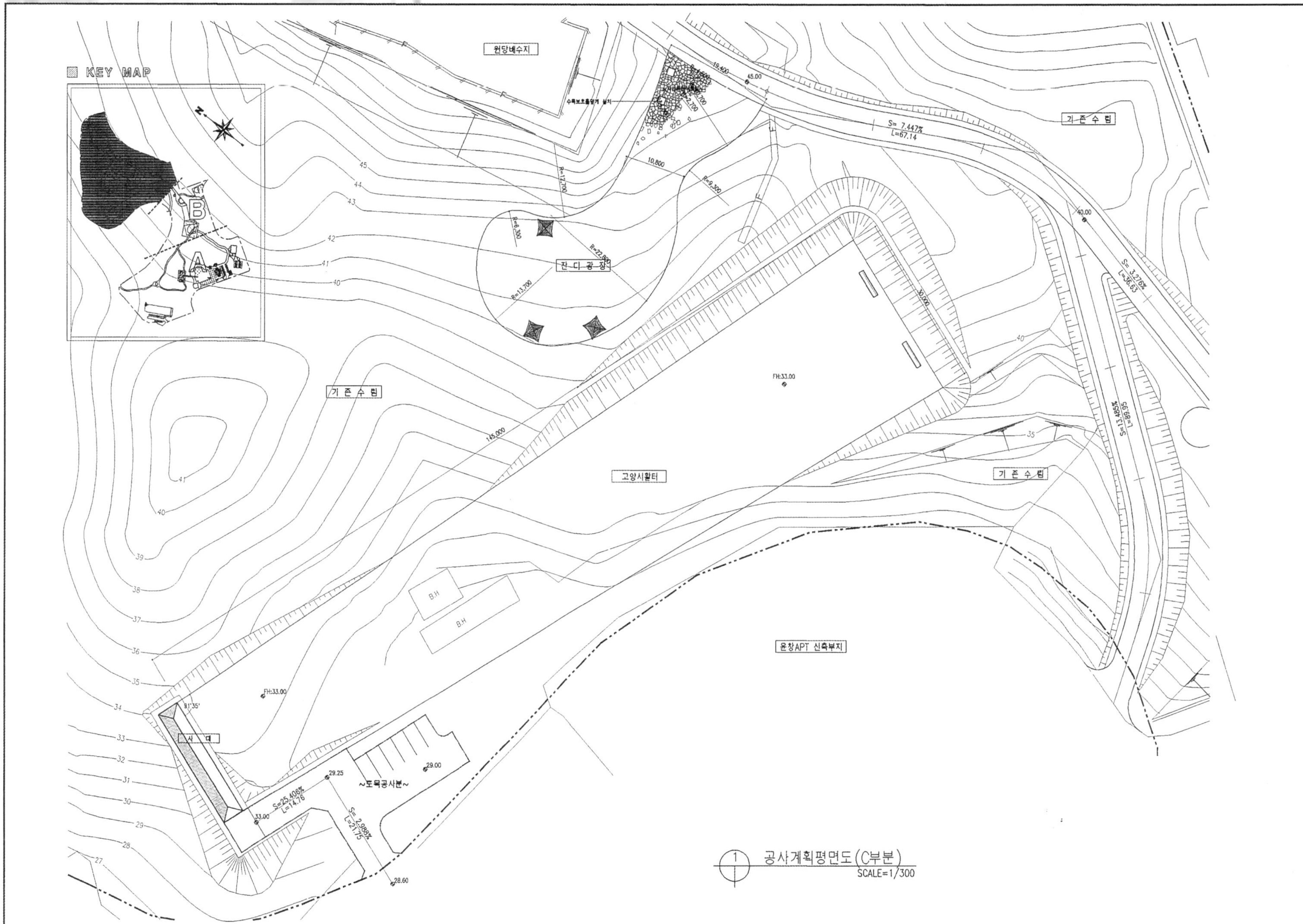

(株)又大技術團 建築士事務所 WOODAI ARCHITECTS, ENGINEERS CONSULTANTS OFFICE CO., LTD.	제도자:	축척: 1/300	책임기술자:	공사명: 마상근린공원 조성공사	도면명: 공사계획평면도(C부분)	도면번호 L - 012
	검토자:	날짜: 1997. 8		시행청: 고 양 시		일련번호

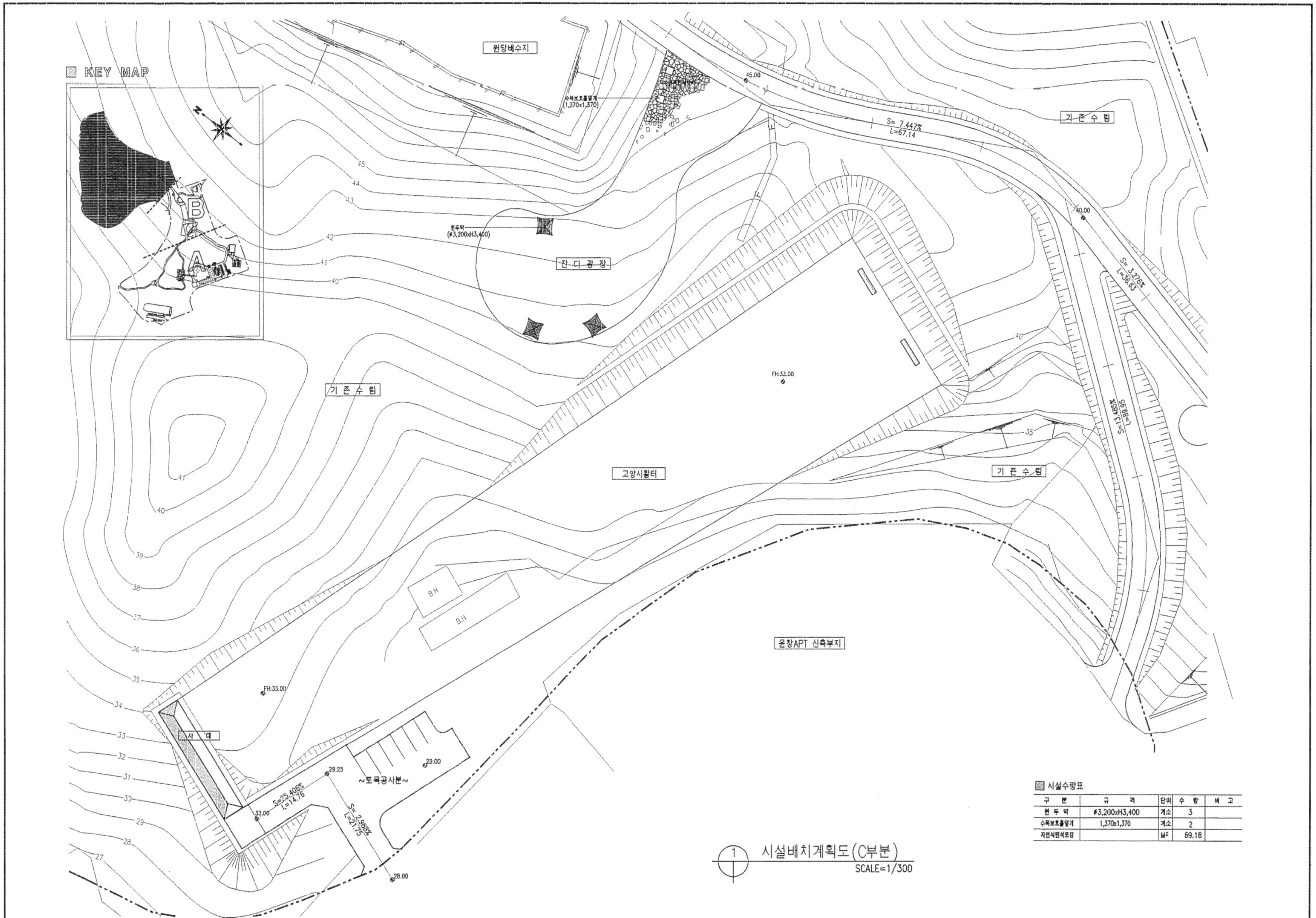

■ 시설수량표

구 분	규 격	단위	수 량	비 고
원 두 막	ø3,200xH3,400	개소	3	
수목보호홀덮개	1,370x1,370	개소	2	
자연석판석포장		M²	69.18	

① 시설배치계획도(C부분)
SCALE=1/300

(株)又大技術團 建築士事務所 WOODAI ARCHITECTS, ENGINEERS CONSULTANTS OFFICE CO., LTD.	제도자:	축척: 1/300	책임기술자:	공사명: 마상근린공원 조성공사	도면명: 시설배치계획도(C부분)	도면번호 L - 013
	검토자:	날짜: 1997. 8		시행청: 고 양 시		일련번호

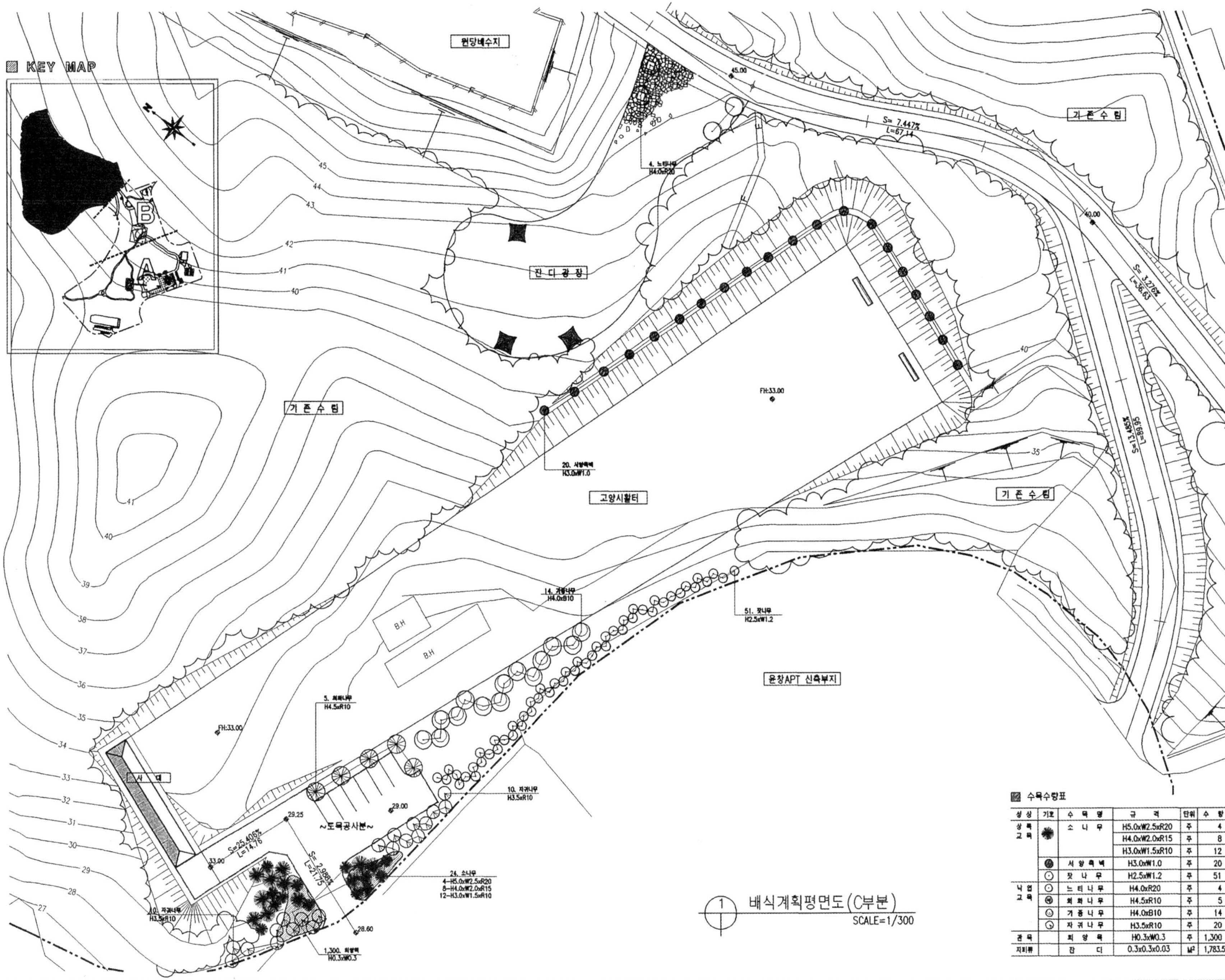

■ 수목수량표

성 상	기호	수 목 명	규 격	단위	수 량	비 고
상록교목		소 나 무	H5.0xW2.5xR20	주	4	
			H4.0xW2.0xR15	주	8	
			H3.0xW1.5xR10	주	12	
		서 양 측 백	H3.0xW1.0	주	20	
		잣 나 무	H2.5xW1.2	주	51	
낙엽교목		느 티 나 무	H4.0xR20	주	4	
		회 화 나 무	H4.5xR10	주	5	
		계 용 나 무	H4.0xB10	주	14	
		자 귀 나 무	H3.5xR10	주	20	
관 목		회 양 목	H0.3xW0.3	주	1,300	16주/㎡
지피류		잔 디	0.3x0.3x0.03	㎡	1,783.57	평떼

① 배식계획평면도(C부분)
SCALE=1/300

(株)又大技術團 建築士事務所 WOODAI ARCHITECTS, ENGINEERS CONSULTANTS OFFICE CO., LTD.	제도자:	축척: 1/300	책임기술자:	공사명: 마상근린공원 조성공사	도면명: 배식계획평면도(C부분)	도면번호	L - 014
	검토자:	날짜: 1997. 8		시행청: 고 양 시		일련번호	

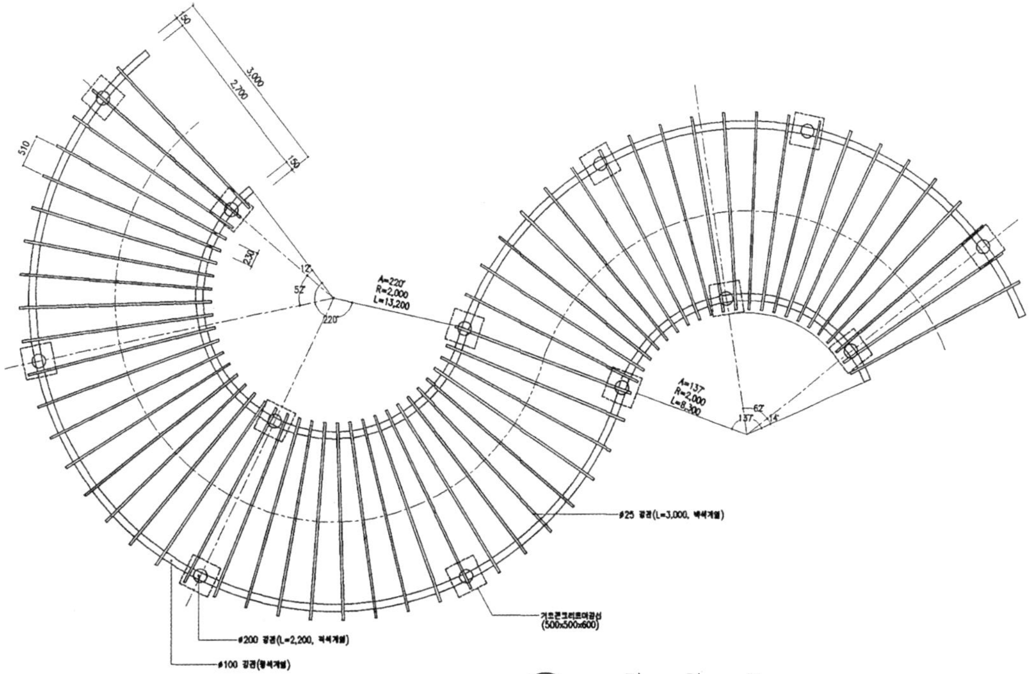

1 평 면 도 SCALE=1/40

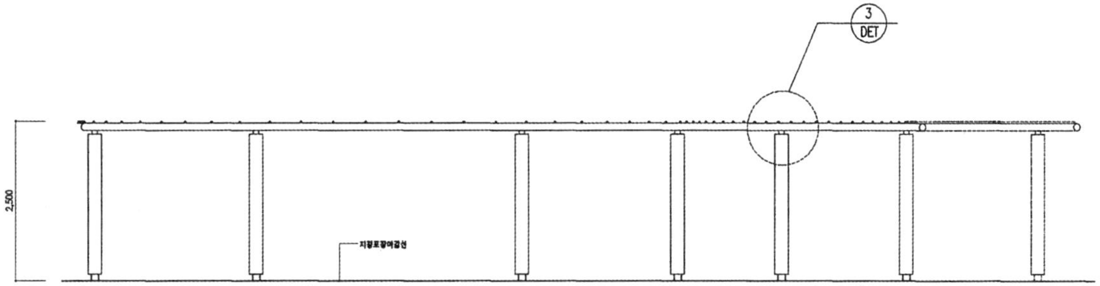

2 정 면 도 SCALE=1/40

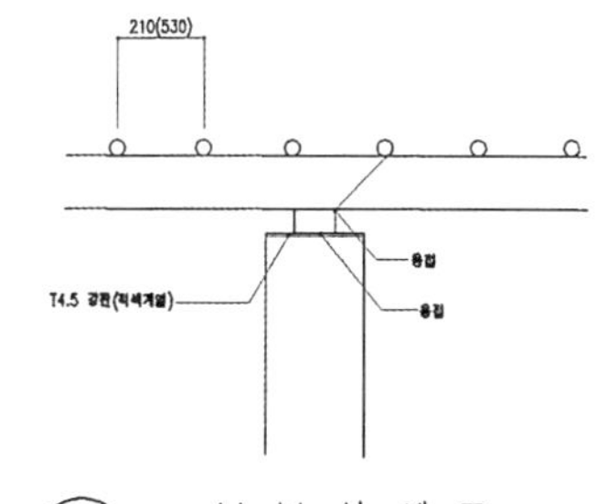

3 부 분 상 세 도 SCALE=1/10

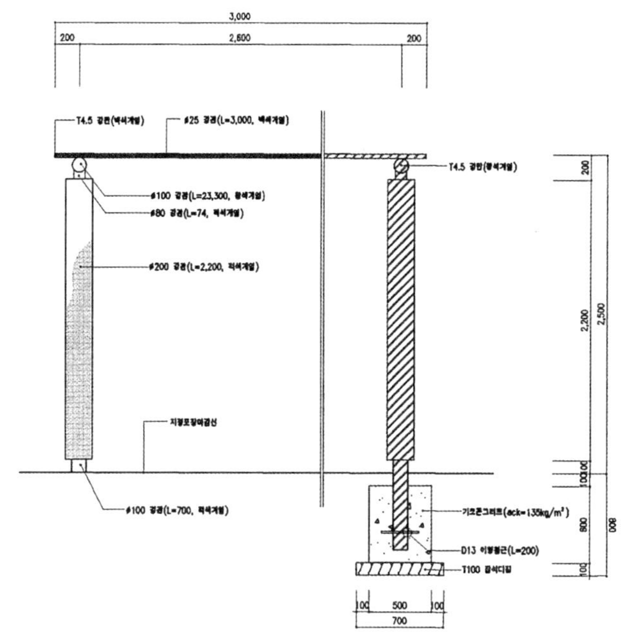

4 측 단 면 도 SCALE=1/20

NOTE:
1. 모든 강판, 강관등은 불부도장마감.
2. 불부도장은 광명단 1회 후 조합페인트 2회 마감
3. 철재의 모든 접합부는 용접처리 한다.
4. 용접부위는 그라인더로 깨끗이 갈아준다.

(株)又大技術團 建築士事務所 WOODAI ARCHITECTS, ENGINEERS CONSULTANTS OFFICE CO., LTD.	제도자:	축척: 1/10,1/20,1/40	책임기술자:	공사명: 마상근린공원 조성공사	도면명: 누에고치파고라상세도	도면번호	L - 018
	검토자:	날짜: 1997. 8		시행청: 고 양 시		일련번호	

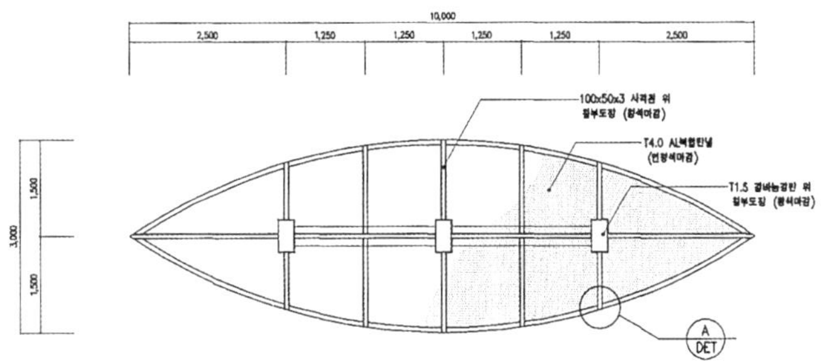

① 평 면 도
SCALE=1/50

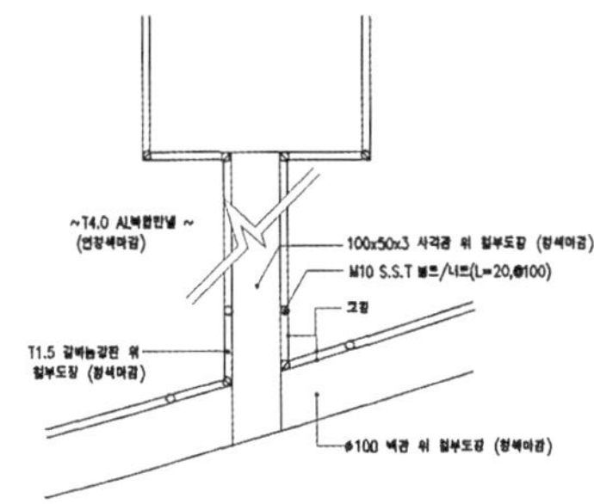

⑤ A부분 상세도
SCALE=1/5

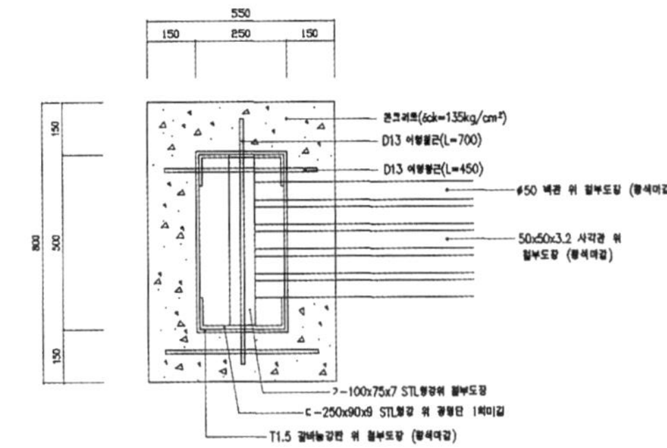

⑦ 벤취 연결부 상세도
SCALE=1/10

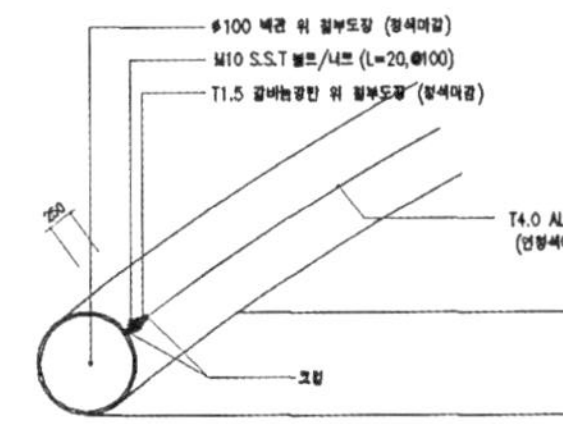

⑥ B부분 상세도
SCALE=1/5

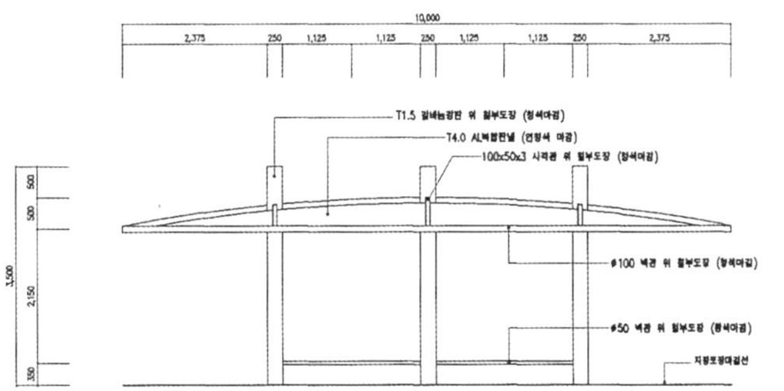

② 입 면 도
SCALE=1/50

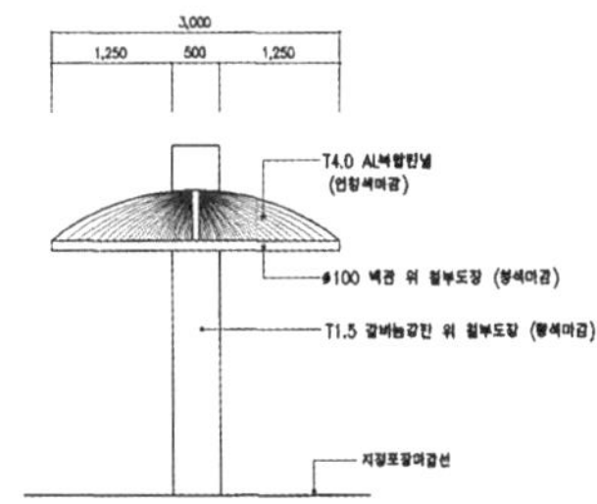

③ 측 면 도
SCALE=1/50

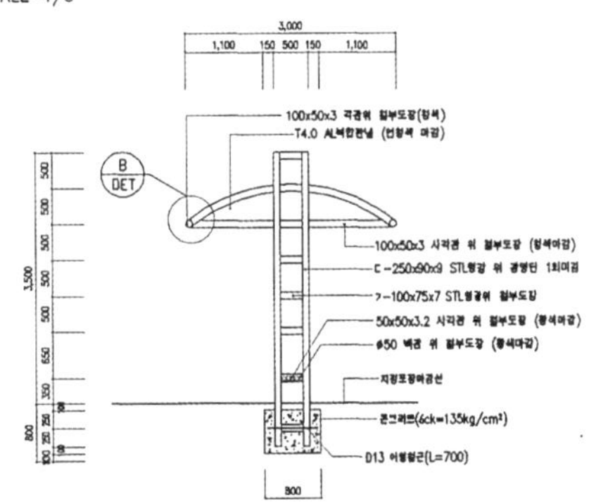

④ 단 면 도
SCALE=1/50

(株)又大技術團 建築士事務所 WOODAI ARCHITECTS, ENGINEERS CONSULTANTS OFFICE CO., LTD.	제도자:	축척: 1/5,1/10,1/50	책임기술자:	공사명: 마상근린공원 조성공사	도면명: 쉘터 상세도	도면번호	L - 020
	검토자:	날짜: 1997. 8		시행청: 고 양 시		일련번호	

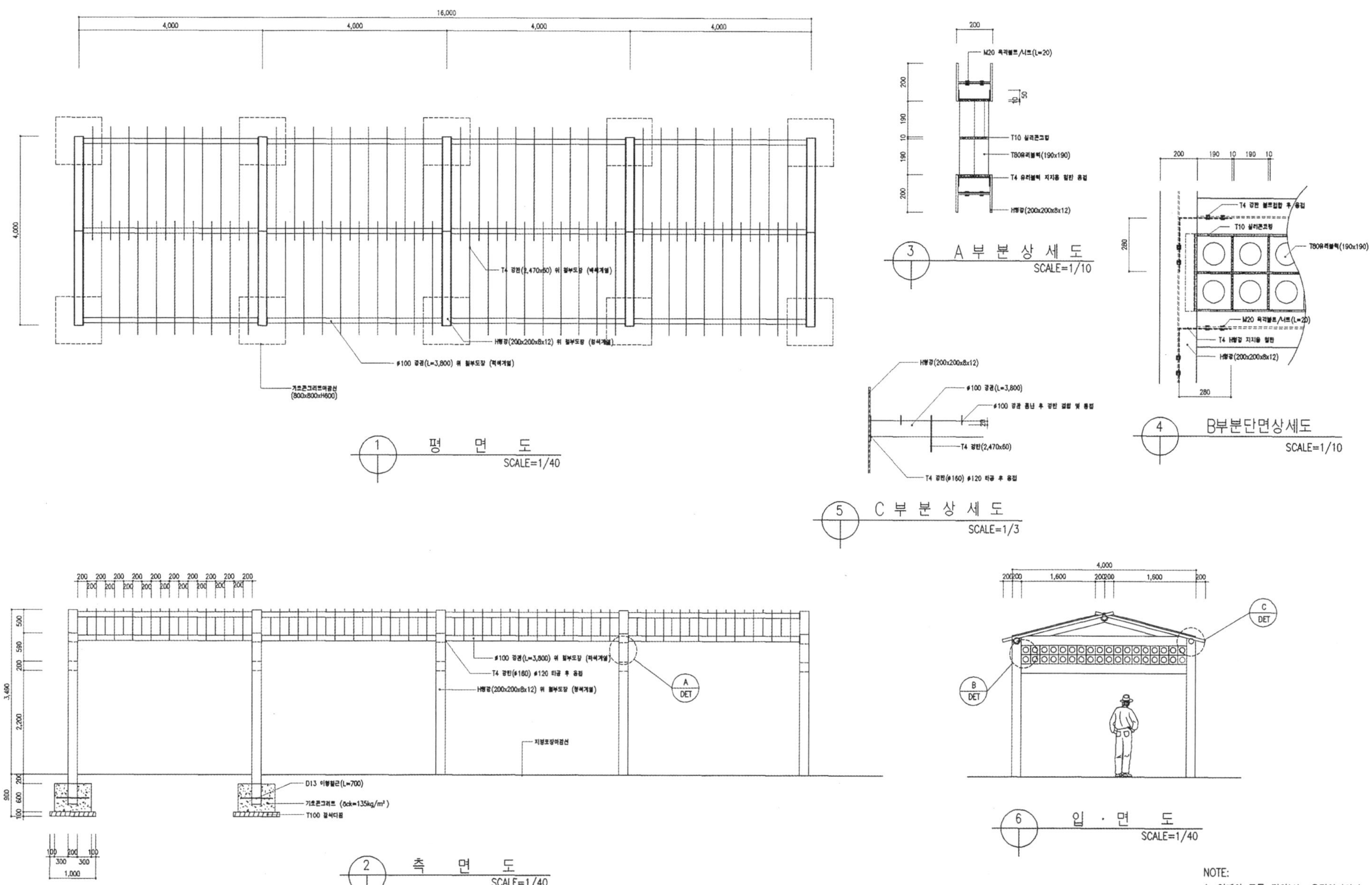

NOTE:
1. 철재의 모든 접합부는 용접처리한다.
2. 용접부위는 그라인더로 깨끗이 갈아준다.

(株)又大技術團 建築士事務所 WOODAI ARCHITECTS, ENGINEERS CONSULTANTS OFFICE CO., LTD.	제도자:	축척: 1/3,1/10,1/40	책임기술자:	공사명: 마상근린공원 조성공사	도면명: 파고라 B형 상세도	도면번호	L - 022
	검토자:	날짜: 1997. 8		시행청: 고 양 시		일련번호	

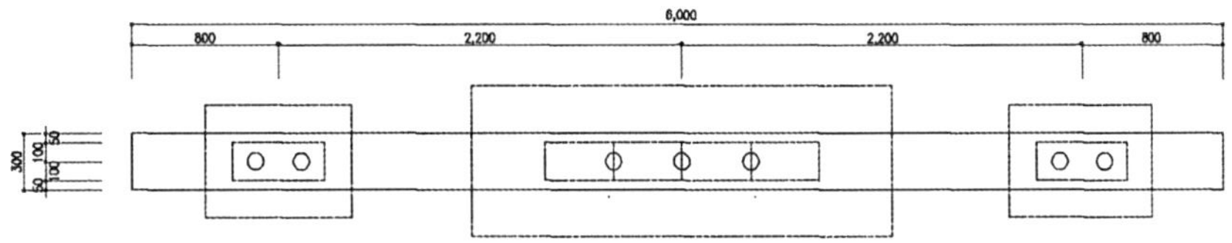

① 평 면 도
SCALE=1/20

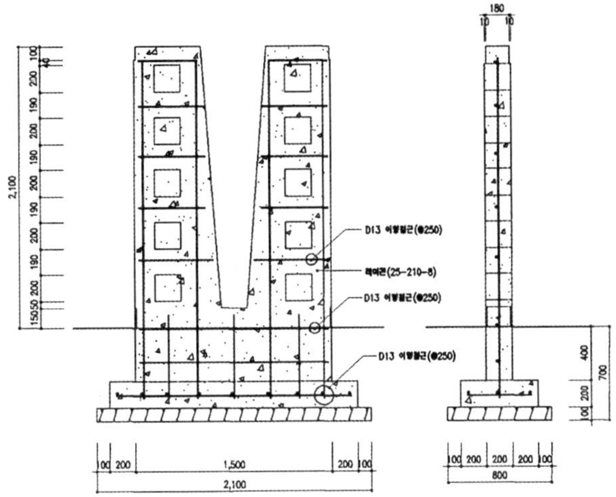

④ 철 근 배 근 도
SCALE=1/20

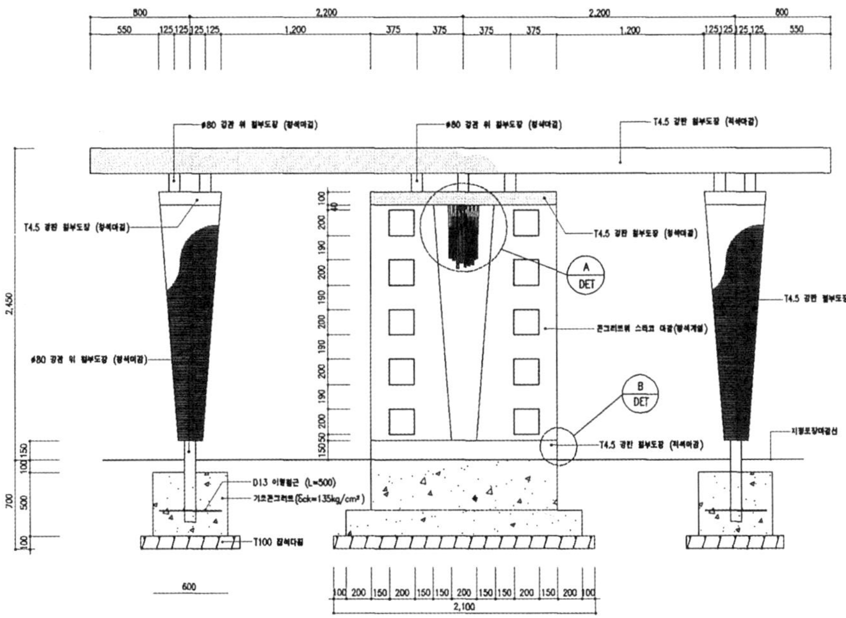

② 입 면 도
SCALE=1/20

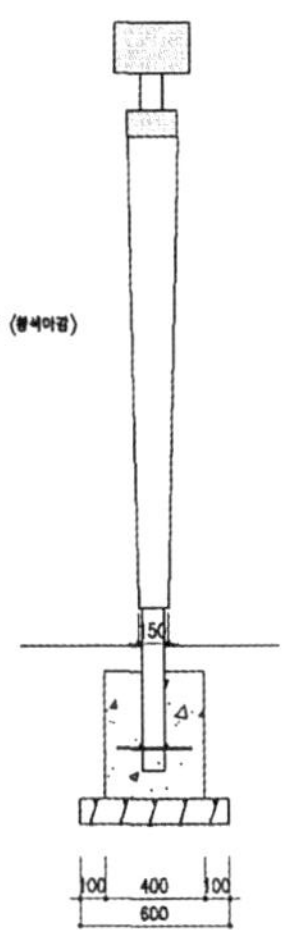

③ 측 면 도
SCALE=1/20

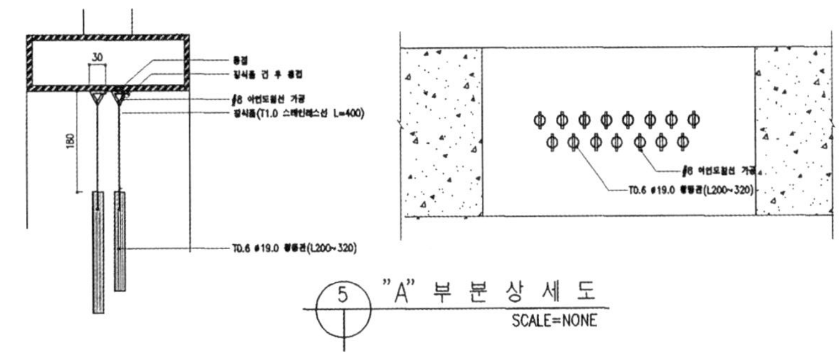

⑤ "A" 부 분 상 세 도
SCALE=NONE

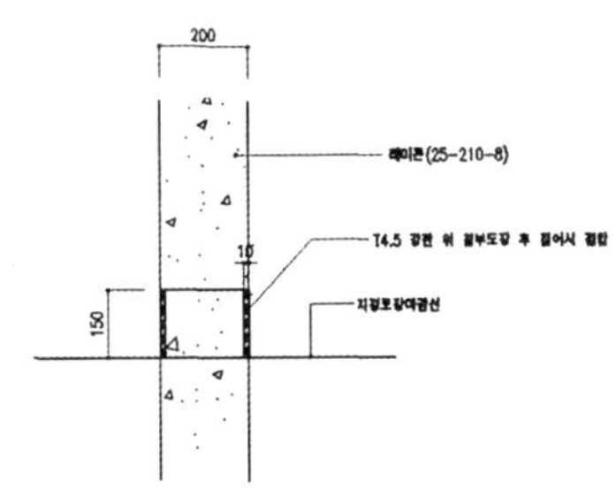

⑥ "B" 부 분 상 세 도
SCALE=1/10

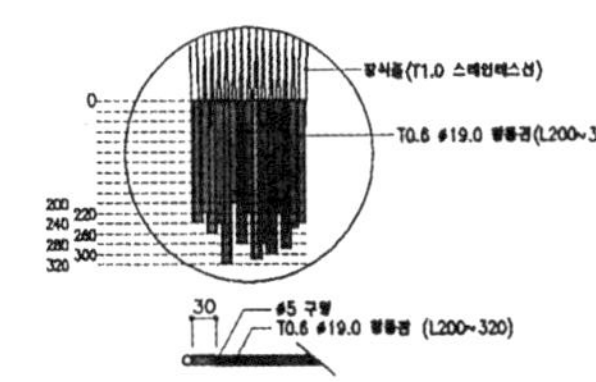

⑦ 풍경길이상세도
SCALE=NONE

(株)又大技術團 建築士事務所 WOODAI ARCHITECTS, ENGINEERS CONSULTANTS OFFICE CO., LTD.	제도자:	축척: 1/10,1/20,NONE	책임기술자:	공사명: 마상근린공원 조성공사	도면명: 장식벽 상세도	도면번호	L - 028
	검토자:	날짜: 1997. 8		시행청: 고 양 시		일련번호	

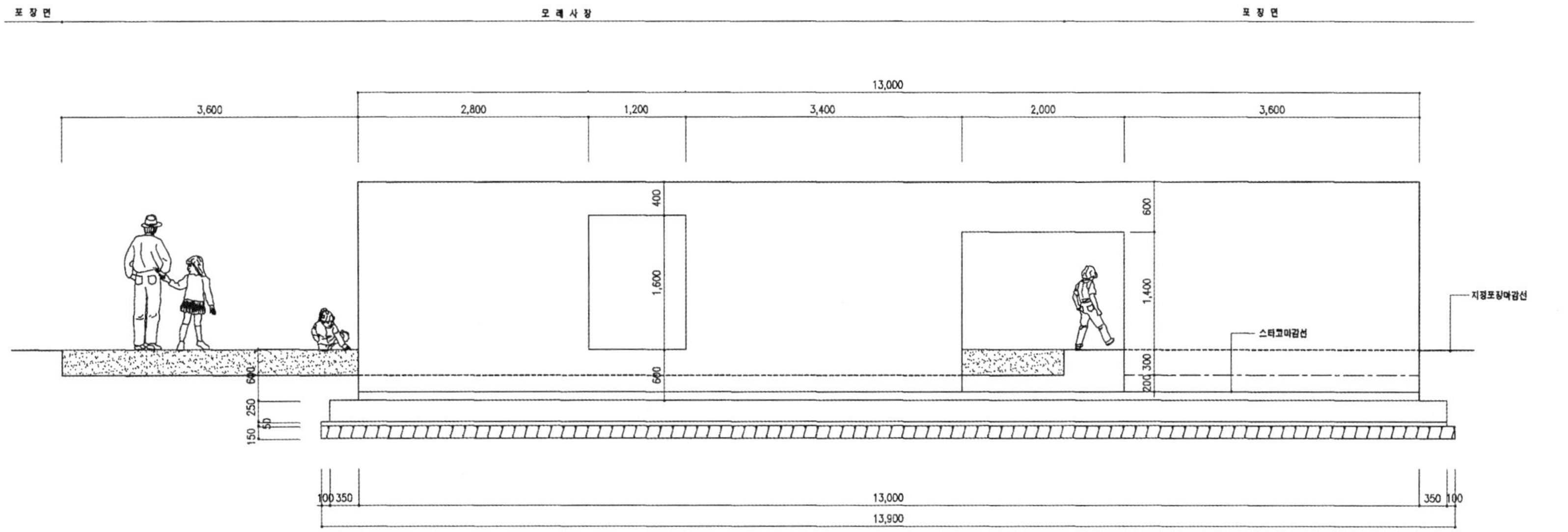

① 입 면 도
SCALE=1/30

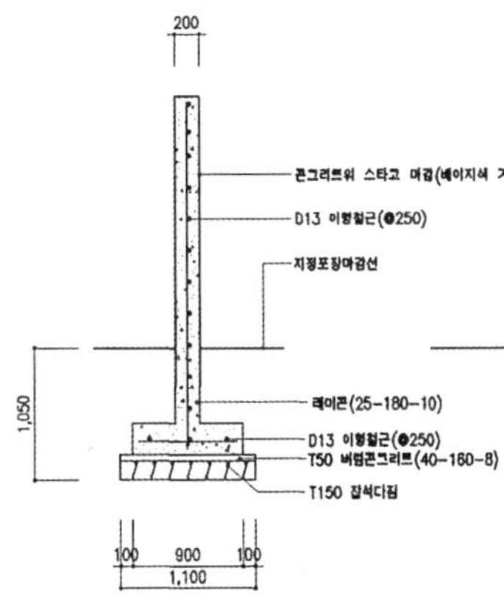

② 측 단 면 도
SCALE=1/30

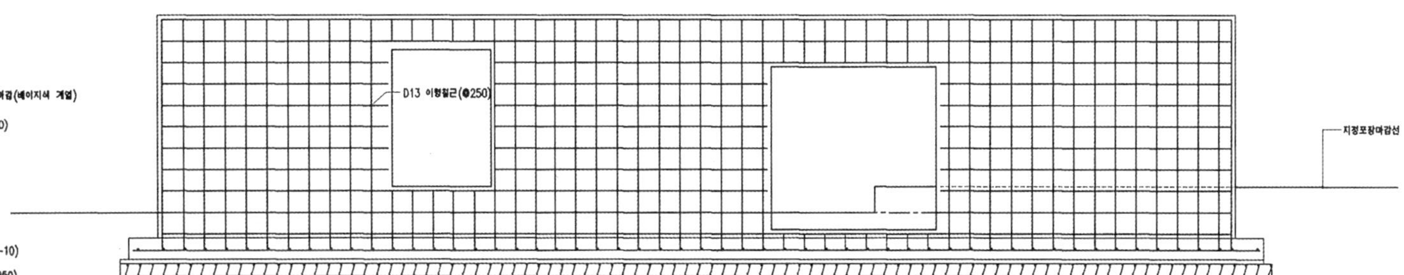

③ 철 근 배 근 도
SCALE=1/30

(株)又大技術團 建築士事務所 WOODAI ARCHITECTS, ENGINEERS CONSULTANTS OFFICE CO., LTD.	제도자:	축척: 1/30	책임기술자:	공사명: 마상근린공원 조성공사	도면명: 놀이벽 상세도	도면번호	L - 029
	검토자:	날짜: 1997. 8		시행청: 고 양 시		일련번호	

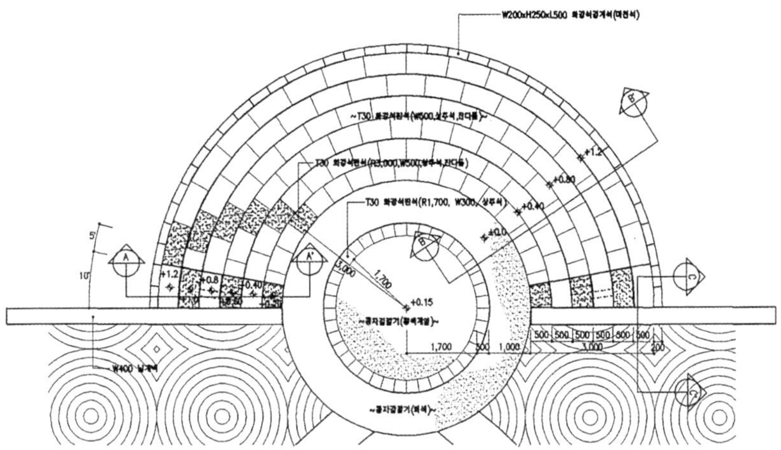

① 평 면 도
SCALE=1/60

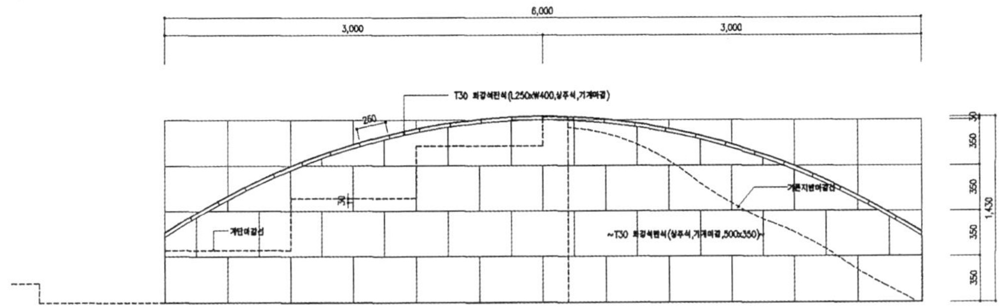

② 날 개 벽 입 면 도
SCALE=1/20

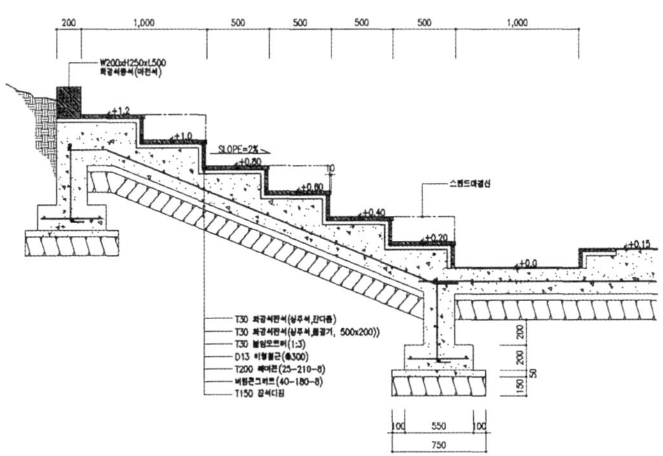

③ 단면도 (A ~ A')
SCALE=1/20

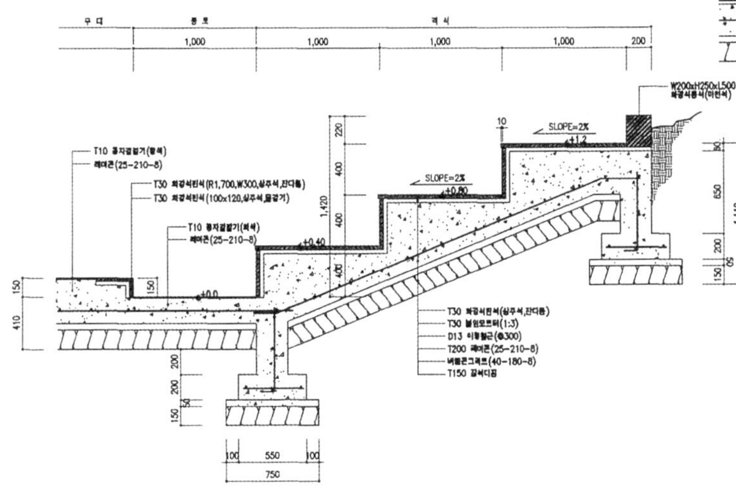

④ 단면도 (B ~ B')
SCALE=1/20

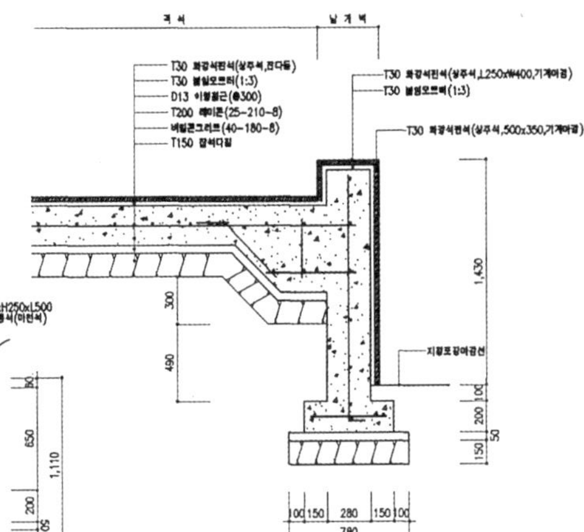

⑤ 단 면 도 (C ~ C')
SCALE=1/20

(株)又大技術團 建築士事務所 WOODAI ARCHITECTS, ENGINEERS CONSULTANTS OFFICE CO., LTD.	제도자:	축척: 1/60,1/20	책임기술자:	공사명: 마상근린공원 조성공사	도면명: 야외무대 상세도	도면번호	L - 031
	검토자:	날짜: 1997. 8		시행청: 고 양 시		일련번호	

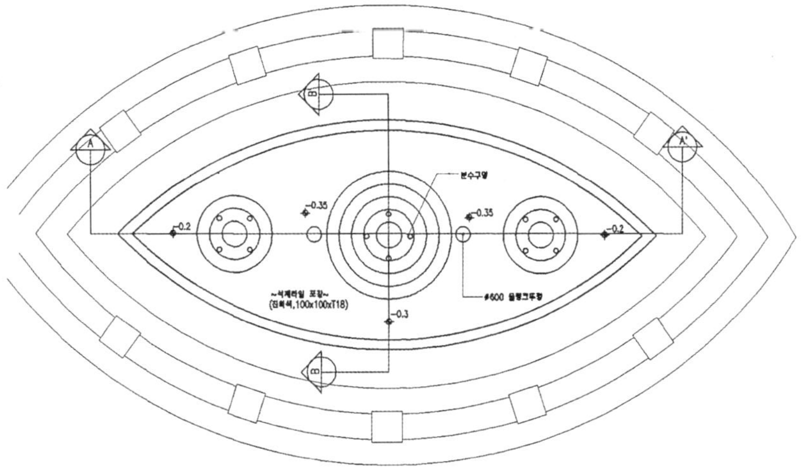

① 평 면 도
SCALE=1/100

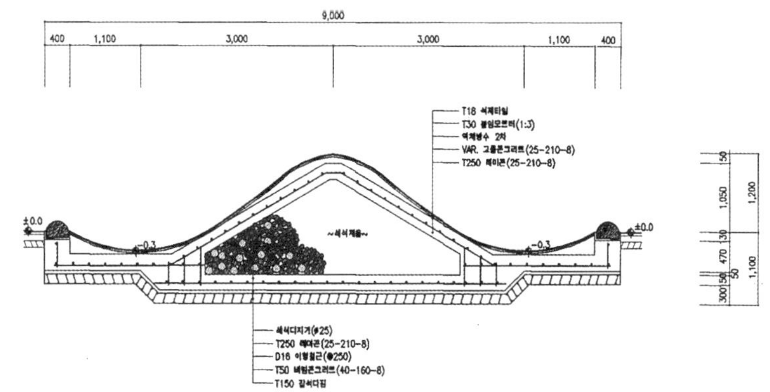

② 단 면 도 (B ~ B')
SCALE=1/40

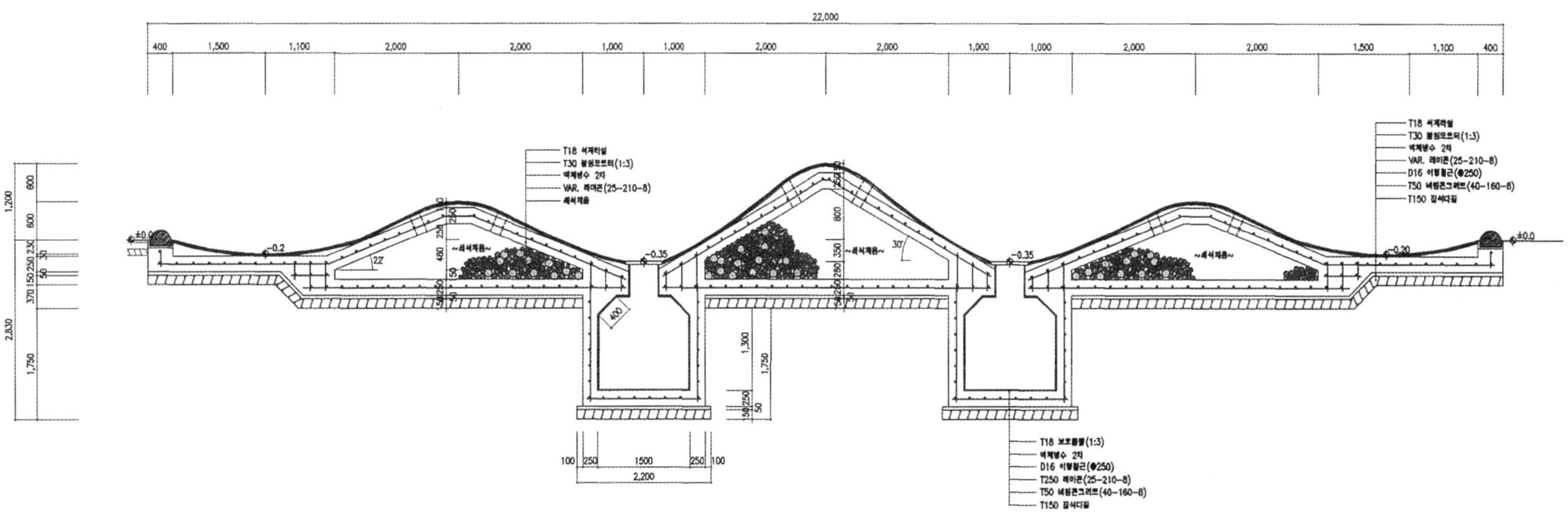

③ 단 면 도 (A~ A')
SCALE=1/40

(株)又大技術團 建築士事務所 WOODAI ARCHITECTS, ENGINEERS CONSULTANTS OFFICE CO., LTD.	제도자:	축척: 1/40,1/100	책임기술자:	공사명: 마상근린공원 조성공사	도면명: 도섭지 상세도	도면번호	L - 032
	검토자:	날짜: 1997. 8		시행청: 고 양 시		일련번호	

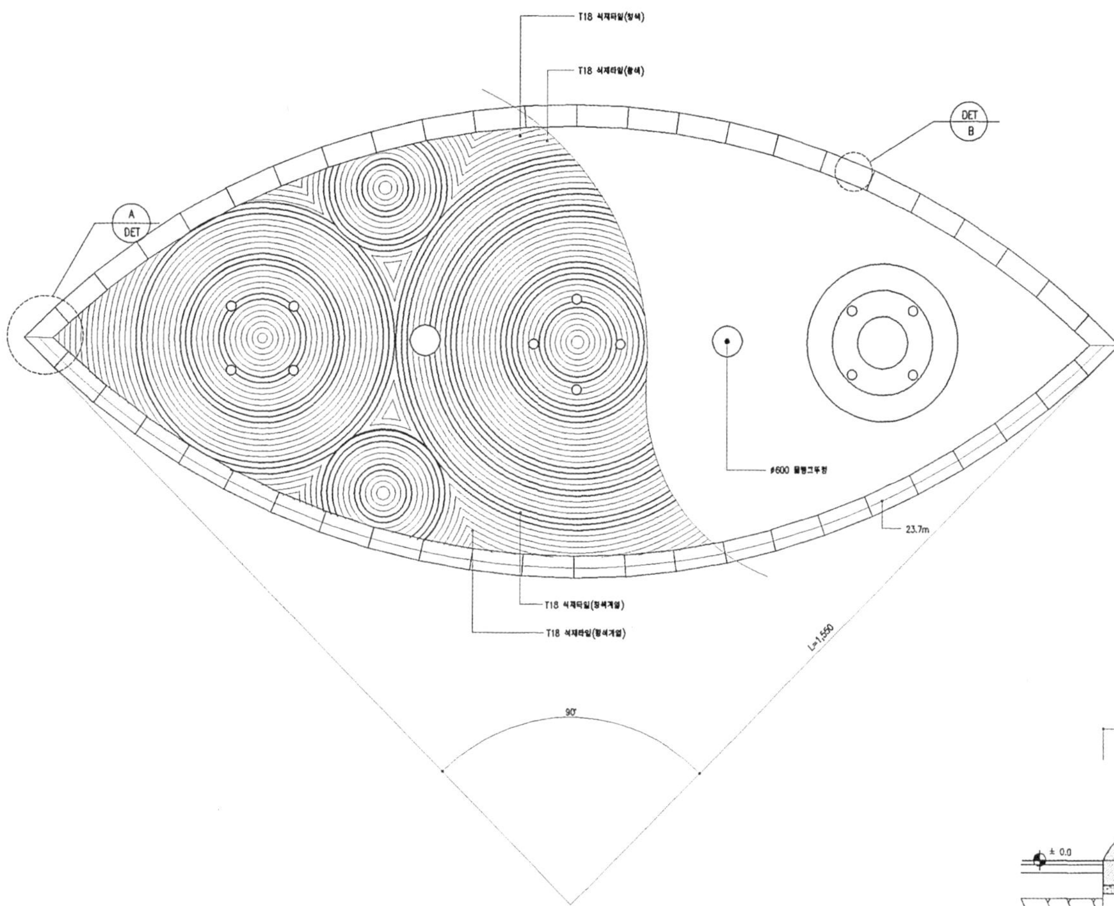

① 평 면 도 SCALE=1/50

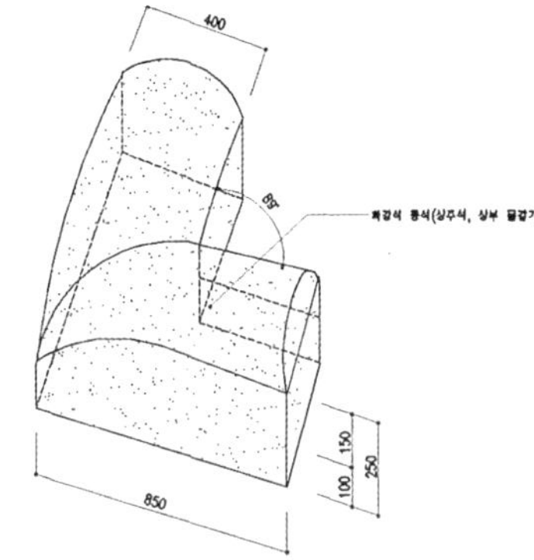

② "A" 부분상세도 SCALE=NONE

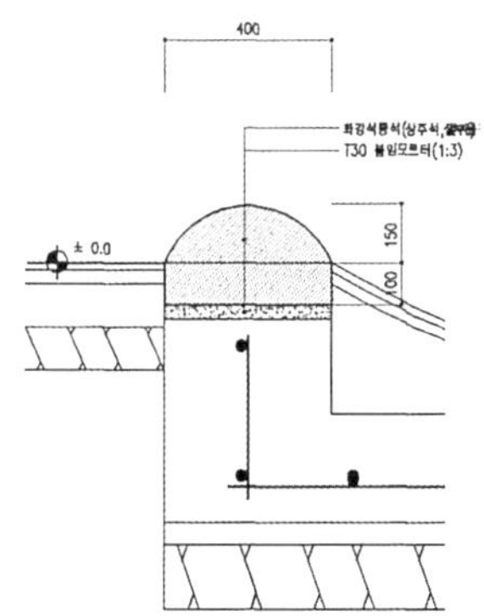

③ "B"부분단면상세도 SCALE=10/1

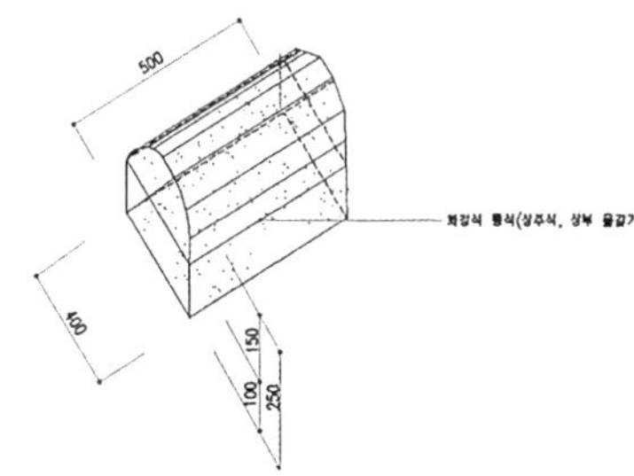

④ "B" 부분상세도 SCALE=NONE

(株)又大技術團 建築士事務所 WOODAI ARCHITECTS, ENGINEERS CONSULTANTS OFFICE CO., LTD.	제도자:	축척: 1/10,1/50,NONE	책임기술자:	공사명: 미상근린공원 조성공사	도면명: 도섭지 상세도(II)	도면번호	L - 033
	검토자:	날짜: 1997. 8		시행청: 고 양 시		일련번호	

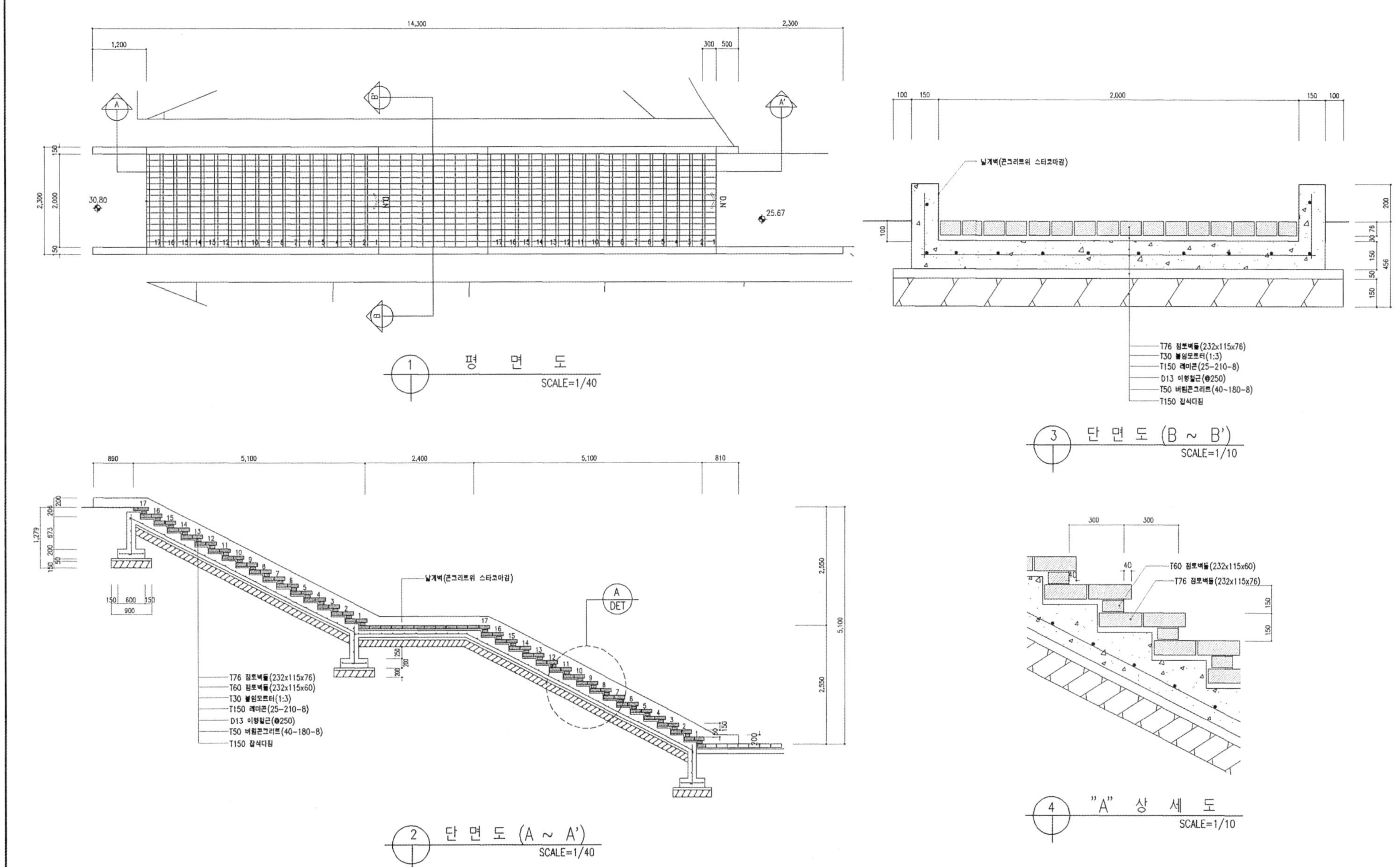

(株)又大技術團 建築士事務所 WOODAI ARCHITECTS, ENGINEERS CONSULTANTS OFFICE CO., LTD.	제도자:	축척: 1/40,1/10	책임기술자:	공사명: 마상근린공원 조성공사	도면명: 계단상세도	도면번호	L - 034
	검토자:	날짜: 1997. 8		시행청: 고 양 시		일련번호	

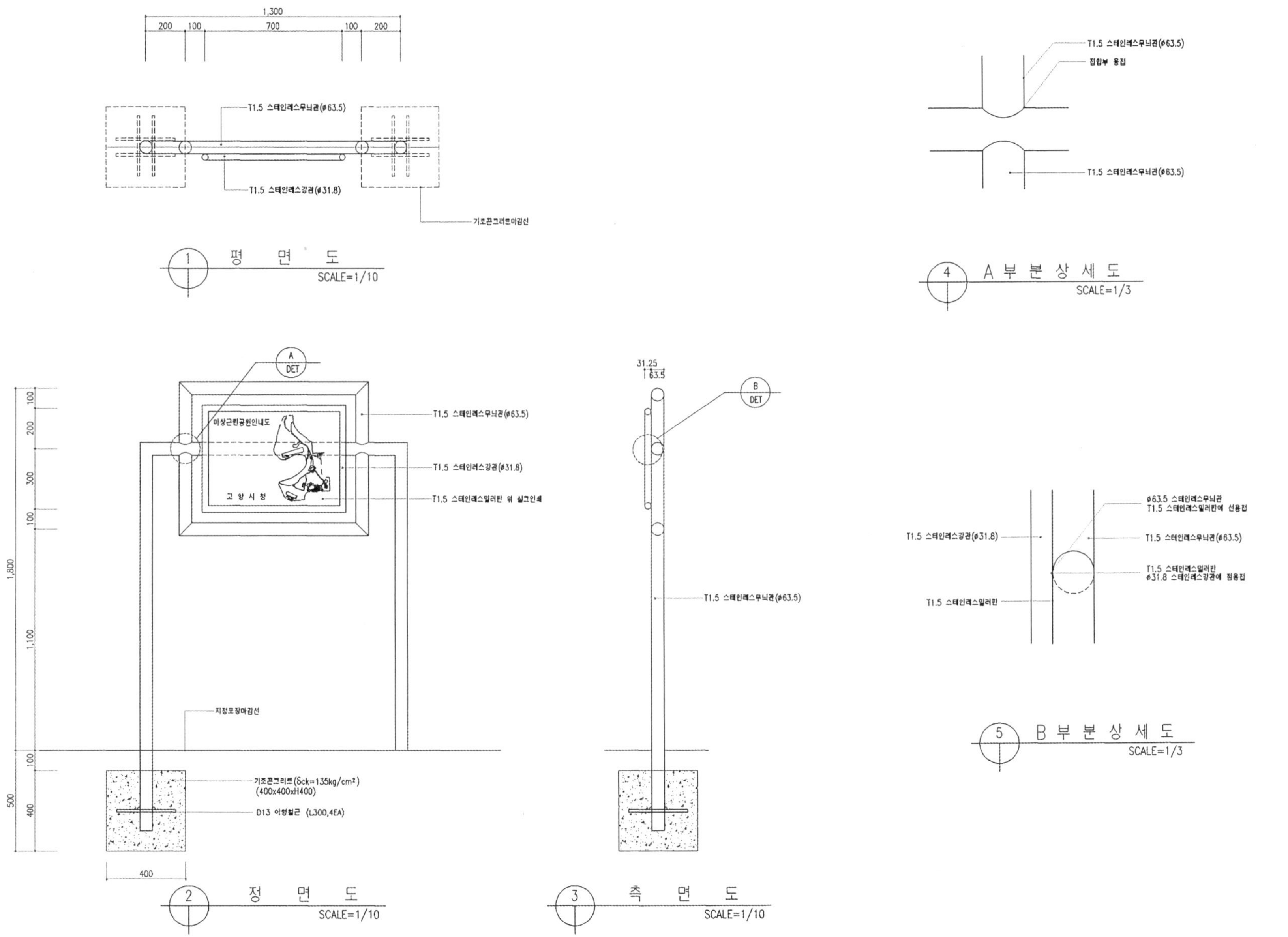

(株)又大技術團 建築士事務所 WOODAI ARCHITECTS, ENGINEERS CONSULTANTS OFFICE CO., LTD.	제도자:	축척: 1/10,1/30	책임기술자:	공사명: 마상근린공원 조성공사	도면명: 안내판 상세도	도면번호	L – 035
	검토자:	날짜: 1997. 8		시행청: 고 양 시		일련번호	

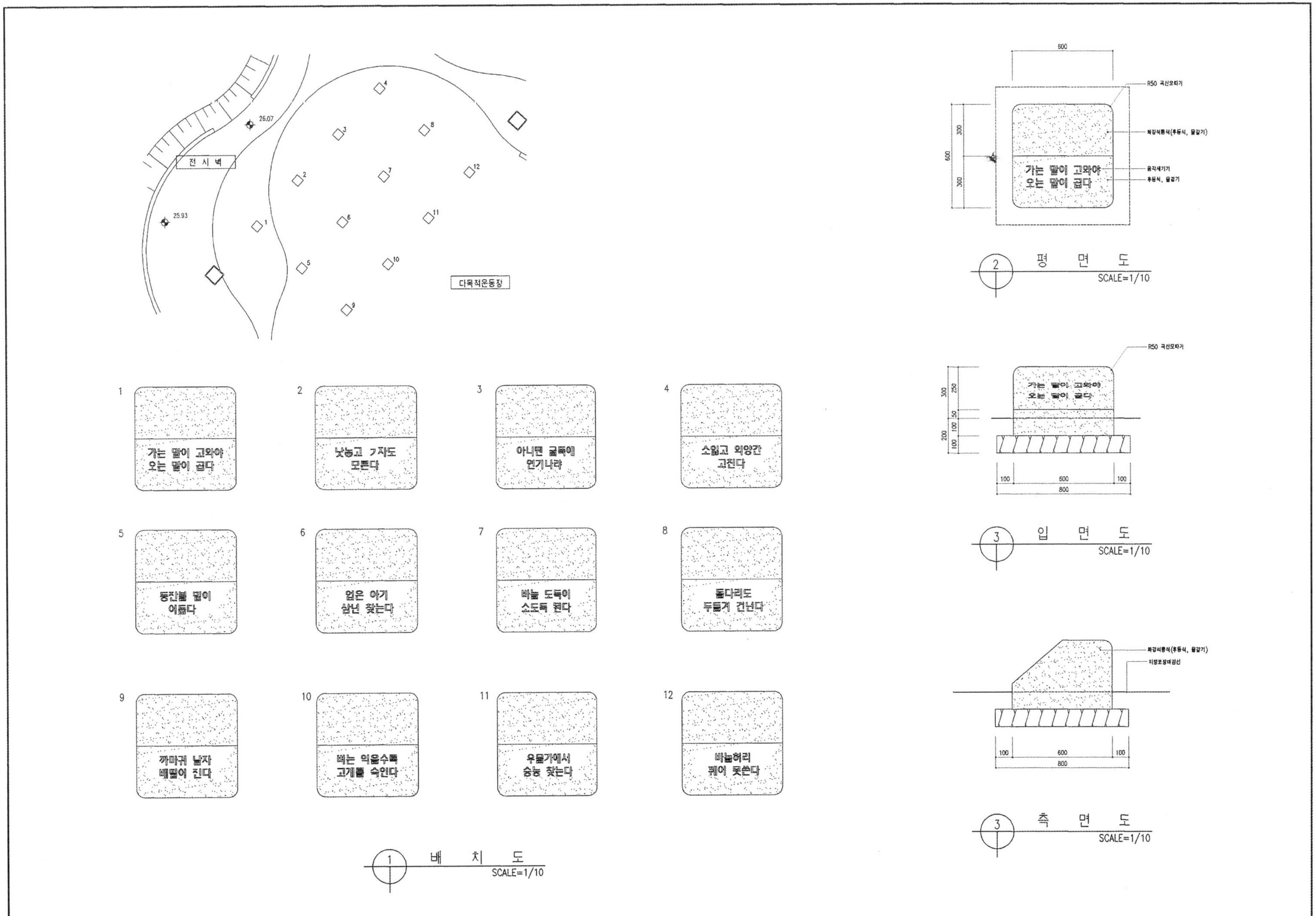

(株)又大技術團 建築士事務所 WOODAI ARCHITECTS, ENGINEERS CONSULTANTS OFFICE CO., LTD.	제도자:	축척: 1/10	책임기술자:	공사명: 마상근린공원 조성공사	도면명: 속담석 상세도	도면번호	L - 037
	검토자:	날짜: 1997. 8		시행청: 고 양 시		일련번호	

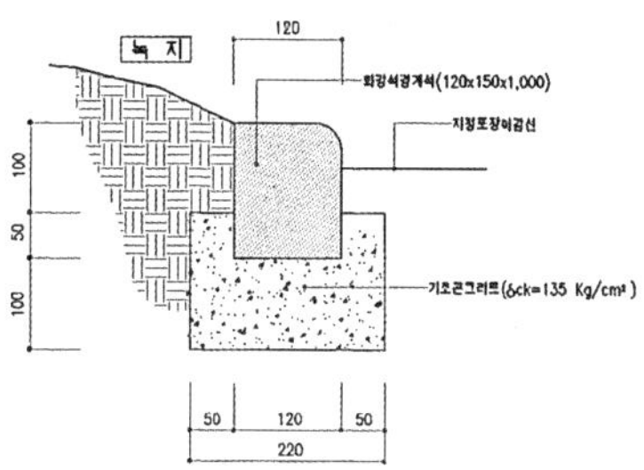

경 계 석 A 형 | SCALE=1/5

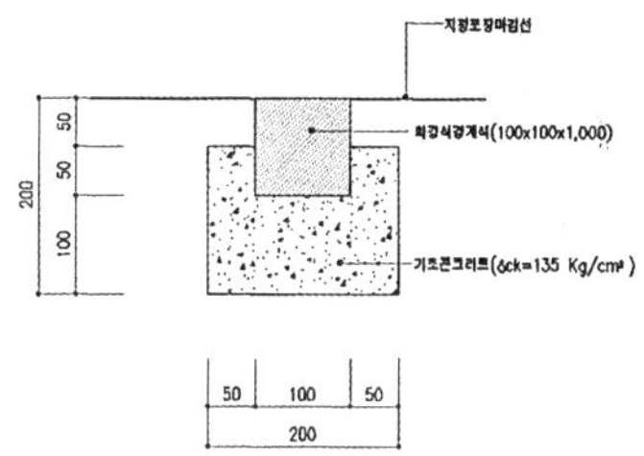

경 계 석 B 형 | SCALE=1/5

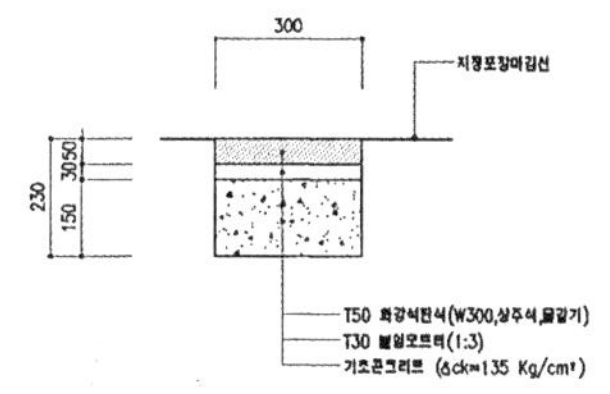

경 계 석 C 형 | SCALE=1/10

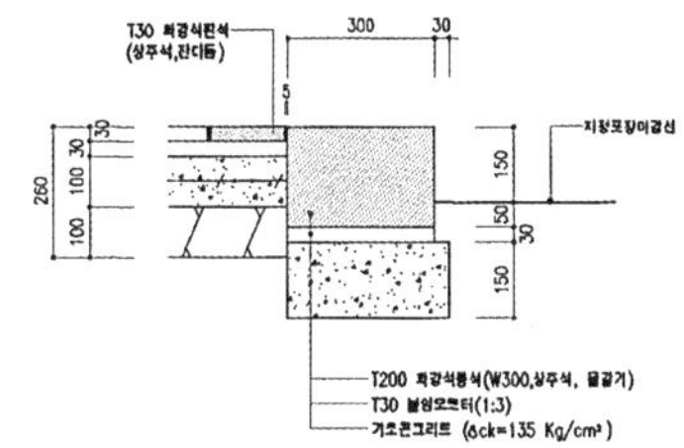

경 계 석 D 형 | SCALE=1/10

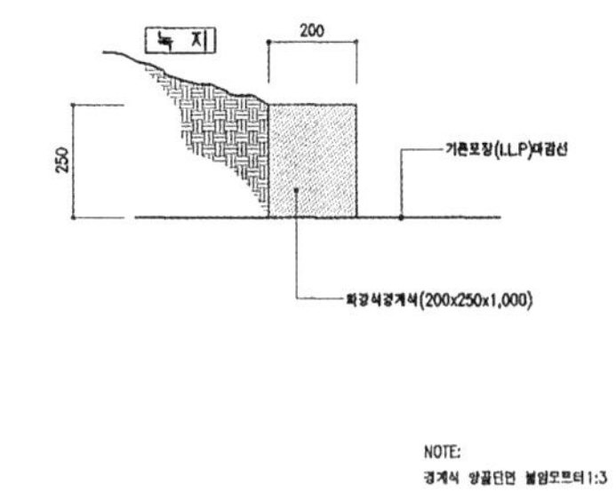

경 계 석 E 형 | SCALE=1/10

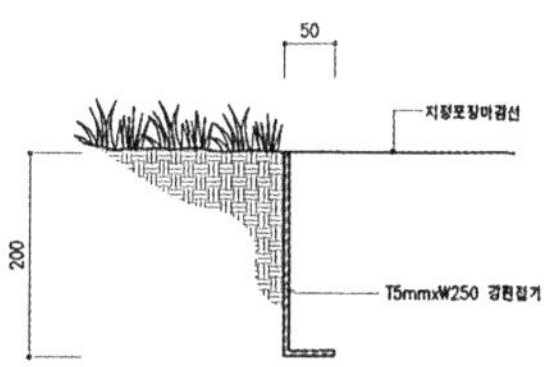

경 계 철 판 | SCALE=1/5

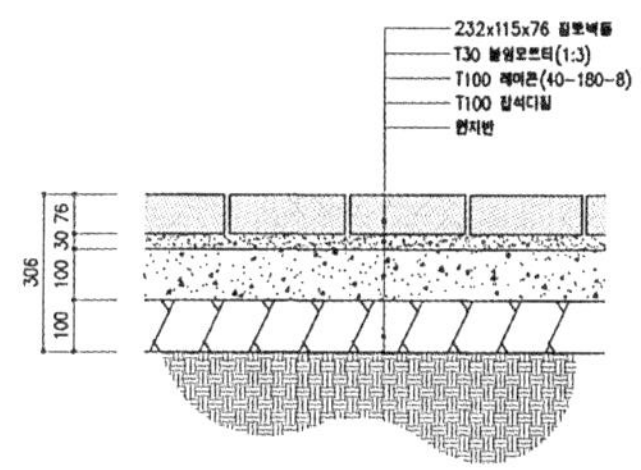

점토벽돌포장(붙임) | SCALE=1/10

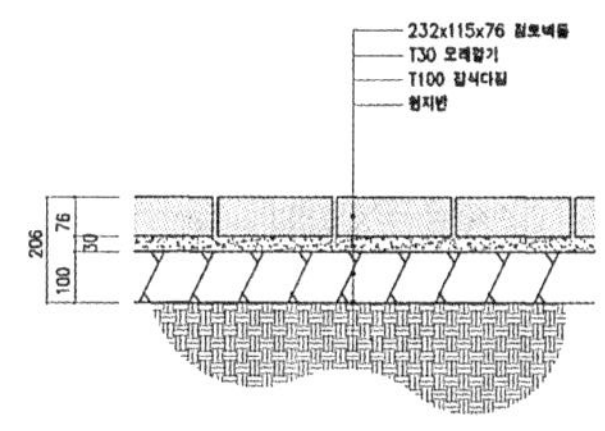

점토벽돌포장(깔기) | SCALE=1/10

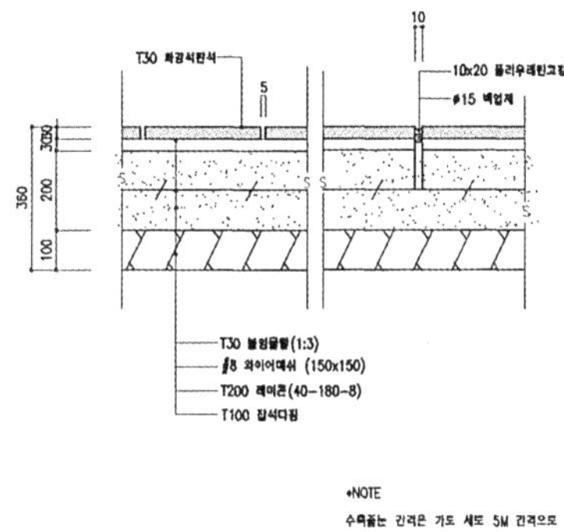

화 강 석 판 석 포 장(T30) | SCALE=1/10

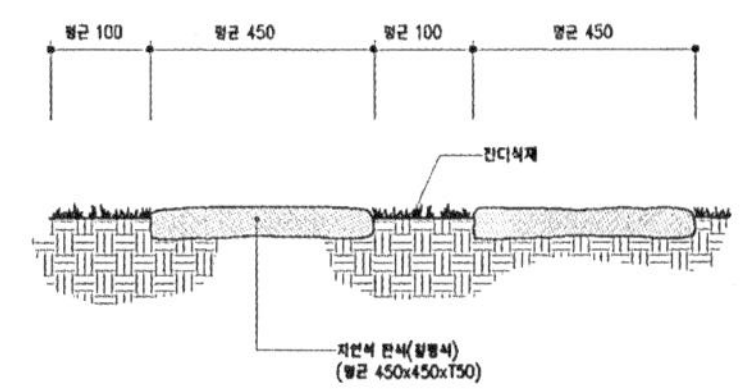

자 연 석 판 석 포 장 | SCALE=1/10

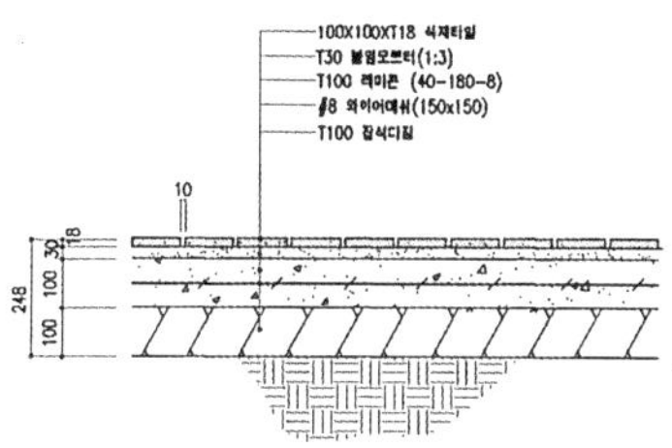

석 재 타 일 포 장 | SCALE=1/10

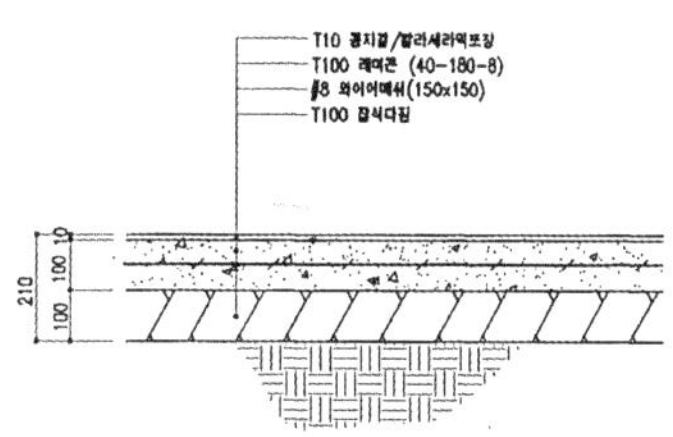

콩자갈/칼라세라믹포장 | SCALE=1/10

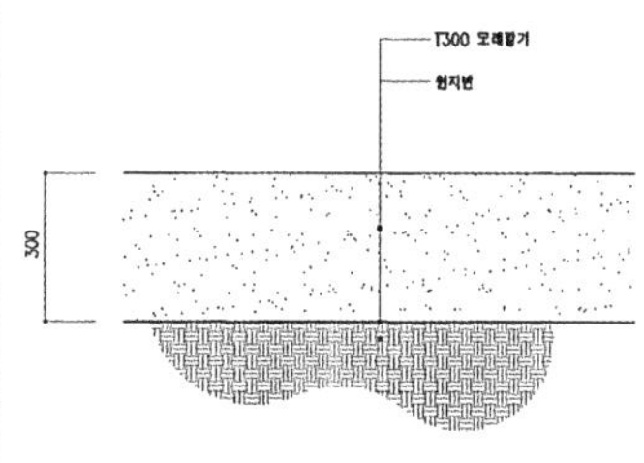

모 래 포 장 | SCALE=1/10

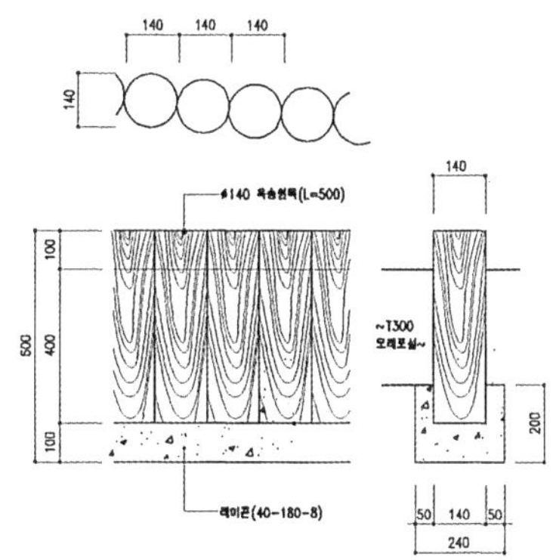

모 래 막 이 | SCALE=1/10

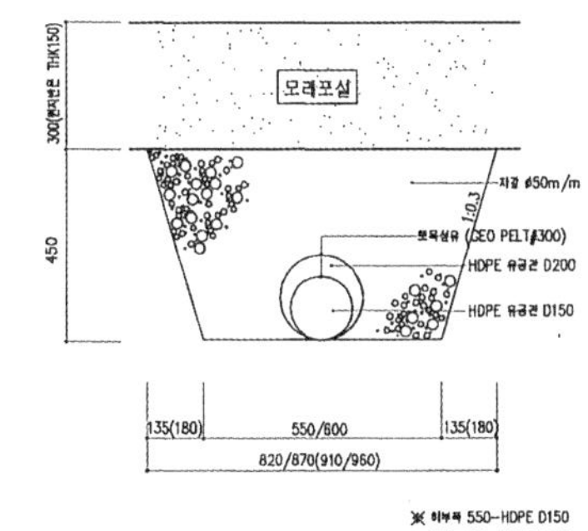

맹 암 거 (간선/지선) | SCALE=1/10

(株)又大技術團 建築士事務所 WOODAI ARCHITECTS, ENGINEERS CONSULTANTS OFFICE CO., LTD.	제도자:	축척: 1/5,1/10	책임기술자:	공사명: 마상근린공원 조성공사	도면명: 포장단면/경계석 상세도	도면번호	L - 043
	검토자:	날짜: 1997. 8		시행청: 고 양 시		일련번호	

■ 참고문헌

- 김승환, 장태현, 조경설계제도기법, 기문당, 1988.
- 김용수, 조경제도 및 설계기법, 대왕사, 1986.
- 성기택, 증보 조경제도법, 기전출판사, 1989.
- 장태현, 조경제도 · 표현 1 · 2, 조경, 1998.
- 한국조경사회, 조경설계상세자료집, 1997.
- 집문사, 환경디자인 시리즈
- 최연주 역, 나무그리기, 삼호미디어, 1997.
- 건축디자인연구회, SKETCH PERSPECTIVE, 1993.
- Francis D.K Ching(허동국 역), 드로잉기법, 기문당, 1998.
- Grant W. Reid(이제화 외 2인 역), 조경설계 표현기법, 대우출판사, 1998.
- Mike W. Lin, Asla, 랜더링테크닉, 도서출판 국제, 1992.

저자소개

김승환

서울대학교 원예학과 졸업
홍익대학교 환경대학원(미술학 석사)
일본 쯔쿠바대학교 대학원(농학 박사)
신구전문대 조경과 조교수 역임
(사)도시발전연구소 소장
제6회 일본 어메니티상 수상
한국조경학회 부회장
환경시민문화공원 추진본부 운영위원장
현재, 동아대학교 조경학과 교수

주요저서
조경관리학, 한국조경학회 공저
조경설계제도 기법, 공저
조경설계기준, 한국종합조경공사 편
조경설계론, 공저

권차경

동아대학교 조경학과 졸업
동아대학교 대학원(조경학 석사)
(주)일진조경설계실 근무, 노라노 디자인학원 투시도 강사
현재, 동아대학교, 영산대학교, 경남정보대학 강사

윤은주

동아대학교 조경학과 졸업
현재, (주)부산환경 컨설턴트 설계부 실장

주요작품
부산 민주공원 실시설계
김해 문화의 거리 조성계획 및 실시설계
김해 금관로 광장화계획 실시설계

조경제도·설계

2021년 3월 10일 인쇄
2021년 3월 15일 발행

저 자 김승환 권차경 윤은주
발 행 인 강 해 작
발 행 처 기 문 당
주 소 서울시 성동구 무학봉 28길 4-1
(왕십리동 966-22)
전 화 02)2295-6171(代)~5
팩 스 02)2296-8188
출판등록 1976. 10. 7(1-44)
홈페이지 http//기문당
http//www.kimoondang.com
I S B N 978-89-7086-382-5 93540
정 가 23,000원